Wolfgang Pfeiler
Experimentalphysik
De Gruyter Studium

Weitere empfehlenswerte Titel

Experimentalphysik. Band 1
Mechanik, Schwingungen, Wellen
Wolfgang Pfeiler, 2020
ISBN 978-3-11-067560-3, e-ISBN (PDF) 978-3-11-067568-9,
e-ISBN (EPUB) 978-3-11-067586-3

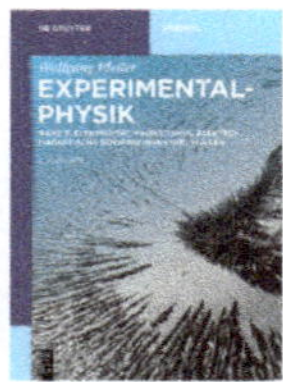

Experimentalphysik. Band 3
Elektrizität, Magnetismus,
Elektromagnetische Schwingungen und Wellen
Wolfgang Pfeiler, 2021
ISBN 978-3-11-067562-7, e-ISBN (PDF) 978-3-11-067570-2,
e-ISBN (EPUB) 978-3-11-067587-0

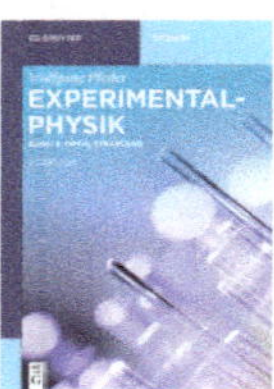

Experimentalphysik. Band 4
Optik, Strahlung
Wolfgang Pfeiler, 2021
ISBN 978-3-11-067563-4, e-ISBN (PDF) 978-3-11-067571-9,
e-ISBN (EPUB) 978-3-11-067589-4

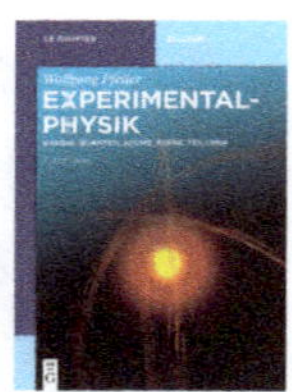

Experimentalphysik. Band 5
Quanten, Atome, Kerne, Teilchen
Wolfgang Pfeiler, 2021
ISBN 978-3-11-067564-1, e-ISBN (PDF) 978-3-11-067572-6,
e-ISBN (EPUB) 978-3-11-067584-9

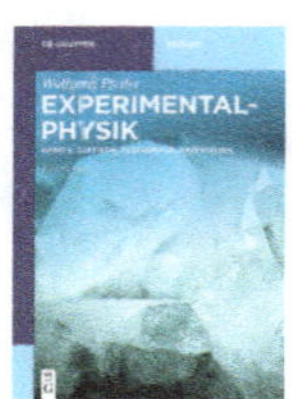

Experimentalphysik. Band 6
Statistik, Festkörper, Materialien
Wolfgang Pfeiler, 2021
ISBN 978-3-11-067565-8, e-ISBN (PDF) 978-3-11-067573-3,
e-ISBN (EPUB) 978-3-11-067583-2

Set Experimentalphysik
Wolfgang Pfeiler, 2021
ISBN 978-3-11-068084-3

Wolfgang Pfeiler

Experimental-physik

Band 2: Wärme, Nichtlinearität, Relativität

Unter Mitarbeit von Karl Siebinger

2. Auflage

DE GRUYTER

Autor
Prof. em. Dr. Wolfgang Pfeiler
Universität Wien
Fakultät für Physik
Boltzmanngasse 5
1090 Wien, Österreich
wolfgang.pfeiler@univie.ac.at

Oberrat Dr. Karl Siebinger leitete bis zu seinem Ruhestand im Jahr 2001 das „Physikalisches Praktikum für Vorgeschrittene“ an der Fakultät für Physik der Universität Wien.

ISBN 978-3-11-067561-0
e-ISBN (PDF) 978-3-11-067569-6
e-ISBN (EPUB) 978-3-11-067582-5

Library of Congress Control Number: 2020940479

Bibliografische Information der Deutsche Nationalbibliothek
Die Deutsche Nationalbibliothek verzeichnet diese Publikation in der Deutschen Nationalbibliografie; detaillierte bibliografische Daten sind im Internet über http://dnb.dnb.de abrufbar.

Einbandabbildung: DigitalSoul / iStock / Getty Images Plus
Satz/Datenkonvertierung: Meta Systems Publishing & Printservices GmbH, Wustermark
Druck und Bindung: CPI books GmbH, Leck

www.degruyter.com

Geleitwort

Dem *Experiment* kommt in der Physik eine fundamentale Bedeutung zu. Das Experiment erlaubt uns eine Frage an die Natur zu stellen. Und wir erhalten immer eine Antwort, auch wenn wir sie vielleicht nicht immer gleich verstehen. So geschah es etwa Michelson 1881, als er feststellen musste, dass die erwartete Bewegung der Erde gegenüber dem damals selbstverständlich angenommenen Lichtäther im Experiment nicht auftritt. Die Lösung kam erst 1905 durch Einsteins Relativitätstheorie. Den Überlegungen Ernst Machs folgend hat er aufgezeigt, dass Newtons Annahme einer universellen Zeit und eines absoluten Raumes ohne Grundlage sind. So konnte er Michelsons Resultat erklären. Eine weitere wichtige Rolle von Experimenten ist es, Vorhersagen theoretischer Überlegungen zu überprüfen. Es ist eine Tradition von Vorlesungen zur Einführung in die Physik viele Experimente zu zeigen nach dem abgewandelten Motto: „Ein Experiment sagt mehr als tausend Worte".

Die vorliegende sechsbändige Lehrbuchreihe „Experimentalphysik" von Wolfgang Pfeiler, die jetzt in ihrer 2. Auflage erscheint, ist eine ausgezeichnete, ausführliche und ausgereifte Darstellung der Experimentalphysik: Sie schließt einerseits an die physikalischen Grundkenntnisse der höheren Schulbildung an, führt aber andererseits weit in die Tiefe der physikalischen Modelle und gibt so auch eine solide Basis für das Verständnis der Theoretischen Physik. Die Lehrbuchreihe liefert alle wesentlichen Grundlagen der Experimentalphysik, die es ermöglichen, die spätere ausführliche Beschreibung und Diskussion z. B. quantenoptischer und quantenmechanischer Experimente und daraus entwickelter Modelle – auch in der Festkörper- und Materialphysik – zu verstehen.

Als Quantenphysiker möchte ich Pfeilers zielgerichtete Vorbereitung und die verständliche und genaue Darstellung quantenphysikalischer Phänomene und ihrer Beschreibung besonders hervorheben. In dieser Reihe „Experimentalphysik" wird den Studierenden also ein logisch aufgebauter, sehr gut lesbarer, mathematisch nachvollziehbarer Text in die Hand gegeben und darüber hinaus für die Vortragenden der einführenden Vorlesungen in die Physik bzw. die Experimentalphysik eine sehr nützliche Grundlage und hilfreiche Ergänzung für Ihren Vortrag geboten.

Es freut mich ganz besonders, dass diese wertvolle und wichtige Lehrbuchreihe „Experimentalphysik" aus der Hand eines meiner Kollegen an der Fakultät für Physik der Universität Wien kommt. Für den außerordentlichen Arbeitsaufwand sind wir ihm alle sehr zu Dank verpflichtet.

Ich wünsche dieser Lehrbuchreihe „Experimentalphysik" den großen Erfolg, den sie verdient.

Wien, 1. 6. 2020

Anton Zeilinger
Professor Emeritus,
Fakultät für Physik, Universität Wien,
Präsident der Österreichischen Akademie der Wissenschaften

https://doi.org/10.1515/9783110675696-202

Vorwort zur 2. Auflage

Die 1. Auflage dieses Lehrbuches „Experimentalphysik“ wurde sehr gut aufgenommen, sowohl bei den Studierenden der Physik und benachbarter Naturwissenschaften als auch bei den Dozenten einführender Vorlesungen in die Physik bzw. Experimentalphysik.

In dieser 2. Auflage wurde der Text aktualisiert, was besonders in Hinblick auf die Veränderungen im Internationalen Einheitensystem (Systèm internatinal d'unités, *SI*) notwendig wurde, die seit 20. Mai 2019 in Kraft getreten sind: Aus 7 festgelegten Konstanten (Strahlung des Cs-Atoms $\Delta\nu_{\mathrm{Cs}}$, Lichtgeschwindigkeit c, Plancksches Wirkungsquantum h, Elementarladung e, Boltzmannkonstante k, Avogadro-Konstante N_A und Photometrisches Strahlungsäquivalent K_{cd}) können jetzt alle 7 *SI*-Basiseinheiten ohne zusätzliche Festlegungen abgeleitet werden. So konnte die Definition der Masseneinheit „kg“ vom Prototyp des „Urkilogramm“ gelöst und die absolute Temperatur ohne zweiten Fixpunkt (bisher der Tripelpunkt von Wasser) definiert werden. 1 kg ist jetzt die Masse, deren Energie-Äquivalent dem $1{,}4755214 \cdot 10^{40}$-fachen der Energie eines Strahlungsquants der Frequenz $\Delta\nu_{\mathrm{Cs}}$ entspricht (der 1 kg Prototyp wird nicht mehr benötigt); 1 Kelvin ist die Änderung der thermodynamischen Temperatur, die eine Änderung der thermischen Energie kT um $1{,}380649 \cdot 10^{-23}$ J verursacht (es ist kein zweiter Fixpunkt mehr neben dem absoluten Nullpunkt $T = 0$ K notwendig).

Die Neuauflage bot mir auch die Möglichkeit, viele kleinere und größere zweckmäßige Ergänzungen und Zwischenschritte in den Text einzubringen. Außerdem wurden einige kleinere Fehler und Ungenauigkeiten sorgfältig korrigiert, die sich in die 1. Auflage trotz der Bemühung um Genauigkeit eingeschlichen hatten.

Zu dieser Neuauflage hat mein Freund und Lehrer Karl Siebinger wieder ganz Essentielles beigetragen, indem er sinnvolle Verbesserungen und nützliche kleine Erweiterungen vorgeschlagen hat.

Wien und Hinterbrühl, im Mai 2020 *Wolfgang Pfeiler*

https://doi.org/10.1515/9783110675696-203

Vorwort zur 1. Auflage

Was ist der Grund, den vielen Lehrbüchern der Physik ein weiteres hinzuzufügen?

Das ist das Ziel des vorliegenden Lehrbuches: Es soll den Studierenden die Experimentalphysik in einer Art und Weise nahebringen, die Freude am Experimentieren weckt und gleichzeitig den Übergang zur Theoretischen Physik ebnet. Dieses Lehrbuch führt von elementaren Grundlagen zu einem tiefen Verständnis der physikalischen Modelle. Die so erworbenen Kenntnisse der Experimentalphysik erleichtern es dann auch, unterstützt durch genau erklärte Versuche und durch viele Abbildungen und Beispiele, die aktuelle theoretisch-abstrakte Beschreibung der Materie und der wirkenden Kräfte im Rahmen der Theoretischen Physik zu erfassen und zu verstehen.

Ausgangspunkt der Betrachtungen sind immer die physikalischen Phänomene, wobei aber auf ihre Beschreibung durch mathematische Gleichungen und ihre Ableitungen aus fundamentalen Postulaten bzw. Modellen nicht verzichtet wird, denn die mathematische Formulierung ist die eindeutige und daher unmissverständliche „Sprache" der Physik. Es werden aber nicht einfach „Endformeln" angegeben, sondern auch der mathematische Weg dorthin schrittweise gezeigt sowie eine entsprechende physikalische Interpretation gegeben. Dieses Lehrbuch bietet daher für Lehrende und Lernende der Physik sowie aller anderen Naturwissenschaften eine Brücke von den physikalischen Erscheinungen und Experimenten und der dadurch motivierten Modellbildung zu den weiterführenden Theorien.

Der Aufbau der Darstellung ist anschaulich, klar und übersichtlich, logisch strukturiert und so gestaltet, dass die Studierenden dem durchgehenden „roten Faden" durch die experimentelle Physik folgen können. Lernhilfen auf verschiedenen Ebenen unterstützen dies: Nach einer Vorstellung der Lerninhalte und Konzepte am Kapitelanfang werden im folgenden Text die Zusammenhänge deutlich gemacht, Formeln konsequent hergeleitet und mit vielen Abbildungen erläutert. Am Kapitelende werden die wichtigsten Erkenntnisse noch einmal zusammengefasst dargestellt. In den Text eingearbeitet sind Vorlesungsversuche mit detaillierten Erklärungen und sehr viele ausgearbeitete Beispiele, die die Darstellung ergänzen und mit Anwendungen erweitern. Wichtige Formeln, die „Lehrsätze" und die gezeigten Experimente sind blau hinterlegt. Die „Lehrsätze" sind zusätzlich mit einem i versehen, auf die Experimente lenkt ein Blitz ϟ die Aufmerksamkeit. Beispiele und Übungen sind grau hinterlegt, die Übungen am Ende jedes Kapitels sind zusätzlich noch mit einem Schreibstift ✎ gekennzeichnet.

Für die Anordnung der physikalischen Themen wurde die klassische Methode gewählt. Sie orientiert sich weitgehend am historischen Verlauf der physikalischen Entdeckungen und den dazu entwickelten Modellvorstellungen, aber auch an deren Versagen und den dadurch erzwungenen Verbesserungen bzw. an der Entwicklung neuer Modelle. In dieser Darstellung zeigt sich am besten der „rote Faden",

https://doi.org/10.1515/9783110675696-204

der von der phänomenologischen Erfassung der mechanischen Bewegung und ihrer mathematischen Beschreibung bis zur modernen Quantenphysik führt.

So ist der erste Band (I) **Mechanik, Schwingungen, Wellen** den Bewegungen unter dem Einfluss von mechanischen Kräften gewidmet. Dies umfasst die Modelle des Massenpunktes und des starren Körpers, die Verformung fester Körper und die Bewegung von Fluiden. Einen wichtigen Teil stellen mechanische Schwingungen und Wellen dar.

Im zweiten Band (II) **Wärme, Nichtlinearität, Relativität** werden die thermisch bedingten Veränderungen an Gasen studiert und die Grundbegriffe der Thermodynamik vorgestellt. Weiters werden nichtlineare („chaotische") Systeme und ihre Eigenschaften betrachtet und die Grundzüge der speziellen Relativitätstheorie erarbeitet.

Im dritten Band (III) **Elektrizität, Magnetismus, Elektromagnetische Schwingungen und Wellen** werden dann die Grundlagen der Elektrizität und des Magnetismus sowie elektromagnetischer Schwingungen und Wellen unter Verwendung der Prinzipien der Relativitätstheorie besprochen.

Der vierte Band (IV) **Optik, Strahlung** enthält die Wellenoptik, die Strahlenoptik und überschreitet mit der Wärmestrahlung zum ersten Mal die Grenze von der klassischen Physik zur Quantenphysik: Die Vorstellung, dass sich die Strahlungsenergie, die ein (heißer) Körper abgibt oder aufnimmt kontinuierlich verändern kann, muss aufgegeben werden.

Im fünften Band (V) **Quanten, Atome, Kerne, Teilchen** geht es um die moderne Physik: Im atomaren und subatomaren Bereich sind die Größen und Vorgänge nicht mehr kontinuierlich, sondern gequantelt. Der Aufbau des Atoms und seines Kerns wird studiert und die kleinsten, nicht mehr weiter zerteilbaren „Fundamentalteilchen", aus denen sich alle Arten von Materie und Antimaterie zusammensetzen, werden vorgestellt. Der Band schließt mit einem kurzen Ausflug in die Kosmologie und die Entwicklung unseres Universums.

Der sechste Band (VI) **Statistik, Festkörper, Materialien** beschäftigt sich mit großen Vielteilchensystemen. Viele Bereiche aktueller physikalischer Forschung mit enormer Bedeutung für die technische Anwendung haben hier ihren Ausgangspunkt.

Die Inhalte der einzelnen Bände sind stark miteinander vernetzt und durch viele Querverweise verbunden: Die sechs Bände bilden eine Einheit.

Dieses Lehrbuch wird nicht nur den Studierenden bei ihrem Eindringen in die interessanten und für unser Leben und Wirken wichtigen Bereiche der Physik hilfreich sein, sondern auch für die Vortragenden eine gute Grundlage und Unterstützung bei der Vorbereitung ihrer Vorlesungen darstellen.

Wien, im August 2016 *Wolfgang Pfeiler*

Thermodynamik ist ein komisches Fach.
Das erste Mal, wenn man sich damit befasst, versteht man nichts davon.
Beim zweiten Durcharbeiten denkt man, man hätte nun alles verstanden,
mit Ausnahme von ein oder zwei kleinen Details.
Das dritte Mal, wenn man den Stoff durcharbeitet,
bemerkt man, dass man fast gar nichts davon versteht,
aber man hat sich inzwischen so daran gewöhnt, dass es einen nicht mehr stört.
Arnold Sommerfeld zugeschrieben

Danksagung

Mein ganz besonderer Dank gilt meinem Lehrer und Freund **Karl Siebinger**. Ohne seine Mithilfe – mehrfaches, kapitelweises Durchlesen des ganzen Manuskripts, Diskussionen und Reflexionen zum Inhalt, detaillierte Vorschläge von Anwendungsbeispielen und Ergänzungen – wäre dieses Lehrbuch nicht zustande gekommen. Seine fundamentale und breite Kenntnis in vielen Bereichen der Physik und ihrer Anwendungen in der Technik und in den Naturwissenschaften sowie seine Liebe zum Experiment und auch zur Genauigkeit haben sehr zum Gelingen der vorliegenden Darstellung beigetragen.

Für die Mithilfe danke ich herzlich:

Wolfgang Püschl – Für das Überlassen fast aller Übungsbeispiele, für viele gemeinsame fachliche Diskussionen, für das Durchlesen vieler Kapitel;

Franz Sachslehner – Für seine Hilfe bei den Experimenten und ihr Festhalten auf Bildern;

Franz Embacher – Für Verbesserungsvorschläge zum Kapitel „Relativistische Mechanik“.

Frau Eva Deutsch danke ich für die Erstellung einer ersten, rohen Textversion nach meinem handschriftlichen Vorlesungsmanuskript; **Frau Andrea Decker** danke ich für das Scannen von Bildern.

Bedanken möchte ich mich auch bei den Studentinnen und Studenten meiner Vorlesungen für ihre positiven Rückmeldungen. Die geeignete Aufbereitung und Darstellung der meist nicht einfachen physikalischen Materie war mir immer ein Anliegen. Die größte Freude empfand ich, wenn ich von den Mienen der Hörer quasi im Gegenzug das Verstehen der oft komplexen Zusammenhänge ablesen konnte bzw. bei den mündlichen Prüfungen das grundlegende Verständnis für die angesprochene Problematik erkannte.

Sehr herzlich möchte ich mich bei **Edmund H. Immergut** (Brooklyn, New York City, USA) bedanken, der mir geholfen hat, mit De Gruyter einen passenden und international renommierten Verlag zu finden. Er war auch einer jener, die von Anfang an überzeugt waren, dass dieses Buch ein notwendiger Beitrag für Lehrende

https://doi.org/10.1515/9783110675696-205

und Lernende der Physik darstellen wird und bestärkte mich deshalb ganz entscheidend in meinem Durchhaltevermögen.

Zuletzt gilt mein großer Dank **meiner lieben Frau Heidrun**, die mit viel Geduld die Mehrbelastung ertrug, die mein mehr als 10-jähriges Buchprojekt für sie und unsere ganze Familie bedeutete. Sie stand mir immer mit gutem Rat und bereitwilliger Hilfe zu Seite.

Zum Inhalt von Band II

Im vorliegenden zweiten Band „Wärme, Nichtlinearität, Relativität“ werden zunächst die thermisch bedingten Veränderungen an Gasen studiert, die kinetische Gastheorie von Clausius, Maxwell und Boltzmann erarbeitet und die Grundbegriffe der Thermodynamik vorgestellt. Anschließend werden nichtlineare („chaotische“) Systeme charakterisiert und ihre Eigenschaften der Selbstähnlichkeit, der fraktalen Dimensionen und der Strukturbildung fern vom Gleichgewicht betrachtet. Die Grundzüge der speziellen Relativitätstheorie bilden den Abschluss dieses Bandes: Lorentz-Transformation, Zeitdilatation und Längenkontraktion, Zwillings-Paradoxon, Minkowski-Raum, relativistische Dynamik. Damit werden auch die Grundlagen für die Transformation des elektromagnetischen Feldes zwischen bewegten Bezugssystemen gelegt.

https://doi.org/10.1515/9783110675696-206

Inhalt

Symbolverzeichnis Band II

(alphabetisch)

A	Amplitude
$\hat{\vec{a}}$	Viererbeschleunigung
B	Beweglichkeit
b	Stoßparameter
C	Wärmekapazität
C_P^m, C_V^m	Molwärme bei konstantem Druck und konstantem Volumen
c	Lichtgeschwindigkeit im Vakuum ($c = 299\,792\,458$ m/s)
c, c_P, c_V	spezifische Wärme (bei konstantem Druck oder konstantem Volumen)
D	Diffusionskoeffizient
d	Durchmesser
d_F	Hausdorff-Dimension
E, E_{kin}, E_{pot}	Energie, Gesamtenergie (relativistisch), kinetische und potenzielle Energie
$E_0 = mc^2$	Ruheenergie (*rest energy*)
F	freie Energie, Kraft, Faraday-Konstante
$\hat{\vec{F}}$	Viererkraft, Minkowski-Kraft
$f(\upsilon)$, $n(\upsilon)$	Verteilungsfunktion (Geschwindigkeitsbetrag)
$f(E_{\text{kin}})$	Verteilungsfunktion (Energie)
$f(\vec{\upsilon}), F(\vec{\upsilon})$	Verteilungsfunktion (Geschwindigkeit)
f, ν	Zahl der Freiheitsgrade
GG	Gleichgewicht
G, g	freie Enthalpie, freie Enthalpie pro Mol
H	Enthalpie
I	elektrische Stromstärke, Trägheitsmoment
j	Teilchenstromdichte
k	Federkonstante (Oszillator)
k	Boltzmannkonstante
l_0	Eigenlänge (*proper length*)
L_T, L_T^V	Umwandlungswärme, Verdampfungswärme
M_m	Molmasse
m_M	absolute Molekülmasse (früher Molekulargewicht)
M_R	relative Molkülmasse
MP	Massenpunkt, Teilchen
N	Teilchenzahl
N_A	Avogadrozahl
$n = N/V$	Teilchendichte
$n(p)$	Verteilungsfunktion (Impuls)
P	Druck, Wahrscheinlichkeit
p	Impuls
$\vec{p}_R = m\gamma\vec{\upsilon}$	relativistischer Impuls (Raumanteil)
$\hat{\vec{p}}$	Viererimpuls
Q	Wärmemenge, elektrische Energie
$\dot{Q}$, $\dot{q}$	Wärmestrom, Wärmestromdichte
R	Gaskonstante
Ra	Rayleigh-Zahl
$\mathrm{R_S}$	spezifische Gaskonstante
RT	Raumtemperatur (20° C)

https://doi.org/10.1515/9783110675696-208

$\hat{\vec{r}}$	Ereignisvektor
S, S'	Licht-Kugelwelle
S, s, S_m	Entropie, spezifische Entropie $\left(s = \frac{S}{m}\right)$, molare Entropie $\left(S_m = \frac{S}{\nu}\right)$
$s^2, ds^2, d\hat{\vec{s}}^2$	Abstandsquadrat, Ereignisintervall
T	absolute Temperatur in Kelvin
T_3	Tripelpunkt, $T_3 = 273{,}16$ K (exakt)
U	innere Energie, elektrische Spannung
$u = U/V$	spezifische innere Energie
V	Volumen
V_m	molares Volumen
υ	Geschwindigkeit
$\hat{\vec{\upsilon}}$	Vierergeschwindigkeit
W	Arbeit, Wasserwert
WW	Wechselwirkung
$\vec{X}(t)$	Zustandsvektor (nichtlineare Dynamik)
x_f	Fixpunkt (nichtlineare Dynamik)
Z	kanonische Zustandssumme
α	Ausdehnungskoeffizient (Gase, Feststoffe)
β	Spannungskoeffizient, Geschwindigkeitsparameter $\left(\beta = \frac{\upsilon}{c}\right)$
γ	Volumsausdehnungskoeffizient (Flüssigkeiten), Dämpfungskonstante, Lorentz-Faktor $\left(\gamma = \frac{1}{\sqrt{1-\beta^2}}\right)$
Δ_k	Bifurkationsabstand
δ	Feigenbaum-Konstante
ε	Leistungszahl
η	Wirkungsgrad, Zähigkeit
θ	Sichtwinkel
ϑ	Temperatur in Grad Celsius
κ	Adiabatenkoeffizient $\left(\kappa = \frac{c_P}{c_V}\right)$, Kompressionsmodul, Skalenexponent (Selbstähnlichkeit)
Λ	Wärmeleitfähigkeit, Wärmeleitzahl
λ	mittlere freie Weglänge, Lyapunov-Exponent, Skalenfaktor (Selbstähnlichkeit), Wellenlänge
μ	magnetisches Moment
μ_{JT}	Joule-Thomson Koeffizient
ν	Stoffmenge, Molzahl, Stoßfrequenz, Frequenz von Lichtquellen
ξ	Korrelationslänge
ρ	Dichte, spezifischer elektrischer Widerstand
Σ, Σ'	gegeneinander bewegte Systeme
σ	Streuquerschnitt, Kontrollparameter (nichtlineare Dynamik)
σ_∞	Feigenbaum-Punkt
τ	mittlere Stoßzeit, Relaxationszeit
$\Delta\tau$	Eigenzeitintervall (*proper time interval*)
φ	Pendelauslenkung

Ω	Zahl der zugänglichen Mikrozustände (mikrokanonische Zustandssumme)
ω, ω_0	Frequenz (Kreisfrequenz), Eigenfrequenz (Kreisfrequenz)

Wichtige physikalische Größen, Band II

Lichtgeschwindigkeit	$c = 299\,792\,458$ m/s
Ausdehnungskoeffizient idealer Gase bei Normbedingungen ($P = 1\,\text{atm} = 1{,}013\,25\,\text{Pa}$, $T = 0\,°\text{C} = 273{,}15\,\text{K}$)	$\alpha_{T_3} = \frac{1}{273{,}15\,K} = \frac{1}{T_3}$
Molvolumen unter Normbedingungen	$V_{m,STP} = 22{,}414 \cdot 10^{-3}\,\text{m}^3/\text{mol} = 22{,}414\,(\text{dm})^3\,\text{mol}^{-1}$
absolute Temperatur	$1\,\text{K} = (1{,}380\,649 \cdot 10^{-23}/k)\,\text{J}$, k ... Boltzmannkonstante
Universelle Gaskonstante	$R = k \cdot N_A = 8{,}314\,462\,618...\,\text{J} \cdot \text{mol}^{-1}\text{K}^{-1}$
Avogadro-Konstante	$N_A = 6{,}022\,140\,76 \cdot 10^{23}\,\text{mol}^{-1}$
Boltzmannkonstante	$k = 1{,}380\,649 \cdot 10^{23}\,\text{J} \cdot \text{K}^{-1}$
Kalorie	$1\,\text{cal} = 4{,}186\,\text{J}$
Feigenbaum-Konstante	$\delta = 4{,}669\,201\,609\,10...$
atomare Masseneinheit (*atomic mass unit*)	$1\,\text{u} = 1{,}6605 \cdot 10^{-27}\,\text{kg}$

1 Physik der Wärme: Gesetze idealer Gase, kinetische Gastheorie und Grundbegriffe der Thermodynamik

Einleitung: Die Grundlage des Wärmeverhaltens liegt im statistischen Verhalten von Vielteilchensystemen; dies wird in Band VI im Kapitel „Statistische Physik" beschrieben. Die Thermodynamik dagegen ist eine phänomenologische Physik der Wärme: Aus Erfahrungstatsachen werden Gesetzmäßigkeiten abgeleitet und in 4 „Hauptsätzen" zusammengefasst.

Wärme ist eine Form der Energie. Der Wärmezustand eines Systems wird durch die Temperatur T charakterisiert für die gilt: Ist die Temperatur zweier Körper gleich der eines dritten ($T_1 = T_3$, $T_2 = T_3$),[1] so besitzen auch sie gleiche Temperatur: $T_1 = T_2$ (**0. Hauptsatz der Thermodynamik**). Zunächst werden Gesetzmäßigkeiten von idealen (stark verdünnten) Gasen untersucht. Es sind dies die Gesetze von Boyle-Mariotte, Gay-Lussac und die ideale Gasgleichung; außerdem wird die thermodynamische Temperaturskala festgelegt. Die Betrachtung der Bewegung der Gasatome und ihrer Wechselwirkungen bei Stößen liefert dann die Grundgleichung der kinetischen Gastheorie $P \cdot V = \frac{2}{3} N \cdot \frac{m}{2} \overline{v^2}$ und damit den Druck. Die absolute Temperatur eines idealen Gases wird proportional zur mittleren kinetischen Energie der Gasatome $\bar{E} = \frac{1}{2} m\overline{v^2} = \frac{3}{2} kT$ definiert; damit ist auch der Nullpunkt der absoluten Temperatur festgelegt: Die mittlere kinetische Energie der Gasmoleküle ist dort gleich Null.

Im thermodynamischen Gleichgewicht führen Gasteilchen eine ungeordnete „Gleichgewichtsdiffusion" durch („Brownsche Bewegung"), ohne dass dabei die messbaren Größen (Druck, Temperatur, etc.) verändert werden. Bei Vorliegen eines Gradienten der Teilchendichte ergeben sich die Fickschen Gesetze der Diffusion. Liegt ein Temperaturgradient vor, so tritt ein Wärmestrom (= Energiestrom) von wärmeren in kältere Bereiche auf (Wärmeleitung), der von der Wärmeleitfähigkeit Λ des Gases abhängt.

Der **1. Hauptsatz der Thermodynamik** ist ein Energiesatz: Die innere Energie U eines Systems kann nur durch Energietransfer (Wärmetransfer, Arbeitsverrichtung) geändert werden. Damit können die vier Prozesse am idealen Gas (im Falle der Reversibilität) erklärt werden: isochor, isobar, isotherm, isentrop = adiabatisch.

Der **2. Hauptsatz der Thermodynamik** legt die Richtung von Wärmeprozessen fest: Wärme fließt *von selbst* immer nur vom wärmeren zum kälteren Körper. Mit Hilfe der Zustandsgröße S, der Entropie, kann dieser Satz auch mathematisch

---

1 Zwei Körper besitzen die gleiche Temperatur, wenn zwischen ihnen kein Wärmeaustausch erfolgt, obwohl sie sich in direktem thermischen Kontakt miteinander befinden.

https://doi.org/10.1515/9783110675696-001

durch die Entropiedifferenz zwischen End- und Ausgangszustand formuliert werden: $\big(S(E) - S(A)\big)_{\text{abgeschl}} > 0$, d. h., dass in einem abgeschlossenen System die Entropie S bei einer von selbst eintretenden, irreversiblen Veränderung stets nur zunehmen kann, dass es also in diesem System keinen Prozess gibt, der von selbst abläuft und bei dem die Entropie abnimmt. Das abgeschlossene System strebt also einem Maximalwert der Entropie zu. Ludwig Boltzmann erkannte, dass die Entropie ein Maß für die Zahl der unterschiedlichen Mikrozustände Ω ist, die ein System einnehmen kann (Band VI, Kapitel „Statistische Physik"), also ein Maß für die „Unordnung" eines Systems: $S = k \ln \Omega$. Ist nur ein Mikrozustand möglich ($\Omega = 1$), dann herrscht vollständige Ordnung und es ist $S = 0$.

Auch der **3. Hauptsatz der Thermodynamik** fasst Erfahrungstatsachen zusammen: Der absolute Nullpunkt der Temperatur $T = 0$ kann experimentell nicht erreicht werden. Mathematisch kann das so ausgedrückt werden: Für $T \to +0$ folgt $S \to S_0 = \text{const.}$; bei Annäherung an $T = 0$ kann sich die Entropie nur beliebig dem Wert S_0 annähern, ihn aber nicht erreichen.

Für reale Gase muss die ideale Gasgleichung durch Berücksichtigung des Eigenvolumens der Gasmoleküle und deren Wechselwirkung korrigiert werden (van der Waalssche Zustandsgleichung). Damit kann die Verflüssigung realer Gase bei tiefer Temperatur und hohem Druck beschrieben werden.

1.1 Temperatur und temperaturbedingte Veränderungen an Gasen

1.1.1 Temperatur und nullter Hauptsatz

Unsere Alltagserfahrung lehrt uns, dass unsere Umgebung oder Gegenstände, die wir berühren, als „kalt" oder „warm" empfunden werden können. Dies führt unmittelbar zum Begriff der *Temperatur*.[2] Eine weitere Alltagserfahrung ist der Temperaturausgleich: Sind zwei Körper in Berührung, in *thermischem Kontakt*, so nehmen sie unabhängig von ihrer Beschaffenheit nach genügend langer Wartezeit – *im Gleichgewicht* (*GG*) – die gleiche Temperatur an. Diese Erfahrungen werden im sogenannten „*Nullten Hauptsatz der Thermodynamik*" zusammengefasst:

> i Für alle Systeme existiert eine *Zustandsgröße T*, die *Temperatur*, die den Wärmezustand des Systems charakterisiert. Zwischen Systemen herrscht thermisches *GG*, wenn ihre Temperatur *T* gleich ist. Sind daher zwei Körper mit einem dritten im *GG*, so sind sie auch untereinander im *GG*.
>
> *Nullter HS der Thermodynamik* (*zeroth law of thermodynamics*)

2 Von lat. *temperare*: warm machen, auch: ins rechte Maß bringen.

Dieser Erfahrungssatz ermöglicht die Temperaturmessung mit einem skalierten Vergleichskörper, dem *Thermometer*: Wir können leicht feststellen, ob zwei Körper dieselbe Temperatur T aufweisen, indem wir ihre Temperatur mit unserem Thermometer *einzeln* feststellen; dabei darf das Thermometer den „Wärmezustand" (also die Temperatur) des gemessenen Körpers nicht ändern, was durch eine hinreichend kleine Masse des Thermometers zu erreichen ist.[3]

Für die Messung der Temperatur T müssen Eigenschaften verwendet werden, die sich in eindeutiger Weise mit T ändern, das sind z. B. das Volumen V, der Druck P, der spezifische elektrische Widerstand ρ etc. Die Skala, auf der T gemessen wird, ist willkürlich und muss festgelegt werden (siehe Abschnitt 1.1.3). Für den folgenden Abschnitt 1.1.2 nehmen wir zunächst an, wir besäßen bereits eine geeignete Temperaturskala (z. B. ein Quecksilberthermometer mit einer Celsius-Skala). Eine korrekte Einführung der Temperatur erfolgt in Abschnitt 1.1.3.

1.1.2 Gesetzmäßigkeiten an stark verdünnten (idealen) Gasen

Im Gegensatz zu Feststoffen und Flüssigkeiten zeigen gasförmige Stoffe starke Änderungen des Volumens bzw. des Drucks mit der Temperatur. Außerdem stellte sich bald heraus, dass Gase geringer Dichte, sogenannte *„ideale Gase"* (siehe Abschnitt 1.2.1), fundamentale, substanzunabhängige Eigenschaften aufweisen. Die mit Temperaturänderungen verbundenen Gesetzmäßigkeiten wurden daher vorwiegend an mehr oder weniger idealen Gasen untersucht. Schon im 17. Jh. entdeckten unabhängig voneinander Robert Boyle (1626–1691) 1662 und Edme Mariotte (um 1620–1684) 1676, dass sich für Gase geringer Dichte bei konstanter Temperatur die Volumina umgekehrt wie die Drücke verhalten, also

$$\frac{V(P_1,T)}{V(P_2,T)} = \frac{P_2}{P_1} \tag{II-1.1}$$

bzw.

$$P \cdot V = P_0 \cdot V_0 = \text{const.} \qquad \text{für } T = \text{const.} \qquad \textit{Gesetz von Boyle-Mariotte.} \tag{II-1.2}$$

Guillaume Amontons (1663–1705) entdeckte 1703, dass Temperaturänderungen für Gase bei konstantem Volumen Druckänderungen hervorrufen, wobei gilt, wenn

3 Eine analoge Situation liegt in der Elektrostatik vor (Band III, Kapitel „Elektrostatik", Abschnitt 1.1.3): Die zur Messung der elektrischen Feldstärke verwendete Probeladung darf das Feld nicht verändern, also die felderzeugenden Ladungen nicht verschieben, was durch eine hinreichend kleine Probeladung erreicht werden kann.

für die Temperatur T eine Skala in Celsiusschritten mit einem Nullpunkt bei −273,15 °C verwendet wird[4]

$$\frac{P}{T} = \frac{P_0}{T_0} = \text{const.} \quad \text{für} \quad V = \text{const.} \tag{II-1.3}$$

Dass das Volumen V eines Gases bei konstantem Druck proportional zu seiner Temperatur T ist, sich ein Gas bei seiner Erwärmung also ausdehnt und bei der Abkühlung zusammenzieht, fanden fast 100 Jahre später Jacques Charles (1746–1823) 1787 und Joseph Gay-Lussac (1778–1850) 1802:

$$\frac{V_1(P)}{V_2(P)} = \frac{T_1}{T_2} \tag{II-1.4}$$

bzw. mit V_0 und T_0 als Bezugsgrößen

$$\frac{V}{T} = \frac{V_0}{T_0} = \text{const.} \quad \text{für} \quad P = \text{const.} \tag{II-1.5}$$

Gay-Lussac bestimmte auch den Koeffizienten der linearen Volumenzunahme je Grad Temperaturerhöhung bei konstantem Druck, den *Ausdehnungskoeffizienten* α, der unabhängig von der Art des verdünnten Gases ist und nur von der Temperatur abhängt. In der heutigen Form, bei Verwendung der *thermodynamischen Temperaturskala* (Gefrierpunkt des Wassers = Nullpunkt der Celsiusskala (Eispunkt) T_0 = 273,15 K, siehe Abschnitt 1.1.3), ergibt sich

$$\begin{aligned} V(P,T) &= V(P,T_0) \cdot \frac{T}{T_0} = V(P,T_0) \cdot \left(1 + \frac{T - T_0}{T_0}\right) \\ &= V(P,T_0) \cdot [1 + \alpha_{T_0}(T - T_0)] \end{aligned} \tag{II-1.6}$$

Gesetz von Gay-Lussac.[5]

---

4 *Experimentell* wurde zunächst mit der damals verwendeten Celsiusskala (ϑ ... Temperatur in Grad Celsius (°C)) festgestellt: $P(\vartheta) = P_0(1 + \beta \cdot \vartheta)$ mit P_0 = Druck am *Eispunkt* (ϑ = 0 °C) und $\beta = \frac{1}{273\,°\mathrm{C}}$ (heute genauer: $\beta = \frac{1}{273{,}15\,°\mathrm{C}}$) $\Rightarrow P(\vartheta) = P_0\left(1 + \frac{\vartheta}{273{,}15}\right) = P_0\left(\frac{273{,}15 + \vartheta}{273{,}15}\right)$. Mit $273{,}15 + \vartheta = T$ und $273{,}15 \equiv T_0$ folgt daraus: $\frac{P}{P_0} = \frac{T}{T_0}$. Die Temperatur $T = 273{,}15\,°\mathrm{C} + \vartheta\,°\mathrm{C} = 1/\beta + \vartheta\,°\mathrm{C}$ wird als *absolute Temperatur* bezeichnet und mit dem Einheitensymbol K (*Kelvin*) versehen: $T\,\mathrm{K} = 273{,}15\,°\mathrm{C} + \vartheta\,°\mathrm{C}$; der Nullpunkt der Kelvinskala liegt also bei ϑ = −273,15 °C = 0 K. Eine tiefere Temperatur gibt es nicht! Seit Mai 2019 wird die Einheit Kelvin so definiert: $1\,\mathrm{K} = 1{,}380694 \cdot 10^{-23}\,\mathrm{J}/k$, k ... Boltzmannkonstante.

5 Bei konstantem $\alpha_{T_0} = \frac{1}{T_0}$ geht $V(P,T) = V(P,T_0) \cdot \frac{T}{T_0} \to 0$ für $T \to 0$. Das ist ein Hinweis darauf, dass dieses Gesetz nur für hinreichend hohe Temperaturen gelten kann.

mit dem *experimentell* ermittelten Wert $V(P,T_0)$ bei der Normtemperatur T_0 ergibt sich der Wert von $T_0 = T \cdot V(P,T_0)/V(P,T) = 273{,}15\,\mathrm{K}$ und damit

$$\alpha_{T_0} = \frac{1}{T_0} = \frac{1}{273{,}15\,K} \quad \textit{Ausdehnungskoeffizient idealer Gase bei } T = T_0 = 0\,°\mathrm{C}.^{6} \tag{II-1.7}$$

Wenn das Gas in ein Gefäß eingeschlossen ist und sich nicht ausdehnen kann, gilt analog

$$P(V,T) = P(V,T_0) \cdot \left(1 + \frac{T - T_0}{T_0}\right) = P(V,T_0) \cdot [1 + \beta_{T_0}(T - T_0)] \tag{II-1.8}$$

Gesetz von Gay-Lussac.

Mit dem *experimentell* ermittelten Wert von $P(V,T_0)$ folgt für den *Spannungskoeffizienten* β_{T_0} wie vorher $\beta_{T_0} = \dfrac{1}{273{,}15\,\mathrm{K}} = \alpha_{T_0}$ bei $T = T_0$.[7]

Bei den bisherigen Gesetzmäßigkeiten wird jeweils eine Bestimmungsgröße des Gases festgehalten, beim Gesetz von Boyle-Mariotte die Temperatur T, bei den Gesetzen von Gay-Lussac der Druck P oder das Volumen V. Um zu einem allgemeinen Gesetz zu gelangen, das den Zusammenhang zwischen den drei Größen T, P und V beschreibt, die den *Zustand* eines verdünnten Gases (des Systems) bestimmen, den *Zustandsvariablen*, müssen beide Gesetze zusammengefasst werden. Dazu betrachten wir ein Gas im *Zustand* (P_0, T_0, V_0), das in zwei Schritten in den Zustand (P,V,T) gebracht wird. Im ersten Schritt wird das Gas bei konstantem Druck P_0 nach Gay-Lussac durch Temperaturänderung $(T_0 \to T \Rightarrow V_0 \to V_1)$ auf (P_0, V_1, T) gebracht mit $V_1 = V_0 \dfrac{T}{T_0}$. Im zweiten Schritt (die Reihenfolge der Schritte ist beliebig) wird dieses Volumen V_1 nun bei konstanter Temperatur T nach Boyle-Mariotte durch Druckänderung $(P_0 \to P \Rightarrow V_1 \to V)$ in den Endzustand (P,V,T) gebracht mit $P_0 \cdot V_1 = P_0 \cdot V_0 \dfrac{T}{T_0} = P \cdot V$. Daraus folgt die *ideale Gasgleichung*, die *Zustandsgleichung* eines beliebigen, hinreichend verdünnten Gases

6 Allgemein ist der *Ausdehnungskoeffizient* definiert durch $\alpha = \dfrac{1}{V}\left(\dfrac{\partial V}{\partial T}\right)_P$, was im Falle der *verdünnten Gase* unter Vorwegnahme ihrer Zustandsgleichung pro Mol ($P \cdot V = R \cdot T$, siehe weiter unten Gl. II-1.13) ergibt: $\alpha = \dfrac{1}{V}\dfrac{\partial}{\partial T}\left(\dfrac{RT}{P}\right)_P = \dfrac{1}{V} \cdot \dfrac{R}{P} = \dfrac{1}{T}$; also bei Normtemperatur: $\alpha_{T_0} = \dfrac{1}{T_0}$.

7 Für den *Spannungskoeffizienten* gilt allgemein: $\beta = \dfrac{1}{P}\left(\dfrac{\partial P}{\partial T}\right)_V$, was im Falle *verdünnter Gase* wieder ergibt $\beta = \dfrac{1}{P}\dfrac{\partial}{\partial T}\left(\dfrac{RT}{V}\right)_V = \dfrac{1}{P} \cdot \dfrac{R}{V} = \dfrac{1}{T} \Rightarrow \beta_{T_0} = \dfrac{1}{T_0} = \alpha_{T_0}$.

$$\frac{P \cdot V}{T} = \frac{P_0 \cdot V_0}{T_0} = \text{const.} \qquad \textit{ideale Gasgleichung.}^{8} \qquad \text{(II-1.9)}$$

P, T und V sind für *jeden* Stoff über eine *Zustandsgleichung* $f(P,T,V) = \text{const.}$ miteinander verknüpft, sodass nur zwei der drei Zustandsvariablen unabhängig voneinander sind. Genauer wird $f(P,T,V) = \text{const.}$ bzw. $P = P(T,V)$ als *thermische Zustandsgleichung* bezeichnet, um sie von der *kalorischen Zustandsgleichung* $U = U(T,V)$ zu unterscheiden (U ... innere Energie, siehe Abschnitt 1.2.4 sowie Abschnitt 1.3.1.2.1, Fußnote 81 und Band VI, Kapitel „Statistische Physik", Abschnitt 1.3.3, Beispiel ‚Ideales, einatomiges Gas mit quantenmechanischer Energieberechnung'). Die Zustandsgleichungen der Stoffe zu ermitteln ist eine der Hauptaufgaben der Thermodynamik (siehe Abschnitt 1.3).

Avogadro (Lorenzo Romano Amedeo Carlo Avogadro, Conte di Quaregna e Cerreto, 1776–1856) kam 1811 zu dem Schluss, dass gleich große Gasvolumina V bei gleichem Druck P und gleicher Temperatur T die gleiche Zahl an Gasteilchen enthalten.

Da für jeden Stoff die Menge von 1 mol[9] per definitionem dieselbe Anzahl von Teilchen enthält (siehe die *Avogadro-Konstante* weiter unten Gl. II-1.14), kann dies auch anders formuliert werden: Bei gleichem Druck P und gleicher Temperatur T hat das *molare Volumen* $V_m = \frac{V}{\nu} = \frac{M_m}{\rho}$, das Volumen, das von $6{,}022 \cdot 10^{23}$ Teilchen einer Substanz ausgefüllt wird (Einheit: m^3/mol, ν ... *Stoffmenge, Molzahl*, M_m ... mo-

8 Die ideale Gasgleichung ist umso besser erfüllt, je weiter entfernt sich das Gas vom Verflüssigungspunkt (P_L, T_L) befindet. Daher verhalten sich bei Atmosphärendruck (P = 760 Torr = 1013,25 hPa) und Raumtemperatur (RT = 20 °C) Helium und Wasserstoff mit $T_{L,\text{He}} = -268{,}93\,°\text{C}$ und $T_{L,\text{H}_2} = -252{,}87\,°\text{C}$ sehr angenähert wie ideale Gase.

9 Zur Erinnerung: 1 Mol (Einheit: 1mol, Symbol: ν) ist jene Stoffmenge eines Systems, die genau $6{,}022\,140\,76 \cdot 10^{23}$ Teilchen der bezeichneten Art enthält. Diese Teilchenzahl pro Mol heißt *Avogadro-Konstante* N_A. Damit wird die Stoffmenge ν einer beteiligten Teilchenzahl N zu: $\nu = \frac{N}{N_A}$ mol. Für die *absolute* Molekülmasse m_M (früher „Molekulargewicht") oder Atommasse m_A (früher „Atomgewicht") gilt: $m_M = \frac{M_m}{N_A}$ ($[m_M]$ = kg, $M_m = \frac{m}{\nu}$ ... molare Masse, $[M_m] = \text{kg mol}^{-1}$, m ... Masse in kg). Die *relative* Molekülmasse M_R ist die dimensionslose, auf ein Zwölftel der Masse des Kohlenstoffisotops ^{12}C bezogene Masse: $M_R = 12 \cdot \frac{m(\text{Molekül})}{m(^{12}\text{C})}$. Vor der Festlegung der Avogadro-Konstante wurde diese experimentell röntgenographisch aus dem Volumen der Elementarzelle V_z, der Zahl der Atome pro Zelle n_z und der Masse der Atome (Atommasse, Atomgewicht) m_A ($\rho = \frac{n_z \cdot m_A}{V_z}$ wird gemessen $\Rightarrow N_A = \frac{M_m}{m_A} = \frac{M_m \cdot n_z}{\rho \cdot V_z}$, M_m ... Molmasse) bzw. aus der Elementarladung e und der Faraday-Konstanten F mit $N_A = \frac{F}{e}$ bestimmt.

lare Masse), für alle Gase den gleichen Wert: Unter *Normbedingungen* (= *STP* = *Standard Temperature and Pressure* 0 °C = 273,15 K[10] und 1013,25 hPa = 101325 N/m² = 760 Torr gilt für das Molvolumen aller (idealen) Gase

$$V_{m,STP} = 22{,}414 \cdot 10^{-3}\,\mathrm{m^3/mol} = 22{,}414\,(\mathrm{dm})^3/\mathrm{mol}\,. \qquad \text{(II-1.10)}$$

Damit kann die Konstante in der idealen Gasgleichung berechnet werden. Für ν Mole muss gelten

$$\frac{P_{STP} \cdot \nu V_{m,STP}}{T_{STP}} = \frac{101325\,\mathrm{N/m^2} \cdot \nu \cdot 22{,}414 \cdot 10^{-3}\,\mathrm{m^3/mol}}{273{,}15\,\mathrm{K}} =$$
$$= \nu \cdot 8{,}31446\,\mathrm{Nm \cdot mol^{-1} \cdot K^{-1}} = \frac{\nu P \cdot V_m}{T}\,. \qquad \text{(II-1.11)}$$

Den Zahlenwert bezeichnet man als *universelle Gaskonstante R*, der seit Mai 2019 durch $R = N_A \cdot k$ (siehe Abschnitt 1.2.3, Gl. II-1.45) und die exakten Konstanten N_A (Avogadro-Konstante) und k (Boltzmannkonstante) zahlenmäßig festgelegt ist:

$$R = 8{,}314\,462\,618 \ldots \mathrm{J \cdot mol^{-1} \cdot K^{-1}} \quad \text{(exakt)} \qquad \textit{universelle Gaskonstante.} \qquad \text{(II-1.12)}$$

Damit wird die ideale Gasgleichung mit $\nu V_m = V$ zu

$$P \cdot V = \nu \cdot R \cdot T \qquad \textit{ideale Gasgleichung.} \qquad \text{(II-1.13)}$$

Die Zahl $N_A = \frac{N}{\nu}$ der Atome oder Moleküle pro Mol ist die *Avogadro-Konstante* (manchmal auch *Loschmidtzahl*[11]):

---

10 Hier wird die Festlegung der *thermodynamischen Temperaturskala* vorweggenommen: Fixpunkt $T = 0\,\mathrm{K}$ (Kelvin), $1\,\mathrm{K} = 1{,}380\,649 \cdot 10^{-23}\,\mathrm{J}/k$ (exakt), k ... Boltzmannkonstante, (siehe nächster Abschnitt 1.1.3). Bis Mai 2019 war der „Tripelpunkt" von Wasser als zweiter Fixpunkt der Temperaturskala exakt festgelegt und es galt: Am Tripelpunkt $T_3 = 273{,}16\,\mathrm{K}$ (exakt) von Wasser koexistiert H_2O in fester (Eis), flüssiger (Wasser) und gasförmiger Form (Wasserdampf). Die Temperatureinheit K (Kelvin) war damit so definiert: $1\,\mathrm{K} = T_3/273{,}16$. Der Tripelpunkt hatte in Celsiusgraden 0,01 °C exakt (nicht 0 °C!). Heute wird der Tripelpunkt (wieder) experimentell bestimmt; sein Wert trägt daher eine Messunsicherheit und liegt derzeit bei (273,16 ± 0,0001) K. 0 °C entspricht daher einer absoluten Temperatur von 273,15 K. Der Druck von Wasser am Tripelpunkt beträgt $P_{T_3} = 611{,}7\,\mathrm{Pa}$, der Eispunkt der Celsiusskala wird aber bei $P = 1013{,}25\,\mathrm{hPa}$ gemessen: Dies ergibt die beobachtete Differenz der beiden Eispunkte von 0,01 °C. Vergleiche dazu auch das Phasendiagramm für H_2O in Abschnitt 1.3.3.3, aus dem hervorgeht, dass eine Drucksteigerung den Gefrierpunkt erniedrigt.

11 Als Loschmidt-Konstante N_L gilt eigentlich die Teilchenzahl pro Volumeneinheit unter Normbedingungen. Die Bezeichnung wurde von Boltzmann für die Zahl der Moleküle in einem Kubikzentimeter Luft eingeführt. Heutiger Wert: $N_L = 2{,}686\,780\,111 \ldots \cdot 10^{25}\,\mathrm{m^{-3}}$.

$$N_A = 6{,}022\,140\,76 \cdot 10^{23}\,\mathrm{mol}^{-1} \quad \text{(exakt)} \qquad \textit{Avogadro-Konstante.}^{12} \qquad \text{(II-1.14)}$$

1.1.3 Temperaturmessung und absolute Temperaturskala

Im Prinzip kann jede Eigenschaft eines Stoffes zur Temperaturmessung herangezogen werden, die sich in eindeutiger und reproduzierbarer Weise mit der Temperatur ändert, also eine *thermometrische Eigenschaft* aufweist. Dies kann die Ausdehnung sein (z. B. Flüssigkeitsthermometer oder Gasthermometer), der elektrische Widerstand eines Metalldrahtes oder eines Halbleiterelements, aber auch Farbänderungen oder Thermospannungen.

Da alle Gase bei geringer Dichte (geringem Druck) identische Eigenschaften aufweisen und stark auf Temperaturänderungen reagieren, können sie gut zur Temperaturmessung herangezogen werden: Nach Boyle-Mariotte ist das Produkt aus Gasdruck P und Gasvolumen V bei isothermer Versuchsführung konstant und ändert sich mit der Temperatur entsprechend der idealen Gasgleichung; nach Guillaume Amontons ist der Druck P eines idealen Gases bei konstantem Volumen der absoluten Temperatur $T = 273{,}15 + \vartheta$ (ϑ ... Celsiustemperatur) direkt proportional (siehe 1.1.2, Gl. II-1.3). Der funktionale Zusammenhang wird also durch die *Temperaturskala* bestimmt. Wir wollen daher hier die Temperaturmessung mit dem *Gasthermometer* genauer besprechen.

Beim Gasthermometer (Abb. II-1.1) wird der zur Temperatur T gehörende Druck P bei konstantem Volumen gemessen.[13]

Wenn das Volumen konstant gehalten wird, gilt nach der idealen Gasgleichung ein linearer Zusammenhang zwischen der Temperatur T und dem Druck P eines Gases entsprechend dem Gesetz von Amontons bzw. Gay-Lussac

---

12 Zur Zeit der 1. Auflage dieses Lehrbuches wurde an einer Neudefinition der Masseneinheit 1 kg gearbeitet, da das im Bureau International des Poids et Mesures in Sèvres bei Paris aufbewahrte „Urkilogramm" die einzige *SI*-Basiseinheit war, die noch durch einen Prototyp festgelegt wurde. Die Idee, die an der Physikalisch Technischen Bundesanstalt in Braunschweig verwirklicht werden sollte, war, die Avogadrozahl mit einer Genauigkeit von $2 \cdot 10^{-8}$ zu bestimmen und dann daraus das Kilogramm zu definieren. Es gilt mit der Teilchendichte $n = \frac{N}{V} = \frac{n_z}{V_z}$: $N_A = \frac{N}{\nu}\Big|_{\nu = \frac{m}{M_m}} = \frac{N \cdot M_m}{m} = \frac{M_m \cdot V \cdot n}{m}$. Dabei wird die Teilchendichte n einer Kugel mit Volumen V und der Masse m aus einkristallinem, isotopenreinen Silizium ($^{28}_{14}Si$) mit der molaren Masse M_m mit Röntgenlaserinterferometrie gemessen. Auch die anderen auftretenden Größen müssen entsprechend genau gemessen werden. Der beste Wert der so bestimmten Avogadrozahl von $N_A = (6{,}022\,140\,76 \pm 0{,}000\,000\,12) \cdot 10^{23}\,\mathrm{mol}^{-1}$ (2015) wurde als Basis für die exakte Festlegung im Jahr 2018 genommen (gültig ab Mai 2019). Siehe dazu auch Band I, Kapitel „Einleitung", Anhang: Definition der *SI*-Basiseinheiten.

13 Eine Messung des Volumens bei konstantem Druck ist im Prinzip ebenso möglich, erfordert aber einen größeren praktischen Aufwand.

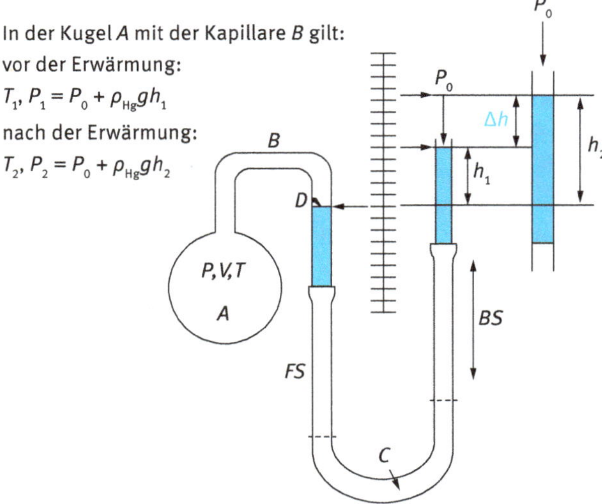

Abb. II-1.1: Gasthermometer. Das mit Heliumgas gefüllte Gefäß *A* steht über eine Kapillare (*B*) mit den Schenkeln *FS* und *BS* in Verbindung, die mit Quecksilber gefüllt und durch einen Schlauch (*C*) verbunden sind. Bei Erwärmung kann sich das Gas gegen die Quecksilbersäule ausdehnen, die als Manometer (Druckmesser) dient. Einer der mit Quecksilber gefüllten Schenkel ist fest (fester Schenkel *FS*), der andere beweglich (beweglicher Schenkel *BS*), die Ausdehnung wird durch Heben des Schenkels *BS* wieder rückgängig gemacht. Die Glasspitze *D* dient als Referenzmarke im festen Schenkel, um immer auf gleiches Gasvolumen einstellen zu können. P_0 ist der äußere Luftdruck. Ist $V_B \ll V_A$, dann genügt es, nur die Kugel *A* von der Temperatur T_1 auf T_2 zu bringen.

$$T = C \cdot P.^{14} \tag{II-1.15}$$

Dabei ist nach der idealen Gasgleichung (II-1.13) $C = \frac{V}{\nu R}$, C ist also nur für eine bestimmte Thermometerkugel und Gasmenge ν (Gefäß *A*) konstant.

Wird das mit dem Messgas gefüllte Gefäß mit dem zu messenden System in Wärmekontakt gebracht und das durch Erwärmung oder Abkühlung veränderte Gasvolumen durch Verschiebung des beweglichen Schenkels wieder auf das Ausgangsvolumen gebracht (Referenzmarke *D*), so erfolgt die Messung der Temperaturdifferenz ΔT durch Messung der Druckdifferenz ΔP:

$$\Delta T = C \cdot \Delta P \text{ mit } \Delta P = \underbrace{P_0 + \rho_{Hg} \cdot g \cdot h_2}_{P_2} - \underbrace{(P_0 + \rho_{Hg} \cdot g \cdot h_1)}_{P_1} = \rho_{Hg} g \Delta h. \tag{II-1.16}$$

14 Diese Beziehung muss für das ideale Gas *axiomatisch* festgelegt werden (ein Axiom steht für einen zu Grunde gelegten, nicht abgeleiteten Ausgangssatz). Auch für die ältere Celsius-Skala musste die *konstante* lineare Ausdehnung mit der Temperatur zwischen dem Eispunkt (0 °C) und dem Siedepunkt des Wassers (100 °C) – beide bei $P = 760$ Torr = 1013,25 hPa gemessen – *axiomatisch*

P_0 ist dabei der wirkende äußere Luftdruck (der sich weghebt), ρ_{Hg} die Dichte von Quecksilber, g die Erdbeschleunigung und Δh die der Druckdifferenz entsprechende gemessene Höhendifferenz.

Jetzt muss noch die Konstante C, der Koeffizient der zur Temperaturänderung gehörigen Druckänderung, bestimmt werden, d. h., wir müssen eine geeignete Temperaturskala festlegen. Für die historische *Celsius Skala*[15] bringen wir das Gefäß des Gasthermometers bei einem Luftdruck von 1013,25 hPa einmal mit schmelzendem Eis, dann mit siedendem Wasser in thermischen Kontakt, messen die Druckdifferenz ΔP und teilen sie in 100 gleiche Teile. Ein Teil dieser Druckdifferenzskala entspricht dann einer Temperaturdifferenz von einem Grad Celsius (1 °C). Die *absolute = thermodynamische Temperaturskala* (siehe auch Abschnitt 1.3.1.3) wird durch den *absoluten Nullpunkt* ($T_{Null} = 0\,K$) und die *SI*-Basiseinheit *Kelvin* (K) mit $1\,K = 1{,}380\,649 \cdot 10^{-23}\,J/k$ (exakt), k ... Boltzmannkonstante, festgelegt. Die Temperatur des Gefrierpunkts von Wasser (Eispunkt) liegt damit bei:

$$T_0 = 273{,}15\,K. \tag{II-1.17}$$

Die beiden Fixpunkte der Celsius Skala, Schmelzpunkt von Eis und Siedepunkt von Wasser, beide bei 1013,25 hPa, liegen damit sehr genau 100 K auseinander. Für die Temperatur ϑ in Grad Celsius ist durch die Einheit Kelvin (K) festgelegt:

$$\left\{\vartheta(°C)\right\} = \left\{T(K)\right\} - 273{,}15 \quad \Rightarrow \quad 0\,°C \triangleq 273{,}15\,K. \tag{II-1.18}$$

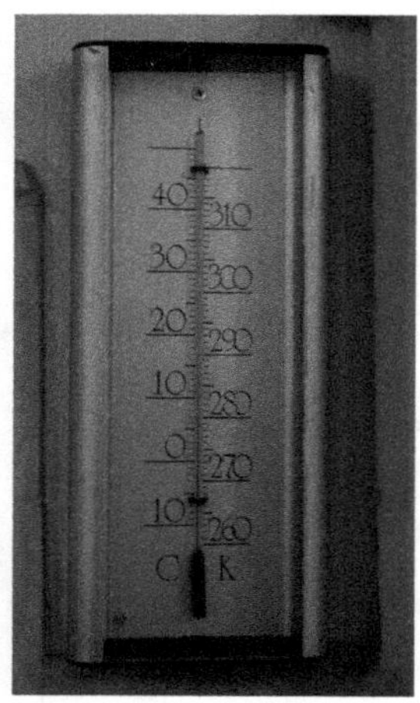

II-1.2: Ein Thermometer, das in den beiden Temperetaturskalen Grad Celsius und Kelvin kalibriert ist.
Es befindet sich in einer Säulennische im Mittelschiff der Sint-Stevenskerk in Nijmegen, Niederlande.
(nach Wikipedia, Martinvl).

festgelegt werden und das Intervall zwischen 0 °C und 100 °C linear geteilt werden: ein Teilschritt wird als 1 °C bezeichnet.

15 Nach Anders Celsius, 1701–1744, schwedischer Astronom. Celsius legte allerdings den Siedepunkt von H_2O auf 0° und den Eispunkt mit 100° fest. Erst nach seinem Tod wurde die Skala

Die geschwungenen Klammern bezeichnen die Zahlenwerte der Temperatur in °C bzw. in K (siehe auch Band I, Kapitel „Einleitung", Abschnitt 1.2, Gl. I-1.1). Da sich die Zahlenwerte für die Temperatur bei der Verwendung der Einheiten „Grad Celsius" und „Kelvin" also nur um einen konstanten Wert unterscheiden, können Temperaturdifferenzen in K oder in °C angegeben werden. Man beachte, dass dadurch der Tripelpunkt T_3 auf der Celsius Skala den Wert $\vartheta_{T_3} = 0{,}01°C$ erhält (siehe auch Abschnitt 1.1.2, Fußnote 10).

Zur Bestimmung der Konstante C bringen wir unser Gasthermometer in thermischen Kontakt mit einer Tripelpunkt[16]-Zelle[17] ($T_3 = 273{,}16$ K, $P_3 = (611{,}657 \pm 0{,}010)$ Pa) und messen den Druck $P(T_3)$ im Thermometergefäß. Dann folgt für die Thermometerkonstante C (Dimension $\frac{\text{K} \cdot \text{m}^2}{\text{N}}$)

$$T_3 = C \cdot P(T_3) \quad \Rightarrow \quad C = \frac{T_3}{P(T_3)} \underset{\text{Gl.(II-1.13)}}{=} \frac{V}{\nu R} \tag{II-1.19}$$

und wir erhalten für die Temperatur T beim Druck $P(T)$

$$T = \frac{T_3}{P(T_3)} P(T) \quad \text{in K} \quad \textit{ideale Gastemperatur.} \tag{II-1.20}$$

$P(T_3)$ und $P(T)$ werden mit dem Gasthermometer gemessen, wobei jetzt auch der Luftdruck P_0 bekannt, also gemessen sein muss.

Durch die Wahl der thermodynamischen Temperaturskala wird also die universelle Gaskonstante R festgelegt.[18] Mit Hilfe der idealen Gasgleichung (Gl. II-1.13) erhält man

---

entweder von seinem Nachfolger am Observatorium in Uppsala Martin Strömer, dem Instrumentenbauer Daniel Ekström oder auch dem Botaniker Carl von Linné umgekehrt.

16 Siehe Abschnitt 1.3.3.3, Abb. II-1.32.

17 Eine Tripelpunkt-Zelle ist ein luftfreies, zum Teil mit reinem Wasser gefülltes Glasgefäß, das sehr langsam abgekühlt wird, bis sich an den Innenwänden Eis bildet. Solange Eis vorhanden ist, ändert sich die Temperatur in der Zelle nicht mehr. Dies tritt bei $T = T_3 = 273{,}16$ K ein, wobei sich der Dampfdruck des Wassers in der Zelle automatisch zu $P_3 = 611{,}657$ Pa einstellt. Bei dem höheren Druck von 760 mmHg = 101325 Pa gefriert Wasser erst bei der etwas tieferen Temperatur von $T_0 = 273{,}15$ K (Eispunkt). Der Grund dafür ist, dass sich Wasser beim Gefrieren ausdehnt! Die Gefrierpunktserniedrigung erfolgt nach dem *Prinzip des kleinsten Zwanges* (Prinzip von Le Chatelier): Übt man auf ein System im Gleichgewicht einen Zwang aus, so reagiert es so, dass die Wirkung des Zwangs minimal wird. Der erhöhte Druck bei der Erstarrung des Wassers bewirkt einen Zwang, dem durch die Kontraktion des Eises bei einer Temperaturerniedrigung entgegengewirkt wird: Dehnt sich ein Stoff beim Erstarren aus, dann sinkt sein Erstarrungspunkt, wenn der äußere Druck erhöht wird.

18 Das wurde im letzten Abschnitt (1.1.2) unter Verwendung der idealen Gasgleichung und des molaren Volumens V_m unter *Normbedingungen* vorweggenommen.

$$T = \frac{V}{\nu \cdot R} \cdot P = C \cdot P. \qquad \text{(II-1.21)}$$

Bei bekannter Thermometerkonstante $C = \dfrac{T_3}{P(T_3)}$ folgt für die Gaskonstante

$$R = \frac{V}{C \cdot \nu} = \frac{P(T_3) \cdot V}{T_3 \cdot \nu}. \qquad \text{(II-1.22)}$$

Zu ihrer Bestimmung füllen wir den Behälter unseres Gasthermometers vom Volumen V mit ν Mol des Heliumgases und messen V und $P(T_3)$ in *SI*-Einheiten; so erhalten wir die universelle Gaskonstante aus $R = \dfrac{V}{C \cdot \nu}$ (Gl. II-1.12). Seit Mai 2019 ist die universelle Gaskonstante durch $R = N_A \cdot k$ zahlenmäßig festgelegt:

$$R = 8{,}314\,462\,618\,\mathrm{J} \cdot \mathrm{mol}^{-1} \cdot \mathrm{K}^{-1} \quad \text{(exakt).}$$

1.1.4 Thermische Ausdehnung fester und flüssiger Stoffe

In Festkörpern ist die Wärmeausdehnung eine Folge der Anharmonizität des Potenzials (Abweichung von der Symmetrie bezüglich der Gleichgewichtslage),[19] das die Atome an ihren Gitterplätzen hält, siehe Band I, Kapitel „Mechanik deformierbarer Körper“, Abschnitt 4.1.3). Die Atome schwingen um ihre mittlere Lage, diese verschiebt sich aber mit zunehmender Temperatur und daher auch zunehmender Schwingungsamplitude wegen der Asymmetrie der Potenzialkurve (Anharmonizität) zu größeren Abständen. Obwohl die Wärmeausdehnung daher von den anharmonischen Atompotenzialen und der Gitterstruktur abhängt, lässt sich innerhalb eingeschränkter Temperaturbereiche eine lineare Abhängigkeit der Längenzunahme mit der Temperatur angeben:

$$\Delta l = l - l_0 = l_0 \cdot \alpha \cdot \Delta T \Leftrightarrow l = l_0(1 + \alpha \cdot \Delta T) \quad \textit{lineare Ausdehnung} \qquad \text{(II-1.23)}$$

mit

$$\alpha = \frac{1}{l_0}\frac{\Delta l}{\Delta T} \quad \textit{linearer Ausdehnungskoeffizient} \qquad \text{(II-1.24)}$$

Einheit: $[\alpha] = 1/\mathrm{K}$.

19 Die Abweichung von der Symmetrie ergibt sich dadurch, dass die abstoßenden Kräfte sehr stark mit der Annäherung der Atome wachsen, während die Anziehung mit der Atomdistanz schwächer abnimmt (siehe dazu auch Band VI, Kapitel „Festkörperphysik“, Abschnitt 2.1).

II-1.3: Folgen der Wärmeausdehnung: Gleisverwerfung auf der Teutoburger Wald-Eisenbahn am ehemaligen Bahnhof Gütersloh Ost am 4. 8. 2013. (nach Wikipedia, ABproTWE).

Für die *Volumenausdehnung* eines würfelförmigen Körpers kann man ansetzen ($V = l^3$)

$$V = l^3 = l_0^3(1 + \alpha \cdot \Delta T)^3 = V_0\left(1 + 3\alpha\Delta T + 3(\alpha\Delta T)^2 + (\alpha\Delta T)^3\right). \qquad \text{(II-1.25)}$$

Da sich jeder Körper in würfelförmige Elementarzellen zerlegen lässt, gilt diese Beziehung für jeden homogenen Körper.

Für nicht zu große Temperaturdifferenzen ist bei Festkörpern $\alpha \cdot \Delta T$ sehr klein und höhere Potenzen können vernachlässigt werden, sodass näherungsweise gilt

$$V \cong V_0 \cdot (1 + 3\alpha \cdot \Delta T) \quad \textit{Volumenausdehnung fester Stoffe} \qquad \text{(II-1.26)}$$

Ändert sich im betrachteten Temperaturbereich die Kristallstruktur eines Festkörpers, so kommt es meist zu einer sprunghaften Änderung der linearen Ausdehnung, was zur Ermittlung von Phasengrenzlinien herangezogen werden kann. Die Änderung von Gitterfehlern mit der Temperatur führt außerdem zu Abweichungen von der Linearität.

Einige Zahlenwerte für den Ausdehnungskoeffizienten α von Feststoffen.

Stoff	Ausdehnungskoeffizient α (10^{-5} K^{-1})
Fe	1,2
Al	2,3
Pb	2,93
Invar (64 % Fe, 36 % Ni)	0,13
Fensterglas	0,76
Quarzglas	0,05
Eis (0 °C)	5,1
Polytetrafluorethylen (*PTFE*)[20]	ca. 20
Zerodur (Glaskeramik)[21]	0,0015

Flüssigkeiten dehnen sich ähnlich wie Gase aus, der Effekt ist aber wegen der Anziehungskräfte zwischen den Flüssigkeitsteilchen viel schwächer; im Vergleich zu Festkörpern dehnen sie sich aber etwa 100-mal stärker aus. In weiten Bereichen gilt

$$\Delta V = V - V_0 = V_0 \cdot \gamma \cdot \Delta T \Leftrightarrow V = V_0(1 + \gamma \cdot \Delta T) \qquad \text{(II-1.27)}$$

Volumenausdehnung von Flüssigkeiten

mit

$$\gamma = \frac{1}{V_0}\frac{\Delta V}{\Delta T} \quad \textit{Volumenausdehnungskoeffizient von Flüssigkeiten.} \qquad \text{(II-1.28)}$$

Einheit: $[\gamma] = 1/\text{K}$.

Einige Zahlenwerte für den Ausdehnungskoeffizienten γ von Flüssigkeiten.

Stoff	Ausdehnungskoeffizient γ (10^{-3} K^{-1})
H_2O	0,21
Ethanol	1,10
Quecksilber	0,18
Glyzerin	0,49

Zum Vergleich:
Der Ausdehnungskoeffizient des idealen Gases bei 20 °C beträgt $\alpha = \frac{1}{293{,}15\ \text{K}} = 3{,}41 \cdot 10^{-3}\ \text{K}^{-1}$

20 Handelsnahme: *Teflon*.
21 Dient als Strukturbasis für große Teleskopspiegel.

1.2 Kinetische Gastheorie

1.2.1 Ideales Gas

Für die detaillierte Beschreibung des *mikroskopischen Zustands* eines Gases ist die Angabe der Koordinaten und Geschwindigkeiten aller seiner Teilchen notwendig. Dies führt auch mit modernsten Computern unter Anwendung der Gesetze der Mechanik für die einzelnen Atome zu keiner praktikablen Lösung der Beschreibung des gesamten Systems.

Man wählt daher folgende Vorgangsweise: Die *makroskopische Beschreibung* des Systems wird mit *einfachen Mittelwerten* der *mikroskopischen Größen* verknüpft; man wendet also die Gesetze der Mechanik *statistisch* an (siehe als Ergänzung und Erweiterung dieses Kapitels das Kapitel „Statistische Physik" in Band VI).

Beispiel: Gasdruck: Der Druck eines Gases ist die Folge der mittleren Impulsänderung pro Zeiteinheit durch Stöße der Gasmoleküle gegen die Flächeneinheit der Wände. Durch die große Zahl der beteiligten Moleküle ergeben sich für den Druck als Messgröße scharfe Mittelwerte. (Siehe auch das „Gesetz der großen Zahl" in Band VI, Kapitel „Statistische Physik", Abschnitt 1.1.3)

Die Ergebnisse der historischen Untersuchungen im ersten Abschnitt zeigen, dass alle Gase bei genügend kleiner Dichte unabhängig von ihrer chemischen Zusammensetzung einfache Beziehungen zwischen den Zustandsgrößen *Druck*, *Volumen* und *Temperatur* aufweisen. Das führt zum Konzept des *idealen Gases*, das unter allen Bedingungen dieses einfache Verhalten aufweisen soll.

Wann ist ein Gas „ideal"?

- Das Gas besteht aus einer großen Zahl von Atomen oder Molekülen, die elastisch aufeinander und auf die Wände stoßen; die Stoßzeit ist vernachlässigbar kurz. Zwischen den Stößen bewegen sich die Moleküle geradlinig.
- Die Moleküle üben – von den Stoßkräften abgesehen – keine Kräfte aufeinander aus, die Stöße untereinander und gegen die Wand erfolgen rein elastisch.
- Der Abstand der Moleküle ist im Mittel groß gegen ihren Durchmesser, die Gasdichte muss also klein sein.
- Wenn keine äußeren Kräfte wirken, haben die Moleküle im Behälter keine bevorzugte Position und keine bevorzugte Geschwindigkeitsrichtung (isotrope Verteilung), die Beträge der Geschwindigkeiten sind um einen Mittelwert $\langle v \rangle$ verteilt, der von der Temperatur T abhängt.

Die geringe Gasdichte bedeutet, dass die Wechselwirkung (*WW*) der Moleküle, deren Eigenvolumen vernachlässigbar ist („punktförmige" Teilchen), – abgesehen vom Stoßvorgang – nicht betrachtet werden muss.

Die Atome oder Moleküle des idealen Gases verhalten sich beim Stoß wie harte Kugeln mit einem Radius r_0 (Abb. II-1.4).

Eine *WW* tritt nur bei ihren elastischen Stößen untereinander (und mit der Wand) auf, für die der Energie- und der Impulssatz gelten. Diese Stöße führen dazu, dass sich die Gasmoleküle mit Geschwindigkeiten bewegen, die um einen temperaturabhängigen Mittelwert statistisch verteilt sind (siehe Abschnitt 1.2.5 „Die Maxwellsche Geschwindigkeitsverteilung der Gasmoleküle").

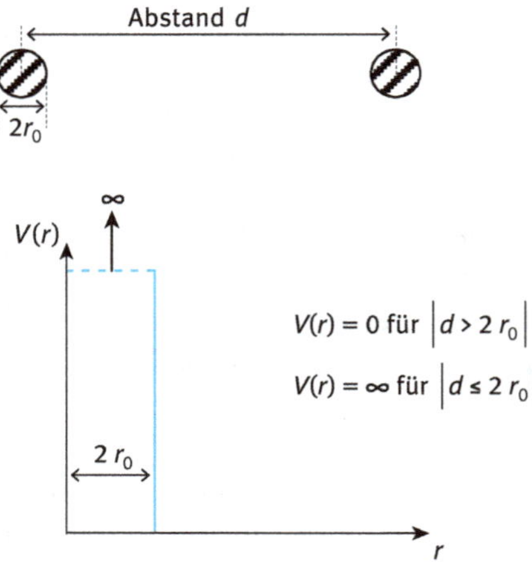

Abb. II-1.4: *WW*-Potenzial harter Kugeln.

1.2.2 Grundgleichung der kinetischen Gastheorie

Schon aus dem Gesetz von Boyle-Marotte für das isotherme Verhalten eines idealen Gases (Abschnitt 1.1.2, Gl. II-1.2)

$$P \cdot V = \text{const.}$$

ergibt sich der Druck eines idealen Gases als $P \propto \frac{1}{V}$ und damit proportional zur Gasdichte $\rho = \frac{m}{V}$, also $P \propto \rho$. Umgekehrt ist das Gas bei konstanter Temperatur umso leichter komprimierbar, je kleiner sein Druck ist: $\kappa = -\frac{1}{V}\left(\frac{\partial V}{\partial P}\right)_T = \frac{1}{P}$. Dabei ist κ die Kompressibilität, gemessen in m^2/N (siehe Band I, Kapitel „Mechanik deformierbarer Körper", Abschnitt 4.2.1, Gl. I-4.13).

Im Anschluss daran konnten Boltzmann,[22] Clausius[23] und Maxwell[24] zeigen, *dass alle Eigenschaften eines idealen Gases auf die Bewegung der Gasatome und deren Wechselwirkungen bei Stößen untereinander und mit den Gefäßwänden zurückgeführt werden können.*

Wir betrachten ein ideales Gas aus N Molekülen im Volumen V. Das Gas soll nicht strömen, es ist als Ganzes in Ruhe, obwohl sich seine Moleküle bewegen. Da sich die Moleküle mit gleicher Wahrscheinlichkeit in eine Raumrichtung wie in die entgegengesetzte Richtung bewegen, müssen die Mittelwerte ihrer Geschwindigkeitskomponenten verschwinden, nicht aber die Mittelwerte der Quadrate der Geschwindigkeitskomponenten, also

$$\bar{\upsilon}_x = \bar{\upsilon}_y = \bar{\upsilon}_z = 0 \quad \text{und} \quad \overline{\upsilon_x^2} = \overline{\upsilon_y^2} = \overline{\upsilon_z^2} > 0\,. \tag{II-1.29}$$

Mit welcher Häufigkeit Geschwindigkeiten eines bestimmten Betrags und einer bestimmten Richtung auftreten, kann durch eine *Verteilungsfunktion* beschrieben werden. Dabei ist $f(\vec{\upsilon})$ die Verteilungsfunktion der Geschwindigkeiten $\vec{\upsilon}$ (Betrag *und* Richtung), $f(\upsilon)$ dagegen die Verteilungsfunktion der Geschwindigkeitsbeträge. Da im vorliegenden Fall die Geschwindigkeiten isotrop verteilt sind, hängt die Verteilungsfunktion $f(\vec{\upsilon})$ nur von $|\vec{\upsilon}| = \upsilon$ ab, also $f(\vec{\upsilon}) = f(\upsilon)$. Die Anzahl der Teilchen $d^2N(\upsilon)$ mit einer Geschwindigkeit zwischen υ und $\upsilon + d\upsilon$ im Raumwinkelelement $d\omega$ um die Richtung $\vec{\upsilon}$ ist somit bei einer Gesamtzahl N aller Teilchen

$$d^2N(\upsilon) = N \cdot f(\upsilon)d\vec{\upsilon}\,, \tag{II-1.30}$$

wobei $d\vec{\upsilon} = d^2\upsilon$ eine Kurzbezeichnung des Volumenelements im Geschwindigkeitsraum bedeutet, für welches gilt (Abb. II-1.5)

$$d\vec{\upsilon} = d^2\upsilon = \upsilon^2 d\omega\, d\upsilon\,.^{25} \tag{II-1.31}$$

22 Ludwig Eduard Boltzmann, 1844–1906. Ludwig Boltzmann war ein Verfechter der Atomistik und begründete mit Maxwell die statistische Physik. Mit seiner Definition der Entropie $S = k \cdot \ln W$ (Boltzmannsche Entropiegleichung von 1877) führte er die von Rudolf Clausius eingeführte fundamentale thermodynamische Größe *Entropie S* auf den Mikrozustand eines Systems zurück. W ist dabei die „Multiplizität der Mikrozustände" des Systems und k die Boltzmannkonstante (siehe auch Band VI, Kapitel „Statistische Physik", Abschnitt 1.3.1 und Fußnote 40 dort). Sein Leitspruch war: „Bring vor, was wahr ist; schreib so, dass es klar ist. Und verficht's, bis es mit dir gar ist!"

23 Rudolf Julius Emanuel Clausius, 1822–1888. Clausius formulierte u. a. den 2. Hauptsatz der Thermodynamik und führte den Begriff der Entropie ein.

24 James Clerk Maxwell, 1831–1879, schottischer Physiker, der auch die Grundlagen der Elektrodynamik („Maxwell Gleichungen", siehe Band III, Kapitel „Zeitlich veränderliche Felder und Maxwell Gleichungen", Abschnitt 4.4) in den Jahren 1855–1861 schuf.

25 Da $d\omega$ *nicht* weiter in $d\omega = d\theta \cdot d\varphi$ aufgespalten wird, ist $d\vec{\upsilon} = d^2\upsilon = \upsilon^2 d\omega \cdot d\upsilon$ eine differentielle Größe *zweiter* Ordnung, ebenso wie das daraus folgende $d^2N(\upsilon) = N \cdot f(\upsilon)d\vec{\upsilon}$.

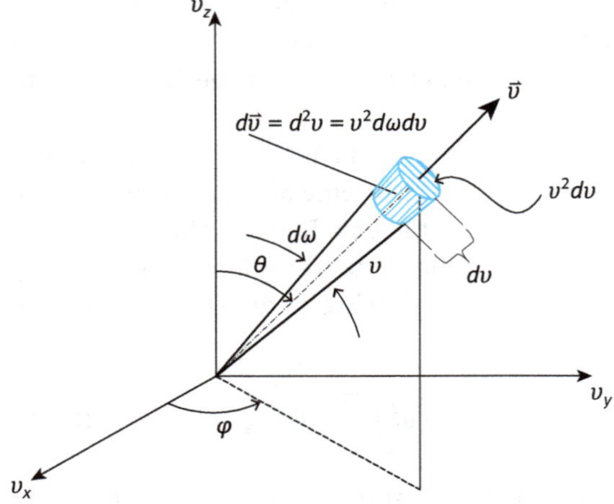

Abb. II-1.5: Zur Definition des Volumenelements $d\vec{v} = d^2v = v^2 d\omega dv$ im Geschwindigkeitsraum.

$$\Rightarrow \frac{d^2N(v)}{N} = f(v)v^2 dv d\omega \qquad \text{(II-1.32)}$$

Da v laut Voraussetzung nicht von der Richtung $\vec{v}$ (also den Polarwinkeln θ und φ) abhängt, kann sofort über den ganzen Raumwinkel integriert werden:

$$\frac{dN(v)}{N} = f(v)v^2 dv \int_0^{4\pi} d\omega = 4\pi v^2 f(v) dv \qquad \text{(II-1.33)}$$

und daher nach Integration über alle Geschwindigkeiten dv

$$\frac{1}{N}\int_0^{\infty} dN(v) = \int_0^{\infty} 4\pi v^2 f(v) dv = 1, \qquad \text{(II-1.34)}$$

denn in $\int_0^{\infty} dN(v) = N$ sind ja alle N Teilchen enthalten.[26]

Die Berechnung der Verteilungsfunktionen erfolgt weiter unten in Abschnitt 1.2.5.

---

26 Für die Verteilungsfunktion $f(v)$ ist hier $f(v) = \left(\frac{m}{2\pi kT}\right)^{3/2} \cdot e^{-\frac{mv^2}{2kT}}$ zu setzen; diese unterscheidet sich um den Faktor $4\pi v^2$ von der in Abschnitt 1.2.5.2 (Gl. II-1.61) verwendeten Maxwellverteilung der Geschwindigkeitsbeträge $n(v)/n$, bei der die räumliche Verteilung von $\vec{v}$, also der Faktor $4\pi v^2$, bereits enthalten ist.

Wir wollen unsere Moleküle des idealen Gases als harte Kugeln behandeln und nun zunächst den Druck berechnen, den die aufprallenden Gasteilchen auf die Wände des Gefäßes ausüben. Dazu brauchen wir nicht die genaue Kenntnis der Verteilungsfunktion, wie wir gleich sehen werden. Die Gefäßwand ist auf mikroskopischer Ebene „rauh“; wir betrachten daher ein Flächenelement der Gefäßwand dA, das klein genug ist, um es als ebene Fläche ansehen zu können, auf der die Gasmoleküle auftreffen.[27] Da wir nur elastische Stöße annehmen, ändert sich die Geschwindigkeitskomponente der auftreffenden Gasmoleküle parallel zur Wand nicht und die Normalkomponente ändert ihr Vorzeichen: Das Gasteilchen wird am Flächenelement dA „reflektiert“ (Einfallswinkel = Reflexionswinkel). Wir wählen zur Beschreibung die Kugelkoordinaten r, θ und φ (siehe Band I, Kapitel „Mechanik des Massenpunktes“, Abschnitt 2.1), legen den Ursprung ins Zentrum des Flächenelements dA und die polare Achse z normal auf dA. Die Impulsänderung der Gasmoleküle mit Masse m erfolgt in z-Richtung. In dieser Richtung ist ihr Impuls vor dem Auftreffen auf dA gleich mv_z, nach der Reflexion an der Wand gleich $-mv_z$; an die Wand wird der Impuls $2mv_z$ abgegeben.[28]

Wenn in der Zeit dt eine Anzahl von Gasmolekülen mit Geschwindigkeiten im Intervall dv längs $\vec{v}$ auf ein Flächenelement dA der Gefäßwand auftrifft, so sind diese Gasteilchen zum Beginn des Zeitelements dt alle im Zylinder mit der Basisfläche dA und der Länge $v \cdot dt$ enthalten, dessen Achse parallel zu $\vec{v}$ ist (Abb. II-1.6).[29]

Die Höhe dieses Zylinders ist $v_z \cdot dt$ und sein Volumen daher $v_z dt\, dA$. Ist $n = \frac{N}{V}$ die Teilchendichte, so ist die Zahl der Moleküle pro Volumeneinheit für die v zwischen v und $v + dv$ liegt, d. h., die Geschwindigkeitsbeträge zwischen v und $v + dv$ und Geschwindigkeitsrichtungen im Raumwinkelelement $d\omega$ um $\vec{v}$ aufweisen, unter Verwendung der Verteilungsfunktion $f(v)$ von oben (Gl. II-1.30) durch $n \cdot f(v)dv\,\frac{d\omega}{4\pi}$ gegeben.[30] Daher ist die Anzahl der entsprechenden Gasmoleküle,

---

27 Auch diese Annahme ist sicher nicht erfüllbar, da es im Bereich der atomaren Dimensionen für die auftreffenden Teilchen keine „ebene“ Oberfläche gibt. Die Annahme lässt sich aber bei isotroper Richtungsverteilung der auftreffenden Gasteilchen statistisch begründen: Im *GG* müssen in jeder Richtung ebenso viele Teilchen auf das Flächenelement dA auftreffen wie wegfliegen.

28 Beim elastischen Stoß gegen eine feste Wand ergibt sich der doppelte Impulsübertrag (siehe Band I, Kapitel „Mechanik des Massenpunktes“, Anhang 2.1). Energie wird *keine* übertragen, denn $\Delta E = \frac{\Delta p^2}{2M} = \frac{(2mv_z)^2}{2M} = 0$ für $M \to \infty$.

29 Damit innerhalb des Zeitraums dt keine Ablenkung der Richtung durch Stöße mit anderen Gasmolekülen erfolgt, wählen wir dt so kurz, dass $v \cdot dt$ viel kürzer ist, als die mittlere Distanz zwischen aufeinanderfolgenden Stößen der Gasmoleküle (= mittlere freie Weglänge).

30 Die Geschwindigkeiten $\vec{v}$ sind im gesamten Raumwinkel $\omega = 4\pi$ isotrop verteilt; daher entfällt auf das Raumwinkelelement $d\omega$ der Anteil $\frac{d\omega}{4\pi}$ an Geschwindigkeiten des Betrags v.

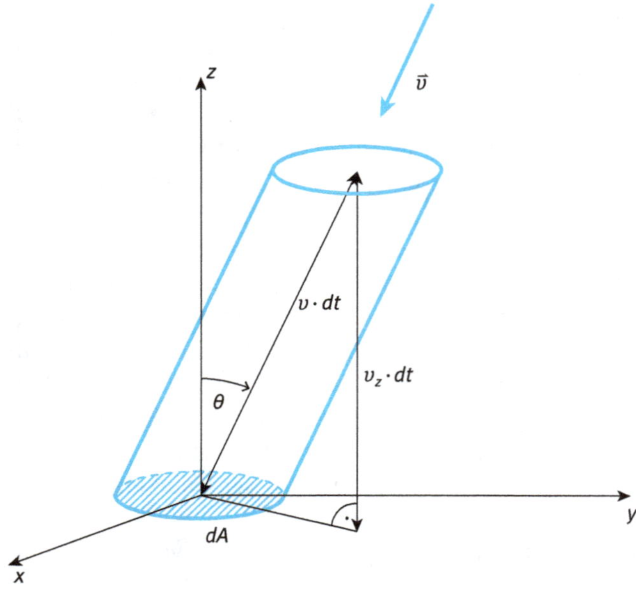

Abb. II-1.6: Zylinder, der alle jene Moleküle mit einer Geschwindigkeit nahe $\vec{v}$ enthält, die auf dem Flächenelement *dA* in der Zeit *dt* auftreffen.

die in Richtung $\vec{v}$ auf das Flächenelement *dA* der Gefäßwand im Zeitintervall *dt* auftreffen

$$n \cdot f(v)dv \frac{d\omega}{4\pi} \cdot v \cdot dtdA \cdot \cos\theta = n \cdot f(v)dv \frac{d\omega}{4\pi} \cdot v_z dtdA \qquad \text{(II-1.35)}$$

und der Impuls Δp, den sie an die Gefäßwand übertragen, beträgt

$$\Delta p_z = n \cdot f(v)dv \frac{d\omega}{4\pi} \cdot 2mv_z \cdot v_z dtdA\,. \qquad \text{(II-1.36)}$$

Der Druck dP_z auf das Flächenelement *dA* ist dann (2. Newtonsches Axiom)

$$dP = dP_z = \frac{dF}{dA} = \frac{1}{dA}\frac{d\Delta p_z}{dt} = n \cdot f(v)dv \cdot 2mv_z^2 \cdot \frac{d\omega}{4\pi}. \qquad \text{(II-1.37)}$$

Durch Aufsummieren (integrieren) über alle möglichen Richtungen der Teilchengeschwindigkeit $\vec{v}$ ergibt sich der Druckanteil *dP* durch alle Gasmoleküle im oberen Halbraum mit einer Geschwindigkeit v zwischen v und $v + dv$ zu[31]

31 In Kugelkoordinaten gilt $v_z = v \cdot \cos\theta$ und $d\omega = \sin\theta\, d\theta\, d\varphi$.

$$dP = \frac{n}{2\pi} \cdot f(v)dv mv^2 \underbrace{\int_0^{2\pi} d\varphi}_{=2\pi} \underbrace{\int_0^{\pi/2} \cos^2\theta \sin\theta \, d\theta}_{=1/3} = \frac{1}{3} n \cdot mv^2 f(v)dv\,.^{32} \qquad \text{(II-1.38)}$$

Damit erhalten wir den gesuchten Druck *aller* Gasmoleküle, indem wir über alle Geschwindigkeitswerte integrieren, also

$$P = \frac{1}{3} n \cdot m \int_0^{\infty} v^2 f(v)dv\,. \qquad \text{(II-1.39)}$$

Verwenden wir das *mittlere Geschwindigkeitsquadrat* $\overline{v^2}$ unter Benützung der Mittelwertbildung als $\overline{v^2} = \int_0^{\infty} v^2 f(v)dv$ (siehe auch Abschnitt 1.2.5.2 und zur Mittelwertbildung mit einer Verteilungsfunktion Band VI, Kapitel „Statistische Physik", Abschnitt 1.1.3), so erhalten wir schließlich für den von den aufprallenden Gasmolekülen erzeugten Druck $\left(\text{mit } n = \frac{N}{V}\right)$

$$P = \frac{1}{3} n \cdot m \cdot \overline{v^2} \quad \text{bzw.} \quad P \cdot V = \frac{1}{3} N \cdot m \cdot \overline{v^2} \qquad \text{(II-1.40)}$$

Grundgleichung der kinetischen Gastheorie

Die letzte Gleichung (II-1.40) können wir umschreiben ($U = N\frac{m\overline{v^2}}{2}$ ... innere Energie des betrachteten Systems harter Kugeln)

$$P \cdot V = \frac{2}{3} N \cdot \underbrace{\frac{m}{2}\overline{v^2}}_{\substack{\text{mittlere } E_{\text{kin}} \\ \text{eines Moleküls}}} = \frac{2}{3} U \qquad \text{(II-1.41)}$$

---

32 Die Integration über den Winkel θ erfolgt nur von 0 bis $\pi/2$, da die Gasmoleküle auf das Flächenelement der Wand dA nur von einer Seite auftreffen. Es gilt

$$\int \sin ax \cos^n ax\, dx = -\frac{1}{a(n+1)} \cos^{n+1} ax \quad \text{für} \quad n \neq -1 \Rightarrow$$

$$\int_0^{\pi/2} \cos^2\theta \sin\theta\, d\theta = \left| -\frac{1}{3}\cos^3\theta \right|_0^{\pi/2} = -\frac{1}{3}(0-1) = \frac{1}{3}.$$

Andere Möglichkeit: Substitution

$$\cos\theta = x \Rightarrow -\sin\theta\, d\theta = dx \Rightarrow \int_0^{\pi/2} \cos^2\theta \sin\theta\, d\theta = -\int_1^0 x^2\, dx = -\left.\frac{x^3}{3}\right|_1^0 = \frac{1}{3}.$$

und erkennen, dass das Produkt $P \cdot V$ neben der Teilchenzahl *nur* von der mittleren E_{kin} der Gasmoleküle abhängt. Unter Verwendung der *spezifischen inneren Energie* $u = \frac{U}{V} = \frac{1}{V} N \frac{m\overline{v^2}}{2} = n \frac{m\overline{v^2}}{2}$ gilt auch

$$P = \frac{2}{3} u.^{33} \tag{II-1.42}$$

1.2.3 Die absolute Temperatur

Nach dem Gesetz von Boyle-Mariotte gilt für eine isotherme Zustandsänderung des idealen Gases (Abschnitt 1.1.2, Gl. II-1.2)

$$P \cdot V = \text{const.},$$

wobei das Experiment zeigt (siehe *ideale Gasgleichung* in Abschnitt 1.1.2, Gl. II-1.9), dass die Konstante von der Temperatur T abhängt, also

$$P \cdot V = C \cdot T.$$

Das heißt aber, dass nach Gl. (II-1.41) in Abschnitt 1.2.2 ($P \cdot V = \frac{2}{3} N \cdot \underbrace{\frac{m}{2}\overline{v^2}}_{\bar{E}_{\text{kin}}}$) die mittlere kinetische Energie eines Gasteilchens $\bar{E}_{\text{kin}} = \frac{1}{2} m\overline{v^2}$ proportional zur Temperatur T ist. Wir definieren daher die *absolute Temperatur* durch die Beziehung

$$\frac{1}{2} m\overline{v^2} = \frac{3}{2} kT \quad \textit{absolute Temperatur } T \textit{ in Kelvin.}\ [\mathrm{K}] \tag{II-1.43}$$

k ist dabei die *Boltzmannkonstante*; sie stellt einen Zusammenhang zwischen der absoluten Temperatur eines idealen Gases und der mittleren kinetischen Energie eines seiner Teilchen her. Die Temperatur $T = \frac{2}{3} \frac{1}{k} \left(\frac{1}{2} m\overline{v^2} \right)$ ist also ein direktes

33 Für den Druck eines *Photonengases* bzw. eines elektromagnetischen Feldes in einem Volumen V liefert sowohl die klassische Elektrodynamik als auch die Quantenstatistik den halben Wert, also $P_s = \frac{E}{3V} = \frac{u}{3} = \frac{w_s}{3}$; E ist der Energiebetrag der Photonen bzw. des Feldes im Volumen V, w_S die Energiedichte der „schwarzen Strahlung". Diesen Wert benutzte Ludwig Boltzmann, um mit Hilfe des *1. HS* und des *2. HS* die von Josef Stefan gemessene Temperaturabhängigkeit der „schwarzen Gesamtstrahlung" theoretisch herzuleiten (siehe Band IV, Kapitel „Wärmestrahlung", Abschnitt 3.3.4).

Maß für die mittlere kinetische Energie $\bar{E}_{\text{kin}} = \frac{1}{2} m\overline{v^2}$ der Gasmoleküle; der *absolute Temperaturnullpunkt* $T = 0$ bedeutet daher $\bar{E}_{\text{kin}} = 0$. Unter Verwendung der obigen Beziehung für die absolute Temperatur T ergibt sich aus der Grundgleichung der kinetischen Gastheorie (Gl. II-1.40) unmittelbar die früher (Abschnitt 1.1.2, Gl. II-1.13) phänomenologisch entwickelte *ideale Gasgleichung*

$$P \cdot V = \underbrace{N \cdot k \cdot T}_{\text{statistisch}} = \underbrace{\nu \cdot R \cdot T}_{\text{phänomenologisch}} = m \cdot R_S \cdot T \quad \textit{ideale Gasgleichung}, \qquad \text{(II-1.44)}$$

mit $R_S = \frac{R}{M_m}$ ... spezifische Gaskonstante, M_m ... molare Masse (siehe dazu auch Abschnitt 1.1.2, Fußnote 9).

Offenbar gilt also $N \cdot k = \nu \cdot R$ und mit der Avogadrozahl $N_A = \frac{N}{\nu}$ erhalten wir

$$k = \frac{R}{N_A} = 1{,}380\,649 \cdot 10^{-23}\,\text{J} \cdot \text{K}^{-1} \quad \text{(exakt)} \qquad \textit{Boltzmannkonstante.} \qquad \text{(II-1.45)}$$

Die Boltzmannkonstante bedeutet also die Gaskonstante eines einzelnen Gasmoleküls. Ihr Zahlenwert gilt exakt; die Einheit Kelvin (K) ist über diesen Wert definiert: $1\,\text{K} = 1{,}380\,649 \cdot 10^{-23}\,\text{J}/k$ (exakt). Aus der festgelegten Boltzmannkonstante k und der festgelegten Avogadro-Konstante N_A ergibt sich die universelle Gaskonstante R aus $R = k \cdot N_A$.

Für den Druck des idealen Gases ergibt sich

$$P = \frac{N}{V} kT = n \cdot kT. \qquad \text{(II-1.46)}$$

Die Gasatome bewegen sich im dreidimensionalen Raum und haben daher drei Freiheitsgrade der Translation.[34] Durch Energie- und Impulsübertrag bei den Stößen ändern sich die Richtungen und Beträge der Geschwindigkeiten dauernd – aber im zeitlichen Mittel sind alle Geschwindigkeitskomponenten gleich groß, also $\langle v_x^2 \rangle_t = \langle v_y^2 \rangle_t = \langle v_z^2 \rangle_t = \frac{1}{3} \langle v^2 \rangle_t = \frac{1}{3} \langle v^2 \rangle = \frac{1}{3} \overline{v^2}$. Der Energiemittelwert $\bar{E}_{\text{kin}} = \frac{1}{2} m\overline{v^2} = \frac{3}{2} kT$ gilt also für die drei Freiheitsgrade zusammengenommen. Mit $\bar{E}_{\text{kin},x} = \frac{m}{2}\overline{v_x^2} = \frac{m}{2} \frac{\overline{v^2}}{3} = \frac{1}{2} kT = \bar{E}_{\text{kin},y} = \bar{E}_{\text{kin},z}$ folgt

34 Mehratomige Moleküle weisen auch Freiheitsgrade der Rotation und der Schwingung auf, die Überlegungen gelten dann ganz analog.

$$\bar{E}_{\mathrm{kin},f} = \frac{1}{2}\,kT \qquad \text{pro Freiheitsgrad,} \tag{II-1.47}$$

das ist der *Gleichverteilungssatz* (*Äquipartitionsprinzip*, *equipartition theorem*) der klassischen Physik für ein ideales Gas (siehe dazu auch Band VI, Kapitel „Statistische Physik", Abschnitt 1.3.6):

Bei einem idealen Gas im *GG* verteilt sich die Energie der einzelnen Atome oder Moleküle durch Stöße gleichmäßig auf alle Freiheitsgrade; im Mittel hat dann jedes Teilchen die Energie $\bar{E}_{\mathrm{kin}} = f \cdot \frac{1}{2}\,kT$, wenn f die Zahl der Freiheitsgrade ist.

1.2.4 Innere Energie des idealen Gases

Zunächst definieren wir den Begriff der *inneren Energie U* eines Systems.

Die *innere Energie U* eines Systems ist sein gesamter *Energieinhalt*, der vom inneren Zustand des Systems abhängt.

Die *äußere* kinetische Energie E_{kin} eines Systems, verursacht durch seine Bewegung als Ganzes im Raum, bleibt bei der inneren Energie U unberücksichtigt.[35] Der Schwerpunkt des Systems ruht also.

Das Konzept des idealen Gases, die Gasatome idealisiert als „harte Kugeln" anzusehen, hat eine Konsequenz für die innere Energie U des Gases: Kräfte zwischen den Gasatomen wirken nur während der elastischen Stöße, die Gasatome werden nicht deformiert. Ein ideales Gas als System weist daher keine innere potenzielle Energie E_{pot} auf, die innere Energie U des Gases ist rein kinetisch:

$$U = E_{\mathrm{kin}} = \frac{3}{2}\,NkT \qquad \textit{innere Energie des idealen Gases.}^{36} \tag{II-1.48}$$

---

35 Sie ist aber bei der Formulierung des Energiesatzes bewegter Fluide technischer Systeme, z. B. bei der Umsetzung der inneren Energie des Wasserdampfes in kinetische Strömungsenergie in den Düsen der Dampfturbinen, von wesentlicher Bedeutung.

36 Bei mehratomigen Molekülen treten zur kinetischen Energie der Schwerpunktsbewegung noch die Rotation und die innermolekularen Bewegungsmöglichkeiten der Schwingungen relativ zum Schwerpunkt. Erfüllt das mehratomige Gas aber die Bedingungen des idealen Gases, so hängt die gesamte mittlere innere Energie eines seiner Moleküle $\bar{U} = \frac{3}{2}\,kT + U_{\mathrm{rot}}(T) + U_{\mathrm{Schw}}(T) = \bar{U}(T)$ ebenso *nur* von der Temperatur ab.

$\Rightarrow$

Die innere Energie U des idealen Gases hängt nur von der Temperatur T ab und ist zu dieser proportional; sie ist unabhängig von Druck P und Volumen V.

1.2.5 Die Maxwellsche Geschwindigkeitsverteilung der Gasmoleküle[37]

Wir betrachten wieder ein ideales Gas aus N Molekülen im Volumen V im GG bei der Temperatur T und greifen ein Molekül heraus, von dem wir annehmen, dass dieses „System" eine Reihe von Zuständen mit den Energien $E_1, E_2, ..., E_r, ...$ annehmen kann. Das Molekül steht in Kontakt mit dem „Wärmebad" der Temperatur T, das sich aus allen anderen Molekülen des Gases zusammensetzt. Dann ist die Wahrscheinlichkeit P_r dafür, dass sich das Molekül im Zustand mit der Energie E_r befindet durch die *Boltzmannverteilung* (= kanonische Verteilung) gegeben (siehe dazu Band VI, Kapitel „Statistische Physik", Abschnitt 1.3.4):

$$P_r = C \cdot \underbrace{e^{-E_r/kT}}_{\text{Boltzmann-Faktor}} \qquad \textit{Boltzmannverteilung.} \qquad \text{(II-1.49)}$$

Die Konstante C, der Normierungsfaktor, ist dabei der Reziprokwert der Summe der Boltzmannfaktoren aller möglichen Zustände, die das Molekül annehmen kann (aus der Normierungsbedingung der Wahrscheinlichkeit $\sum_r P_r = 1$ folgt $C = \dfrac{1}{\sum_r e^{-E_r/kT}} = \dfrac{1}{Z}$; Z ist die *kanonische Zustandssumme*, siehe Band VI, Kapitel „Statistische Physik", Abschnitt 1.3.4).

Die Gasmoleküle des idealen Gases stoßen fortwährend zusammen (untereinander und mit der Gefäßwand) und ändern dabei Betrag und Richtung ihrer Geschwindigkeit. Sie haben daher auch im thermischen GG keineswegs eine einheitliche Geschwindigkeit, sondern die Werte der Geschwindigkeit $\vec{v} = (v_x, v_y, v_z)$ sind, wie wir schon früher gesehen haben (Abschnitt 1.2.2), mit einer *Verteilungsfunktion* $f(\vec{v}) = f(v_x, v_y, v_z)$ *verteilt*. Dabei gibt $f(\vec{v})dv_x dv_y dv_z$ die Wahrscheinlichkeit dafür, dass die Geschwindigkeit $\vec{v}$ eines Gasmoleküls im Intervall $\vec{v}$ und $\vec{v} + d\vec{v}$ liegt,[38] also v_x zwischen v_x und $v_x + dv_x$, v_y zwischen v_y und $v_y + dv_y$, v_z zwischen v_z und $v_z + dv_z$.

---

37 Originalarbeit: J. C. Maxwell, *Philosophical Magazine* **19**, 19 (1860).

38 Richard Becker (1887 — 1955) schreibt dazu in seinem Buch *Theorie der Wärme*, Springer, Berlin 1966, § 24, S. 68: „Es wäre ganz falsch zu sagen, $f(v_x, v_y, v_z)$ sei die Wahrscheinlichkeit dafür, dass ein Molekül gerade die Geschwindigkeit v_x, v_y, v_z besitzt. Diese Wahrscheinlichkeit für einen exakt vorgegebenen Zahlenwert ist nämlich immer gleich Null. Erst für ein endliches Intervall besteht eine endliche Wahrscheinlichkeit".

$$F(\vec{v})dv_x dv_y dv_z = n \cdot f(\vec{v})dv_x dv_y dv_z = \frac{N}{V} \cdot f(\vec{v})dv_x dv_y dv_z \qquad \text{(II-1.50)}$$

gibt daher die (mittlere) Zahl der Teilchen pro Volumeneinheit mit einer Geschwindigkeit $\vec{v}$ im Intervall $\vec{v}$ und $\vec{v} + d\vec{v}$, wenn N die Gesamtzahl der Gasmoleküle und $n = \frac{N}{V}$ die Teilchendichte ist. Die Verteilungsfunktion $f(\vec{v})$ ist als Wahrscheinlichkeit auf 1 normiert

$$\iiint_{-\infty}^{+\infty} f(\vec{v})dv_x dv_y dv_z = 1\,.^{39} \qquad \text{(II-1.51)}$$

Da die Moleküle des idealen Gases keine potentielle Energie, sondern nur kinetische Energie $E_{\text{kin}} = \frac{1}{2}mv^2$ besitzen,[40] kann die Wahrscheinlichkeit dafür, die Geschwindigkeit $\vec{v}$ eines Gasmoleküls im Geschwindigkeitsbereich $\vec{v}$ und $\vec{v} + d\vec{v}$ zu finden, mit der Boltzmannverteilung so geschrieben werden:

$$f(\vec{v})dv_x dv_y dv_z = C \cdot e^{-\frac{mv^2}{2kT}} \cdot dv_x dv_y dv_z \qquad \text{(II-1.52)}$$

Maxwellsche Geschwindigkeitsverteilung.

Man sieht, dass die Verteilungsfunktion $f = C \cdot e^{-\frac{mv^2}{2kT}}$ nicht von der Richtung der Geschwindigkeit abhängt, sondern nur von ihrem Betrag, also

$$f(\vec{v}) = f(v) \quad \text{mit} \quad v = |\vec{v}|,$$

da im thermischen Gleichgewicht und bei Abwesenheit äußerer Felder keine Raumrichtung bevorzugt ist (isotrope Geschwindigkeitsverteilung).

Die Proportionalitätskonstante C kann aus der obigen Normierungsbedingung der Verteilungsfunktion (Gl. II-1.51) gefunden werden:

---

39 Diese Beziehung sagt, dass die Geschwindigkeitskomponenten v_x, v_y, v_z mit Sicherheit irgendwo zwischen $-\infty$ und $+\infty$ zu finden sind. $f(\vec{v}) = f(v_x) \cdot f(v_y) \cdot f(v_z)$ ist eine *Wahrscheinlichkeitsdichte*, also eine Wahrscheinlichkeit pro Einheitsintervall der Geschwindigkeitskomponenten. Die Wahrscheinlichkeit, ein Teilchen im Intervall $(v_x, v_x + \Delta v_x)$ sowie $(v_y, v_y + \Delta v_y)$ und $(v_z, v_z + \Delta v_z)$ zu finden ist daher $f(\vec{v}) \cdot \Delta v_x \cdot \Delta v_y \cdot \Delta v_z$; sie geht nach Null, wenn das Intervall immer kleiner (schärfer) wird, also mit $\Delta v_x \to 0$, $\Delta v_y \to 0$, $\Delta v_z \to 0$, wenn also die Geschwindigkeit exakt vorgegeben wird.

40 Mehratomige Moleküle besitzen zusätzlich eine „innere“ Schwingungs- und Rotationsenergie, die aber bezüglich der Verteilung der Translationsgeschwindigkeiten $\vec{v}$ bedeutungslos sind, da sie nicht von $\vec{v}$ abhängen.

$$\iiint\limits_{-\infty}^{+\infty} f(\vec{v})dv_x dv_y dv_z = C \cdot \iiint\limits_{-\infty}^{+\infty} e^{-\frac{mv^2}{2kT}} dv_x dv_y dv_z =$$

$$= C \cdot \int\limits_{-\infty}^{+\infty}\int\limits_{-\infty}^{+\infty}\int\limits_{-\infty}^{+\infty} e^{-\frac{m}{2kT}(v_x^2+v_y^2+v_z^2)} dv_x dv_y dv_z = 1$$

$$\Rightarrow \quad C\int\limits_{-\infty}^{+\infty}\int\limits_{-\infty}^{+\infty}\int\limits_{-\infty}^{+\infty} e^{-\frac{m}{2kT}v_x^2} \cdot e^{-\frac{m}{2kT}v_y^2} \cdot e^{-\frac{m}{2kT}v_z^2} dv_x dv_y dv_z =$$

$$= C\int\limits_{-\infty}^{+\infty} e^{-\frac{m}{2kT}v_x^2} dv_x \int\limits_{-\infty}^{+\infty} e^{-\frac{m}{2kT}v_y^2} dv_y \int\limits_{-\infty}^{+\infty} e^{-\frac{m}{2kT}v_z^2} dv_z = 1 \qquad \text{(II-1.53)}$$

Jedes der drei Integrale ergibt den gleichen Wert $\left(\frac{2kT\cdot\pi}{m}\right)^{1/2}$,[41]

daher ist

$$C = \left(\frac{m}{2\pi kT}\right)^{3/2} \qquad \text{(II-1.54)}$$

und damit die Wahrscheinlichkeit für ein Gasatom eine Geschwindigkeit im Intervall $(\vec{v},\vec{v} + d\vec{v})$ zu besitzen

$$f(\vec{v})dv_x dv_y dv_z = \left(\frac{m}{2\pi kT}\right)^{3/2} \cdot e^{-\frac{mv^2}{2kT}} \cdot dv_x dv_y dv_z \qquad \text{(II-1.55)}$$

Maxwellsche Geschwindigkeitsverteilung

bzw. die (mittlere) Zahl der Gasatome in der Volumeneinheit mit der Geschwindigkeit zwischen $\vec{v}$ und $\vec{v} + d\vec{v}$ $\left(\text{Teilchendichte } n = \frac{N}{V}\right)$

$$F(\vec{v})dv_x dv_y dv_z = n\left(\frac{m}{2\pi kT}\right)^{3/2} \cdot e^{-\frac{mv^2}{2kT}} \cdot dv_x dv_y dv_z. \qquad \text{(II-1.56)}$$

Maxwellsche Verteilung für die Geschwindigkeit $\vec{v} = \{v_x,v_y,v_z\}$ im Geschwindigkeitsintervall (dv_x,dv_y,dv_z) um $\vec{v}$.

Diese Verteilung ist unabhängig von der Richtung von $\vec{v}$ und hängt nur von $|\vec{v}|$ ab.

41 $\int\limits_{-\infty}^{+\infty} e^{-\alpha x^2}dx \underset{x\equiv\alpha^{-1/2}\cdot y}{=} \alpha^{-1/2}\int\limits_{-\infty}^{+\infty} e^{-y^2}dy = \sqrt{\frac{\pi}{\alpha}}$

1.2.5.1 Verteilung einer Geschwindigkeitskomponente

Wir betrachten dazu $F(v_x)dv_x$, also die Anzahl der Moleküle pro Volumeneinheit, deren Geschwindigkeitskomponente v_x in x-Richtung zwischen v_x und $v_x + dv_x$ liegt und die eine beliebige Geschwindigkeitskomponente in y- und z-Richtung aufweisen. Dazu müssen wir alle Moleküle aufsummieren, die irgendeine Geschwindigkeit in der y- und z-Richtung besitzen:

$$F(v_x)dv_x = n \int\limits_{(v_y)}\int\limits_{(v_z)} f(\bar{v})dv_x dv_y dv_z = n \cdot C \int\limits_{(v_y)}\int\limits_{(v_z)} e^{-\frac{m}{2kT}(v_x^2+v_y^2+v_z^2)} dv_x dv_y dv_z =$$

$$= n \cdot C \cdot e^{-\frac{m}{2kT}v_x^2} dv_x \underbrace{\int\limits_{-\infty}^{+\infty}\int\limits_{-\infty}^{+\infty} e^{-\frac{m}{2kT}(v_y^2+v_z^2)} dv_y dv_z}_{=\text{const.}^{40}} =$$

$$= n \cdot C' \cdot e^{-\frac{mv_x^2}{2kT}} dv_x \underbrace{=}_{C=[m/(2\pi kT)]^{3/2}} n \cdot \left(\frac{m}{2\pi kT}\right)^{1/2} e^{-\frac{mv_x^2}{2kT}} dv_x =$$

$$= n \cdot f(v_x)dv_x \tag{II-1.57}$$

mit $f(v_x) = \left(\frac{m}{2\pi kT}\right)^{1/2} e^{-\frac{mv_x^2}{2kT}}$. (nach Gl. II-1.55)

Die Geschwindigkeitskomponente v_x ist um den Mittelwert (= wahrscheinlichster Wert) $\bar{v}_x = 0$ Gauß-verteilt (Abb. II-1.7);[43] dies gilt ganz analog auch für die anderen Komponenten v_y und v_z, der Mittelwert jeder Geschwindigkeitskomponente verschwindet also.

Der Mittelwert des Quadrats von v_x, also das Schwankungsquadrat $\overline{v_x^2}$ von v_x (siehe Band VI, Kapitel „Statistische Physik“, Abschnitt 1.1.3), ist dagegen positiv:

$$\overline{v_x^2} = \frac{1}{n}\int\limits_{-\infty}^{+\infty} F(v_x)v_x^2 dv_x = \frac{kT}{m}.^{44} \tag{II-1.58}$$

---

42 Siehe Fußnote 41: jedes der beiden Integrale besitzt den Wert $\left(\frac{2kT\pi}{m}\right)^{1/2}$.

43 Zur Gaußverteilung $P(x)dx = \frac{1}{\sqrt{2\pi\sigma^2}} e^{-(x-\bar{x})^2/2\sigma^2}dx$ siehe Band VI, Kapitel „Statistische Physik“, Abschnitt 1.1.4.

44 Unter Verwendung von: $\int\limits_{-\infty}^{+\infty} e^{-av_x^2} v_x^2 dv_x = \frac{\sqrt{\pi}}{2a^{3/2}}$; $a = \frac{m}{2kT}$ (vgl. Abschnitt 1.2.5.2, Fußnote 50 mit $\Gamma\left(\frac{3}{2}\right) = \frac{\sqrt{\pi}}{2}$).

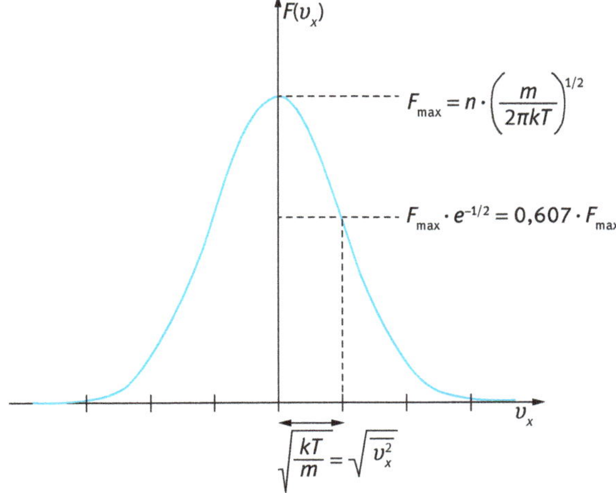

Abb. II-1.7: Maxwellsche Verteilung einer Geschwindigkeitskomponente am Beispiel von v_x. Die Verteilung ist die symmetrische Gaußverteilung um den Mittelwert (= wahrscheinlichster Wert) $\bar{v}_x = 0$, da die Wahrscheinlichkeiten zu v_x^2 proportional und daher für positive und negative Werte von v_x jeweils gleich sind.

Die mittlere quadratische Abweichung vom Mittelwert $\bar{v}_x = 0$ also $\sqrt{\overline{v_x^2}} = \sqrt{\frac{kT}{m}}$ ist ein Maß für die Breite der Gaußverteilung der Geschwindigkeitskomponente. Die Verteilung ist also umso schmäler, je niedriger die Temperatur T ist (siehe obige Abb. II-1.7).

1.2.5.2 Verteilung der Geschwindigkeitsbeträge

Wir suchen jetzt $n(v)dv$, die Anzahl der Gasmoleküle pro Volumeneinheit, die einen Geschwindigkeitsbetrag zwischen v und $v + dv$ besitzen. Dazu müssen die Wahrscheinlichkeiten aller jener Moleküle aufsummiert werden, deren Geschwindigkeit unabhängig von ihrer Richtung im gesuchten Bereich ($v = |\vec{v}|, v + dv$) liegt; dazu wird auf Kugelkoordinaten übergegangen:

$$n(v)d^3v = n \cdot f(v)\, dv_x dv_y dv_z = n \cdot f(v) \sin\theta\, d\theta\, d\varphi \cdot v^2 dv\,.^{45} \qquad \text{(II-1.59)}$$

45 Bei Verwendung der dem Problem angepassten Kugelkoordinaten gilt für das Volumenelement: $d^3v = dv_x \cdot dv_y \cdot dv_z = v d\theta \cdot v \sin\theta d\varphi \cdot dv \;\Rightarrow\; n(v)d^3v = n \cdot f(v) \sin\theta d\theta d\varphi v^2 dv$; über die Winkel kann sofort integriert werden, da $f(v)$ nicht von θ und φ abhängt $\Rightarrow n(v)dv = n \cdot f(v)v^2 dv \int_0^{\pi} \sin\theta d\theta \int_0^{2\pi} d\varphi = n \cdot f(v)v^2 dv \underbrace{(-\cos\theta)\big|_0^{\pi}}_{=2} \cdot \varphi\big|_0^{2\pi} = n \cdot f(v) \cdot 4\pi v^2 dv$ (vgl. dazu auch die Darstellung in Abschnitt 1.2.2, die etwas allgemeiner gehalten ist. Mit dem dortigen Ansatz könnte auch eine nichtisotrope Verteilung mit einer Funktion $f(v,\theta,\varphi)$ behandelt werden, die außer von v noch von den Winkeln θ und φ abhängt).

In der von uns vorausgesetzten isotropen Geschwindigkeitsverteilung liegen die Spitzen aller in Frage kommender Geschwindigkeitsvektoren $\vec{v}$ gleichen Betrages v im Volumen einer Kugelschale mit Fläche $4\pi v^2$ (Oberfläche einer Kugel mit Radius v) und der Dicke dv homogen verteilt (Abb. II-1.8, vgl. auch Fußnote 45).

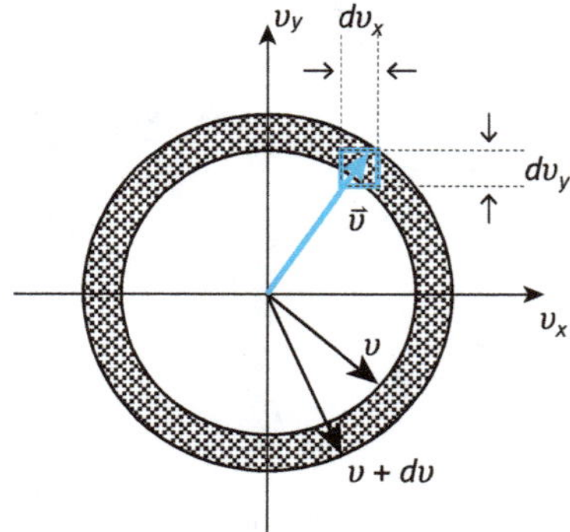

Abb. II-1.8: Geschwindigkeitsraum: Schnitt durch die Kugelschale mit Volumen $4\pi v^2 dv$ für Teilchengeschwindigkeiten $\vec{v}$ mit $v < |\vec{v}| < v + dv$.

Damit ergibt sich die Zahl aller Gasteilchen mit einem Geschwindigkeitsbetrag v zwischen v und $v + dv$ mit dem zugehörigen Volumenelement $4\pi v^2 dv$ im Geschwindigkeitsraum zu

$$dn(v) = n(v)dv = n \cdot 4\pi v^2 f(v)dv = C \cdot 4\pi n v^2 e^{-mv^2/2kT} dv \qquad \text{(II-1.60)}$$

bzw.

$$n(v)dv = 4\pi n \left(\frac{m}{2\pi kT}\right)^{3/2} v^2 e^{-mv^2/2kT} dv \qquad \text{(II-1.61)}$$

Maxwellsche Verteilung der Geschwindigkeitsbeträge
(*Geschwindigkeitsverteilung*, Abb. II-1.9).

Dabei lautet die Normierungsbedingung für die Verteilungsfunktion $n(v)/n$, die angibt, mit welcher Wahrscheinlichkeit *ein* (willkürlich herausgegriffenes) Gasmolekül eine Geschwindigkeit v zwischen v und $v + dv$ besitzt:

$$\int_0^\infty \frac{dn(v)}{n} = \int_0^\infty \frac{n(v)}{n} dv = \int_0^\infty 4\pi v^2 f(v)\, dv = 1 \quad \textit{Normierungsbedingung}, \qquad \text{(II-1.62)}$$

d. h., die Wahrscheinlichkeit, ein Teilchen mit irgendeiner Geschwindigkeit zwischen 0 und ∞ zu finden, ist gleich 1.

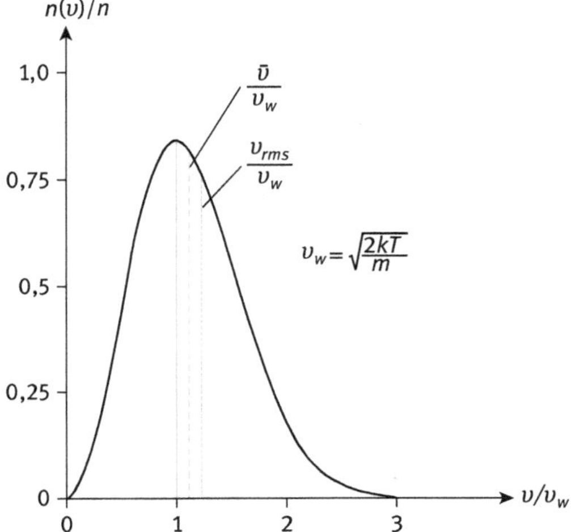

Abb. II-1.9: Maxwellsche Verteilung des Betrags v der Geschwindigkeit der Gasmoleküle. Die Verteilungsfunktion $n(v)/n$ ist gegen die auf den wahrscheinlichsten Wert normierte Geschwindigkeit v/v_w aufgetragen. Die entsprechenden Werte der mittleren Geschwindigkeit $\left(\frac{\bar{v}}{v_w}\text{, strichliert}\right)$ und der quadratisch gemittelten Geschwindigkeit $\left(\frac{v_{rms}}{v_w}\text{, punktiert}\right)$ sind eingezeichnet.

Für $n(v)$ ergibt die Normierung

$$\int_0^\infty n(v)dv = \frac{N}{V}\int_0^\infty 4\pi v^2 f(v)dv = n. \tag{II-1.63}$$

Mit

$$\frac{dn(v)}{n} = 4\pi v^2 f(v)dv = \underbrace{4\pi\left(\frac{m}{2\pi kT}\right)^{3/2} v^2 e^{-mv^2/2kT}}_{=n(v)/n} dv \tag{II-1.64}$$

ist nach Gl. (II-1.61) die Normierungsbedingung für $f(v)$ erfüllt, denn mit den Beziehungen von Fußnote 44 gilt

$$\int_0^\infty 4\pi v^2 f(v)dv = \frac{1}{2}\int_{-\infty}^{+\infty} 4\pi v^2 f(v)dv = 4\pi\left(\frac{m}{2\pi kT}\right)^{3/2} \cdot \underbrace{\frac{\sqrt{\pi}(2kT)^{3/2}}{4m^{3/2}}}_{=\frac{1}{2}\int_{-\infty}^{+\infty} e^{-\frac{mv^2}{2kT}} v^2 dv} = 1. \tag{II-1.65}$$

Wichtig ist: Die gemäß dem „Boltzmannfaktor“ $e^{-\frac{mv^2}{2kT}}$ gegebene Wahrscheinlichkeitsdichte des Auftretens eines bestimmten Geschwindigkeitsbetrags $v = |\vec{v}|$ hat für ein großes v ein höheres statistisches Gewicht (nämlich $4\pi v^2$) als für ein kleines, da es mehr Möglichkeiten gibt, ein großes v durch Geschwindigkeitsvektoren $\vec{v}$ bzw. den mit ihnen verbundenen Volumenelementen $d\vec{v}$ zu realisieren.[46] Der Gewichtsfaktor, also der Vorfaktor des die Wahrscheinlichkeit für das Auftreten eines Geschwindigkeitsbetrages v bestimmenden Boltzmannfaktors, ist dem Volumen der in Abb. II-1.8 dargestellten Kugelschale im Geschwindigkeitsraum proportional. Die Funktion $n(v)$ durchläuft daher ein Maximum: Mit zunehmendem v wird der Exponentialfaktor zwar kleiner (er ist am größten, nämlich $= 1$, im Ursprung des Geschwindigkeitsraumes mit $\vec{v} = 0$), andererseits wächst aber das entsprechende Volumenelement des Geschwindigkeitsraums (Kugelschale $4\pi v^2 dv$) von Null beginnend proportional zu v^2; somit ergibt sich ein ausgeprägtes Maximum.

Obwohl also die wahrscheinlichsten Geschwindigkeitskomponenten, z. B. $\vec{v}_x$, die positiv oder negativ sein können, verschwinden ($\vec{v}_x = 0$, siehe Abschnitt 1.2.5.1, insbesondere Abb. II-1.7),[47] ist dies für den wahrscheinlichsten Betrag v_w der stets positiven Geschwindigkeit v natürlich nicht der Fall. Wir erhalten die *wahrscheinlichste Geschwindigkeit* v_w aus $\frac{dn(v)}{dv} = 0$ zu

$$v_w = \sqrt{2 \cdot \frac{kT}{m}} \quad \textit{wahrscheinlichste Geschwindigkeit}.^{48} \qquad \text{(II-1.66)}$$

Beispiel: Für ein H_2-Molekül bei $T = 293\,\mathrm{K}$ (= RT) gilt:

$$m_{H_2} = 2 \cdot 1{,}0079 \cdot 1{,}6605 \cdot 10^{-27}\,\mathrm{kg} = 3{,}347 \cdot 10^{-27}\,\mathrm{kg}^{49}$$

$$\Rightarrow v_w = \sqrt{\frac{2kT}{m_{H_2}}} = \sqrt{\frac{2 \cdot 1{,}3806 \cdot 10^{-23}\,\mathrm{JK^{-1}} \cdot 293\,\mathrm{K}}{3{,}347 \cdot 10^{-27}\,\mathrm{kg}}} = 1555\,\mathrm{m/s}.$$

---

46 Der *Boltzmannfaktor* $e^{-\frac{mv^2}{2kT}}$ gibt die Wahrscheinlichkeitsdichte für ein *einzelnes* Teilchen an, eine bestimmte Geschwindigkeit v zu besitzen. Auf wie viele Arten ein bestimmtes v im Raum realisiert werden kann, wird durch das *statistische Gewicht* $g_v = 4\pi v^2$ beschrieben.

47 Das statistische Gewicht g_{v_x} der Wahrscheinlichkeitsdichte für das Auftreten einer bestimmten *Geschwindigkeitskomponente* v_x ist konstant ($g_{v_x} = 1$), wodurch der Boltzmannfaktor nicht durch g_{v_x} „moduliert“ wird (im Gegensatz zur Geschwindigkeit v mit dem Gewichtsfaktor $g_v = 4\pi v^2$).

48 $\frac{dn(v)}{dv} = C \cdot e^{-\frac{mv^2}{2kT}}\left(2v - v^2 \frac{2mv}{2kT}\right) = 0 \Rightarrow 1 = v^2 \frac{m}{2kT} \Rightarrow v_w = \sqrt{\frac{2kT}{m}}.$

49 Das Massenäquivalent der Bindungsenergie (siehe Band V, Kapitel „Subatomare Physik“, Abschnitt 3.1.2.1) kann vernachlässigt werden.

Die *mittlere Geschwindigkeit* $\bar{\upsilon}$ ergibt sich aus[50]

$$\bar{\upsilon} = \langle \upsilon \rangle = \frac{1}{n}\int_0^\infty n(\upsilon)\upsilon\, d\upsilon \;= 4\pi\left(\frac{m}{2\pi kT}\right)^{3/2}\int_0^\infty e^{-\frac{m\upsilon^2}{2kT}}\upsilon^3 d\upsilon =$$

$$= 4\pi\left(\frac{m}{2\pi kT}\right)^{3/2}\cdot\frac{1}{2}\left(\frac{m}{2kT}\right)^{-2} \qquad \text{(II-1.67)}$$

$$\Rightarrow \bar{\upsilon} = \sqrt{\frac{8}{\pi}\cdot\frac{kT}{m}} \quad \textit{mittlere Geschwindigkeit}. \qquad \text{(II-1.68)}$$

Da aus Symmetrieüberlegungen $\overline{\upsilon_x^2} = \overline{\upsilon_y^2} = \overline{\upsilon_z^2}$ gelten muss und von oben (Abschnitt 1.2.3, Gl. II-1.47) $\frac{m\overline{\upsilon_x^2}}{2} = \frac{1}{2}kT$ gilt, so ist $\overline{\upsilon_x^2} = \frac{kT}{m}$, also ist das *mittlere Geschwindigkeitsquadrat*

$$\overline{\upsilon^2} = \overline{\upsilon_x^2 + \upsilon_y^2 + \upsilon_z^2} = \overline{\upsilon_x^2} + \overline{\upsilon_y^2} + \overline{\upsilon_z^2} = \frac{3\,kT}{m} \qquad \text{(II-1.69)}$$

und damit die *quadratisch gemittelte Geschwindigkeit* $\upsilon_{\mathrm{rms}} \equiv \sqrt{\overline{\upsilon^2}}$

$$\upsilon_{\mathrm{rms}} = \sqrt{3\cdot\frac{kT}{m}} \quad \textit{quadratisch gemittelte Geschwindigkeit.} \qquad \text{(II-1.70)}$$

υ_w, $\bar{\upsilon}$ und υ_{rms} sind proportional zu $\left(\frac{kT}{m}\right)^{1/2}$, die Gasmoleküle sind also bei hohen Temperaturen schneller als bei niedrigeren und schwere Gasteilchen sind langsamer als leichte (Abb. II-1.10). Das ist unter anderem wichtig für die Stoßionisation, die Stoßanregung von Strahlung oder die Überwindung des Schwerefeldes. Es gilt

$$\upsilon_{\mathrm{rms}} : \bar{\upsilon} : \upsilon_w = \sqrt{3} : \sqrt{\frac{8}{\pi}} : \sqrt{2} = 1{,}224 : 1{,}128 : 1. \qquad \text{(II-1.71)}$$

---

50 Es gilt: $\int_0^\infty x^n e^{-ax^2} dx = \frac{\Gamma\left(\frac{n+1}{2}\right)}{2\cdot a^{\frac{n+1}{2}}}$ mit $\Gamma(n) = (n-1)!$ für $n > 0$, ganz; $\Rightarrow \Gamma(2) = 1! = 1$.

$$\Rightarrow \int_0^\infty \upsilon^3 e^{-a\upsilon^2} d\upsilon = \frac{\Gamma\left(\frac{3+1}{2}\right)}{2\cdot a^{\frac{3+1}{2}}} = \frac{\Gamma(2)}{2\cdot a^2} \Rightarrow \text{mit } a = \frac{m}{2kT}: \int_0^\infty \upsilon^3 e^{-a\upsilon^2} d\upsilon = \frac{1}{2}\left(\frac{m}{2kT}\right)^{-2}.$$

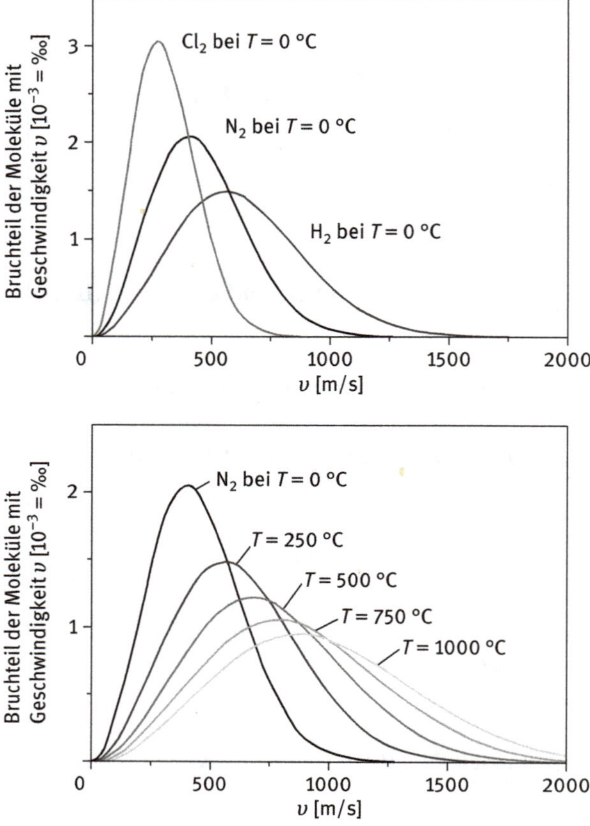

Abb. II-1.10: Maxwellsche Verteilung $n(\upsilon)$ des Betrags der Molekülgeschwindigkeit für unterschiedliche Molekülmassen ($m_{Cl_2} : m_{N_2} : m_{H_2} \cong 35 : 14 : 1$) bei $T = 0\,°C$ (oben) und für gasförmigen Stickstoff (N_2) bei unterschiedlichen Temperaturen (0 °C , 250 °C, 500 °C, 750 °C und 1000 °C). Bei Raumtemperatur (≈ 300 K) ist für N_2 $\upsilon_w \approx 420$ m/s, das entspricht etwa der Schallgeschwindigkeit. (nach Wikipedia)

In der Maxwellschen Geschwindigkeitsverteilung sind alle Geschwindigkeiten vorhanden, aber nur wenige Teilchen besitzen sehr große Geschwindigkeiten und damit große Energien. Diese immer vorhandenen hochenergetischen Teilchen liegen im sogenannten „Boltzmann-Schwanz" der Maxwell-Verteilung.

1.2.5.3 Verteilung von Impuls und Energie

Wir erhalten die Maxwellsche Verteilung der Impulsbeträge der Moleküle des idealen Gases sofort, wenn wir in der Verteilung der Geschwindigkeitsbeträge υ durch $\frac{p}{m}$ und $d\upsilon$ durch $\frac{dp}{m}$ ersetzen, also

$$n(p)dp = 4\pi n\left(\frac{1}{2\pi mkT}\right)^{3/2} p^2 e^{-p^2/2mkT}dp \qquad \text{(II-1.72)}$$

Maxwellsche Verteilung der Impulsbeträge.

Mit $E_{\text{kin}} = \frac{mv^2}{2}$ ($\Rightarrow v^2 = \frac{2E_{\text{kin}}}{m}$ und $v = \sqrt{\frac{2E_{\text{kin}}}{m}}$) ergibt sich $\frac{dv}{dE_{\text{kin}}} = \sqrt{\frac{2}{m}} \cdot \frac{1}{2} E_{\text{kin}}^{-1/2} \Rightarrow$

$dv = \frac{1}{\sqrt{2mE_{\text{kin}}}} dE_{\text{kin}}$ und damit für die Energieverteilung, das heißt die Wahrscheinlichkeit, ein Gasteilchen mit der Energie E_{kin} zwischen E_{kin} und $E_{\text{kin}} + dE_{\text{kin}}$ zu finden

$$f(E_{\text{kin}})dE_{\text{kin}} = 4\pi\left(\frac{m}{2\pi kT}\right)^{3/2} \frac{2E_{\text{kin}}}{m} e^{-E_{\text{kin}}/kT} \frac{1}{\sqrt{2mE_{\text{kin}}}} dE_{\text{kin}} =$$

$$= \frac{2}{\sqrt{\pi}} (kT)^{-3/2} E_{\text{kin}}^{1/2} e^{-E_{\text{kin}}/kT} dE_{\text{kin}} \qquad \text{(II-1.73)}$$

Maxwellsche Energieverteilung.

Wir interessieren uns jetzt für folgende Fragestellung: Wenn wir aus einer Gesamtheit von N Gasmolekülen der Temperatur T eine Anzahl ν herausgreifen, wie groß ist dann die Wahrscheinlichkeit $P_\nu(E_{\text{kin},\nu})dE_{\text{kin},\nu}$ dafür, dass ihre Gesamtenergie $E_{\text{kin},\nu} = E_{\text{kin}}^1 + E_{\text{kin}}^2 + \ldots + E_{\text{kin}}^\nu$ zwischen $E_{\text{kin},\nu}$ und $E_{\text{kin},\nu} + dE_{\text{kin},\nu}$ liegt? Die Wahrscheinlichkeit dafür, dass das erste Gasteilchen im Geschwindigkeitsintervall $dv_x^1 dv_y^1 dv_z^1$, das zweite gleichzeitig in $dv_x^2 dv_y^2 dv_z^2$ liegt usw., ist gegeben durch (Produkt der Wahrscheinlichkeiten, siehe Band VI, Kapitel „Statistische Physik", Abschnitt 1.1.1)

$$f(v_x^1,v_y^1,v_z^1)dv_x^1dv_y^1dv_z^1 \cdot f(v_x^2,v_y^2,v_z^2)dv_x^2dv_y^2dv_z^2 \cdot \ldots \cdot f(v_x^\nu,v_y^\nu,v_z^\nu)dv_x^\nu dv_y^\nu dv_z^\nu. \qquad \text{(II-1.74)}$$

Mit der Maxwellverteilung $f(\vec{v})$ (Gl. II-1.55) ist das proportional zu

$$e^{-\frac{E_{\text{kin}}^1 + E_{\text{kin}}^2 + \ldots + E_{\text{kin}}^\nu}{kT}} dv_x^1 dv_y^1 \cdot \ldots \cdot dv_z^\nu = e^{-\frac{E_{\text{kin},\nu}}{kT}} dv_x^1 dv_y^1 \cdot \ldots \cdot dv_z^\nu. \qquad \text{(II-1.75)}$$

Um zur gesuchten Energieverteilung $P_\nu(E_{\text{kin},\nu})$ zu gelangen, ist der Gewichtsfaktor $g(E_{\text{kin},\nu})$ für die Energie $E_{\text{kin},\nu}$ zu ermitteln (siehe Abschnitt 1.2.5.2, insbesondere die Fußnoten 46 und 47). Dazu müssen wir alle Werte der 3ν Geschwindigkeitsvariablen v_x^1 bis v_z^ν bestimmen, für die die Gesamtenergie $E_{\text{kin},\nu} = \frac{m}{2}\left((v_x^1)^2 + (v_y^1)^2 + \ldots + (v_z^\nu)^2\right)$ im Intervall $E_{\text{kin},\nu}$ und $E_{\text{kin},\nu} + dE_{\text{kin},\nu}$ liegt. Im Unterschied zur Verteilung des Geschwindigkeitsbetrages weiter oben (Abschnitt 1.2.5.2) liegen also jetzt statt der drei Geschwindigkeitskomponenten $\upsilon_x, \upsilon_y, \upsilon_z$ eines einzigen Teilchens die 3ν Komponenten υ_x^1 bis υ_z^ν von ν Teilchen vor. Die zur Gesamtenergie $E_{\text{kin},\nu}$ gehörigen Geschwindigkeitskomponenten liegen im Geschwindigkeitsraum in der „Schale" einer 3ν-dimensionalen „Kugel" mit dem Radius $\upsilon = \sqrt{\frac{2}{m} E_{\text{kin},\nu}}$ und dem Volumen $V \propto \upsilon^{3\nu} = \left(\frac{2}{m} E_{\text{kin},\nu}\right)^{\frac{3\nu}{2}}$ also $V \propto \left(E_{\text{kin},\nu}\right)^{\frac{3\nu}{2}}$. Wir differenzieren nach der Gesamtenergie $\frac{dV}{dE_{\text{kin},\nu}} \propto \frac{3\nu}{2} \left(E_{\text{kin},\nu}\right)^{\frac{3\nu}{2}-1}$ und erhalten so für das Volumen der „Schale" mit der Dicke $dE_{\text{kin},\nu}$

$$dV = \text{const} \cdot \frac{3\nu}{2} \left(E_{\text{kin},\nu}\right)^{\frac{3\nu}{2}-1} dE_{\text{kin},\nu}. \tag{II-1.76}$$

Damit ergibt sich die gesuchte Wahrscheinlichkeit $P_\nu(E_{\text{kin},\nu})dE_{\text{kin},\nu}$ dafür, dass die Gesamtenergie $E_{\text{kin},\nu}$ von den ν herausgegriffenen Gasmolekülen im Intervall $E_{\text{kin},\nu} + dE_{\text{kin},\nu}$ liegt (analog zu den Argumenten von Abschnitt 1.2.5.2 für die Wahrscheinlichkeit $n(v)dv$ eines bestimmten Geschwindigkeitsbetrages) zu:

$$P_\nu(E_{\text{kin},\nu})\, dE_{\text{kin},\nu} = C^* e^{-\frac{E_{\text{kin},\nu}}{kT}} \left(E_{\text{kin},\nu}\right)^{\frac{3\nu}{2}-1} dE_{\text{kin},\nu}. \tag{II-1.77}$$[51]

Für $\nu = 1$, also nur ein Teilchen, ergibt sich wieder die obige Maxwellsche Energieverteilung (Gl. II-1.73).

Wir untersuchen diese Wahrscheinlichkeitsfunktion: Ihr erster Faktor geht mit wachsender Gesamtenergie $E_{\text{kin},\nu}$ exponentiell gegen Null, der zweite Faktor dagegen wächst extrem mit $E_{\text{kin},\nu}$. Wir schreiben die Funktion $P_\nu(E_{\text{kin},\nu})$ unter Verwendung des konstanten Parameters $\frac{3\nu}{2} - 1 = n$ um:

$$P_\nu(E_{\text{kin},\nu}) = C^* (kTn)^n \left(e^{-\frac{E_{\text{kin},\nu}}{kTn}} \cdot \frac{E_{\text{kin},\nu}}{kTn}\right)^n. \tag{II-1.78}$$

Mit $\frac{E_{\text{kin},\nu}}{kTn} = x$ gilt dann

$$P_\nu(E_{\text{kin},\nu}) \propto (e^{-x} \cdot x)^n = e^{-nx} x^n \equiv f(x). \tag{II-1.79}$$

Diese Funktion hat ein Maximum bei $x = 1$,[52] mit dem Wert e^{-n}. Wir betrachten der Anschaulichkeit halber die durch Multiplikation mit dem von x unabhängigen Faktor e^n

---

51 Da die Zahl ν der betrachteten Teilchen ein konstanter Parameter ist, kann der Faktor $\frac{3\nu}{2}$ in die Konstante $C^* = C^*(\nu)$ hineingezogen werden.

52 $\frac{\partial(e^{-nx} \cdot x^n)}{\partial x} = e^{-nx}(-nx^n + nx^{n-1}) = 0 \Rightarrow x^n = x^{n-1} \Rightarrow x_{\max} = 1$ also unabhängig von n.

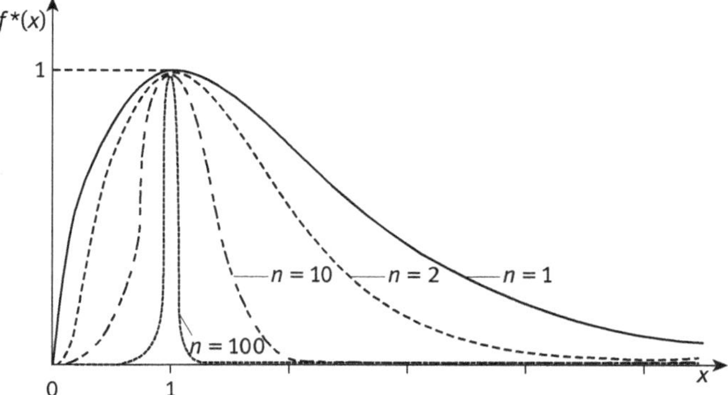

Abb. II-1.11: Die Funktion $f^*(x) = e^n(e^{-x} \cdot x)^n$ mit $x = \frac{E_{\text{kin},\nu}}{kTn}$ für verschiedene Werte von $n = \frac{3\nu}{2} - 1$. Die Wahrscheinlichkeitsdichtefunktion $P_\nu(E_{\text{kin},\nu})$, also die Energieverteilung für ν herausgegriffene Gasmoleküle, ist zu $f^*(x)$ proportional. Nach R. Becker *Theorie der Wärme*, Springer, Berlin 1966.

auf gleichen Maximalwert 1 normierte Funktion (Abb. II-1.11) , deren Maximalwert natürlich ebenfalls bei $x = 1$ liegt

$$f^*(x) = e^n f(x) = \left(e^{-x+1} \cdot x\right)^n. \tag{II-1.80}$$

Die Verteilung von $f^*(x)$ wird bei $x = 1$ für große n, also große Teilchenzahlen ν sehr schmal („Gesetz der großen Zahl"; siehe Band VI, Kapitel „Statistische Physik", Abschnitt 1.1.3, Gl. VI-1.37);[53] sobald sich x merklich von 1 unterscheidet ist der Funktionswert praktisch gleich Null. Für die Energie $E_{\text{kin},\nu}^{\max}$ im Maximalwert der Verteilung bei $x = 1$ mit $x = \frac{E_{\text{kin},\nu}}{kTn}$ (siehe Abb. II-1.11) gilt $\frac{E_{\text{kin},\nu}^{\max}}{kTn} = 1$, daher folgt

$$E_{\text{kin},\nu}^{\max} = nkT = \left(\frac{3\nu}{2} - 1\right) \cdot kT. \tag{II-1.81}$$

53 Abschätzung der Halbwertsbreite δ für große n: mit $f^*(x) = \frac{1}{2}$ folgt $\ln f^*(x) = \ln \frac{1}{2} = -\ln 2$. Mit $\ln f^*(x)$ aus Gl. (II-1.80) folgt: $n - nx + n \ln x = -\ln 2$, also $nx - n \ln x = \ln 2 + n \Rightarrow x - \ln x = 1 + \frac{\ln 2}{n}$ mit $\frac{\ln 2}{n} \ll 1$. Wir setzen $x = 1 + \delta$ (δ = Abweichung von der Lage des Maximums) und verwenden

$$\ln(1+\delta) = \delta - \frac{\delta^2}{2} + \frac{\delta^3}{3} - \ldots \qquad \Rightarrow 1 + \frac{\ln 2}{n} = \underbrace{1+\delta}_{x} - \ln(\underbrace{1+\delta}_{x}) = 1 + \delta - \delta + \frac{\delta^2}{2} - \ldots$$

$$\Rightarrow \frac{\delta^2}{2} \cong \frac{\ln 2}{n} \text{ oder } \delta = \sqrt{\frac{2 \cdot \ln 2}{n}}.$$

Die Halbwertsbreite wird also mit $1/\sqrt{n}$ kleiner.

Für große ν kann (–1) gegenüber $\frac{3\nu}{2}$ vernachlässigt werden, $E_{\mathrm{kin},\nu}^{\max}$ ist also praktisch gleich dem Energiemittelwert $\bar{E}_{\mathrm{kin},\nu} = \frac{3\nu}{2}kT$ des Gleichverteilungssatzes (Abschnitt 1.2.3, Gl. II-1.47 und Band VI, Kapitel „Statistische Physik", Abschnitt 1.3.6).

Die Schärfe dieses Energiemaximums ist die Grundlage der Thermodynamik: Betrachtet man ein *System* aus sehr vielen Gasmolekülen im Kontakt mit einem Wärmereservoir der Temperatur T – i. Allg. ist ja $\nu \approx 10^{20}$ – so ist die Energie des Systems scharf durch die Temperatur vorgegeben, die Energie ist praktisch mit Sicherheit $\bar{E}_{\mathrm{kin}} = \frac{3\nu}{2}kT$.[54] Dies gilt *nicht mehr* für ein aus nur wenigen Gasmolekülen bestehendes System: Ein einzelnes Teilchen hat immer die Maxwellsche Energieverteilung, wenn es im Laufe der Zeit sehr oft beobachtet wird, und die Verteilung von n einzelnen Teilchen zu einem bestimmten Zeitpunkt ist gleich der Verteilung eines einzelnen Teilchens im Laufe der Zeit (Gl. II-1.73).

1.2.6 Transportprozesse in Gasen

1.2.6.1 Wirkungsquerschnitt (Stoßquerschnitt) und mittlere freie Weglänge

Ein Stoß zwischen den Teilchen eines idealen Gases (harte Kugeln[55]) findet immer dann statt, wenn sich die Teilchen so aufeinander zu bewegen, dass sie sich „treffen".

Ein Stoß erfolgt dann, wenn der Stoßparameter b, das ist der kleinstmögliche Mittenabstand, kleiner ist als die Summe aus den beiden Teilchenradien $r_1 + r_2$ (Abb. II-1.12), also wenn

$$b < r_1 + r_2 . \qquad \text{(II-1.82)}$$

Als *Gesamtstreu*querschnitt σ_{tot} bezeichnen wir jene mit dem Teilchen 1 konzentrische, zur Relativgeschwindigkeit der beiden Teilchen normale Kreisfläche, für die irgendein Stoß erfolgt, wenn der Mittelpunkt des Teilchens 2 in dem Volumen liegt, das im Laufe der Zeit durch die Bewegung der Kreisfläche gebildet wird, also

$$\sigma_{\mathrm{tot}} = (r_1 + r_2)^2\pi \qquad \textit{Gesamtstreuquerschnitt}.^{56} \qquad \text{(II-1.83)}$$

---

54 Der Unterschied zwischen $\bar{E}_{\mathrm{kin}}$ und $E_{\mathrm{kin}}^{\max}$ ist bei einer großen Teilchenzahl völlig unbedeutend.

55 Die tatsächlichen Kräfte, die zwischen Molekülen wirken, sind jenen zwischen harten Kugeln ähnlich, da bei sehr starker Annäherung eine sehr starke Abstoßung erfolgt; bei etwas weiterem, aber immer noch sehr kleinem Abstand, herrscht aber eine schwach anziehende Kraft. Siehe dazu auch Band VI, Kapitel „Festkörperphysik", Abschnitt 2.1.

56 Es werden auch Streuquerschnitte für spezielle Stoßprozesse (z. B. unelastische Stöße, σ_{inel}) definiert, die dann entsprechend kleiner sind als σ_{tot}, da nicht alle Stöße den speziellen Vorgang

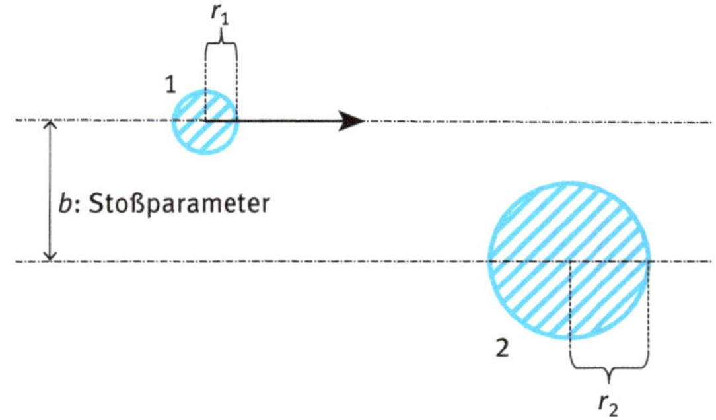

Abb. II-1.12: Zur Definition des Stoßparameters.

Sind die Teilchen gleich groß, also $r_1 = r_2 = r = \frac{d}{2}$ und $r_1 + r_2 = 2r = d$, dann gilt

$$\sigma_{\text{tot}} = d^2\pi\,. \tag{II-1.84}$$

Wir wollen nun die *mittlere freie Weglänge* λ der Gasmoleküle in einem Gas aus n gleichen Molekülen pro Volumeneinheit mit dem Gesamtstreuquerschnitt σ_{tot} berechnen; λ ist die Weglänge, die ein Molekül im Mittel zurücklegen kann, bis ein Zusammenstoß mit einem anderen Molekül erfolgt. Bei einer mittleren Geschwindigkeit $\bar{v}$ der Gasmoleküle gilt für die mittlere Weglänge

$$\lambda = \bar{v} \cdot \tau\,, \tag{II-1.85}$$

wenn τ die *mittlere Stoßzeit* ist, das ist die Zeit, die für ein Gasmolekül im Mittel vergeht, bevor nach einem Stoß ein weiterer Zusammenstoß erfolgt, also die mittlere Zeit zwischen zwei Stößen.

Wir betrachten zwei beliebige Moleküle 1 und 2 mit einer mittleren Relativgeschwindigkeit $\bar{v}_{\text{rel}}$. Wenn sich das Molekül 1 auf das Molekül 2 zu bewegt, durchläuft die von ihm mitgeführte Kreisscheibe mit der Fläche σ_{tot} in einer Zeit t das Volumen $\bar{v}_{\text{rel}} \cdot t \cdot \sigma_{\text{tot}}$ (Abb. II-1.13).

Wenn sich im Mittel von den n Molekülen pro Volumeneinheit genau eines in diesem Volumen befindet und somit einen Stoß erfährt, dann ist die verstrichene Zeit t gleich der Stoßzeit τ, also

$$(\bar{v}_{\text{rel}} \cdot \tau \cdot \sigma_{\text{tot}}) \cdot n = 1 \tag{II-1.86}$$

und damit

$$\tau = \frac{1}{n\sigma_{\text{tot}}\bar{v}_{\text{rel}}}\,. \tag{II-1.87}$$

---

einleiten. σ_A ist also eine Rechengröße, die die Wahrscheinlichkeit eines bestimmten Streuprozesses A im Verhältnis zum totalen Streuquerschnitt σ_{tot}, der alle möglichen Streuprozesse A, B, C, ... berücksichtigt, veranschaulicht.

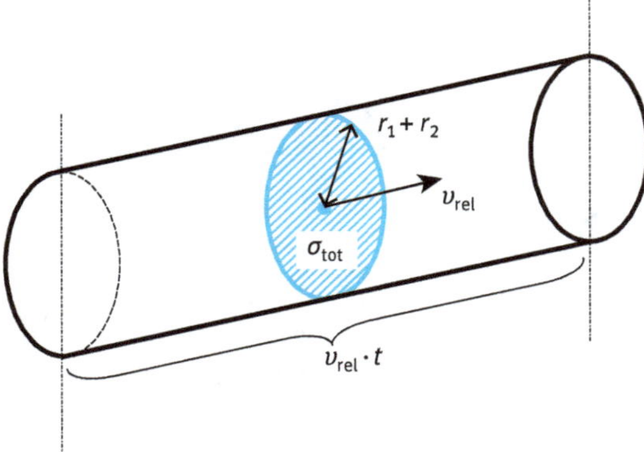

Abb. II-1.13: Zur Definition der Stoßzeit.

Mit der mittleren Molekülgeschwindigkeit $\bar{\upsilon}$ ergibt sich daraus die mittlere freie Weglänge λ zu

$$\lambda = \bar{\upsilon} \cdot \tau = \frac{\bar{\upsilon}}{\bar{\upsilon}_{rel}} \frac{1}{n\sigma_{tot}}. \qquad \text{(II-1.88)}$$

Sowohl die mittlere freie Weglänge als auch die Stoßzeit sind kurz, wenn die Anzahl n der Gasmoleküle pro Volumeneinheit und wenn der Moleküldurchmesser groß ist ($\sigma_{tot} = d^2\pi$). Da sich näherungsweise ergibt

$$\bar{\upsilon}_{rel} \cong \sqrt{2}\bar{\upsilon}, \text{[57]} \qquad \text{(II-1.89)}$$

erhalten wir für die mittlere freie Weglänge λ

$$\lambda = \frac{1}{\sqrt{2}} \frac{1}{n\sigma_{tot}} \quad \textit{mittlere freie Weglänge eines Gasmoleküls} \qquad \text{(II-1.90)}$$

und für die Stoßzeit

$$\tau = \frac{1}{\sqrt{2}} \frac{1}{n\sigma_{tot}\bar{\upsilon}} \quad \textit{Stoßzeit} \qquad \text{(II-1.91)}$$

---

57 $\vec{\upsilon}_{rel} = \vec{\upsilon}_1 - \vec{\upsilon}_2 \Rightarrow \upsilon_{rel}^2 = \upsilon_1^2 - 2\vec{\upsilon}_1\vec{\upsilon}_2 + \upsilon_2^2$; bei der Mittelung wird $\overline{\vec{\upsilon}_1 \cdot \vec{\upsilon}_2} = 0$, da keine Richtung bevorzugt ist und der Kosinus im Skalarprodukt mit gleicher Wahrscheinlichkeit positiv wie negativ ist, also $\overline{\upsilon_{rel}^2} = \overline{\upsilon_1^2} + \overline{\upsilon_2^2}$. Unter der Annahme $\overline{\upsilon^2} \approx \bar{\upsilon}^2$ und der Voraussetzung $\bar{\upsilon}_1 = \bar{\upsilon}_2 = \bar{\upsilon}$ erhält man: $\bar{\upsilon}_{rel}^2 \cong \bar{\upsilon}_1^2 + \bar{\upsilon}_2^2 = 2\bar{\upsilon}^2 \Rightarrow \bar{\upsilon}_{rel} \cong \sqrt{2}\bar{\upsilon}$. Es gilt (siehe 1.2.5.2, Gln. (II-1.68) und (II-1.69)): $\frac{\overline{\upsilon^2}}{\bar{\upsilon}^2} = \frac{3}{8/\pi} = 1{,}18$.

bzw. die *Stoßfrequenz* $\nu = \frac{1}{\tau} = \frac{\bar{v}}{\lambda}$

$$\nu = \frac{\bar{v}}{\lambda} = \sqrt{2} \cdot n \cdot \sigma_{\text{tot}} \cdot \bar{v} \qquad \textit{Stoßfrequenz.} \tag{II-1.92}$$

Mit Hilfe der Zustandsgleichung idealer Gase (siehe Abschnitt 1.2.3, Gl. II-1.44) lässt sich die mittlere freie Weglänge λ als Funktion des Drucks P schreiben. Es gilt

$$P \cdot V = N \cdot k \cdot T \quad \text{bzw.} \quad P = n \cdot kT \Rightarrow n = \frac{P}{kT}. \tag{II-1.93}$$

Damit können wir λ umschreiben

$$\lambda = \frac{1}{\sqrt{2}} \frac{1}{n\sigma_{\text{tot}}} = \frac{1}{\sqrt{2}} \frac{kT}{\sigma_{\text{tot}} \cdot P}. \tag{II-1.94}$$

Bei fester Temperatur T ist die mittlere freie Weglänge des idealen Gases also zum Druck des Gases indirekt proportional.

Beispiel: Abschätzung der mittleren freien Weglänge λ für N_2 unter Normalbedingungen ($T = 0\,°\text{C} = 273{,}15\,\text{K} \approx 300\,\text{K}$ und $P = 101325\,\text{N/m}^2 \approx 10^5\,\text{N/m}^2$. Annahme für den Molekülradius: $r = 10^{-10}\,\text{m} \Rightarrow \sigma_{\text{tot}} = 1{,}3 \cdot 10^{-19}\,\text{m}^2$.

$$\Rightarrow \quad \lambda = \frac{1{,}4 \cdot 10^{-23}\,\text{JK}^{-1} \cdot 300\,\text{K}}{1{,}4 \cdot 1{,}3 \cdot 10^{-19}\,\text{m}^2 \cdot 10^5\,\text{Nm}^{-2}} = 2{,}3 \cdot 10^{-7}\,\text{m}.$$

Mittlere Geschwindigkeit:

$$\bar{v}_{N_2} = \sqrt{\frac{8 \cdot kT}{\pi \cdot m_{N_2}}} = \sqrt{\frac{8 \cdot 1{,}4 \cdot 10^{-23}\,\text{JK}^{-1} \cdot 300\,\text{K}}{\pi \cdot 14 \cdot 1{,}7 \cdot 10^{-27}\,\text{kg} \cdot 2}} = 474\,\text{ms}^{-1}$$

(siehe auch Abschnitt 1.2.5.2 und Abb. II-1.10). Damit ergibt sich für die Stoßzeit τ

$$\tau = \frac{\lambda}{\bar{v}} = \frac{2{,}3 \cdot 10^{-7}\,\text{m}}{474\,\text{ms}^{-1}} \approx 5 \cdot 10^{-10}\,\text{s}.$$

Für den mittleren Teilchenabstand D der N_2-Moleküle erhält man:

$$D \approx \sqrt[3]{\frac{V}{N}} = \sqrt[3]{\frac{1}{n}} = \sqrt[3]{\frac{kT}{P}} = \sqrt[3]{\frac{1{,}4 \cdot 10^{-23} \cdot 300}{101\,000}} = 3{,}46 \cdot 10^{-9}\,\text{m},$$

also wesentlich kleiner als λ! Die Begründung liegt in dem kleinen Moleküldurchmesser, der nur etwa $0{,}1 \cdot D$ beträgt.

1.2.6.2 Brownsche Bewegung

Der schottische Botaniker Robert Brown (1773–1858) entdeckte 1827 die statistische „Zitter-Bewegung" von Pollen in einem Wassertropfen. Seine Beobachtung wurde ursprünglich als Existenz von „Mikrolebewesen“ gedeutet. Später stellte sich heraus, dass alle größeren, im Mikroskop sichtbaren Teilchen, in einer Flüssigkeit durch die sich schnell bewegenden Flüssigkeitsmoleküle in statistisch verteilte Richtungen gestoßen werden.

Beispiel: Mittlere Geschwindigkeit eines Teilchens bei der Brownschen Bewegung.

Die mittlere Translationsenergie eines von den Flüssigkeitsmolekülen gestoßenen Teilchens ist nach dem Gleichverteilungssatz der klassischen Thermodynamik (siehe Abschnitt 1.2.3, Gl. II-1.47 und Band VI, Kapitel „Statistische Physik“, Abschnitt 1.3.6) wegen der drei Freiheitsgrade der Translationsbewegung

$$\frac{m}{2}\,\overline{v^2} = \frac{3}{2}\,kT.$$

Damit kann die mittlere Geschwindigkeit abgeschätzt werden, wenn die Teilchenmasse bekannt ist.

Ambrosia-Pollen: Durchmesser: $d = 2r = 20\,\mu\text{m} = 20 \cdot 10^{-6}\,\text{m}$, Massendichte: $830\,\text{kg/m}^3$. Bei einem kugelförmigen Volumen ergibt sich für ein Pollenkorn:

$$V = \frac{4\pi r^3}{3} = 4{,}2 \cdot 10^{-15}\,\text{m}^3 \text{ und } m = 5 \cdot 10^{-16}\,\text{kg}.$$

$$\Rightarrow \overline{v^2} = \frac{3kT}{m} = 2{,}5 \cdot 10^{-5}\,(\text{ms}^{-1})^2 \text{ und (mit } \overline{v^2} \approx \bar{v}^2) \;\bar{v} \cong 5 \cdot 10^{-3}\,\text{ms}^{-1}.$$

Mittlere Geschwindigkeit der Wassermoleküle bei 300 K:

$$\bar{v}_{H_2O} = \sqrt{\frac{8 \cdot kT}{\pi \cdot m_{H_2O}}} = \sqrt{\frac{8 \cdot 1{,}4 \cdot 10^{-23}\,\text{JK}^{-1} \cdot 300\,\text{K}}{\pi \cdot 3 \cdot 10^{-26}\,\text{kg}}} \cong 600\,\text{ms}^{-1}.$$

Damit sind die beobachteten Geschwindigkeiten bei der Brownschen Bewegung um fünf Größenordnungen kleiner als die mittlere Geschwindigkeit der sie verursachenden Flüssigkeitsmoleküle.

Die Beobachtungen von Brown wurden erst viel später von Einstein[58] und unabhängig davon von Smoluchowski[59] erklärt. Sie fanden für das *mittlere Verschie-*

58 Albert Einstein, 1879–1955. A. Einstein, *Annalen der Physik* **17**, 549 (1905) und **19**, 371 (1906). Die Ableitung durch Einstein erfolgte aus der barometrischen Höhenformel durch Annahme eines dynamischen Gleichgewichts zwischen dem Sinken der Teilchen entsprechend der Schwerkraft und der Tendenz zur gleichmäßigen Verteilung durch Diffusion.

59 Marian von Smoluchowski, 1872–1917. Smoluchowski studierte Physik an der Universität Wien und hatte Franz-Serafin Exner und Joseph Stefan als Lehrer. Originalarbeit: M. v. Smoluchowski, *Annalen der Physik* **21**, 756 (1906).

bungsquadrat $\overline{x^2}$ kugelförmiger Teilchen mit Radius r, die in einer Flüssigkeit mit der *Zähigkeit* η suspendiert sind, während der Beobachtungszeit t

$$\overline{x^2} = \frac{kT}{3\pi\eta r} \cdot t = 2kT \cdot B \cdot t \qquad \text{(II-1.95)}$$ [60]

und interpretierten die Brownsche Bewegung als Prozess der *Gleichgewichtsdiffusion*, also einer Diffusion ohne Dichtegradient (zur Diffusion siehe nächster Abschnitt 1.2.6.3), d. h. der ungeordneten Zufallsbewegung (*random walk*, für den eindimensionalen Fall siehe auch Band VI, Kapitel „Statistische Physik", Abschnitt 1.1.2). Dabei ist B die *Beweglichkeit* mit $B = \frac{v_s}{F_R} = \frac{1}{6\pi\eta r}$,[61] F_R die Reibungskraft, die durch das Stokessche Gesetz gegeben ist (siehe Band I, Kapitel „Mechanik deformierbarer Körper", Abschnitt 4.3.7.2), und v_s die stationäre Teilchengeschwindigkeit beim Anlegen einer zu F_R gleichgroßen äußeren antreibenden Kraft F_A ($\vec{F}_R = -\vec{F}_A$). Für die mittlere Verschiebung $\bar{x}$ gilt aus Symmetriegründen (keine Richtung ist bevorzugt): $\bar{x} = 0$.

1.2.6.3 Diffusion

Der Begriff „Diffusion" wird unterschiedlich verwendet. Einerseits bezeichnet Diffusion einen Nettotransport von Teilchen aus einem Raumgebiet höherer Konzentration in ein Gebiet niedrigerer Konzentration. Damit ist diese Diffusion ein nicht umkehrbarer, irreversibler Prozess, der mit einem Nichtgleichgewicht beginnt und einen *GG*-Zustand anstrebt, es tritt eine Entropieerhöhung ein (zur Definition der Entropie siehe Abschnitt 1.3.1.3). Sind Ströme unterschiedlicher Teilchensorten gegeneinander gerichtet, spricht man von *Interdiffusion*, liegt nur eine Teilchensorte vor, handelt es sich um *Selbstdiffusion* (z. B. Konzentrationsausgleich in einer chemisch einheitlichen Substanz). Betrachtet man die Diffusion einer Teilchensorte

---

60 Die Berechnung des mittleren Verschiebungsquadrats $\overline{x^2}$ eines freien suspendierten Teilchens erfolgt in Anhang 1.

61 In einem System mit „Reibungseffekten", bleibt die Geschwindigkeit eines Teilchens nicht konstant, wenn die beschleunigende Kraft verschwindet, sondern nimmt unter dem Einfluss der Reibungskraft stetig (exponentiell) ab (ständiger Energieverlust durch Wirken einer Reibungskraft). In vielen Fällen ist die Reibungskraft proportional zur Teilchengeschwindigkeit v. Wird in diesem System ein zunächst ruhendes Teilchen durch eine Kraft beschleunigt, so stellt sich nach einiger Zeit eine konstante Teilchengeschwindigkeit ein, wenn die wirkende Kraft dem Betrag nach gleich der in die entgegengesetzte Richtung wirkenden Reibungskraft ist. Das Verhältnis $B = \frac{v_s}{F_A}$ (mit $F_A = F_R$ im stationären Zustand) der stationären Teilchengeschwindigkeit v_s zur wirkenden Kraft F_A nennt man die (mechanische) *Beweglichkeit* B des Teilchens in $\left[\frac{\mathrm{m}}{\mathrm{s}}/\mathrm{N} = \frac{\mathrm{s}}{\mathrm{kg}}\right]$; sie gibt an, wie schnell sich ein Teilchen unter dem Einfluss der Kraft F_A durch ein Gas (oder eine Flüssigkeit) bewegt.

geringer Konzentration im Gebiet einer anderen Teilchensorte mit hoher Konzentration, spricht man von *Fremddiffusion.* Andererseits liegt die Ursache aller dieser Teilchenbewegungen in der ungeordneten thermischen Bewegung der Atome und Moleküle von Gasen und Flüssigkeiten bzw. im Festkörper in den zufällig erfolgenden Sprüngen von Atomen in unbesetzte Nachbarplätze (Leerstellen) im Atomgitter (siehe dazu auch Band VI, Kapitel „Festkörperphysik, Abschnitte 2.2.1 und 2.2.6.1).[62] Dieser Prozess der Atom- bzw. Molekülbewegung ist immer wirksam, also auch im *GG ohne Konzentrationsgradient*: *Gleichgewichtsdiffusion* (kann mit Hilfe radioaktiver Isotope (siehe Band V, Kapitel „Subatomare Physik“, Abschnitt 3.1) der Grundsubstanz relativ leicht beobachtet werden). Die Brownsche Bewegung des vorigen Abschnitts stellt daher die *Gleichgewichtsdiffusion* der in der Flüssigkeit (Wasser) suspendierten Teilchen (Pollen) dar.[63]

1. Ficksches Gesetz[64]

Wir betrachten ein Gas, in dem Teilchen suspendiert sind, deren Teilchendichte $n(x) = \dfrac{N(x)}{V}$ sich nur in x-Richtung ändern soll, z. B. zur Zeit $t = 0$ die stufenförmige Verteilung aufweisen (Abb. II-1.14).

Abb. II-1.14: Die in einem Gas suspendierten Teilchen weisen zur Zeit $t = 0$ eine stufenförmige Verteilung der Teilchendichte $n(x) = \dfrac{N(x)}{V}$ in x-Richtung auf.

---

62 In Legierungen werden die möglichen Sprünge von der Verteilung der Atomsorten um das springende Atom mitbestimmt.

63 Mit der Gleichgewichtsdiffusion (Brownsche Bewegung) ist aber kein Netto-Stofftransport verbunden, da sich die Teilchendichte $n(\vec{r})$ im Gleichgewicht nicht ändert. Erst ein Dichtegradient bewirkt auch einen Netto-Stofftransport. Für jedes betrachtete Pollenkorn, das nach rechts diffundiert, muss sich ein anderes nach links bewegen, damit die mittlere Pollendichte konstant bleibt!

64 Nach Adolf Eugen Fick, 1829–1901, deutscher Physiologe und medizinischer Physiker.

Die *thermisch aktivierte* Diffusion bewirkt nun einen Ausgleich der Teilchendichte durch einen Fluss von Teilchen mit der Teilchenstromdichte $\vec{j}$ (Zahl der Teilchen, die pro Zeiteinheit durch die Flächeneinheit hindurchtreten) in der Richtung des Gradienten der Teilchendichte. Für unser lineares Problem wird gesetzt (das Minuszeichen bewirkt einen positiven Teilchenstrom in Richtung abnehmender Teilchendichte)

$$j_x = -D\,\frac{dn}{dx} \quad \textit{1. Ficksches Gesetz} \qquad \text{(II-1.96)}$$

(vgl. das nächste Beispiel auf S. 48)

Für die Teilchenstromdichte gilt für den Fall konstanter Teilchendichte n (F ... durchströmte Fläche)

$$j_x = \frac{1}{F}\cdot\frac{dN}{dt} = \frac{1}{F}\,\frac{n\cdot dV}{dt} = \frac{1}{F}\cdot n\cdot\frac{F\cdot dx}{dt} = nv_x\,. \qquad \text{(II-1.97)}$$

Im allgemeinen Fall wird sich n allerdings sowohl mit dem Ort x als auch mit der Zeit t ändern: $n = n(x,t)$.

$D = -\dfrac{j_x}{\frac{dn}{dx}} = -\dfrac{nv_x\,dx}{dn}$ ist der *Diffusionskoeffizient* (= Diffusionskonstante, *diffusion coefficient*) mit der Einheit $[D] = \left[\dfrac{nv_x dx}{dn}\right] = \dfrac{m^3\cdot m\cdot m}{m^3\cdot s} = \dfrac{m^2}{s}$.

2. Ficksches Gesetz

Wenn nicht Teilchen im Volumen $dV = F\cdot dx$ erzeugt werden, verlangt die Erhaltung der Teilchenzahl die Gültigkeit der Kontinuitätsgleichung (siehe Band I, Kapitel „Mechanik deformierbarer Körper", Abschnitt 4.3.1, Gl. I-4.48) mit der Teilchenzahldichte n anstelle der Massendichte ρ ($\rho = n\cdot m$, m ... konstante Teilchenmasse), hier also

$$\frac{\partial n}{\partial t} + \frac{dj_x}{dx} = 0\,.^{65} \qquad \text{(II-1.98)}$$

Setzen wir die Teilchenstromdichte aus dem 1. Fickschen Gesetz ein, so ergibt sich für die zeitliche Änderung der Teilchendichte $n(x,t)$ und damit für den diffusionsbedingten Teilchenausgleich

65 $\dfrac{dj_x}{dx} = -\dfrac{\partial n}{\partial t}$, also: Die Abnahme der Teilchendichte n in der Zeit dt bewirkt eine Zunahme der Stromdichte längs dx.

$$\frac{\partial n(x,t)}{\partial t} = D\,\frac{\partial^2 n(x,t)}{\partial x^2} \quad \textit{2. Ficksches Gesetz (Diffusionsgleichung).} \qquad \text{(II-1.99)}$$

$\frac{\partial^2 n}{\partial x^2}$ ist dabei ein näherungsweises Maß für die Krümmung k von $n(x)$;[66] wenn also in einem gewissen Bereich von x die Funktion $n(x)$ konkav ist $\left(\frac{\partial^2 n}{\partial x^2} > 0\right)$, dann steigt dort die Teilchenzahldichte n längs x an. Im Fall eines räumlichen Problems können wir die Fickschen Gesetze so schreiben:

$$\vec{j} = -D\,\mathrm{grad}\,n = -D\cdot\vec{\nabla}n \quad \textit{1. Ficksches Gesetz} \qquad \text{(II-1.100)}$$

mit $\vec{j} = n\vec{v}$. Mit der Kontinuitätsgleichung $\frac{\partial n}{\partial t} + \vec{\nabla}\vec{j} = 0$ und $\vec{\nabla}\cdot\vec{\nabla} = \Delta$ ergibt sich daraus

$$\frac{\partial n}{\partial t} = D\cdot\Delta n \quad \textit{2. Ficksches Gesetz (Diffusionsgleichung).} \qquad \text{(II-1.101)}$$

Diese partielle *DG* für $n(\vec{r},t)$, sie ist in der Theorie der Differentialgleichungen die „Wärmeleitungsgleichung“, kann wie üblich durch einen Produktansatz $n(x,t) = X(x)\cdot T(t)$ gelöst werden. Partikuläre Lösungen sind z. B. $n(x,t) = A\cdot e^{-\alpha^2 Dt}\cdot\cos\alpha x$ bzw. $n(x,t) = B\cdot e^{-\alpha^2 Dt}\cdot\sin\alpha x$; mit $\alpha = 1, 2, 3\ldots$ ($[\alpha] = \mathrm{m}^{-1}$) und durch Summation über α ergeben sich Fourierreihen bzw. Fourierintegrale (siehe Band I, Kapitel „Mechanische Schwingungen und Wellen“, Abschnitt 5.1.3), die an die Anfangsbedingungen wie etwa die Stufenfunktion der Teilchendichtenverteilung angepasst werden können.

Durch Einsetzen in die Diffusionsgleichung verifiziert man leicht, dass auch die Funktion $n(x,t) = \frac{A}{\sqrt{t}}\cdot e^{-\frac{x^2}{4Dt}}$ ein partikuläres Integral darstellt. Dies ist für jeden Zeitpunkt t die aus der Fehlerrechnung bekannte Gaußverteilung (siehe Band I, Kapitel „Einleitung“, Abschnitt 1.3.4 und Band VI, Kapitel „Statistische Physik“, Abschnitt 1.1.4). Durch Normierung auf die Gesamtteilchenzahl erhält man

---

66 Exakt gilt für die Krümmung einer ebenen Kurve $y(x)$: $k'' = \frac{y''}{(1+y'^2)^{3/2}} \approx y''$ für $y' \ll 1$. Die obige Näherung $\frac{d^2 n}{dx^2} \cong k$ gilt also gut, wenn $n(x)$ stets in der Nähe des Anfangswerts bleibt.

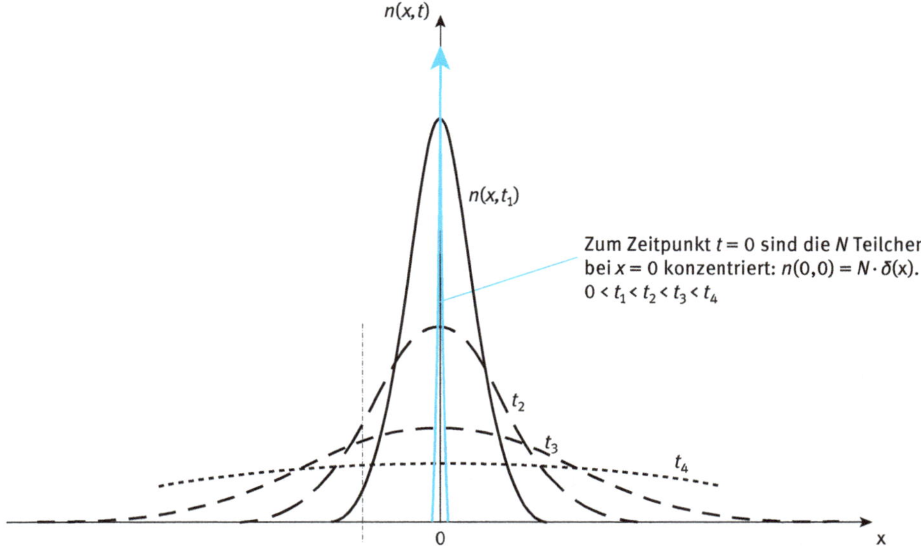

Abb. II-1.15: Lösung der Diffusionsgleichung (2. Ficksches Gesetz), wenn zum Zeitpunkt $t = 0$ alle Teilchen bei $x = 0$ konzentriert sind. Im Laufe der Zeit wird die Kurve der Teilchenverteilung immer breiter, die Teilchen laufen auseinander.

$$n(x,t) = \frac{N}{\sqrt{4\pi} \cdot \sqrt{Dt}} e^{-\frac{x^2}{4Dt}}. \qquad \text{(II-1.102)}$$

Die Standardabweichung $\sigma = \sqrt{2Dt}$ wird im Laufe der Zeit immer größer, die Gaußkurve also immer breiter, sie „zerfließt“ (Abb. II-1.15). Diese Lösung beschreibt den Diffusionsverlauf des Auseinanderlaufens von N Teilchen, wenn sie zur Zeit $t = 0$ bei $x = 0$ konzentriert waren. Man erkennt außerdem, dass mit wachsendem Diffusionskoeffizienten D der Ausgleichsvorgang immer rascher erfolgt.[67] An jedem Ort x (dünne, strichpunktierte senkrechte Linie in Abb. II-1.15) erreicht die Teilchendichte $n(x,t)$ im Laufe der Zeit ein Maximum und geht schließlich für $t \to \infty$ nach Null: $\lim_{t \to \infty} (n,t) = 0$. Die Höhe des Maximums am Ort x ist proportional zu $1/x$.

67 Da die Temperatur T in einem homogenen Medium derselben *DG* wie die Teilchendichte $n(x,t)$ gehorcht (Wärmeleitungsgleichung mit $D \to \Lambda/\rho C$), stellt die Abb. II-1.15 auch den räumlich-zeitlichen Temperaturverlauf $T(x,t)$ dar, wenn in der Mitte eines langen Stabes zur Zeit $t = 0$ ein zunächst räumlich und zeitlich sehr eingeschränkter Wärmepuls freigesetzt wird, der zunächst bei $x = 0$ eine sehr scharfe Temperaturspitze in Form einer δ-Funktion bewirkt.

Für das mittlere Verschiebungsquadrat $\overline{x^2}$ zur Zeit t erhält man aus der obigen Lösung (zur Mittelwertbildung siehe Band VI, Kapitel „Statistische Physik“, Abschnitt 1.1.3)

$$\overline{x^2} = \frac{\int n(x,t) \cdot x^2 dx}{\int n(x,t) dx} = 2 \cdot D \cdot t\,.^{68} \qquad \text{(II-1.103)}$$

$\sqrt{\overline{x^2}}$ ist gleich der Halbwertsbreite der Teilchenverteilung zur Zeit t, wenn die N Teilchen anfangs ($t = 0$) bei $x = 0$ konzentriert waren. Man kann dieses Ergebnis aber auch auf ein einzelnes Teilchen aus dem Ensemble von N Teilchen anwenden, dessen Verschiebung $x(t)$ nach der Zeit t gemessen und die Messung von $x(t)$ N-mal wiederholt wird.[69] Für sehr lange Beobachtungszeiten t und entsprechend vielen aufeinanderfolgenden Einzelverschiebungen des Teilchens in den Zeitelementen Δt_i mit $t = n \cdot \Delta t_i$ muss die obige Beziehung gelten. Der Diffusionskoeffizient D kann so aus der Beobachtung eines einzelnen Teilchens gewonnen werden.

Ein Vergleich mit der Brownschen Bewegung $\overline{x^2} = 2kT \cdot B \cdot t$ ergibt einen Zusammenhang des Diffusionskoeffizienten mit der Beweglichkeit B der Brownschen Bewegung (vgl. die Gln. II-1.95 und II-1.103)

$$D = \frac{1}{2}\frac{\overline{x^2}}{t} = B \cdot kT = \frac{kT}{6\pi\eta r} \qquad \text{(II-1.104)}$$

Zusammenhang Diffusionskoeffizient D und Beweglichkeit B.

Beispiel: Selbstdiffusionskoeffizient eines idealen (also verdünnten) Gases als Funktion der mittleren freien Weglänge λ.

68 $\overline{x^2} = \dfrac{C \cdot \int_0^\infty x^2 e^{-a^2x^2} dx}{C \cdot \int_0^\infty e^{-a^2x^2} dx}$ mit $a^2 = \dfrac{1}{4Dt}$; es gilt: $\int_0^\infty x^2 e^{-a^2x^2} dx = \dfrac{\sqrt{\pi}}{4a^3}$; $\int_0^\infty e^{-a^2x^2} dx = \dfrac{\sqrt{\pi}}{2a}$

$\Rightarrow \overline{x^2} = \dfrac{\sqrt{\pi} \cdot 2a}{4a^3 \cdot \sqrt{\pi}} = \dfrac{1}{2a^2} = \dfrac{4Dt}{2} = 2Dt.$

69 Es gilt: Der zeitliche Mittelwert der aufeinanderfolgenden Verschiebungen eines *einzelnen Teilchens* nach vielen Zeitintervallen Δt ist gleich dem Mittelwert der Verschiebung von N Teilchen nach einem einzigen Intervall Δt. (siehe auch den Vergleich der Maxwell-Verteilung von einem und N Teilchen in Abschnitt 1.2.5.3).

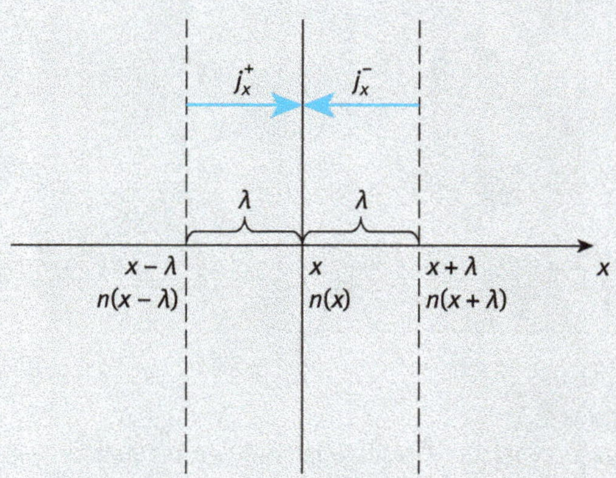

Wir berechnen den Teilchenstrom j_x^+ von links nach rechts und j_x^- von rechts nach links durch eine beliebige Fläche senkrecht zu x, wenn ein Dichtegradient in der x-Richtung vorliegt. In den Bereichen $(x-\lambda,\, x)$ und $(x,\, x+\lambda)$, also innerhalb der mittleren freien Weglänge λ, bewegen sich die Teilchen im Mittel mit der Geschwindigkeit $\bar{v}$ ohne Zusammenstoß. Da sich im Mittel 1/6 aller Teilchen in der positiven x-Richtung bewegt, gilt für den resultierenden Teilchenstrom j_x

$$j_x = j_x^+ - j_x^- = \frac{1}{6}\,\bar{v}\left[n(x-\lambda) - n(x+\lambda)\right] =$$

$$\underset{Taylor}{=} \frac{1}{6}\,\bar{v}\left[n(x) - \frac{\partial n(x,t)}{\partial x}\lambda - n(x) - \frac{\partial n(x,t)}{\partial x}\lambda\right] = -\frac{1}{3}\,\bar{v}\lambda\,\frac{\partial n}{\partial x}\;.$$

Das ist das 1. Ficksche Gesetz mit $D = \frac{1}{3}\,\bar{v}\cdot\lambda$.

1.2.6.4 Wärmeleitung

Liegt in einem Gas ein Temperaturgefälle $T = T(x)$ vor, dann ist das Gas nicht im Gleichgewicht (*GG*). Im Streben nach dem *GG* fließt Energie (Wärme) von Bereichen höherer Temperatur in Bereiche niedrigerer Temperatur.[70] Die *Wärmestromdichte* $\dot{q}_x$ in $[\mathrm{Wm}^{-2}]$ ist dabei die Wärmemenge Q in [J], die pro Zeiteinheit in $+x$-Richtung durch die zu x normalen Flächeneinheit tritt, $\dot{Q}_x$ ist der *Wärmestrom* in x-Richtung in [W]. Ist der Temperaturgradient nicht zu groß, so ist die Wärmestromdichte $\dot{q}_x$ zu diesem proportional

---

70 Der entgegengesetzte Vorgang wird niemals beobachtet und wird als Perpetuum Mobile 2. Art bezeichnet, da bei seinem Auftreten beständig Energie gewonnen werden könnte. Das ist auch der Ausgangspunkt des *2. HS* der Thermodynamik, des Satzes von der Vermehrung der Entropie bei natürlich ablaufenden Vorgängen.

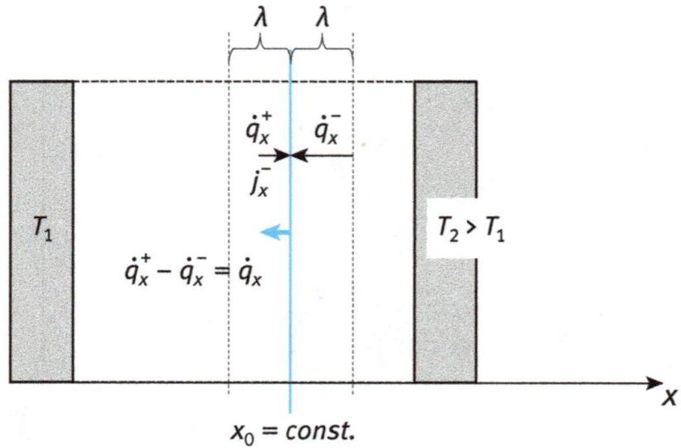

Abb. II-1.16: Zwischen zwei geheizten Metallplatten mit den Temperaturen T_1 und T_2 mit $T_2 > T_1$ $\left(\frac{\partial T}{\partial x} > 0\right)$ befindet sich ein ideales Gas. Wärme fließt dann in negativer x-Richtung und die Wärmeflussdichte $\dot{q}_x$ ist negativ.

$$\dot{q}_x = -\Lambda \frac{\partial T}{\partial x}, \tag{II-1.105}$$

die Proportionalitätskonstante Λ ist die *Wärmeleitfähigkeit* (= *Wärmeleitzahl, thermal conductivity*) in $[\mathrm{Wm^{-1}K^{-1}}]$. Diese Beziehung ist sehr allgemein und gilt in gleicher Weise für Gase, Flüssigkeiten und Festkörper. Für die Wärmeflussdichte ist $\dot{q}_x > 0$ wenn $\frac{\partial T}{\partial x} < 0$ und damit $\Lambda > 0$, da die Wärme immer von Bereichen höherer in Bereiche niedrigerer Temperatur fließt.

Zur Berechnung von Λ betrachten wir ein ideales Gas mit einem Temperaturgradienten $\frac{\partial T}{\partial x} > 0$ und darin eine Ebene mit $x = x_0 = \text{const.}$ (Abb. II-1.16). Gasmoleküle links von dieser Ebene sind auf niederer Temperatur und besitzen eine kleinere mittlere kinetische Energie $\overline{E_{\text{kin}}}$ als solche rechts von ihr. Es wird beim Temperaturausgleich demnach Energie von rechts durch die Ebene nach links transportiert, die oben definierte Wärmeflussdichte $\dot{q}_x$ ist dann negativ, die Wärmeleitfähigkeit Λ aber positiv.

Bewegen sich die n Moleküle pro Volumeneinheit mit der mittleren Geschwindigkeit $\bar{v}$, so haben etwa $\frac{n}{6}$ Moleküle eine Geschwindigkeit, die etwa mit der positiven x-Richtung übereinstimmt (3 Raumrichtungen, in jeder wieder positiv oder negativ zur Achsenorientierung), das heißt, $\frac{1}{6} n\bar{v}$ Moleküle treten von links durch die Ebene und ebenso viele von rechts. Die von links durch die Ebene tretenden Moleküle weisen aber eine etwas kleinere mittlere Energie auf als jene, die von rechts durchtreten. Der letzte Stoß des jeweils durch die Ebene $x = \text{const.}$ durchtretenden Moleküls erfolgte im Mittel in der Entfernung der mittleren freien Weglänge λ von der Ebene, seine Geschwindigkeit ändert sich also in der Entfernung ±λ von x im Mittel nicht mehr. Die Moleküle transportieren in die x-Richtung die Energie $\bar{\varepsilon}(x-\lambda)$, in die $(-x)$-Richtung jedoch die Energie $\bar{\varepsilon}(x+\lambda)$. Die Geschwindigkeiten $\bar{v}(x-\lambda)$, $\bar{v}(x+\lambda)$ sind aber ebenso wie die Teilchendichten $n(x-\lambda)$, $n(x+\lambda)$ wegen der veränderten Temperatur verschieden. Da wir jedoch einen stationären Zustand betrachten, müssen die Teilchenstromdichten in beide Richtungen gleich groß sein, also

$$n(x-\lambda)\bar{v}(x-\lambda) = n(x+\lambda)\bar{v}(x+\lambda) = n(x)\cdot\bar{v}(x) = n\bar{v} = \text{const.} \qquad \text{(II-1.106)}$$

⇒ $n\bar{v}$ kann also aus der Bilanzgleichungfür die transportierte Energie $\bar{\varepsilon}$ der Gasteilchen herausgehoben werden. Damit ergibt sich für die resultierende Wärmestromdichte $\dot{q}_x$

$$\begin{aligned}\dot{q}_x &= \dot{q}_x^+ - \dot{q}_x^- = \frac{1}{6}n\bar{v}\left[\bar{\varepsilon}(x-\lambda) - \bar{\varepsilon}(x+\lambda)\right] = \\ &= \frac{1}{6}n\bar{v}\left[\bar{\varepsilon}(x) - \lambda\frac{\partial\bar{\varepsilon}}{\partial x} - \bar{\varepsilon}(x) - \lambda\frac{\partial\bar{\varepsilon}}{\partial x}\right] = -\frac{1}{3}n\bar{v}\lambda\frac{\partial\bar{\varepsilon}}{\partial x} = \\ &= -\frac{1}{3}n\bar{v}\lambda\frac{\partial\bar{\varepsilon}}{\partial T}\cdot\frac{\partial T}{\partial x} = \frac{1}{3}n\bar{v}\lambda c\left(-\frac{\partial T}{\partial x}\right)\end{aligned} \qquad \text{(II-1.107)}$$

mit $c = \dfrac{\partial\bar{\varepsilon}}{\partial T}$ als spezifische Wärme eines Teilchens (für ein einatomiges Gas ist $c = \dfrac{3}{2}k$, da $\bar{\varepsilon} = \dfrac{3}{2}kT$).

$$\Rightarrow \quad \Lambda = \frac{1}{3}n\bar{v}\cdot c\cdot\lambda \quad \textit{Wärmeleitfähigkeit des idealen Gases} \qquad \text{(II-1.108)}$$

(zur Wärmekapazität siehe Abschnitt 1.3.1.1). Mit $\lambda = \dfrac{1}{\sqrt{2}}\dfrac{1}{n\sigma}$ (siehe Abschnitt 1.2.6.1, Gl. II-1.90) kann Λ umgerechnet werden in

$$\Lambda = \frac{1}{3\sqrt{2}}\frac{c}{\sigma}\bar{v}. \qquad \text{(II-1.109)}$$

Die Wärmeleitfähigkeit eines idealen Gases hängt damit nur von der Temperatur, aber nicht von seinem Druck ab, da ja die mittlere Teilchengeschwindigkeit $\bar{v} = \sqrt{\dfrac{8}{\pi}\cdot\dfrac{kT}{m}}$ nur von der Temperatur abhängt (siehe 1.2.5.2, Gl. II-1.68).

Für die Wärmeleitfähigkeit Λ eines einatomigen Gases ergibt sich damit

$$\Lambda = \frac{1}{\sigma}\sqrt{\frac{k^3 T}{\pi m}} \qquad \text{(II-1.109a)}$$

Einige Werte für Λ von Gasen bei Raumtemperatur (300 K) in $10^{-3}\ \mathrm{Wm^{-1}K^{-1}}$:

Luft: 26,2; Stickstoff: 26,0; Wasserstoff: 186,9 (man beachte diesen hohen Wert für Wasserstoffgas); Argon: 17,9; Helium: 156,7.

Zum Vergleich einige feste Stoffe:

Cu: 400 $\mathrm{Wm^{-1}K^{-1}}$; Glimmer: ca. $5 \cdot 10^{-1}\ \mathrm{Wm^{-1}K^{-1}}$; Diamant: 2302 $\mathrm{Wm^{-1}K^{-1}}$; Eis (bei 0 °C): 2,24 $\mathrm{Wm^{-1}K^{-1}}$.

Einige Flüssigkeiten bei 20 °C in $\mathrm{Wm^{-1}K^{-1}}$:

Ethanol: 0,17; Petroleum: 0,13; Rizinusöl: 0,18; Quecksilber: 8,82; Wasser: 0,59.

1.3 Grundbegriffe der Thermodynamik

Die statistische Physik (siehe Band VI, Kapitel „Statistische Physik", Abschnitt 1.3.3) *begründet* die Aussagen der Thermodynamik, die zunächst als experimentelle Zusammenhänge zwischen makroskopischen Größen wie Volumen, Druck, Temperatur etc. der Vielteilchensysteme der Praxis (etwa 10^{20} Teilchen) formuliert wurden und daher von allen Teilchenmodellen unabhängig sind. Man geht in der statistischen Physik von der Gesamtenergie des Systems aus und von dem grundlegenden Postulat, dass in einem abgeschlossenen System im Gleichgewicht alle mit den Randbedingungen verträglichen „Mikrozustände" des Systems mit gleicher Wahrscheinlichkeit auftreten. Die Thermodynamik dagegen geht von „Hauptsätzen" aus, die Grundgesetze darstellen, die nicht abgeleitet werden können, sondern beobachtete Gesetzmäßigkeiten zusammenfassen, ähnlich wie die Newtonschen Axiome (siehe Band I, Kapitel „Mechanik des Massenpunktes", Abschnitt 2.2.1) und die Maxwellschen Gleichungen (siehe Band III, Kapitel „Zeitlich veränderliche elektromagnetische Felder und Maxwellsche Gleichungen", Abschnitt 4.4). Die Thermodynamik betrachtet das vorliegende physikalische System als Ganzes und befasst sich nur mit makroskopischen Größen und deren Beziehungen, sie beschäftigt sich also nicht mit der mikroskopischen Struktur des Systems. Die Grundlagen der Thermodynamik wurden in der Zeit der ersten Dampfmaschinen[71] mit dem Bedürfnis erarbeitet, die Möglichkeit der Arbeitsverrichtung durch

71 Thomas Newcomen (1663–1729), englischer Schmied, baute ab 1712 atmosphärische Dampfmaschinen zur Wasserhaltung (Abpumpen des Grundwassers) in Bergwerken. Der Dampf diente nur dazu, unterhalb des Kolbens nach seiner Kondensation einen luftverdünnten Raum zu schaffen, sodass der atmosphärische Luftdruck Arbeit leisten kann.

Umwandlung von Energie zwischen ihren verschiedenen Erscheinungsformen (mechanische Bewegung, Wärme) zu verstehen. Die Verbindung zwischen den makroskopischen Größen und der mikroskopischen Struktur wird durch die *Entropie* S hergestellt, die ursprünglich von Clausius als makroskopische Größe eingeführt wurde und später von Boltzmann in Zusammenhang mit der Gesamtzahl der möglichen Mikrozustände Ω eines abgeschlossenen Systems gebracht wurde: $S = k \cdot \ln \Omega$. Die Entropie S hat also die gleiche Dimension wie die Boltzmannkonstante k, nämlich JK^{-1}.

1.3.1 Die Hauptsätze der Thermodynamik

1.3.1.1 Der erste Haupsatz (*1. HS, first law of thermodynamics*)

Den „Nullten Hauptsatz der Thermodynamik" haben wir schon am Anfang dieses Kapitels kennengelernt (Abschnitt 1.1.1). Dieser Satz erlaubt die Einführung einer neuen *Zustandsgröße*, der Temperatur T; er wurde aber erst nach der Formulierung der weiteren drei Hauptsätze aufgestellt.

Wir wollen uns zuerst mit den Begriffen Wärme und Arbeit beschäftigen und zwar zunächst mit der Möglichkeit von Körpern und Stoffen, Wärme aufzunehmen bzw. abzugeben. Dazu definieren wir die *Wärmekapazität* C eines Objekts, die angibt, wie groß die zu- oder abgeführte Wärmemenge (Wärmeenergie)[72] ΔQ ist, wenn sich die Temperatur des Körpers um $\Delta T = 1\,\mathrm{K}$ ändert. Es stellte sich bald heraus, dass diese Wärmeenergie, und daher auch die *spezifische Wärme* $c = C/m$, vor allem bei Gasen, von der Art des Prozesses der Wärmezufuhr abhängig ist (siehe weiter unten, Abschnitt 1.3.1.2). Für ΔQ gilt also:

$$\Delta Q = C\Delta T = c \cdot m \cdot \Delta T . \qquad \text{(II-1.110)}$$

Die Wärmekapazität C wird daher in J/K gemessen. c ist die *spezifische Wärmekapazität = spezifische Wärme* (*specific heat capacity = specific heat*), die angibt, welche Wärmemenge Q in J einem Stoff von 1 kg zugeführt werden muss, um seine Temperatur T um 1 K zu erhöhen. Die spezifische Wärme c wird also in $\mathrm{J\,kg^{-1}K^{-1}}$ gemessen. Für die alte Einheit der Wärmemenge „Kalorie" gilt:[73]

$$1\,\mathrm{cal} = 4{,}186\,\mathrm{J} \qquad \text{(II-1.111)}$$

72 Bis zu den Arbeiten von Julius Robert (von) Mayer (1814–1878) in den Jahren bis 1845 wurde die Wärme als eine übertragbare Substanz betrachtet. Mayer zeigte (noch vor Joule und Helmholtz), dass Wärme und mechanische Arbeit äquivalent sind: 1 kcal = 427 kpm (1 kp = 9,81 N = Gewicht einer Masse von 1 kg).

73 Eine Kalorie (1 cal) ist jene Wärmemenge, die benötigt wird, um 1 g Wasser von 14,5 °C auf 15,5 °C zu erwärmen. Die Temperaturangabe ist notwendig, da die spezifische Wärme aller realen Stoffe temperaturabhängig ist.

und entsprechend für die spezifische Wärme:

$$1\,\text{cal}/(\text{g}\,^\circ\text{C}) = 4186\,\text{J}/(\text{kg}\cdot\text{K})\,. \tag{II-1.112}$$

Zur Messung von Wärmemengen bzw. spezifischen Wärmen dienen sogenannte *Kalorimeter.*

Spezifische Wärmen c_P einiger Stoffe bei konstantem Druck (≈ 100 kPa) und $T = 25\,^\circ\text{C}$.

Stoff	c_P (J · kg^{-1}K^{-1})
Argon	520
CO_2	839
Helium	5193
Wasserstoff	14300
Sauerstoff	918
H_2O-Dampf (100 °C)	2080
Wasser (25 °C)	4181
Hg	139,5
Ethanol	2440
Al	897
Cu	385
Fe	450
Au	129

Beispiel: Bestimmung der spezifischen Wärme mit dem Mischungskalorimeter.

Mischungskalorimeter dienen zur Bestimmung der spezifischen Wärme fester Körper. Der Körper der Masse m_K und der spezifischen Wärme c_K wird zunächst auf die Temperatur T_1 erhitzt und anschließend in ein gut isoliertes Gefäß („Kalorimetergefäß") mit Wasser der Masse m_W, der bekannten spezifischen Wärme c_W und der Temperatur $T_2 < T_1$ gebracht. Nach Abwarten des *GG* ($T_{E,\text{Körper}} = T_{E,\text{Wasser}}$) wird die Endtemperatur T_E gemessen.

Vom Körper im Wasser abgegebene Wärmeenergie:

$$Q_K = c_K \cdot m_K(T_1 - T_E)\,;$$

vom Wasser aufgenommene Wärmeenergie:

$$Q_W = c_W \cdot m_W(T_E - T_2)\,.$$

Die vom Körper abgegebene Energie Q_K muss (ohne Verluste) der vom Wasser aufgenommenen Q_W gleich sein, also

$$c_K = \frac{c_W m_W (T_E - T_2)}{m_K (T_1 - T_E)}.$$

Im Allgemeinen ist die Wärmeabgabe an das Kalorimetergefäß nicht vernachlässigbar und täuscht eine größere Flüssigkeitsmenge vor als tatsächlich benützt wird. Diese zusätzliche Kalorimetermasse multipliziert mit ihrer mittleren spezifischen Wärme wird *Wasserwert* W genannt und kann mit derselben Mischungsmethode durch Zugabe einer abgewogenen Menge heißen Wassers in das Kalorimetergefäß bestimmt werden. An Stelle der Masse des Wassers m_W ist dann in der obigen Gleichung $(m_W + W)$ zu setzen.

Die spezifische Wärme flüssiger und gasförmiger Körper wird mit dem *Stromkalorimeter* gemessen, bei dem einer abgewogenen Substanzmenge elektrische Energie $Q = I \cdot U \cdot t$ mittels eines Heizwiderstandes zugeführt wird (I ... Stromstärke, U ... Spannung am Heizwiderstand):

$$I \cdot U \cdot t = c_K m_K (T_E - T_1). \qquad \text{(II-1.113)}$$

Dabei müssen wieder der Wasserwert W des Kalorimeters und die Wärmekapazität $c_H m_H$ des Heizwiderstandes geeignet berücksichtigt werden.[74]

Wir betrachten ein ideales Gas, das sich in einem Zylinder mit beweglichem Kolben befindet (Abb. II-1.17). Dem Gas kann über eine Heizplatte Wärme zugeführt werden und der Gasdruck kann den mit Gewichten belasteten Kolben verschieben; er sei aber im Moment im Gleichgewicht.[75] In diesem Anfangszustand gilt für den Gasdruck, das Gasvolumen und seine Temperatur P_0, V_0, T_0.

Nehmen wir jetzt fortlaufend Gewichte in differentiell kleinen Schritten vom Kolben ab, so wird die Kraft, die der Gasdruck auf die Kolbenfläche A ausübt, nicht mehr durch die Gewichtskraft aufgehoben und der Kolben bewegt sich langsam

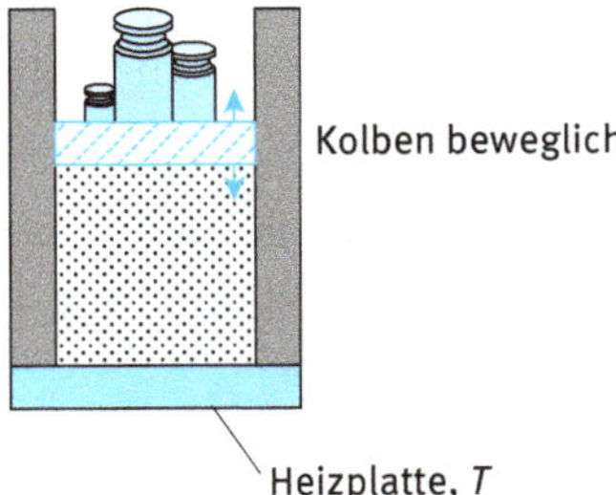

Abb. II-1.17: Ein ideales Gas befindet sich in einem nach außen isolierten Zylinder mit einem beweglichen Kolben. Mit einer regelbaren Heizplatte kann dem Gas Wärme zugeführt werden; der Druck des Gases kann gegen den mit Gewichten belasteten Kolben mechanische Verschiebungsarbeit verrichten.

74 Es ist dann auf der rechten Seite von Gl (II-1.113) noch $(W + c_H m_H)(T_E - T_1)$ hinzuzufügen.

75 Oberhalb des Kolbens befinde sich Vakuum, was bei technischen Anwendungen (z. B. Motoren) niemals der Fall ist. Bei geschlossenen Kreisprozessen (Otto- und Dieselmotoren) ist dies ohne Belang, bei offenen Prozessen (Gas- und Dampfturbinen) ist dies aber zu berücksichtigen!

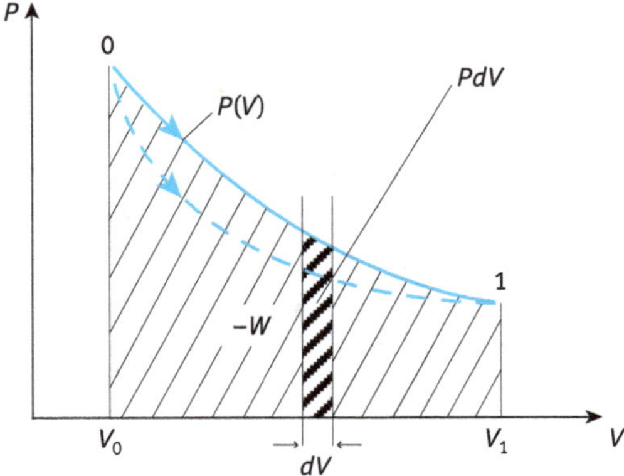

Abb. II-1.18: *P-V*-Diagramm: *Arbeitsdiagramm.*

nach oben; im Endzustand gilt P_1, V_1, T_1. Alle Veränderungen am Gas sollen so langsam vor sich gehen, dass wir annehmen können, dass das System immer einem augenblicklichen Gleichgewichtszustand ganz nahe ist; alle Änderungen erfolgen also *quasistatisch*. Im obigen Fall verursacht der Gasdruck P dann eine differentielle Kolbenverschiebung ds; die dabei verrichtete differentielle mechanische Arbeit dW – *vom* System, also unserem idealen Gas im Zylinder, verrichtete (abgegebene) Arbeit wird negativ gerechnet (ist quasi „gewonnen"), von außen *am* System verrichtete (zugeführte) Arbeit wird positiv gezählt – ist

$$dW = -\vec{F} \cdot d\vec{s} = -P \cdot \underbrace{A \cdot ds}_{=dV} = -PdV \quad \textit{vom System (Gas) verrichtete Arbeit} \tag{II-1.114}$$

und die gesamte Arbeitsverrichtung während der Volumenvergrößerung von V_0 bis V_1 ist dann

$$W = \int_{V_0}^{V_1} dW = -\int_{V_0}^{V_1} P(V)\,dV\,. \tag{II-1.115}$$

Wird $P(V)$ über V in einem Diagramm aufgetragen (Abb. II-1.18), dann ist die Fläche unter der Kurve gleich der abgegebenen Arbeit, wenn der Prozess von 0 nach 1 (d.h. bei Volumenvergrößerung) läuft:

$$\underbrace{\int_{V_0}^{V_1} P(V)\,dV}_{>0} = \int_{V_0}^{V_1} -dW = -W \Rightarrow W < 0 \quad \text{(abgegeben, für } V_1 > V_0\text{)}. \tag{II-1.116}$$

Läuft der Prozess dagegen umgekehrt von V_1 bis V_0, dann wird dem System (dem idealen Gas) Arbeit zugeführt:

$$W = -\int_{V_1}^{V_0} P(V)dV = \int_{V_0}^{V_1} P(V)dV \Rightarrow W > 0 \quad \text{(zugeführt, für } V_0 < V_1\text{)}. \qquad \text{(II-1.117)}$$

Deshalb heißt das *P-V*-Diagramm auch *Arbeitsdiagramm*. Man erkennt aus Abb. II-1.18, dass die Fläche *W* (die Arbeit, in Abb. II-1.18 schraffiert) von der Art der Kurve (dem Prozess) zwischen 0 und 1 (dem „Weg") abhängt. Der strichliert gezeichnete Prozess liefert oder erfordert weniger Arbeit als der durchgezogen gezeichnete.

Insgesamt ändert sich die *innere Energie U*, also der Energieinhalt eines Systems (siehe Abschnitt 1.2.4), entweder durch Zu- bzw. Abführen einer Wärmeenergiemenge *Q*[76] und/oder durch Arbeitsverrichtung *W* vom oder am System. Das ist der Inhalt des *ersten Hauptsatzes der Thermodynamik*:

$$dU = dQ + dW \quad \textit{1. HS der Thermodynamik}, \qquad \text{(II-1.118)}$$

mit $dQ > 0$ und $dW > 0$ für zugeführte Wärme und zugeführte (*am* System) verrichtete Arbeit.[77]

Der erste Hauptsatz der Thermodynamik ist ein *Energiesatz* und besagt, dass die innere Energie *U* eines Systems nur durch Energietransfer geändert werden kann, entweder in Form von Wärmetransfer *dQ* oder in Form von Arbeitsverrichtung *dW* (Volumenarbeit, elektromagnetische Arbeit, chemische Arbeit, Reibungarbeit etc.).

Da wir im Folgenden nur die Volumenarbeit berücksichtigen werden, kann dieser Satz speziell auch so formuliert werden: Wird dem System eine kleine Wärmemenge *dQ* zugeführt, so erfolgt eine um die Arbeitsverrichtung $-dW = PdV (dV > 0)$ verringerte Erhöhung der inneren Energie *U*, also

$$dQ = dU - dW = dU + PdV \quad \textit{1. HS der Thermodynamik}. \qquad \text{(II-1.119)}$$

Wie wir früher gesehen haben (Abschnitt 1.2.3, Gl. II-1.47) gilt für die innere Energie *U* des idealen Gases $U = N \cdot f \cdot \frac{1}{2} kT$ (*f* ... Zahl der Freiheitsgrade), sie hängt daher *nur* von der Temperatur *T* ab. Wird einem idealen Gas also Energie in der Form

76 Zugeführte Wärmemengen *dQ* werden positiv gezählt, ebenso wie zugeführte (am System verrichtete) Arbeiten *dW*, wobei im Allgemeinen nicht nur an mechanische Arbeit zu denken ist, sondern *alle* Arbeitsleistungen, also auch elektromagnetische, chemische bzw. biochemische usw., zu berücksichtigen sind. Wärmemengen *dQ* sind dadurch gekennzeichnet, dass sie *immer* auf Grund von Temperaturdifferenzen zu- oder abgeführt werden.

77 Der 1. *HS* muss differentiell formuliert werden, da sich alle Größen im Verlauf der Zeit – also während Δt – ändern können.

von Wärme zugeführt und keine Arbeit verrichtet, z. B. indem man das Volumen konstant lässt („fester" Kolben), so findet sich die zugeführte Wärme *zur Gänze* in der inneren Energie des Gases mit einer entsprechenden Temperaturerhöhung.

1.3.1.2 Die 4 Prozesse am idealen Gas

1.3.1.2.1 Der *isochore*[78] Prozess: V = const.

Aus $V = \text{const.} \Rightarrow dW = -PdV = 0$, es wird also keine Volumenarbeit verrichtet, eine zugeführte Wärmemenge kann nur die innere Energie U erhöhen und damit die Temperatur des Gases (Abb. II-1.19). Der *1. HS* lautet dann

$$dQ = dU \quad \textit{isochorer Prozess.} \tag{II-1.120}$$

Beim isochoren Prozess ist die zugeführte Wärme ein vollständiges Differential und führt zur Erhöhung der inneren Energie.

Mit der Definition der spezifischen Wärme (Abschnitt 1.3.1.1, Gl. II-1.110) können wir schreiben

$$dQ = c_V \cdot m \cdot dT = C_V^m \nu \, dT = dU\,. \tag{II-1.121}$$

Wir zeigen bei der spezifischen Wärme c_V mit V im Index an, dass das Volumen V während der Wärmezufuhr konstant gehalten wird.[79]

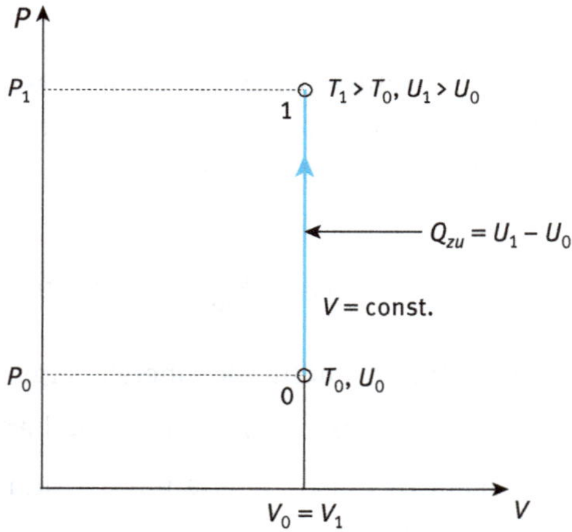

Abb. II-1.19: Arbeitsdiagramm des isochoren Prozesses; $W = -\int_0^1 PdV = 0$.

---

78 Aus gr. ἴσως: gleich und χῶρος: großer Raum, Platz.

79 Die kleine Wärmemenge dQ wird während eines bestimmten Prozesses von außen dem System zugeführt oder nach außen aus dem System abgeführt, die gesamte zu- bzw. abgeführte Wärme-

Gemäß der Beziehung $P = \frac{2}{3}\frac{U}{V_0}$ (siehe Abschnitt 1.2.2, Gl. II-1.42) steigt der Druck des Gases bei der isochoren Wärmezufuhr um

$$\Delta P = P_1 - P_0 = \frac{2}{3}\frac{\Delta U}{V_0} = \frac{2}{3}\frac{Q}{V_0} = \frac{2}{3}\frac{m}{V_0} c_V \Delta T = \frac{2}{3}\frac{m}{V_0} c_V (T_1 - T_0), \qquad \text{(II-1.122)}$$

was dem 2. Gay-Lussacschen Gesetz entspricht (Abschnitt 1.1.2, Gl. II-1.8).

Für die spezifische Wärme bei konstantem Volumen erhalten wir daher aus Gl. (II-1.121)

$$c_V = \frac{1}{m}\left(\frac{\partial Q}{\partial T}\right)_V = \frac{1}{m}\left(\frac{\partial U}{\partial T}\right)_V \quad \textit{spezifische Wärme bei } V = \text{const.} \qquad \text{(II-1.123)}$$

Wird die spezifische Wärme nicht auf die Masseneinheit bezogen, sondern auf die Stoffmengeneinheit Mol, dann gilt mit $\nu = \frac{m}{M_m}$ (M_m = Molmasse) als Molzahl:[80]

$$C_V^m = \frac{1}{\nu}\left(\frac{\partial U}{\partial T}\right)_V = \frac{m}{\nu} c_V = M_m \cdot c_V \quad \textit{Molwärme bei } V = \text{const.} \qquad \text{(II-1.124)}$$

Da die innere Energie im Falle wechselwirkender Moleküle noch von anderen Zustandsvariablen abhängt, die als konstant angenommen werden (z. B. vom Volumen V,[81] siehe dazu Abschnitt 1.3.2), schreiben wir partielle Differentiale.

---

menge Q ist daher *keine* Zustandsgröße, sondern hängt vom ablaufenden Prozess ab, Q ist eine *Prozessgröße*. Es kann daher kein vollständiges Differential „dQ" angegeben werden. Bei dQ handelt es sich daher nur einfach um eine „differentiell kleine Größe". Oft wird in der Literatur deshalb auch δQ oder $đQ$ an Stelle von dQ geschrieben. Dasselbe gilt für die zu- bzw. abgeführte Arbeit W bei einer Zustandsänderung: Auch W ist eine Prozessgröße, die von der Art des Prozesses abhängt, der vom Anfangs zum Endzustand führt. Beim isochoren und beim isobaren Prozess hängt aber $dQ = dU$ (bzw. $dQ = dH$) nur vom Anfangs- und Endzustand ab, ist also vom „Prozessweg" unabhängig und wird daher zu einem totalen Differential. (U und H sind ja Zustandsgrößen, bezüglich H siehe weiter unten Abschnitt 1.3.1.2.2).

80 Aus $\nu = \frac{m}{\underbrace{m_A \cdot N_A}_{M_m}} = \frac{N}{N_A} \Rightarrow m = \nu \cdot m_A N_A = \nu M_m$ mit der Atom- bzw. Molekülmasse m_A, der Molmasse M_m und der Avogadrozahl N_A.

$\Rightarrow c_V = \frac{1}{m_A N_A \nu}\left(\frac{\partial U}{\partial T}\right)_V \Rightarrow c_V m_A N_A = \frac{1}{\nu}\left(\frac{\partial U}{\partial T}\right)_V \Rightarrow C_V^m \equiv c_V m_A N_A = c_V \frac{m}{\nu} = c_V \cdot M_m.$

81 Die wichtige Beziehung $U = U(T,V)$ wird als *kalorische Zustandsgleichung* bezeichnet. Die in der theoretischen Physik benötigte Beziehung $U = U(S,V)$ wird nach Planck als *kanonische Zustandsgleichung* bezeichnet.

Beispiel: Klassische spezifische Wärme eines Festkörpers = Dulong-Petitsches Gesetz. Abgesehen von den meist vernachlässigbaren inneren Schwingungsmöglichkeiten können die Atome oder Moleküle eines Festkörpers nur Schwingungen um ihre Ruhelage ausführen. Das führt zu insgesamt 6 Freiheitsgraden der Bewegung: jeweils E_{kin} und E_{pot} der linearen Schwingung (harmonischer Oszillator) in den drei Raumrichtungen. Nach dem Gleichverteilungssatz der klassischen Mechanik (siehe Abschnitt 1.2.3 und Band VI, Kapitel „Statistische Physik", Abschnitt 1.3.6) ist die mittlere Energie eines Teilchens $\frac{1}{2}kT$ pro Freiheitsgrad. Daher ergibt sich für die innere Energie von 1 mol des Festkörpers aus N_A Molekülen:

$$U = 6 \cdot N_A \cdot \frac{1}{2}kT .$$

$$\Rightarrow C_V^m = \left(\frac{\partial U}{\partial T}\right)_V = 3N_A k = 3R = 24{,}9\,\mathrm{J\,mol^{-1}\,K^{-1}} .$$

1.3.1.2.2 Der *isobare* Prozess: P = const.

Wir definieren zunächst eine neue Zustandsgröße, die *Enthalpie*, ein sogenanntes *thermodynamisches Potenzial* (siehe Abschnitt 1.3.2.2.2)

$$H = U + PV \qquad \textit{Enthalpie.}^{82} \tag{II-1.125}$$

Nun bilden wir das vollständige Differential der Enthalpie unter Verwendung der Definitionsgleichung II-1.125

$$dH = \underbrace{\frac{\partial H}{\partial U}}_{=1} dU + \underbrace{\frac{\partial H}{\partial V}}_{=P} dV + \underbrace{\frac{\partial H}{\partial P}}_{=V} dP \tag{II-1.126}$$

und setzen darin für die ersten beiden Summanden nach dem *1. HS* ein:

$$dH = \underbrace{dU + PdV}_{=dQ} + VdP = dQ + VdP . \tag{II-1.127}$$

Beim isobaren Prozess gilt aber $dP = 0$ und damit

$$dH = dQ \qquad \textit{isobarer Prozess.} \tag{II-1.128}$$

Beim isobaren Prozess ist also wie beim isochoren Prozess die zugeführte Wärmemenge ein vollständiges Differential und führt zu einer Enthalpiezunahme.

82 Der Term $P \cdot V$ wird auch als „Druckenergie" bezeichnet.

Mit

$$dQ = dH = C_P dT = c_P \cdot m \cdot dT = C_P^m \cdot \nu \cdot dT \qquad \text{(II-1.129)}$$

ergibt sich für die spezifische Wärme pro Masseneinheit bei konstantem Druck

$$c_P = \frac{1}{m}\left(\frac{\partial Q}{\partial T}\right)_P = \frac{1}{m}\left(\frac{\partial H}{\partial T}\right)_P \quad \textit{spezifische Wärme bei } P = \text{const.}, \qquad \text{(II-1.130)}$$

bzw. pro Stoffmengeneinheit des Gases

$$C_P^m = \frac{1}{\nu}\left(\frac{\partial H}{\partial T}\right)_P = \frac{m}{\nu} c_P = M_A \cdot c_P \quad \textit{Molwärme bei } P = \text{const.} \qquad \text{(II-1.131)}$$

Für die Beziehung zwischen c_P und c_V erhält man aus einer isobaren Wärmezufuhr dQ_P

$$dQ_P = c_P \cdot m \cdot dT = dH = dU + PdV = \underbrace{c_V \cdot m \cdot dT}_{= dU} + PdV. \qquad \text{(II-1.132)}$$

Nach der idealen Gasgleichung (Abschnitte 1.1.2, Gl. (II-1.13) und 1.2.3, Gl. II-1.44) ist $P \cdot V = N \cdot k \cdot T$ und damit (für $P = \text{const.}$) $P \cdot dV = N \cdot k \cdot dT$, d. h.

$$c_P \cdot m \cdot dT = c_V \cdot m \cdot dT + N \cdot k \cdot dT, \qquad \text{(II-1.133)}$$

folgt also

$$c_P - c_V = \frac{N \cdot k}{m} = \frac{Nk}{m} \cdot \frac{N_A}{N_A} = \frac{R}{\frac{m}{N} \cdot N_A} = \frac{R}{m_A \cdot N_A} = \frac{R}{M_m}. \qquad \text{(II-1.134)}$$

Mit $N \cdot k = \frac{N}{N_A} \cdot N_A \cdot k = \nu \cdot R$ (R ... ideale Gaskonstante) ergibt sich in Gl. (II-1.134) $c_P - c_V = \frac{\nu \cdot R}{m} = \frac{R}{M_m}$ und nach Multiplikation mit $\frac{m}{\nu} = M_m$, der Masse pro Mol (siehe Abschnitt 1.3.1.2.1, Fußnote 80)

$$C_P^m - C_V^m = R. \qquad \text{(II-1.135)}$$

Die spezifische Wärme bei konstantem Druck ist also wegen der bei der Wärmezufuhr zu verrichtenden Volumenarbeit immer größer als die spezifische Wärme bei konstantem Volumen.

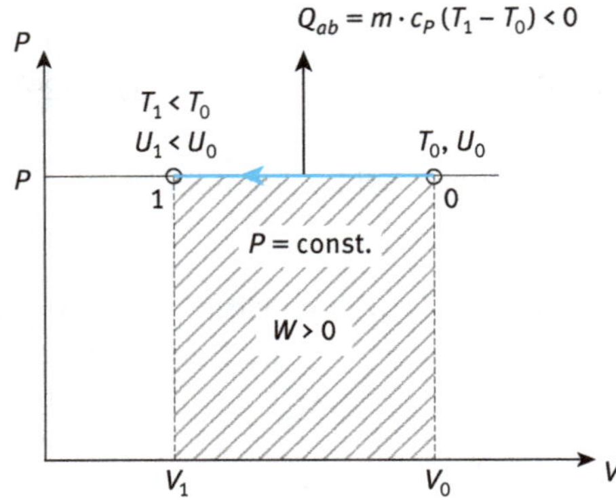

Abb. II-1.20: Arbeitsdiagramm des isobaren Prozesses.

Zur Skizze des Arbeitsdiagramms des isobaren Prozesses (Abb. II-1.20):

Wir betrachten die isobare Kompression von V_0 nach V_1 $(V_0 > V_1)$.

$$W = -\int_0^1 P dV = -P\int_0^1 dV = -P(V_1 - V_0) > 0 \quad \text{(Kompression des Gases);} \qquad \text{(II-1.136)}$$

$$Q = mc_P(T_1 - T_0) = \Delta H = U_1 + P_1V_1 - U_0 - P_0V_0 \overset{P_0 = P_1 = P}{=}$$

$$= U_1 - U_0 + P(V_1 - V_0) = mc_V\underbrace{(T_1 - T_0)}_{<0} + P\underbrace{(V_1 - V_0)}_{<0} < 0 . \qquad \text{(II-1.137)}$$

Bei der isobaren Kompression muss also Wärme abgeführt werden. Diese setzt sich aus der Verringerung der inneren Energie $-\Delta U = mc_V(T_1 - T_0)$ des Gases und der abgegebenen Verschiebungsarbeit $P(V_1 - V_0)$ zusammen. Dass $T_1 < T_0$ ist folgt aus der Zustandsgleichung:

$$P = \frac{NkT_1}{V_1} = \frac{NkT_0}{V_0} \Rightarrow T_1 = T_0 \cdot \frac{V_1}{V_0} < T_0 . \qquad \text{(II-1.138)}$$

1.3.1.2.3 Der *isotherme* Prozess: T = const.

Die innere Energie U des idealen Gases hängt nur von der Temperatur T ab. Da die Temperatur nicht geändert wird, also $dT = 0$ ist, bleibt auch die innere Energie U konstant, also $dU = 0$. Damit wird der *1. HS* zu $0 = dQ + dW$ und es folgt:

$$dQ = -dW = PdV \quad \textit{isothermer Prozess,} \qquad \text{(II-1.139)}$$

die zugeführte Wärme wird also bei isothermer Expansion $(dV > 0)$ vollständig in abgegebene Arbeit umgewandelt.

Aus der Zustandsgleichung für ideale Gase $P \cdot V = NkT$ folgt für T = const.

$$P \cdot V = \text{const.} \quad \textit{isotherme Zustandsänderung.} \qquad \text{(II-1.140)}$$

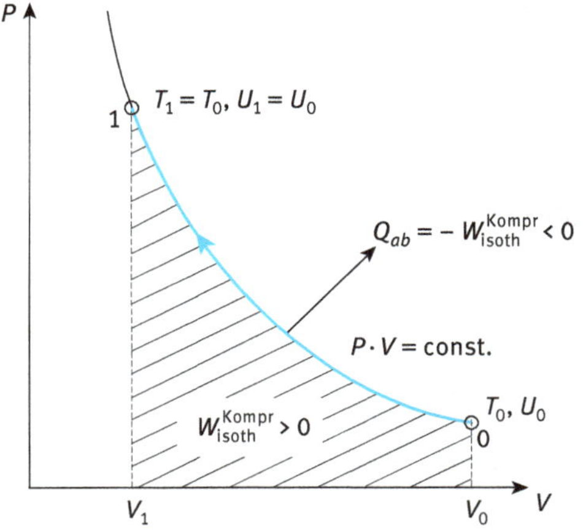

Abb. II-1.21: Arbeitsdiagramm des isothermen Prozesses.

Zur Skizze des Arbeitsdiagramms des isothermen Prozesses (Abb. II-1.21):

Mit $P = NkT \cdot \dfrac{1}{V}$ und $V_0 > V_1$ folgt

$$W_{\text{isoth}}^{\text{Kompr}} = -\int_0^1 PdV = -NkT\int_0^1 \frac{dV}{V} = -NkT \ln \frac{V_1}{V_0} = NkT \ln \frac{V_0}{V_1} > 0\,. \qquad \text{(II-1.141)}$$

Aus dem *1. HS* folgt mit $dU = 0$: $dW = -dQ$. Die bei der isothermen Kompression zugeführte (= aufgewendete) Arbeit $W_{\text{isoth}}^{\text{Kompr}} > 0$ muss als Wärme $Q < 0$ wieder vollständig abgegeben werden, damit die innere Energie U konstant bleiben kann. Entsprechendes gilt mit Vorzeichenänderung (Umkehr des Integrationsweges) bei der Expansion: Die zugeführte Wärme $Q > 0$ wird vollständig als Arbeit $W < 0$ wieder abgegeben.

1.3.1.2.4 Der *adiabatische*[83] oder *isentrope* Prozess: $S = \text{const.}$[84]

Das System ist jetzt thermisch isoliert und tauscht daher keine Wärme mit der Umgebung aus, also $dQ = 0$ und der *1. HS* lautet

$$dU = -PdV = c_V \cdot m \cdot dT \qquad \textit{adiabatischer Prozess.} \qquad \text{(II-1.142)}$$

---

83 Aus gr. αδιαβαινειν: nicht hindurchgehen.

84 Zur Definition der Zustandsgröße *Entropie S* siehe Abschnitt 1.3.1.3. Die beiden Prozesse sind i. Allg. nicht deckungsgleich: Jeder isentrope Prozess ist adiabatisch, aber nicht jeder adiabatische Prozess ist auch isentrop! So ist z. B. der Druckausgleich eines ungleich verteilten Gases in einem wärmeisolierten Behälter ein adiabatischer Vorgang, der mit Entropievermehrung verbunden ist. Nur im Falle reversibler (d. h. quasistatischer) Prozesse sind beide Prozesse identisch.

Verrichtet das System also adiabatische Arbeit ($dV > 0$), so kühlt es ab; der Arbeitsbetrag wird ja nur durch die innere Energie U gedeckt, die dadurch abnehmen muss und so zur Abkühlung führt. Wird andererseits *am* System adiabatische Arbeit verrichtet, so wird diese vollständig als innere Energie gespeichert und die Temperatur des Systems steigt.

Nach der idealen Gasgleichung gilt für den Druck $P = \frac{NkT}{V}$ und damit für den adiabatischen Prozess

$$-Nk\frac{dV}{V} = c_V \cdot m \cdot \frac{dT}{T}. \qquad \text{(II-1.143)}$$

Wir integrieren diese Gleichung um eine analytische Darstellung der Prozessfunktion (Adiabatengleichung) zu gewinnen:

$$c_V \cdot m \cdot \ln T = -Nk \ln V + \text{const.}$$

bzw.

$$c_V \cdot m \cdot \ln T + Nk \ln V = \text{const.} \qquad \text{(II-1.144)}$$

und mit $m(c_P - c_V) = \frac{m \cdot k}{m_A} = Nk$ (siehe Abschnitt 1.3.1.2.2, Gl. II-1.134)

$$c_V \ln T + (c_P - c_V) \ln V = \text{const.}/m = \text{const.} \qquad \text{(II-1.145)}$$

Unter Beachtung von $a \cdot \ln b = \ln b^a$ und $\ln a + \ln b = \ln (a \cdot b)$ erhalten wir

$$\ln (T^{c_V} \cdot V^{(c_P - c_V)}) = \text{const.} \qquad \text{(II-1.146)}$$

und entlogarithmiert

$$T^{c_V} \cdot V^{(c_P - c_V)} = e^{\text{const.}} = \text{const.} \qquad \text{(II-1.147)}$$

bzw. nach ziehen der c_V-ten Wurzel: $T \cdot V^{\frac{c_P - c_V}{c_V}} = T \cdot V^{\frac{c_P}{c_V} - 1}$

$$T \cdot V^{\kappa - 1} = \text{const.} \quad \textit{Adiabatengleichung = Poissongleichung}^{85} \qquad \text{(II-1.148)}$$

mit

$$\kappa = \frac{c_P}{c_V} > 1 \quad \textit{Adiabatenkoeffizient.} \qquad \text{(II-1.149)}$$

85 Die Adiabatengleichungen wurden 1822 von Siméon Denis Poisson (1781–1840) abgeleitet.

Werte des Adiabatenkoeffizienten für ein-, zwei- und dreiatomige Gase. Es gilt $\kappa = \frac{C_P^m}{C_V^m} = \frac{Z+2}{Z}$, wobei Z die Zahl der *Freiheitsgrade* (Translation + Rotation, Schwingungen sind kaum angeregt) angibt.[86]

Gas **Atome pro Molekül** **Freiheitsgrade Z**	$\kappa = \frac{C_P^m}{C_V^m}$ **theoretisch**	**κ gemessen**
He 1 $Z = 3$ (Translation)	$\frac{C_P^m}{C_V^m} = \frac{5\,R/2}{3\,R/2} = \frac{5}{3} = 1{,}66$	1,67
H_2 2 $Z = 5$: 3 translatorische + 2 rotatorische	$\frac{C_P^m}{C_V^m} = \frac{7\,R/2}{5\,R/2} = \frac{7}{5} = 1{,}4$	1,41
CO_2 (gestrecktes Molekül) 3 $Z = 6$: 3 translatorische + 2 rotatorische + 1 Schwingungsfreiheitsgrad	$\frac{C_P^m}{C_V^m} = \frac{8\,R/2}{6\,R/2} = \frac{4}{3} = 1{,}33$	1,3

In der klassischen Physik sollte entsprechend der zu Grunde liegenden Maxwell-Boltzmann-Statistik die spezifische Wärme ein- und mehratomiger Gase nicht von der Temperatur abhängen. Tatsächlich zeigt das Experiment aber eine charakteristische Temperaturabhängigkeit von c_V durch das *Einfrieren* von Freiheitsgraden (siehe Anhang 2). Die Erklärung dieses Problems der klassischen Physik lieferte erst die Quantenmechanik.

Mit $T = \frac{PV}{Nk}$ aus der idealen Gasgleichung kann $TV^{\kappa-1}$ in eine andere Form umgeschrieben werden, nämlich in $\frac{P}{Nk} \cdot V \cdot V^{\kappa-1} = \text{const.}$ oder

$$P \cdot V^{\kappa} = \text{const.} \quad \textit{Adiabatengleichung = Poissongleichung.} \tag{II-1.150}$$

Beim isothermen Prozess gilt nach der idealen Gasgleichung (II-1.9) bzw. dem Gesetz von Boyle-Mariotte (II-1.2)

$$P \cdot V = \text{const.}$$

86 Es gilt nach dem Gleichverteilungssatz (siehe Abschnitt 1.2.3)

$$U = \nu N_A \frac{kT}{2} Z \Rightarrow C_V^m = \frac{1}{\nu}\frac{\partial U}{\partial T} = N_A \frac{k}{2} Z = \frac{R}{2} Z$$

(vgl. Abschnitt 1.3.1.2.1, Gl. II-1.124). Mit

$$C_P^m = C_V^m + R = \frac{R}{2} Z + \frac{R}{2} \cdot 2 = \frac{R}{2}(Z+2) \Rightarrow \frac{C_P^m}{C_V^m} = \frac{Z+2}{Z}.$$

Im P-V-Diagramm sind daher die „Adiabaten" durch einen Punkt (P_i, V_i) mit $P(V) \propto \frac{1}{V^\kappa}$ immer um den Faktor κ steiler[87] als die „Isothermen" durch denselben Punkt mit $P(V) \propto \frac{1}{V}$; jede Adiabate schneidet daher jede Isotherme genau ein mal (siehe die nachfolgende Abb. II-1.22 und die Abbn. II-1.23 und II-1.25 im nächsten Abschnitt 1.3.1.3). Bei gleicher Volumenänderung ist daher die isotherme Volumenarbeit bei Kompression immer kleiner, bei Expansion immer größer als die adiabatische:[88]

$$W^{\text{exp}}_{\text{isoth}} = \text{Fäche}\,(V_0, 0, 1', V_1, V_0) \quad < 0 \quad \text{für isotherme Expansion}$$
$$W^{\text{exp}}_{\text{adiab}} = \text{Fäche}\,(V_0, 0, 1, V_1, V_0) \quad < 0 \quad \text{für adiabatische Expansion}$$

Zur Skizze des Arbeitsdiagramms des adiabatischen Prozesses (Abb. II-1.22)

$$W^{\text{Expans}}_{\text{adiab}} = -\int_0^1 \underbrace{PV^\kappa}_{=\text{const.}} \frac{dV}{V^\kappa} = -PV^\kappa \int_0^1 \frac{dV}{V^\kappa} = -\frac{PV^\kappa}{1-\kappa} V^{1-\kappa}\Big|_0^1 =$$
$$= \frac{1}{\kappa - 1}(P_1V_1 - P_0V_0) = \frac{P_0V_0}{\kappa - 1}\left(\frac{P_1V_1}{P_0V_0} - 1\right) = \frac{P_0V_0}{\kappa - 1}\left(\frac{T_1}{T_0} - 1\right). \quad \text{(II-1.151)}$$

Aus der Poissongleichung (Gl. II-1.150) folgt:

$$T_0V_0^{\kappa-1} = T_1V_1^{\kappa-1} \Rightarrow T_0 = T_1\left(\frac{V_1}{V_0}\right)^{\kappa-1} > T_1. \quad \text{(II-1.152)}$$

Mit $T_1 < T_0$ wird $W^{\text{Expans}}_{\text{adiab}} < 0$, also Arbeit vom System verrichtet.

Ferner folgt aus dem *1. HS* mit $dQ = 0$:

$$dW_{\text{adiab}} = du = c_V dT \Rightarrow \int_0^1 dW_{\text{adiab}} = c_V \int_0^1 dT \quad \text{(II-1.153)}$$

---

87 Die Steigung der Adiabate ist gegeben durch

$$\left.\frac{\partial P}{\partial V}\right|_{\text{adiab}} = \left(\frac{\partial}{\partial V}\left(\underbrace{V^{-\kappa} \cdot \text{const.}}_{=P}\right)\right)_{\text{adiab}} = -\text{const.} \cdot \kappa \cdot V^{-\kappa-1} = -\frac{\kappa \cdot P}{V},$$

die der Isotherme durch

$$\left.\frac{\partial P}{\partial V}\right|_{\text{isoth}} = \left(\frac{\partial}{\partial V}\left(\underbrace{\frac{N \cdot k \cdot T}{V}}_{=P}\right)\right)_{\text{isoth}} = -\frac{N \cdot k \cdot T}{V^2} = -\frac{P}{V}$$

88 Die zu vergleichenden Prozesse müssen vom selben Ausgangspunkt starten! Für die Kompression ist das in Abb. II-1.22 der Punkt 1, für die Expansion der Punkt 0. Die isotherme Expansion bzw. Kompression ist mit Wärmezufuhr bzw. -abfuhr verbunden; dies bewirkt das unterschiedliche Verhalten bei Kompression und Expansion im Vergleich zur Adiabate.

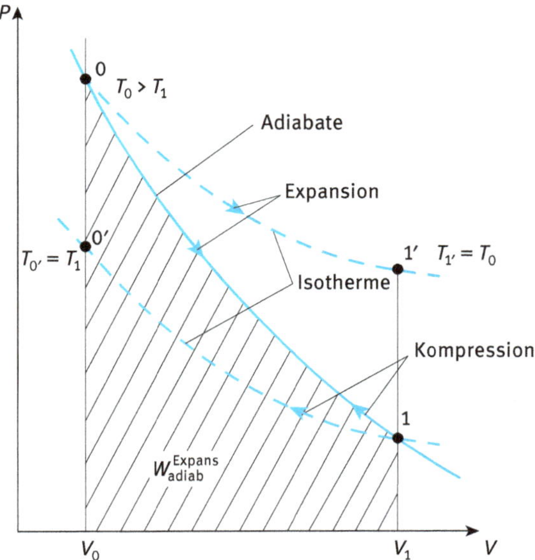

Abb. II-1.22: Arbeitsdiagramm des adiabatischen und des isothermen Prozesses.

$$\Rightarrow \int_0^1 dW_{\text{adiab}} = c_V(T_1 - T_0) < 0 \,. \qquad \text{(II-1.154)}$$

Die adiabatische Expansionsarbeit wird also durch Abkühlung zur Gänze aus der inneren Energie abgedeckt. Die Abkühlung durch adiabatische Expansionsarbeit wird beim Claude-Verfahren zur Gasverflüssigung herangezogen (Vorkühlung vor der Drosselstufe).

Umgekehrt wird bei der adiabatischen Kompression die zugeführte Arbeit vollständig zur Erhöhung der inneren Energie, also zu einer Temperaturerhöhung, verwendet (Gaskompression im Diesel- und Ottomotor, pneumatisches Feuerzeug, Erwärmung der Fahrradpumpe).

Man kann alle besprochenen Zustandsänderungen in einer einzigen Formel, der *polytropen Zustandsgleichung*, zusammenfassen (siehe auch Band I, Kapitel „Mechanik deformierbarer Körper", Abschnitt 4.3.2):

$$P \cdot V^n = \text{const.} \qquad \textit{polytrope Zustandsgleichung}\,; \qquad \text{(II-1.155)}$$

dabei ist für die Isobare $n = 0$, für die Isotherme $n = 1$, für die Adiabate $n = \kappa$ und für die Isochore $n = \infty$ (aus $P_1 V_1^n = P_2 V_2^n$ folgt $P_1^{1/n} \cdot V_1 = P_2^{1/n} V_2 \Rightarrow$ für $n \to \infty$: $V_1 = V_2$). Eine Zustandsänderung zwischen Isotherme und Adiabate mit $1 < n < \kappa$ wird *Polytrope* genannt. Sie spielt in der Praxis eine große Rolle, da isotherme und adiabatische Prozesse in Maschinen nicht verwirklicht werden können.

1.3.1.3 Entropie und zweiter Hauptsatz (2. *HS*, *second law of thermodynamics*). Reversible und irreversible Prozesse

Der *1. HS.* ist ein Energiesatz und definiert die *innere Energie U* als *Zustandsgröße*, also als physikalische Größe, die nur vom augenblicklichen Zustand des Systems abhängt und daher unabhängig vom Prozess (= „Weg") ist, mit dem man zum augenblicklichen Zustand gelangt. Bei einem thermischen Kontakt zwischen einem heißen und einem kalten Körper würde dieser Energiesatz nicht verletzt werden, wenn Wärme vom kälteren zum wärmeren Körper flösse. Der *zweite Hauptsatz der Thermodynamik* (2. *HS*) verbietet jedoch diesen Vorgang, indem er die *Richtung* eines Prozesses regelt:

i Wärme fließt *von selbst* immer nur vom wärmeren zum kälteren Körper, nie umgekehrt. *2. HS der Thermodynamik.*

Dies ist eine von mehreren Formulierungen des 2. *HS*, vgl. Gln. (II-1.191) – (II-1.192).

Man definiert als *reversiblen Prozess* („umkehrbar"), wenn
- keine mechanische Energie durch Reibung in Wärme umgesetzt wird (keine Dissipation)
- keine Wärmeleitung aufgrund von endlich großen Temperaturdifferenzen besteht
- der Prozess in ganz kleinen Schritten „quasistatisch" abläuft, das System also fortwährend im Gleichgewicht (*GG*) ist und der Prozess daher auch stets umgekehrt werden kann.

Beispiel:

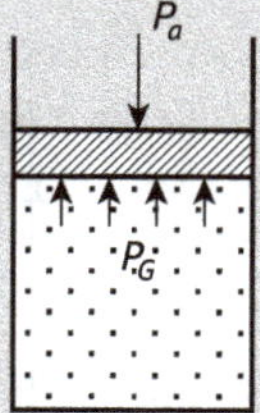

Ist der äußere Druck auf den Kolben P_a gleich dem Gasdruck P_G, so herrscht *GG* und der Kolben bleibt in Ruhe. Ist andererseits $P_a \ll P_G$, so kommt es zu einer raschen Expansion, die zur Turbulenz des Gases führt. Die Turbulenz bindet einen gewissen Betrag der inneren Energie in Form kinetischer Wirbelenergie, der bei der raschen Expansion nicht mehr zur Verrichtung einer äußeren Arbeit $-W$ zur Verfügung steht. Später, nach Beendigung der raschen Expansion, verwandelt sich diese Wirbelenergie infolge innerer Reibung wieder in Wärmeenergie. In diesem Fall wird also bei einem raschen adiabatischen Prozess, dem tatsächlichen Arbeitsprozess, eine kleinere Arbeit verrichtet als eigentlich möglich wäre. Ist dagegen der äußere Druck nur differentiell kleiner als der Gasdruck im Inneren, so wird die maximal mögliche Arbeit verrichtet, der Prozess läuft *quasistatisch* ab.

Die Frage ist nun: Kann man eine charakteristische Funktion finden, mit der man den *2. HS.* mathematisch ausdrücken kann?

Wir betrachten dazu einen „Kreisprozess“, also einen Prozess bzw. eine Kette von Prozessen derart, dass der Endzustand wieder genau dem Anfangszustand entspricht. Ein möglicher idealisierter, reversibler, also verlustloser Kreisprozess, der nur aus zwei isothermen und zwei adiabatischen Teilprozessen zusammengesetzt ist, ist der *Carnot-Prozess* (nach Nicolas Léonard Sadi Carnot, 1796–1832, Abb. II-1.23).

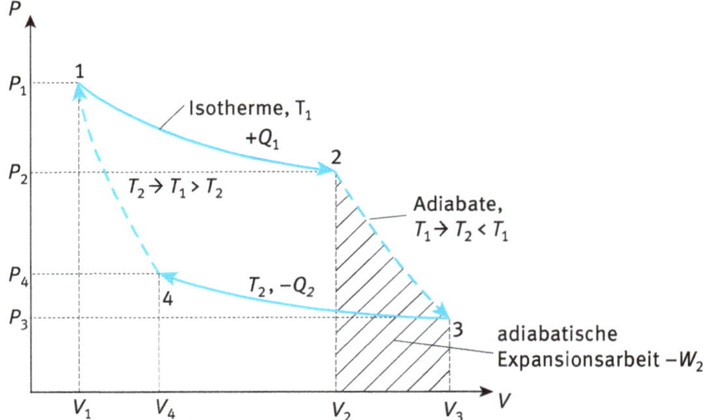

Abb. II-1.23: Darstellung des Carnotschen Kreisprozesses im *P-V*-Diagramm: isotherme Expansion ($1 \rightarrow 2$) bei T_1, Wärmemenge Q_1 wird zugeführt; adiabatische Expansion ($2 \rightarrow 3$), Abkühlung $T_1 \rightarrow T_2$; isotherme Kompression ($3 \rightarrow 4$) bei T_2, Wärmemenge $Q_2 < Q_1$ wird abgeführt; adiabatische Kompression ($4 \rightarrow 1$), Erwärmung $T_2 \rightarrow T_1$.

Zunächst wird in einer isothermen Expansion bei der Temperatur T_1 ($1 \rightarrow 2$) das Volumen vom Ausgangsvolumen V_1 auf das Volumen V_2 vergrößert; die bei diesem Teilprozess vom „heißen“ Wärmereservoir der Temperatur T_1 zugeführte Wärmemenge Q_1 wird – da sich die innere Energie U nicht ändert – vollständig in die Expansionsarbeit (Fläche (V_1, 1, 2, V_2), negativ zu zählen) umgewandelt. Anschließend erfolgt eine adiabatische Expansion vom Volumen V_2 auf V_3 ($2 \rightarrow 3$); dabei kühlt sich das System von der Ausgangstemperatur T_1 auf T_2 ab, die Expansionsarbeit (Fläche (2, 3, V_3, V_2), negativ zu zählen) wird ja jetzt nur von der inneren Energie U des Systems aufgebracht. Dann folgt eine isotherme Kompression bei der Temperatur T_2 vom Volumen V_3 auf V_4 ($3 \rightarrow 4$); dabei wird die entstehende Wärmemenge Q_2 (entsprechend der positiv zu zählenden Arbeitsfläche (3, 4, V_4,

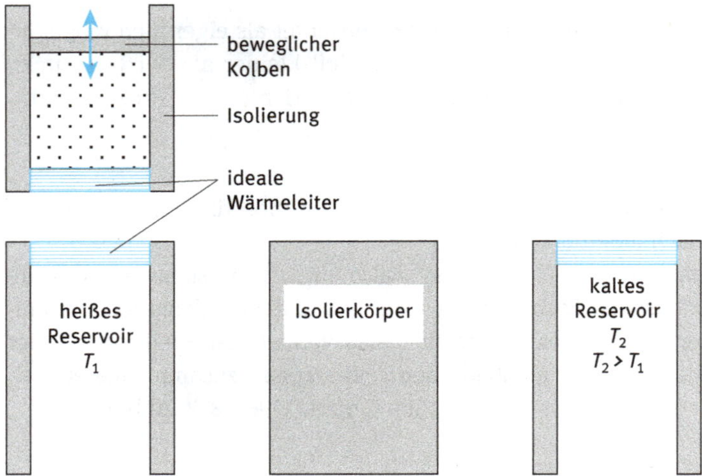

Abb. II-1.24: Schematische Darstellung der „Realisierung" eines Carnotschen Kreisprozesses. Die Anordnung, ein mit idealem Gas mit der Ausgangstemperatur T_1 gefüllter, ideal isolierter Zylinder mit dem Ausgangsvolumen V_1 und mit beweglichem Kolben und ideal wärmeleitendem Boden wird zunächst in thermischen Kontakt mit einem Wärmereservoir der Temperatur T_1 gebracht. Daraufhin (erster Teilprozess) expandiert das System (das ideale Gas) isotherm bei der Temperatur T_1 von V_1 zu V_2.Die beim Prozess von außen zugeführte Wärmemenge Q_1 wird vollständig in Volumenarbeit umgewandelt. Dann wird die Anordnung rasch auf einen Isolierkörper gesetzt. Die weitere Volumenvergrößerung von V_2 auf V_3 erfolgt in diesem zweiten Teilprozess adiabatisch unter Abkühlung von T_1 auf $T_2 < T_1$, da die Volumenarbeit nur durch die innere Energie U des Systems aufgebracht wird. Anschließend wird die Anordnung mit dem kalten Wärmebad der Temperatur T_2 in Kontakt gebracht und bei T_2 isotherm von V_3 auf V_4 komprimiert. Die bei der Kompression während dieses dritten Teilprozesses entstehende Wärmemenge Q_2 ($|Q_2| < |Q_1|$) wird an das Wärmebad abgeführt. Im vierten Teilprozess wird die Anordnung wieder auf den Isolierkörper aufgesetzt und auf das Ausgangsvolumen V_1 komprimiert. Bei diesem adiabatischen Prozess führt die von außen verrichtete Kompressionsarbeit zur Erhöhung der inneren Energie des Systems und damit zur Temperaturerhöhung von T_2 auf die Ausgangstemperatur T_1. Bei der Wärmezufuhr darf die Gastemperatur nur differenziell kleiner als T_1 sein, bei der Wärmeabfuhr entsprechend differenziell größer als T_2; außerdem müssen alle Kolbenbewegungen quasistatisch erfolgen, also theoretisch unendlich langsam.

V_3), $|Q_2| < |Q_1|$) an ein „kaltes" Wärmebad der Temperatur $T_2 < T_1$ abgeführt. Im letzten Teilprozess erfolgt eine adiabatische Kompression vom Volumen V_4 auf das Ausgangsvolumen V_1 ($4 \rightarrow 1$), die zur Erwärmung des Systems von T_2 auf die Ausgangstemperatur T_1 führt, wobei die hierbei verrichtete Kompressionsarbeit, die vollständig in innere Energie umgewandelt wird, der positiv zu zählenden Arbeitsfläche (4, 1, V_1, V_4) entspricht (Abb. II-1.24).

In allen vier Teilprozessen wird mechanische Energie abgegeben oder zugeführt: Im ersten Teilprozess wird die zugeführte Wärmemenge Q_1 vollständig in Arbeitsverrichtung (Volumenvergrößerung = Expansionsarbeit) umgewandelt ($-W_1$); im zweiten Teilprozess wird die Expansionsarbeit $-W_2$ vollständig auf Kosten der inneren Energie U des Systems verrichtet und das System kühlt entsprechend von T_1 auf T_2 ab; im dritten Teilprozess wird die zugeführte mechanische Kompressionsarbeit ($+W_3$) am System vollständig in die Wärmemenge Q_2 ($|Q_2| < |Q_1|$) umgewandelt und an das Reservoir abgeführt; im vierten Teilprozess wird die Kompressionsarbeit ($+W_4$) vollständig in innere Energie des Systems umgewandelt und die Temperatur steigt von T_2 auf den Ausgangswert T_1. Wir zeigen nun, dass die *vom* System verrichtete, adiabatische Expansionsarbeit beim zweiten Teilprozess (schraffierte Fläche im *P-V*-Diagramm von Abb. II-1.23) gleich der *am* System verrichteten, adiabatischen Kompressionsarbeit des vierten Teilprozesses ist, da beide die gleiche Temperaturänderung $|\Delta T| = |T_1 - T_2| = |T_2 - T_1|$ bewirken.

Mit dem Ausdruck für die adiabatische Expansionsarbeit von 1.3.1.2.4, Gl. (II-1.151) ergibt sich die vom System verrichtete adiabatische Expansionsarbeit hier zu

$$W_{\text{adiab}}^{\text{Exp}}(2 \longrightarrow 3) = \frac{P_2 V_2}{\kappa - 1}\left(\frac{T_2}{T_1} - 1\right) \tag{II-1.156}$$

$$W_{\text{adiab}}^{\text{Exp}}(1 \longrightarrow 4) = \frac{P_1 V_1}{\kappa - 1}\left(\frac{T_2}{T_1} - 1\right) \tag{II-1.157}$$

$\Rightarrow$ mit $P_1 V_1 = P_2 V_2$ (Punkt 1 und Punkt 2 in Abb. II-1.23 liegen auf einer Isotherme):

$$W_{\text{adiab}}^{\text{Exp}}(1 \longrightarrow 4) = \frac{P_2 V_2}{\kappa - 1}\left(\frac{T_2}{T_1} - 1\right) = W_{\text{adiab}}^{\text{Exp}}(2 \longrightarrow 3)\,; \tag{II-1.158}$$

die beiden Expansionsarbeiten sind also gleich groß. Mit $W_{\text{adiab}}^{\text{Kompr}}(4 \longrightarrow 1) = -W_{\text{adiab}}^{\text{Exp}}(1 \longrightarrow 4)$ wegen der Umkehrbarkeit der Integrationsrichtung folgt

$$\underbrace{W_{\text{adiab}}^{\text{Exp}}(2 \longrightarrow 3)}_{W_2} + \underbrace{W_{\text{adiab}}^{\text{Kompr}}(4 \longrightarrow 1)}_{W_4} = 0\,, \tag{II-1.159}$$

die Summe der adiabatischen Arbeiten verschwindet daher.

In die Arbeitsbilanz des Kreisprozesses, das ist im *P-V*-Diagramm die von den Prozesskurven eingeschlossene Fläche (in der obigen Abb. II-1.23 die Fläche {1,2,3,4,1}), gehen also nur die isothermen Prozesse $1 \longrightarrow 2$ und $3 \longrightarrow 4$ ein und ergeben als gesamte Arbeitsverrichtung $-W = -W_1 + W_3$. Wird der Kreisprozess im Uhrzeigersinn durchlaufen, dann ist $W < 0$ (Arbeit wird vom System verrichtet); beim Umlauf im Gegenuhrzeigersinn ist $W > 0$ (Arbeit wird dem System zugeführt).

Für die Größe der Volumenarbeiten während der isothermen Prozesse findet man mit Hilfe des *1. HS* und der idealen Gasgleichung (vgl. 1.3.1.2.3, Gl. II-1.141)

$$Q_1 = -W_1 = PdV \underbrace{=}_{P = \frac{1}{V}NkT} NkT_1 \int_{V_1}^{V_2} \frac{1}{V}\,dV = NkT_1 \ln\frac{V_2}{V_1} > 0 \tag{II-1.160}$$

$$\Rightarrow \quad W_1 < 0,\ Q_1 > 0 \tag{II-1.161}$$

und analog

$$Q_2 = -W_2 = NkT_2 \int_{V_3}^{V_4} \frac{1}{V}\, dV = -NkT_2 \int_{V_4}^{V_3} \frac{dV}{V} = -NkT_2 \ln \frac{V_3}{V_4} < 0 \qquad \text{(II-1.162)}$$

$$\Rightarrow \qquad W_2 > 0,\ Q_2 < 0\,. \qquad \text{(II-1.163)}$$

Da die Punkte 1 und 4 bzw. 2 und 3 auf Adiabaten liegen, so gelten die beiden Beziehungen

$$T_1 V_1^{\kappa-1} = T_2 V_4^{\kappa-1} \text{ und } T_1 V_2^{\kappa-1} = T_2 V_3^{\kappa-1}; \qquad \text{(II-1.164)}$$

durch Division der linken und rechten Seiten folgt

$$\frac{V_2}{V_1} = \frac{V_3}{V_4}. \qquad \text{(II-1.165)}$$

Eingesetzt in die beiden obigen Gleichungen für Q_1 und Q_2 folgt damit

$$\frac{Q_1}{T_1} = -\frac{Q_2}{T_2} \qquad \text{(II-1.166)}$$

und die fundamentale Beziehung[89]

$$\frac{Q_1}{T_1} + \frac{Q_2}{T_2} = 0 \qquad \text{(II-1.167)}$$

$$\Rightarrow \qquad \frac{Q_1}{-Q_2} = \frac{T_1}{T_2} \text{ bzw. } \frac{Q_{\text{aufgen}}}{Q_{\text{abgeg}}} = \frac{T_1}{T_2} > 1, \text{ also } |Q1| > |Q_2|.$$

Nach Clausius wird der Ausdruck $\frac{Q}{T}$ als *reduzierte Wärmemenge* bezeichnet. Für einen reversiblen Carnotschen Kreisprozess ist also die Summ der reduzierten Wärmemengen $\sum_i \frac{Q_i}{T_i} = 0\,.$

Beispiel: Ideale Wärmekraftmaschine und ideale Wärmepumpe.

Eine Wärmekraftmaschine wandelt mittels der Teilprozesse eines Kreisprozesses Wärmeenergie in mechanische Energie um. Der ideale Kreisprozess mit dem höchsten Wirkungsgrad ist der Carnotsche Kreisprozess zwischen der höchsten und der niedrigsten Temperatur der ablaufenden Teilprozesse.

Da beim Kreisprozess der Endzustand gleich dem Anfangszustand ist, muss für die Gesamtänderung der inneren Energie ΔU gelten

---

89 Die zu- und abgeführten Wärmemengen sind hier *vorzeichenrichtig* einzusetzen!

$$\Delta U = \underbrace{Q_1}_{\text{aufgen}} - \underbrace{Q_2}_{\text{abgef}} - \underbrace{W}_{\text{abgeg}} = 0 \Rightarrow W = Q_1 - Q_2 .$$

Man definiert als *thermodynamischen Wirkungsgrad* η einer Wärmekraftmaschine

$$\eta = \frac{W}{Q_1} = \frac{\text{abgegebene Arbeit}}{\text{zugeführte Wärmeenergie}} .$$

Im besten Fall, also beim Carnot Prozess, ergibt sich[90]

$$\eta_C = \frac{W_{\text{abgeg}}}{Q_{\text{aufgen}}} = \frac{Q^{\text{revers}}_{\text{aufgen}} - Q^{\text{revers}}_{\text{abgeg}}}{Q^{\text{revers}}_{\text{aufgen}}} = 1 - \frac{Q^{\text{revers}}_{\text{abgeg}}}{Q^{\text{revers}}_{\text{aufgen}}} = 1 - \frac{T_{\text{kalt}}}{T_{\text{heiß}}} =$$
$$= \frac{T_{\text{heiß}} - T_{\text{kalt}}}{T_{\text{heiß}}} = \frac{T_1 - T_2}{T_1} = 1 - \frac{T_2}{T_1} .$$

Für einen guten Wirkungsgrad sollte also $T_2 \ll T_1$ sein.

Während der Kreisprozess einer Kraftmaschine im *P*-*V*-Diagramm im Uhrzeigersinn durchlaufen wird, folgen die Teilprozesse bei einer Wärmepumpe einander im Gegenuhrzeigersinn. Es wird dabei aus dem kalten Reservoir die Wärme Q_2 aufgenommen und unter Arbeitsleistung W an das wärmere Reservoir (den „Heizkörper") als $-Q_1 = Q_2 + W$ abgegeben. Man gibt dann die *Leistungszahl* ε (*coefficient of performance, COP*) als Verhältnis der Nutzwärme $-Q_1$ zur aufgewendeten Arbeit an; für eine *Wärmepumpe* gilt (vgl. Gl. II-1.166):

$$\varepsilon_{\max} = \frac{-Q_1}{W} = \frac{-Q_1}{-Q_1 - Q_2} = \frac{1}{1 - \frac{Q_2}{-Q_1}} = \frac{1}{1 - \frac{T_2}{T_1}} = \frac{T_1}{T_1 - T_2} \quad \textit{Wärmepumpe.}$$

Für einen *Kühlschrank* gilt hingegen mit Q_2 als aus dem Kühlraum aufgenommene Wärme und $-Q_1$ als an die Umgebung abgegebene Wärme (wieder mit Gl. II-1.166):

$$\varepsilon_{\max} = \frac{Q_2}{W} = \frac{Q_2}{-Q_1 - Q_2} = \frac{1}{\frac{-Q_1}{Q_2} - 1} = \frac{1}{\frac{T_1}{T_2} - 1} = \frac{T_2}{T_1 - T_2} \quad \textit{Kühlschrank.}$$

Die Leistungszahl ε_{max} sollte möglichst groß sein, T_2 sollte nahe bei T_1 liegen, im Gegensatz zu den Kraftmaschinen.

---

90 Während bei einem *einzelnen* isothermen Prozess Wärme *vollständig* in Arbeit verwandelt werden kann, ist bei einem Kreisprozess im besten Fall die Arbeit $W = \eta_C \cdot Q_1 < Q_1$ aus der zugeführten Wärme Q_1 zu gewinnen. Da der Bruchteil η_C umso größer ist, je kleiner das Verhältnis $T_{\text{kalt}}/T_{\text{heiß}}$ ist, strebt man bei den zyklisch arbeitenden Wärmekraftmaschinen eine möglichst hohe Kessel-

Andere, den tatsächlich ablaufenden Teilprozessen besser angepasste Vergleichs-Kreisprozesse, als der adiabatisch-isotherme Carnot-Prozess, sind in der technischen Praxis der isochor-isotherme Kreisprozess, den der Stirling-Motor benützt, der isochor-adiabatische Kreisprozess des Otto-Motors, der isobar-adiabatisch-isochor-adiabatische Kreisprozess des Dieselmotors oder der adiabatisch-isobare Clausius-Rankine-Kreisprozess, der als Vergleichsprozess für Dampfkraftwerke bzw. als Joule-Prozess für Gasturbinen dient (siehe z. B. E. Schmidt, *Technische Thermodynamik*, 1. Band, Springer 1975).

Die Beziehung des Carnotschen Kreisprozesses $\left(\frac{-W}{Q_{\text{aufgen}}}\right)_{\text{rev}} = 1 - \frac{T_2}{T_1} = \left(\frac{-W}{-W_1}\right)_{\text{rev}}$ (siehe vorhergehendes Beispiel) ist von der Arbeitssubstanz unabhängig und eignet sich nach einem Vorschlag von Lord Kelvin zur Definition einer universellen Temperaturskala, der *thermodynamischen Temperaturskala*, zu deren Realisierung nur mechanische Messungen vorzunehmen sind (nämlich die beiden abgegebenen Arbeitsbeträge $-W$ und $-W_1$). Wird $T_1 = T_0$ (Eispunkt) gewählt, dann gilt

$$T_{\text{thermodyn}} = T_2 = T_0\left[1 - \left(\frac{W}{W_1}\right)_{\text{rev}}\right] \quad \textit{thermodynamische Temperaturskala.} \tag{II-1.168}$$

Sie deckt sich mit der in Abschnitt 1.1.3 eingeführten absoluten Temperaturskala, die seit Mai 2019 die *gesetzlich festgelegte Temperaturskala* ist.

Jetzt betrachten wir einen allgemeinen, reversiblen Kreisprozess K in der P-V-Ebene. Diesen können wir uns beliebig genau aus einer Summe von n Carnotprozessen C_i aufgebaut denken, die zwischen Wärmereservoiren ablaufen, die jeweils um das infinitesimale Temperaturintervall ΔT getrennt und dicht so aneinandergefügt sind, dass das untere Reservoir des i-ten Prozesses zugleich das obere Reservoir des $(i+1)$ten Prozesses bildet. Die vom Prozess C_i bei T_i abgegebene Wärmemenge Q_i wird also bis auf die beiden „Zwickelwärmemengen" ΔQ_i^1 und ΔQ_i^2 vom anschließenden Prozess C_{i+1} aufgenommen (siehe Abb. II-1.25):

$$Q_{i+1,\text{aufgen}} = Q_{i,\text{abgeg}} + \Delta Q_i^1 + \Delta Q_i^2 . \tag{II-1.169}$$

---

bzw. Verbrennungstemperatur $T_{\text{heiß}}$ an. T_{kalt} ist durch die Umgebungstemperatur festgelegt, $T_{\text{heiß}}$ ist durch die Materialfestigkeit begrenzt. Mit $T_{\text{heiß}} \approx 770\,\text{K}$ folgt $\eta_C = 1 - \frac{293}{770} = 0{,}62$. Die im praktischen Betrieb erreichten Wirkungsgrade liegen wesentlich darunter, zwischen 0,2 und 0,4, da der Carnotprozess auch nicht annähernd erreicht werden kann.

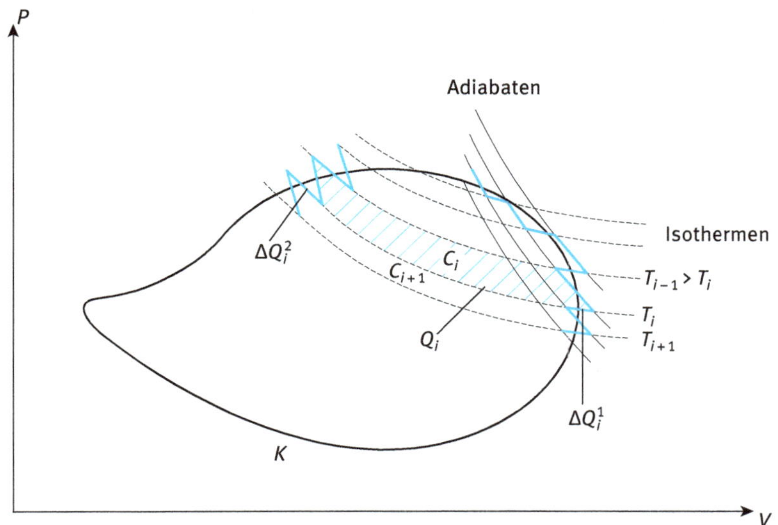

Abb. II-1.25: Jeder Kreisprozess K kann beliebig genau in eine Kette von differenziell kleinen isothermen und adiabatischen Teilprozessen zerlegt werden.

Somit gilt für den Prozess C_i für die Summe der reduzierten Wärmemengen

$$\frac{Q_{i-1} + \Delta Q_{i-1}^1 + \Delta Q_{i-1}^2}{T_{i-1}} - \frac{Q_i}{T_i} = 0 \quad \text{mit } i = 1 \text{ bis } n \quad (T_{i-1} > T_i) \tag{II-1.170}$$

und für C_{i+1}

$$\frac{Q_i + \Delta Q_i^1 + \Delta Q_i^2}{T_i} - \frac{Q_{i+1}}{T_{i+1}} = 0 \tag{II-1.171}$$

usw.

Bei der Summation über alle Carnotprozesse C_i bleiben nur die differenziellen reduzierten Wärmemengen übrig, die an den Spitzen der Isothermen mit positivem (ΔQ_i^2) bzw. negativem (ΔQ_i^1) Vorzeichen zu versehen sind. Wird über den gesamten Kreisprozess summiert, so gilt also:

$$\sum_i \frac{\Delta Q_i}{T_i} = 0\,. \tag{II-1.172}$$

Nur die zackenförmigen Abschnitte der Isothermen und Adiabaten liefern Beiträge zur Summe der reduzierten Wärmemengen längs des Kreisprozesses K und stellen eine Näherung dieses Prozesses dar. Im Grenzfall sehr kleiner Zerlegungsschritte wird die bei einer bestimmten Temperatur T_i des Kreisprozesses reversibel zu- bzw. abgeführte Wärmemenge differentiell klein, also zu dQ, wobei die isothermen und adiabatischen „Zacken" verschwinden und zu Punkten auf der Kurve K werden.

Wir definieren als *differenzielle reduzierte Wärmemenge*

$$\frac{dQ}{T} \quad \textit{differenzielle reduzierte Wärmemenge.} \tag{II-1.173}$$

Für einen *reversiblen Kreisprozess*[91] geht die Summe $\sum_i \frac{\Delta Q_i}{T_i}$ in ein Integral über die geschlossene Kreisprozesskurve K über und es gilt

$$\oint \frac{dQ_{\text{rev}}}{T} = 0 \quad \textit{Satz von Clausius.} \tag{II-1.174}$$

Daraus kann ebenso wie im Falle der Potenzialfunktion der Mechanik oder Elektrostatik (siehe Band I, Kapitel „Mechanik des Massenpunktes" Abschnitt 2.2.3 und Band III, Kapitel „Elektrostatik" Abschnitt 1.3) geschlossen werden, dass die reversible reduzierte Wärmemenge $\left(\frac{dQ}{T}\right)_{\text{rev}}$ das Differential einer vom Weg (= Prozess) unabhängigen Zustandsgröße ist und daher so wie das mechanische und das elektrische Potenzial nur vom Anfangs- und vom Endzustand abhängt. Clausius hat diese Zustandsgröße 1865 *Entropie*[92] S genannt; ihr totales Differential ist:[93]

$$dS = \left(\frac{dQ}{T}\right)_{\text{rev}} \quad \begin{array}{l}\textit{totales Differential der Entropie,}\\ \textit{thermodynamische Definition der Entropie.}\end{array} \tag{II-1.175}$$

$$\Rightarrow dQ_{\text{rev}} = TdS \quad \textit{kein} \text{ totales Differential;} \tag{II-1.176}$$

$$\Rightarrow Q_{\text{rev},AE} = \int_{S_A}^{S_E} TdS\,, \tag{II-1.177}$$

das ist die beim Übergang vom Zustand A zum Zustand E zugeführte Wärmemenge; sie ist vom ablaufenden Prozess, dem „Weg" von A nach E, abhängig. Für einen *isothermen Prozess* ist daher

91 Nur ein solcher kann aus einer Summe von *reversiblen* Carnot-Prozessen aufgebaut werden.

92 Griechisches Kunstwort *εντροπια*, von *εν* (ein-, in-) und *τροπη* (Wendung, Umwandlung).

93 Da dQ *kein* totales Differential, also wegabhängig ist, wird der Faktor $1/T$ zum „integrierenden Faktor" für das Entropiedifferential dS. Zur alternativen Schreibweise für dQ vergleiche Abschnitt 1.3.1.2.1, Fußnote 79.

$$Q_{\text{rev},AE}^{\text{isoth}} = T\int_{S_A}^{S_E} dS = T(S_E - S_A). \tag{II-1.178}$$

Diese Beziehung, bzw. allgemeiner $dQ_{\text{rev}} = TdS$ bei nicht konstantem T (Gl. II-1.176), kann zur Darstellung von reversibel zu- bzw. abgeführten Wärmemengen Q als Fläche verwendet werden, wenn die Entropie $S(T)$ in einem T-S-Diagramm, dem *Wärmediagramm* in Analogie zum Arbeitsdiagramm (siehe Abschnitt 1.3.1.1), als Abszisse und die Temperatur T als Ordinate aufgetragen werden; die Wärme erscheint als Fläche unter der $T(S)$-Kurve. Für den Carnotschen Kreisprozess ergibt sich im Wärmediagramm ein Rechteck (Abb. II-1.26):[94]

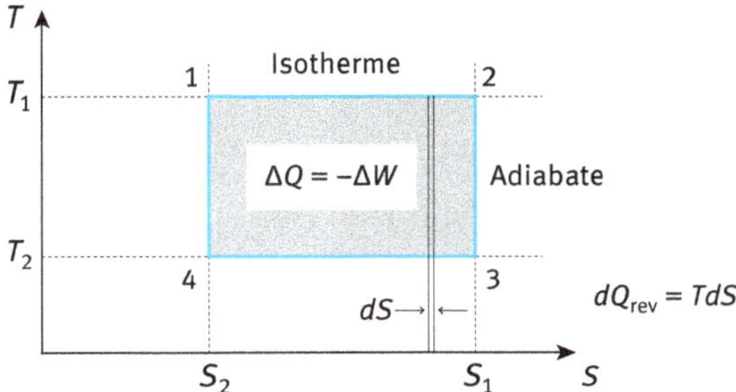

Abb. II-1.26: Wärmediagramm des Carnotprozesses.

Zum Wärmediagramm des Carnotprozesses

$$Q_{12} = \int_1^2 T_1 dS = T_1(S_2 - S_1)\,; \quad Q_{23} = Q_{41} = 0\,, \quad \text{wegen} \quad dS = 0\,; \tag{II-1.179}$$

$$Q_{34} = \int_3^4 T_2 dS = T_2(S_4 - S_3) = T_2(S_1 - S_2) \tag{II-1.180}$$

$$\Rightarrow \quad \Delta Q = Q_{12} + Q_{34} = (T_1 - T_2)\cdot(S_2 - S_1)\,. \tag{II-1.181}$$

Wenn die Entropie für einen bestimmten Anfangszustand A willkürlich Null gesetzt wird (z. B. für den Zustand mit $T = 0\,\text{K}$), sodass $S_A = 0$ wird und so die Entropie für

94 Wenn der funktionale Zusammenhang $S = S(T,P,V)$ bekannt ist – vgl. die Entropieausdrücke für ein ideales Gas (Abschnitt 1.3.2.1, Gl. II-1.211) – kann jede der besprochenen Zustandsänderungen auch im T-S-Diagramm beschrieben und die bei dem Prozess umgesetzte Wärmemenge als Fläche unter der Prozesskurve dargestellt werden. Für den isochoren und den isobaren Prozess ergeben sich nach Gl. (II-1.210) im T-S-Diagramm Exponentialkurven, deren Steigung durch C_V^m und C_P^m bestimmt wird.

den Endzustand $S_E = S$ gesetzt werden kann, ergibt sich bei Integration über einen reversibel geführten Prozess vom Anfangszustand A zum Endzustand E[95]

$$\int_A^E dS = S_E - S_A = S_E - 0 = S = \int_A^E \left(\frac{dQ}{T}\right)_{\text{rev}} \tag{II-1.182}$$

Thermodynamische Definition der Zustandsgröße Entropie S.

Die Einheit der Entropie ist $[S] = 1\ \text{J/K}$.

Bei einem reversiblen Kreisprozess verschwindet also nach dem Satz von Clausius die gesamte Entropieänderung, die Entropie bleibt konstant:

$$\oint \frac{dQ_{\text{rev}}}{T} = \oint dS = 0. \tag{II-1.183}$$

Für einen allgemeinen, reversiblen Prozess vom Anfangszustand $A\ (V_1,T_1)$ zum Endzustand $E\ (V_2,T_2)$ gilt also für die Änderung der Entropie S

$$\int_{A:\,V_1,T_1}^{E:\,V_2,T_2} \left(\frac{dQ}{T}\right)_{\text{rev}} = \int_{A:\,V_1,T_1}^{E:\,V_2,T_2} dS = S_E(V_2,T_2) - S_A(V_1,T_1) = \Delta S\,. \tag{II-1.184}$$

Als Beispiel für die Berechnung der Entropie wird in Abschnitt 1.3.2.1 die Berechnung der Entropie eines idealen Gases durchgeführt.

Wir wenden uns nun *irreversiblen* Zustandsänderungen zu, die allein praktische Bedeutung haben: *Alle von selbst ablaufenden Prozesse sind irreversibel*! In diesem Fall gilt: Da Wärme bei diesen Kreisprozessen für die Arbeitsverrichtung verloren geht (bei gleichem Q_1 ist $Q_2 > Q_{2,\text{rev}}$), ist der Wirkungsgrad kleiner als beim reversiblen Carnotprozess, also

$$\eta = \frac{W}{Q_1} = \frac{Q_1 - Q_2}{Q_1} < \frac{Q_1 - Q_{2,\text{rev}}}{Q_1} = \frac{T_1 - T_2}{T_1} \Rightarrow \frac{Q_1}{T_1} + \frac{Q_2}{T_2} < 0\,. \tag{II-1.185}$$

Für einen beliebigen irreversiblen Kreisprozess folgt daraus[96]

$$\oint \frac{dQ_{\text{irr}}}{T} < 0 \quad \textit{irreversibler Prozess.} \tag{II-1.186}$$

---

95 Vergleiche die analoge Vorgangsweise bei der Definition des Potenzials Φ in der Elektrostatik (siehe Band III, Kapitel „Elektrostatik“, 1.3).

96 In Gl. (II-1.171) ist jetzt statt des Gleichheitszeichens < 0 zu setzen, da die abgegebenen Wärmemengen Q_{i+1} durch Q_{i+1}^{irr} zu ersetzen sind und $Q_{i+1}^{\text{irr}} > Q_{i+1}$ gilt.

Fasst man reversible und irreversible Vorgänge in einer Formel zusammen, so erhält man die *Clausiussche Ungleichung*

$$\oint \frac{dQ}{T} \leq 0 \quad \textit{Clausiussche Ungleichung.} \tag{II-1.187}$$

Wir denken uns jetzt einen Kreisprozess in zwei Prozesse zerlegt, einen irreversiblen von A bis E und einen reversiblen von E zurück bis zum Ausgangspunkt A. Dann muss gelten

$$\int_A^E \left(\frac{dQ}{T}\right)_{\text{irr}} + \underbrace{\int_E^A \left(\frac{dQ}{T}\right)_{\text{rev}}}_{dS} < 0$$

$$\Rightarrow \quad \int_A^E \left(\frac{dQ}{T}\right)_{\text{irr}} + S(A) - S(E) < 0 \tag{II-1.188}$$

bzw.

$$S(E) - S(A) - \int_A^E \left(\frac{dQ}{T}\right)_{\text{irr}} > 0 \, . \tag{II-1.189}$$

Offensichtlich ist die positive Größe $\left(S(E) - S(A) - \int_A^E \left(\frac{dQ}{T}\right)_{\text{irr}}\right)$ ein Maß für die Irreversibilität eines Prozesses. Wir schreiben nochmals um

$$S(E) - S(A) > \int_A^E \left(\frac{dQ}{T}\right)_{\text{irr}} \tag{II-1.190}$$

und betrachten diese Aussage für ein *abgeschlossenes System*; in einem abgeschlossenen, von der Umgebung isolierten System, findet kein Wärmeaustausch mit der Umgebung statt und damit ist $dQ = 0$, es muss also für einen adiabatischen Prozess gelten $\int_A^E \left(\frac{dQ}{T}\right)_{\text{irr}} = 0$ und damit

$$\Delta S_{\text{abgeschl, irr}} = \big(S(E) - S(A)\big)_{\text{abgeschl,irr}} > 0 \quad \textit{2. HS der Thermodynamik.}^{97} \tag{II-1.191}$$

97 Für einen in der Praxis *nicht* vorkommenden reversiblen Prozess gilt dagegen $S(E) - S(A) = 0$. Man sieht hier weiter, dass von selbst ablaufende, also irreversible adiabatische Prozesse *nicht*

In einem abgeschlossenen System kann die Entropie bei einer von selbst eintretenden, irreversiblen Veränderung stets nur zunehmen.

Anders formuliert: Es gibt in einem abgeschlossenen System keinen Prozess, der von selbst abläuft und bei dem die Entropie abnimmt. Ein abgeschlossenes System, das sich nicht im Gleichgewicht befindet, wird also so lange Zustandsänderungen unterworfen sein, die von selbst eintreten, bis seine Entropie einen Höchstwert erreicht hat.

Ludwig Boltzmann hat 1877 durch seine atomistische Betrachtungsweise erkannt,[98] dass die Entropie mit der Zahl Ω (mikrokanonische Zustandssumme) der verschiedenen äquivalenten Mikrozustände verknüpft ist, aus denen ein Makrozustand aufgebaut sein kann, der *Multiplizität der Mikrozustände*. Nach Boltzmann gilt

$$S = k \ln \Omega \qquad \text{(II-1.192)}$$

Boltzmannsche Entropiegleichung, statistische Definition der Entropie.

Danach ist die Entropie eines Systems ein logarithmisches Maß für die Anzahl der Mikrozustände, die dem System bei konstanten thermodynamischen Parametern zugänglich sind und damit ein Maß für die Unordnung eines makroskopischen Systems.[99]

Siehe dazu Band VI, Kapitel „Statistische Physik“, Abschnitt 1.3.1.

1.3.1.4 Der dritte Hauptsatz (*3. HS*) = Nernstsches Wärmetheorem (*third law of thermodynamics*)

Viele Experimente ließen vermuten,[100] dass die Entropie S bei Annäherung an den absoluten Nullpunkt $T = 0$ von den thermodynamischen Parametern unabhängig wird und gegen einen festen, sehr kleinen Wert S_0 strebt, in der Formulierung von Nernst[101] (1906)

---

isentrop verlaufen! Wenn die Punkte A und E differentiell nahe liegen, dann gilt: $dS_{\text{abgeschl,irr}} > 0$. Adiabatische und isentrope Prozesse sind also i. a. nicht identisch.

98 Originalarbeit: Ludwig Boltzmann, „Über die Beziehung zwischen dem zweiten Hauptsatz der mechanischen Wärmetheorie und der Wahrscheinlichkeitsrechnung respektive den Sätzen über das Wärmegleichgewicht“, Sitzb. d. Kaiserlichen Akad. der Wissenschaften, mathematisch-naturwissenschaftliche Classe, Band 76, Abteilung II, S. 373 (1877).

99 Ein vollständig geordnetes System würde durch einen einzigen Mikrozustand dargestellt werden, sofern die Teilchen ununterscheidbar sind, also keine „Individualität“ besitzen. Dies war aber noch nicht die Anschauung Boltzmanns, sondern erst der modernen Quantentheorie!

100 Es wurde z. B. für $T \to 0$ gefunden: Ausdehnungskoeffizient $\alpha \to 0$, Spannungskoeffizient $\beta \to 0$, $c_V \to 0$, $c_P \to 0$; kein Auftreten exothermer Reaktionen in der Nähe von $T = 0$, etc.

101 Walther Nernst, 1864–1941. In Anerkennung seiner Arbeiten zur Thermochemie erhielt Walther Nernst 1920 den Nobelpreis für Chemie.

$$\lim_{T \to 0} S(T,P,V) = S(T=0) = S_0 = \text{const.} \quad \textit{3. HS der Thermodynamik.} \qquad \text{(II-1.193)}$$

Mit der Boltzmannschen Entropiegleichung, die aber die klassische Thermodynamik übersteigt, gilt

$$S_0 = k \ln \Omega_0 \,. \qquad \text{(II-1.194)}$$

Ω_0 ist dabei die Anzahl der möglichen Mikrozustände (Realisierungsmöglichkeiten des Systems) im Grundzustand bei der Temperatur $T = 0$. Bei den meisten physikalischen Problemen treten nur Entropiedifferenzen auf, sodass die Entropiekonstante S_0 herausfällt. Bei der Berechnung der Affinität chemischer Reaktionen und bei Phasenumwandlungen müssen aber die absoluten Entropien bekannt sein. Planck löste das Problem, indem er axiomatisch $S_0 = 0$ setzte.

Für ideale Festkörper (ideale Kristalle) gibt es im Grundzustand nur eine einzige Realisierungsmöglichkeit und daher ist für sie $\Omega_0 = 1$, sodass auch aus der Boltzmannschen Entropiegleichung folgt

$$\lim_{T \to 0} S(T,P) = S_0 = 0 \,. \qquad \text{(II-1.195)}$$

Der *3. HS* wird daher üblicherweise oft in der von Planck formulierten Form so dargestellt:

$$\lim_{T \to 0} S = 0 \quad \textit{Nernstsches Theorem, Plancksche Fassung.} \qquad \text{(II-1.196)}$$

Wir nehmen jetzt an, dass es einen reversiblen Weg R gäbe, der vom absoluten Nullpunkt $T = 0$ zur Temperatur $T_A > 0$ führt; C_R sei die Wärmekapazität des Systems bei den Temperaturen längs dieses Weges R. Nach dem *1. HS* gilt für die Wärmemenge $dQ = CdT$ und daher für die Entropie im Punkt A

$$S(T_A) = \int_0^{T_A} C_R(T) \, \frac{dT}{T} \,. \qquad \text{(II-1.197)}$$

Damit dieser Ausdruck für $S(T_A)$ sinnvoll ist, darf der Integrand an der unteren Grenze (also für $T = 0$) nicht über alle Grenzen gehen.

$$\Rightarrow \; C_R(T) \underset{T \to 0}{\longrightarrow} 0 \,, \qquad \text{(II-1.198)}$$

also gilt auch $C_V(T) \to 0$ und $C_P(T) \to 0$ für $T \to 0$, d. h., die Wärmekapazität des Systems verschwindet bei $T = 0$. Auch der thermische Expansionskoeffizient $\alpha = \frac{1}{V} \left(\frac{\partial V}{\partial T} \right)_P$ verschwindet bei $T = 0$:

$$\alpha \underset{T \to 0}{\longrightarrow} 0; \tag{II-1.199}$$

ebenso gilt für den Spannungskoeffizient β

$$\beta = \frac{1}{V}\left(\frac{\partial V}{\partial P}\right)_V \underset{T \to 0}{\longrightarrow} 0. \tag{II-1.200}$$

Die beiden Beziehungen Gl. (II-1.199) und Gl. (II-1.200) folgen aus den beiden Maxwellschen Relationen Gl. (II-1.239) und Gl. (II-1.231), die später in 1.3.2.2.3 und 1.3.2.2.4 hergeleitet werden.

Es lässt sich nun zeigen, dass $\frac{V \cdot \alpha}{c_P}$ für $T \to 0$ gegen eine endliche Konstante strebt. Damit folgt im Limes $T \to 0$ aus der etwas mühsam aus den beiden *HS* ableitbaren Beziehung für die Adiabate eines beliebigen Körpers

$$dT = \frac{V \cdot \alpha}{c_P} \cdot T \cdot dP, \tag{II-1.201}$$

dass in der Nähe des absoluten Nullpunkts $T \approx 0$ nur noch dann endliche Temperaturänderungen dT möglich sind, wenn dP unbeschränkt anwächst. Man kann daher aus dem Nernstschen Theorem folgern:

i Es ist unmöglich, den absoluten Nullpunkt $T = 0$ experimentell zu erreichen (Unerreichbarkeitsprinzip).

Die tiefste, bisher erreichte Temperatur liegt bei ca. 500 pK = $5 \cdot 10^{-10}$ K (A. E. Leanhardt, T. A. Pasquini, M. Saba, A. Schirotzek, Y. Shin, D. Kielpinski, D. E. Pritchard, W. Ketterle, Science **301**, 1523 (2003)).

Bei Temperaturen unterhalb von 10^{-3} K sind praktisch alle Freiheitsgrade eines Systems eingefroren.[102] Eine Ausnahme bilden die Einstellungen der Spins („Eigendrehimpulse", siehe Band V, Kapitel „Atomphysik", Abschnitt 2.5.6 und Kapitel „Subatomare Physik", Abschnitt 3.1.2.3) der Atomkerne zueinander. Atomkerne mit einer ungeraden Nukleonenzahl (sogenannte *ug*- oder *gu*-Kerne) weisen aufgrund ihres sehr kleinen magnetischen Moments μ_K[103] eine sehr kleine *WW* mit ihren Nachbarkernen auf. Temperaturen von $T = 10^{-3}$ K können daher für Kernspins

---

102 Die gequantelten (diskontinuierlichen) Energieschritte des Systems sind viel größer als die mittlere kinetische Energie $3/2\,kT$ der Teilchen, die zur Anregung der inneren Freiheitsgrade zur Verfügung steht.

103 Magnetische Momente von Atomkernen werden in *Kernmagnetonen* $\mu_N = \frac{e\hbar}{2m_p} = 5{,}05 \cdot 10^{-27}\,\mathrm{J}\,T^{-1}$ angegeben, sie sind also etwa um 10^3 kleiner als das magnetische Moment des Elektrons, denn $m_p \approx 2000\,m_e$. Es handelt sich also um eine sehr schwache *WW*!

schon sehr hohe Temperaturen sein, bei welchen viele Spineinstellungen (Mikrozustände des Systems) gleich wahrscheinlich sind. Für N Atomkerne mit je zwei Spineinstellmöglichkeiten ergibt sich so auch bei sehr tiefer Temperatur eine Multiplizität im Grundzustand von $\Omega_0 = 2^N$. Damit erhalten wir für die Entropie bei $T \cong 10^{-3}$ K

$$S_0 = k \cdot \ln \Omega_0 = k \cdot \ln 2^N = N \cdot k \cdot \ln 2\,, \qquad \text{(II-1.202)}$$

also zwar einen kleinen, endlichen Wert, aber noch nicht Null.[104] Die heutige Formulierung des *3. HS* im Bereich kleiner Temperaturen lautet daher

$$S \longrightarrow S_0 = \text{const.} \quad \text{für} \quad T \longrightarrow +0 \quad \textit{3. HS der Thermodynamik.} \qquad \text{(II-1.203)}$$

Bei genügend kleinen Temperaturen, wenn kT vergleichbar mit der *WW*-Energie der Kerne wird, sind auch die Kernspins ausgerichtet und es gilt $S_0 \longrightarrow 0$.

Eine Ausnahme von $S_0 \rightarrow 0$ bei $T \rightarrow 0$ sind Gläser, bei denen ein ungeordneter Zustand höherer Temperatur „eingefroren" ist (siehe Band VI, Kapitel „Materialphysik", Abschnitt 3.1.3). Auf diese *Ungleichgewichtszustände* ist allerdings die übliche *Thermodynamik des Gleichgewichts* nicht anwendbar.[105]

1.3.1.5 Zusammenstellung der Hauptsätze der Thermodynamik

0. HS: Sind zwei Systeme mit einem dritten im *GG*, so sind sie auch untereinander im *GG*. Es gibt eine Größe *T*, die in den drei Systemen gleich groß ist. Der *0. HS* definiert die *Temperatur T* als Zustandsgröße eines Systems.

1. HS Jedem abgeschlossenen System kann eine *innere Energie U* zugeordnet werden, die eine Erhaltungsgröße ist: $U = \text{const.}$ Bei *WW* mit der Umgebung gilt $dU = dQ + dW$, d. h., Änderungen der inneren Energie dU erfolgen durch Wärmezu-/-abfuhr ($\pm dQ$) und/oder Arbeitsverrichtung vom/am System ($\mp dW$).

2. HS Jedem Makrozustand eines Systems im *GG* kann die Zustandsgröße Entropie S zugeordnet werden. Im abgeschlossenen System, das sich noch nicht im *GG* befindet, gilt für jeden von selbst ablaufenden Prozess: $\Delta S \geq 0$.

---

104 Erst bei wesentlich tieferen Temperaturen werden auch die 2^N unabhängigen Einstellmöglichkeiten (= Freiheitsgrade) sukzessiv entsprechend dem Boltzmannfaktor (siehe Gl. II-1.49) einfrieren, also feste gegenseitige Ausrichtungen einnehmen, sodass Ω immer kleiner wird und S gegen 0 geht.

105 Eine allgemeine Definition des *3. HS* als Verallgemeinerung der experimentellen Tatsachen geben G. H. Hatsopoulos und J. H. Keeman in ihrem Buch „Principles of General Thermodynamics", John Wiley & Sons, New York 1965, p. 567: *"The Entropy of any finite system approaches a noninfinite value as the temperature on the Kelvin scale approaches zero."*.

Im nicht isolierten System gilt bei reversibel zu- oder abgeführter Wärmeenergie dQ: $dS = \left(\frac{dQ}{T}\right)_{\text{rev}}$ (thermodynamische Definition der Entropie).

3. HS Als Grenzwerteigenschaft der Entropie eines *GG*-Systems gilt: $\lim\limits_{T \to 0} S = S_0$. Daraus kann gefolgert werden, dass der absolute Nullpunkt mit $T = 0$ experimentell nicht erreicht werden kann.

Zusammenhang mit der statistischen Physik:

Die Boltzmannsche Entropiegleichung gibt die Entropie als logarithmisches Maß für die Anzahl der Mikrozustände Ω an, die einem abgeschlossenen System mit fester Energie E „zugänglich" sind (Multiplizität):

$$S = k \cdot \ln \Omega \qquad \text{(statistische Definition der Entropie).}$$

Daraus findet man (siehe Band VI, Kapitel „Statistische Physik", Abschnitt 1.2.4), dass die Wahrscheinlichkeit $P_r(y_i)$, dass eine messbare Größe y des Systems im Mikrozustand r (der mit der Energie E „verträglich" ist) den Wert y_i annimmt, zu der Größe $\Omega(E,y_i)$ proportional ist: $P(y_i) \propto \Omega(E,y_i) \propto e^{S(E,y_i)/k}$. Dabei ist $\Omega(E,y_i)$ die Anzahl aller jener zugänglichen Mikrozustände des Systems, für die die Größe y bei der Energie E den Wert y_i annimmt.

1.3.2 Thermodynamische Potenziale und Gleichgewichtsbedingungen

1.3.2.1 Die Grundgleichung der Thermostatik

Wir betrachten zunächst ein System, dessen Volumen V, die innere Energie U und die Entropie S die veränderlichen Parameter sind. Nach dem *1. HS* gilt dann (Abschnitt 1.3.1.1, Gl. II-1.119)

$$dU = dQ - PdV \tag{II-1.204}$$

und nach dem *2. HS* (Abschnitt 1.3.1.3, Gl. II-1.176)[106]

$$dQ = TdS \tag{II-1.205}$$

$$\Rightarrow dU = TdS - PdV \tag{II-1.206}$$

bzw.

106 Wir betrachten im Folgenden nur reversible Prozesse.

$$TdS = dU + PdV \quad \textit{Grundgleichung der Thermostatik für einen quasistatischen, infinitesimalen Prozess.} \tag{II-1.207}$$

Wenn man die Gleichung umschreibt

$$dS = \frac{dU + PdV}{T} \tag{II-1.208}$$

gewinnt man eine Darstellung des Entropiedifferentials als Funktion der Differentiale der Zustandsvariablen U und V in Form einer Differentialgleichung. Wird auf der rechten Seite von Gl. (II-1.207) $0 = d(PV) - PdV - VdP$ addiert, dann folgt mit $dH = d(U + PV)$ die äquivalente Gleichung

$$dS = \frac{dH - VdP}{T}. \tag{II-1.209}$$

Werden in den beiden Gleichungen (II-1.208) und (II-1.209) für dS die Gln. (II-1.124), (II-1.13) und (II-1.131) eingesetzt: $dU = \nu C_V^m dT$, $\frac{P}{T} = \frac{\nu R}{V}$, bzw. $dH = \nu C_P^m dT$, $\frac{V}{T} = \frac{\nu R}{P}$, dann erhält man für die Entropie des idealen Gases

$$dS = \nu C_V^m \frac{dT}{T} + \nu R \frac{dV}{V} \quad \text{bzw.} \quad dS = \nu C_P^m \frac{dT}{T} - \nu R \frac{dP}{P} \tag{II-1.210}$$

$$\Rightarrow S = \nu C_V^m \ln T + \nu R \ln V + \text{const}_1 = \nu C_P^m \ln T - \nu R \ln P + \text{const}_2. \tag{II-1.211}$$

1.3.2.2 Thermodynamische Potenziale

1.3.2.2.1 Unabhängige Zustandsvariablen *S* und *V*

Wir betrachten jetzt ein System mit den unabhängig voneinander veränderlichen Zustandsvariablen Entropie S und Volumen V. Aus der Grundgleichung

$$dU = TdS - PdV \tag{II-1.212}$$

folgt, dass bei einem reversiblen isochoren Prozess ($dV = 0$) die zugeführte Wärme (TdS) gleich der Erhöhung der inneren Energie U ist ($TdS = dU = c_V dT$). Gleichung (II-1.212) zeigt, dass die Änderung der inneren Energie U von den unabhängig voneinander erfolgenden Änderungen von S und V abhängt, also

$$U = U(S,V) \tag{II-1.213}$$

und dass sich für das totale Differential daher ergibt

$$dU = \left(\frac{\partial U}{\partial S}\right)_V dS + \left(\frac{\partial U}{\partial V}\right)_S dV.^{107} \qquad \text{(II-1.214)}$$

Durch Vergleich mit der Beziehung $dU = TdS - PdV$ (Gl. II-1.212) folgt

$$\left(\frac{\partial U}{\partial S}\right)_V = T \quad \text{und} \quad \left(\frac{\partial U}{\partial V}\right)_S = -P. \qquad \text{(II-1.215)}$$

Man bezeichnet U als ein *thermodynamisches Potenzial* und T und P als *thermodynamische Kräfte*:[108] Die thermodynamischen Potenziale haben die Dimension einer Energie und die partiellen Ableitungen eines Potenzials nach den Zustandsvariablen ergeben einfache physikalische Größen als thermodynamische „Kräfte“.

Beispiel: Vergleich mit dem Potenzial der Mechanik.

Wir betrachten die zweidimensionale Bewegung eines Teilchens. Sein Aufenthaltsort wird durch die Variablen x und y festgelegt, sein Potenzial sei $U = U(x,y)$.

Wir bilden $K_x = \left(-\frac{\partial U(x,y)}{\partial x}\right)_y$ und $K_y = \left(-\frac{\partial U(x,y)}{\partial y}\right)_x$, das sind die Kräfte, die das Teilchen in x- und y-Richtung bewegen.

In der Thermodynamik ist analog $T = \left(\frac{\partial U(S,V)}{\partial S}\right)_V$ die „treibende Kraft“ für die Wärmeänderung bei Entropieänderung und $P = \left(-\frac{\partial U(S,V)}{\partial V}\right)_S$ die „treibende Kraft“ für die Arbeit bei Volumenänderung, T und P sind also thermodynamische „Kräfte“ für die Änderung des durch (S,V) beschriebenen Systemzustands.

Mit dU als vollständigem Differential der inneren Energie U folgen aus der Unabhängigkeit der zweiten Ableitungen von U von der Reihenfolge der Differentiation die *thermodynamischen Relationen* aus den zweiten Ableitungen der Potenziale:

$$\frac{\partial^2 U}{\partial V \partial S} = \frac{\partial^2 U}{\partial S \partial V} \quad \text{bzw.} \quad \left(\frac{\partial}{\partial V}\right)_S \underbrace{\left(\frac{\partial U}{\partial S}\right)_V}_{T} = \left(\frac{\partial}{\partial S}\right)_V \underbrace{\left(\frac{\partial U}{\partial V}\right)_S}_{-P}. \qquad \text{(II-1.216)}$$

Damit muss gelten

---

107 Die als Index angefügten Variablen sind bei der Differentiation konstant zu halten, eine ganz *wesentliche* Bedingung.

108 In Analogie zur Mechanik, wo gilt $dE_{\text{pot}}(x) = -F_x dx$.

$$\left(\frac{\partial T}{\partial V}\right)_S = -\left(\frac{\partial P}{\partial S}\right)_V \quad \textit{thermodynamische Relation}. \tag{II-1.217}$$

1.3.2.2.2 Unabhängige Zustandsvariablen S und P

Wir wählen jetzt als unabhängige Zustandsvariable die Entropie S und den Druck P.

Wir bilden zunächst

$$d(PV) = VdP + PdV \Rightarrow PdV = d(PV) - VdP, \tag{II-1.218}$$

setzen in die Grundgleichung ein

$$dU = TdS - PdV = TdS - d(PV) + VdP \tag{II-1.219}$$

und erhalten

$$d(U + PV) \equiv dH = TdS + VdP \tag{II-1.220}$$

mit

$$H = U + PV \quad \textit{Enthalpie (enthalpy)} \quad H = H(S,P) \tag{II-1.221}$$

wie bereits in Abschnitt 1.3.1.2.2, Gl. (II-1.125) definiert.

Bei einem reversiblen isobaren Prozess ($dP = 0$) ist die zugeführte Wärme (TdS) gleich der Erhöhung der Enthalpie ($TdS = dH = c_P dT$). Vergleichen wir Gl. (II-1.220) wieder mit dem vollständigen Differential dieser Zustandsgröße

$$dH = \left(\frac{\partial H}{\partial S}\right)_P dS + \left(\frac{\partial H}{\partial P}\right)_S dP \tag{II-1.222}$$

so erhalten wir als thermodynamische „Kräfte“

$$\left(\frac{\partial H}{\partial S}\right)_P = T \quad \text{und} \quad \left(\frac{\partial H}{\partial P}\right)_S = V. \tag{II-1.223}$$

Aus der Gleichheit der zweiten Ableitungen nach P bzw. S ergibt sich

$$\left(\frac{\partial T}{\partial P}\right)_S = \left(\frac{\partial V}{\partial S}\right)_P. \tag{II-1.224}$$

1.3.2.2.3 Unabhängige Zustandsvariablen *T* und *V*

Die unabhängig voneinander veränderlichen Zustandsvariablen seien jetzt die Temperatur *T* und das Volumen *V*.

Wir bilden

$$d(TS) = SdT + TdS \Rightarrow TdS = d(TS) - SdT, \tag{II-1.225}$$

setzen in die Grundgleichung ein

$$dU = TdS - PdV = d(TS) - SdT - PdV \tag{II-1.226}$$

und erhalten

$$d(U - TS) \equiv dF = -SdT - PdV \tag{II-1.227}$$

mit

$$F = U - TS \quad \textit{freie Energie (Helmholtz free energy)} \quad F = F(T,V). \tag{II-1.228}$$

Bei einem reversiblen isothermen ($dT = 0$) und isochoren ($dV = 0$) Prozess, wie er bei chemischen Reaktionen in einer „Berthelotschen Bombe"[109] untersucht wird, ändert sich die freie Energie nicht.[110] Durch Vergleich von Gl. (II-1.227) mit dem vollständigen Differential

$$dF = \left(\frac{\partial F}{\partial T}\right)_V dT + \left(\frac{\partial F}{\partial V}\right)_T dV \tag{II-1.229}$$

ergeben sich als „Kräfte"

$$\left(\frac{\partial F}{\partial T}\right)_V = -S \text{ und } \left(\frac{\partial F}{\partial V}\right)_T = -P. \tag{II-1.230}$$

Da die zweiten Ableitungen von *F* nach *V* bzw. *T* gleich sind, folgt

---

109 Fest verschraubbares, vernickeltes Stahlgefäß zur Bestimmung des Brennwertes eines Stoffes unter Sauerstoffatmosphäre und hohem Druck.

110 Bei einer nicht reversiblen Reaktion wird *F* kleiner, $dF < 0$, denn für einen irreversiblen Prozess ist $dQ < TdS_{irr} \Rightarrow dU = dQ - PdV < TdS_{irr} - PdV = d(TS_{irr}) - S_{irr}dT - PdV \Rightarrow d(U - TS_{irr}) = dF_{irr} < -S_{irr}dT - PdV \Rightarrow dF_{irr,T,P} < 0$ für einen von selbst ablaufenden isotherm-isochoren Prozess ($dT = dV = 0$), die freie Energie strebt also einem Minimum zu.

$$\left(\frac{\partial S}{\partial V}\right)_T = \left(\frac{\partial P}{\partial T}\right)_V . \tag{II-1.231}$$

1.3.2.2.4 Unabhängige Zustandsvariablen *T* und *P*

$$d(TS) = SdT + TdS \Rightarrow TdS = d(TS) - SdT \tag{II-1.232}$$

$$d(PV) = VdP + PdV \Rightarrow PdV = d(PV) - VdP . \tag{II-1.233}$$

In die Grundgleichung eingesetzt erhalten wir

$$dU = TdS - PdV = d(TS) - SdT - d(PV) + VdP \tag{II-1.234}$$

bzw.

$$d(U - TS + PV) \equiv dG = -SdT + VdP \tag{II-1.235}$$

mit

$$G = U - TS + PV = H - TS \quad \begin{matrix}\textit{freie Enthalpie}\\ \textit{(Gibbs free energy)}\end{matrix} \quad G = G(T,P) . \tag{II-1.236}$$

Bei einem reversiblen isothermen ($dT = 0$) und isobaren ($dP = 0$) Prozess, wie er bei Phasenumwandlungen auftritt, bleibt die freie Enthalpie mit $dG = 0$ konstant.[111] Vollständiges Differential

$$dG = \left(\frac{\partial G}{\partial T}\right)_P dT + \left(\frac{\partial G}{\partial P}\right)_T dP \tag{II-1.237}$$

$$\Rightarrow \quad \left(\frac{\partial G}{\partial T}\right)_P = -S \quad \text{und} \quad \left(\frac{\partial G}{\partial P}\right)_T = V . \tag{II-1.238}$$

Aus der Gleichheit der zweiten Ableitungen nach *T* bzw. *P* folgt

$$-\left(\frac{\partial S}{\partial P}\right)_T = \left(\frac{\partial V}{\partial T}\right)_P \tag{II-1.239}$$

---

111 Bei einem irreversiblen Prozessablauf verringert sich G ($dG < 0$), was genauso wie in Abschnitt 1.3.2.2.3, Fußnote 110 gezeigt werden kann.

1.3.2.3 Maxwell-Relationen und Zusammenfassung der thermodynamischen Potenziale

Aus der Grundgleichung der Thermostatik haben wir folgende Beziehungen für die Ableitungen der Zustandsvariablen *T, S, P, V* erhalten, die als *Maxwell Relationen* bezeichnet werden:

$$\left(\frac{\partial T}{\partial V}\right)_S = -\left(\frac{\partial P}{\partial S}\right)_V \qquad \text{Gl. (II-1.217)}$$

$$\left(\frac{\partial T}{\partial P}\right)_S = \left(\frac{\partial V}{\partial S}\right)_P \qquad \text{Gl. (II-1.224)}$$

$$\left(\frac{\partial S}{\partial V}\right)_T = \left(\frac{\partial P}{\partial T}\right)_V \qquad \text{Gl. (II-1.231)}$$

$$\left(\frac{\partial S}{\partial P}\right)_T = -\left(\frac{\partial V}{\partial T}\right)_P \qquad \text{Gl. (II-1.239)}$$

Maxwell Relationen.

Diese Beziehungen zwischen *T, S, P, V* zeigen, dass die Zustandsvariablen nicht alle voneinander unabhängig, sondern durch die Grundgleichung miteinander verknüpft sind. Sie sind sehr nützlich, da sie die Entropie mit den einfach messbaren Größen Druck, Volumen und Temperatur in Beziehung setzen.

Beispiel: Die Beziehung für die verallgemeinerte Kraft $P = T\left(\frac{\partial S}{\partial V}\right)_U$ folgt aus $dU = \left(\frac{\partial U}{\partial S}\right)_V dS + \left(\frac{\partial U}{\partial V}\right)_S dV$ (Abschnitt 1.3.2.2.1, Gl. II-1.214) mit $dU = 0$:

$$0 = \underbrace{\left(\frac{\partial U}{\partial S}\right)_V}_{=T} \cdot \left(\frac{\partial S}{\partial V}\right)_U + \underbrace{\left(\frac{\partial U}{\partial V}\right)_S}_{=-P} = T \cdot \left(\frac{\partial S}{\partial V}\right)_U - P \Rightarrow \left(\frac{\partial S}{\partial V}\right)_U = \frac{P}{T}.$$

Die Entropie $S(U,V)$ ist eine Zustandsgröße, man kann daher das vollständige Differential bilden:

$$dS = \left(\frac{\partial S}{\partial U}\right)_V dU + \left(\frac{\partial S}{\partial V}\right)_U dV = \frac{1}{T}dU + \frac{P}{T}dV$$

$\Rightarrow dU = TdS - PdV$, die Grundgleichung der Thermostatik. Das heißt also: *T* und *P* können durch dasselbe Potenzial, nämlich die Funktion *S* ausgedrückt werden, wodurch die Grundgleichung folgt und damit auch die Maxwell Relationen.

Die thermodynamischen Potenziale können jeweils als Funktion zweier unabhängiger Variablen angegeben werden. Nur in dieser Form ist die Bezeichnung „Potenzial“ gerechtfertigt, da ihre partiellen Ableitungen dann einfache physikalische Größen ergeben, wie aus den Relationen am Ende jeder der folgenden Zeilen unmittelbar hervorgeht, wenn man beachtet, dass die Potenziale als Zustandsfunktionen vollständige Differentiale besitzen:

innere Energie U (Abschnitt 1.3.2.2.1)	$U = U(S,V)$	$dU = TdS - PdV$
Enthalpie $H \equiv U + PV$ (Abschnitt 1.3.2.2.2)	$H = H(S,P)$	$dH = TdS + VdP$
freie Energie $F \equiv U - TS$ (Abschnitt 1.3.2.2.3)	$F = F(T,V)$	$dF = -SdT - PdV$
freie Enthalpie $G \equiv U - TS + PV$ (Abschnitt 1.3.2.2.4).	$G = G(T,P)$	$dG = -SdT + VdP$

In der Festkörperphysik betrachtet man i. Allg. *GG*-Zustände bei gegebener Temperatur und gegebenem Druck und verwendet daher meist die freie Enthalpie *G* (*Gibbs free energy*) zur Beschreibung von Zustandsänderungen. Da bei Festkörpern aber das Volumen bei kleinen Druckänderungen praktisch konstant bleibt, wird manchmal auch die freie Energie *F* (*Helmholtz free energy*) verwendet.

1.3.2.4 Thermodynamische Potenziale und Gleichgewichtsbedingungen

Eine wesentliche Bedeutung der thermodynamischen Potenziale erkennt man bei der Beschreibung der *GG*-Bedingungen eines Systems unter der Beachtung, dass die Entropie eines von selbst ablaufenden Vorgangs nur wachsen kann: $dS > 0$. Für jeden irreversibel, also *von selbst ablaufenden Prozess* ($dS_{irr} > dS_{rev}$) lautet die Grundgleichung der Thermostatik (siehe 1.3.2.1, Gl. II-1.207)

$$TdS > dU + PdV = dH - VdP \tag{II-1.240}$$

Adiabatisch-isochores System

$$dQ = 0,\ dV = 0 \Rightarrow dU = dQ - PdV = 0 \tag{II-1.241}$$

$$\Rightarrow \quad U = \text{const.} \tag{II-1.242}$$

In einem abgeschlossenen, isochoren System ist die innere Energie *U* konstant. Nach dem *2. HS* ist $dS > 0$,[112] die Entropie strebt also beim Übergang zum *GG* einem Maximalwert zu, die *GG*-Bedingung lautet somit

112 Vgl. mit der Grundgleichung für irreversible Prozesse (Gl. II-1.240): für $dU = dV = 0$ folgt $TdS > 0$.

$$S = \max \quad \textit{GG-Bedingung im abgeschlossenen, isochoren System, V vorgegeben, const.,} \quad dQ = 0\,. \qquad \text{(II-1.243)}$$

Adiabatisch-isobares System

$$dQ = 0,\ dP = 0 \Rightarrow dH = dQ + VdP = 0 \qquad \text{(II-1.244)}$$

$$\Rightarrow \quad H = \text{const.} \qquad \text{(II-1.245)}$$

In einem abgeschlossenen, isobaren System ist die Enthalpie H konstant. Auch hier gilt $dS > 0$,[113] die Entropie strebt also einem Maximalwert zu, die *GG*-Bedingung lautet daher wie vorher

$$S = \max \quad \textit{GG-Bedingung im abgeschlossenen, isobaren System, P vorgegeben,}\ \text{const.,} \quad dQ = 0\,. \qquad \text{(II-1.246)}$$

Die beiden adiabatischen Systeme unterscheiden sich nicht wesentlich voneinander. In beiden Fällen ist $dQ = 0$, einmal ist $dV = 0$, das andere mal ist $dP = 0$; einmal ist $U = \text{const.}$, das andere mal ist $H = \text{const.}$ In beiden Fällen folgt aus der Grundgleichung $TdS > 0$, die Entropie strebt also einem Maximum zu.

i In einem adiabatischen (abgeschlossenen) System ($dQ = 0$) wird das Gleichgewicht im isochoren und isobaren Fall beim Maximum der Entropie S erreicht.

Isotherm-isochores System

Hier gilt für von selbst ablaufende Prozesse

$$F(T,V) = \min \quad \textit{GG-Bedingung, wenn T und V vorgegeben, also} \quad dT = dV = 0\,. \qquad \text{(II-1.247)}$$

Dies folgt aus

$$dU < TdS_{\text{irr}} - PdV = TdS_{\text{irr}} + S_{\text{irr}}dT - S_{\text{irr}}dT - PdV = d(TS_{\text{irr}}) - \underbrace{S_{\text{irr}}dT}_{=0} - \underbrace{PdV}_{=0} \qquad \text{(II-1.248)}$$

$$\Rightarrow \quad d(U - TS_{\text{irr}}) = dF_{\text{irr}} < 0\,. \qquad \text{(II-1.249)}$$

---

113 Aus der Grundgleichung für irreversible Prozesse (Gl. II-1.240) folgt für $dH = dP = 0 \Rightarrow TdS > 0$.

Ist ein System mit vorgegebenem Volumen ($dV = 0$) in thermischem Kontakt mit einem Wärmereservoir ($dT = 0$), so minimiert der *GG*-Wert eines uneingeschränkten inneren Systemparameters die freie Energie $F = U - TS$ des Systems.

Isotherm-isobares System

Für von selbst ablaufende Prozesse gilt hier

$$G(T,P) = \min \quad \text{GG-Bedingung, wenn } T \text{ und } P \text{ vorgegeben, also} \quad dT = dP = 0\,. \tag{II-1.250}$$

Dies folgt aus

$$dU < TdS_{\text{irr}} - PdV = TdS_{\text{irr}} + S_{\text{irr}}dT - S_{\text{irr}}dT - PdV - VdP + VdP =$$

$$= d(TS_{\text{irr}}) - d(PV) - \underbrace{S_{\text{irr}}dT}_{=0} + \underbrace{VdP}_{=0} \tag{II-1.251}$$

$$\Rightarrow \qquad d(U - TS_{\text{irr}} + PV) = dG_{\text{irr}} < 0\,. \tag{II-1.252}$$

Ist ein System in Kontakt mit einem Wärme- ($dT = 0$) und einem Druckreservoir ($dP = 0$), so minimiert der *GG*-Wert eines uneingeschränkten inneren Systemparameters die freie Enthalpie $G = U - TS + PV$ des Systems.

1.3.3 Reale Gase und Flüssigkeiten, Phasenumwandlungen

1.3.3.1 Die Van der Waalssche Zustandsgleichung

Die Zustandsgleichung für ideale Gase (siehe Abschnitt 1.1.2, Gl. (II-1.13) und Abschnitt 1.2.3, Gl. (II-1.44))

$$P \cdot V = N \cdot k \cdot T = \nu \cdot R \cdot T$$

setzt ein vernachlässigbares Eigenvolumen der Gasmoleküle und vernachlässigbare Wechselwirkungen zwischen ihnen voraus und ist für die meisten Gase nur bei sehr geringen Gasdichten anwendbar. Mit zunehmender Gasdichte machen sich aber das Eigenvolumen der Moleküle und ihre Wechselwirkungen zunehmend bemerkbar und müssen daher in der Zustandsgleichung berücksichtigt werden. 1873 stellte Van der Waals[114] eine entsprechend modifizierte Zustandsgleichung auf. Ist

114 Johannes Diderik Van der Waals, 1837–1923. Für sein Werk über die Zustandsgleichung von Gasen und Flüssigkeiten erhielt er 1910 den Nobelpreis.

$\beta = \frac{b}{N_A}$ das Volumen eines Moleküls, so berücksichtigte er zunächst das Eigenvolumen $N \cdot \beta = N \cdot \frac{b}{N_A}$ der Moleküle durch Abzug von $N \cdot \frac{b}{N_A}$ vom Gesamtvolumen V des Gases (b = „Kovolumen"). Dann führte er eine Druckkorrektur ein: Der durch die anziehende Wechselwirkung der Moleküle entstehende „Kohäsionsdruck" (oder auch „Binnendruck"), der den Druck gegen die Gefäßwand erniedrigt, ist umgekehrt proportional zum Quadrat des molaren Volumens V_m des Gases ($V_m = \frac{V}{\nu} = \frac{V \cdot N}{N_A}$). Die Druckkorrektur lautet also: $a \cdot \left(\frac{N}{V \cdot N_A}\right)^2$. Das ergibt

$$\left(P + a\left(\frac{N}{N_A \cdot V}\right)^2\right)\left(V - \frac{N}{N_A} b\right) = N \cdot k \cdot T \qquad \textit{Van der Waals-Gleichung} \qquad \text{(II-1.253)}$$

bzw. umgerechnet in Molzahlen $\nu = \frac{N}{N_A}$ und Molvolumina $V_m = \frac{V}{\nu}$ mit $k = \frac{R}{N_A}$

$$\left(P + \frac{a}{V_m^2}\right)(\nu \cdot V_m - \nu \cdot b) = \nu \cdot R \cdot T \Rightarrow \left(P + \frac{a}{V_m^2}\right)(V_m - b) = R \cdot T \qquad \text{(II-1.254)}$$

oder

$$P = \frac{RT}{V_m - b} - \frac{a}{V_m^2} \qquad \textit{Van der Waals-Gleichung} \text{ (Herleitung siehe Anhang 3).} \qquad \text{(II-1.255)}$$

Der Gasdruck P ist also bei einer bestimmten Temperatur T gegenüber dem idealen Gasdruck um den Kohäsionsdruck $a/(V_m)^2$ als Folge der gegenseitigen Anziehung der Moleküle *verringert* und um den Faktor $V_m/(V_m - b) = 1/(1 - b/V_m)$ *erhöht* als Folge der Verringerung des molaren Volumens um das Kovolumen b.

In der statistischen Physik stellt die Van der Waals-Gleichung die einfachste Näherung einer unbeschränkten Serie höherer Korrekturen dar. Die Gleichung beschreibt die Vorgänge in realen Fluiden bei niederen Temperaturen daher nur qualitativ, ermöglicht aber ein einfaches Verständnis bei den Vorgängen der *Verflüssigung* eines Gases (Abb. II-1.27).

Die Zustandsvariablen im Punkt C werden als *kritische Temperatur* T_c, *kritischer Druck* P_c und *kritisches Molvolumen* $V_{m,c}$ bezeichnet. Wie man aus der Abb. II-1.27 ersieht, kann ein Gas bei $T > T_c$ unter keinen Umständen verflüssigt werden – das Zweiphasengebiet reicht dann nicht hoch genug.

Die Van der Waals-Gleichung ist kubisch in V_m und es gibt daher (P-V_m)-Kurven, die – rein mathematisch betrachtet – zunächst ein Minimum und dann ein Maximum durchlaufen bzw. bei einem vorgegebenen Druck drei Lösungen für V_m besitzen. Wir greifen eine dieser Isothermen heraus (Abb. II-1.28).

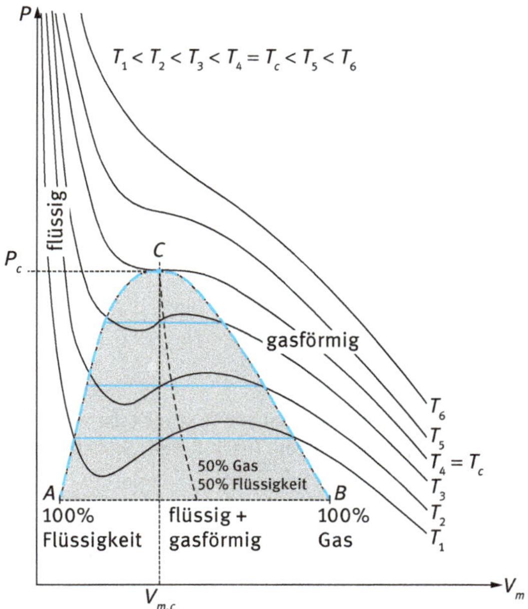

Abb. II-1.27: Schematische Darstellung einer Schar von Isothermen eines realen Gases in Van der Waals Näherung: Druck P als Funktion des Molvolumens V_m. Die Isotherme der Temperatur T_c ist die *kritische Isotherme*: Für Temperaturen $T > T_c$ liegt nur eine Phase, die Gasphase, vor und das Gas verhält sich zunehmend ideal; für $T < T_c$ tritt bei einem bestimmten Druck P *Verflüssigung* (oder bei Temperaturerhöhung *Verdampfung*) ein. Innerhalb der strichlierten *Grenzkurve* liegt ein Gemisch aus zwei Phasen, Gas und Flüssigkeit, vor (*Zweiphasengebiet*). Auf dem linken Ast der Grenzkurve von A nach C liegt Flüssigkeit vor, auf dem rechten Ast von B nach C *Sattdampf*; rechts davon *Heißdampf* = überhitzter Dampf, links davon *übersättigter Dampf* = Sattdampf + Flüssigkeitströpfchen (im Falle von H_2O: Nebel). Die schwarz strichlierte Kurve gibt das Gemisch 50 % Flüssigkeit und 50 % Gas an. (nach F. Reif, *Statistische Physik und Theorie der Wärme*, de Gruyter, Berlin, 1976)

Kritische Temperatur T_c und kritischer Druck P_c für einige Gase:

Gas	**T_c (K)**	**P_c (bar)**
H_2O	637	197
N_2	127	35,5
H_2	33	14
He	6	2

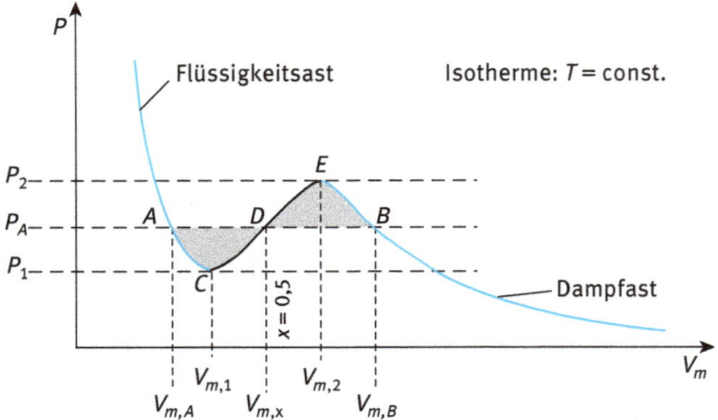

Abb. II-1.28: Die Van der Waals-Gleichung ist kubisch in V_m: Bei einem vorgegebenen Druck P gibt es daher (P-V_m)-Kurven, die drei Lösungen für V_m besitzen. (nach F. Reif, *Statistische Physik und Theorie der Wärme*, de Gruyter, Berlin, 1976)

Ist bei der vorliegenden Temperatur T der Druck $P < P_1$, so gibt es in diesem Druckbereich zu jedem Wert von P einen eindeutigen Wert des (molaren) Volumens V_m, es liegt also eine einzige Phase vor, die sich relativ leicht komprimieren lässt $\left(\left|\frac{\partial P}{\partial V_m}\right| \text{ ist klein}\right)$; es handelt sich demnach um die Gasphase (Dampf). Ist andererseits der Druck $P > P_2$, dann gibt es wieder zu jedem Druckwert einen eindeutigen Wert V_m, also nur eine Phase, aber sie lässt sich nur schwer komprimieren $\left(\left|\frac{\partial P}{\partial V_m}\right| \text{ ist groß}\right)$; es handelt sich also um die *flüssige Phase.*

Im dazwischen liegenden Druckbereich $P_1 < P < P_2$ gibt es entsprechend der kubischen Van der Waals-Gleichung zu jedem Druckwert P drei mögliche Werte V_m. Allerdings ist der zwischen $V_{m,1}$ und $V_{m,2}$ liegende Ast der Kurve instabil $\left(\left|\frac{\partial P}{\partial V_m}\right| > 0\right)$ und die entsprechenden Werte von V_m (z. B. für Punkt D der Kurve) sind ausgeschlossen.[115] Es bleiben in diesem Druckbereich aber immer noch zwei zulässige Volumenwerte, z. B. für den Druck P_A die Volumina $V_{m,A}$ auf dem Flüssigkeitsast und $V_{m,B}$ auf dem Dampfast. Aus dem Experiment ist bekannt, dass zu jeder Temperatur ein ganz bestimmter Dampfdruck gehört, der beim Verdampfungsvorgang, also bei der Vergrößerung von V_m, von V_m unabhängig ist. Es stellt sich also die Frage, wie er mittels der vorliegenden Isotherme bestimmt werden kann. Die Lage der richtigen Geraden $\overline{AB}$ im obigen Diagramm in der Höhe des Dampfdrucks P_A kann mit Hilfe der *Maxwell Konstruktion* bestimmt werden: Die

115 Hier müsste bei zunehmendem Volumen der Druck ansteigen, was physikalisch ausgeschlossen ist.

beiden von der richtigen Druckgeraden und der mathematischen Isothermen begrenzten Flächen ACD und DEB müssen gleich groß sein.[116] Das heißt also

$$\int_{V_{m,A}}^{V_{m,B}} P(V_m, T)dV_m = P_A(V_{m,B} - V_{m,A}). \tag{II-1.256}$$

Die Verflüssigung (Kondensation) des Gases ist also so vorzustellen:

Zunächst wird das einphasige Gas komprimiert, bis der Punkt B mit dem Druck P_A erreicht wird. Bei weiterer geringer Kompression folgt das System entweder noch kurz der Isothermen in Richtung E (übersättigter Dampf, System ist instabil) und der überhöhte Druck fällt nach Einsetzen der Kondensation rasch auf P_A ab oder es kondensiert Dampf gleich zu Flüssigkeit und das System folgt der Geraden $P = P_A$ (stabiler Dampfdruck). Wie rasch, d. h., bei wie geringer Kompression über B hinaus die Kondensation erfolgt, ist eine Frage der *Keimbildung*, das ist die Möglichkeit der Bildung kleinster Flüssigkeitstropfen der kondensierten Flüssigkeit. Bei weiterer Kompression bleibt der Druck konstant, die Menge an Flüssigkeit nimmt zu, die an Dampf ab. Bei Erreichen des Punktes A ist im System nur mehr Flüssigkeit vorhanden, mit einer weiteren Kompression der Flüssigkeit entlang des Flüssigkeitsastes ist ein rasch zunehmender Druck verbunden.

Im *Zweiphasengebiet* (Nassdampfgebiet) zwischen $V_{m,A}$ und $V_{m,B}$ besteht das System vom Volumen $V_{m,x}$ aus x Teilen vom Volumen $V_{m,B}$ (Sattdampf) und $(1 - x)$ Teilen vom Volumen $V_{m,A}$ (Flüssigkeit) mit $0 \leq x \leq 1$; x ist der *Dampfgehalt*. Für $V_{m,x}$ folgt $V_{m,x} = xV_{m,B} + (1 - x)V_{m,A}$ und daraus $x = \dfrac{V_{m,x} - V_{m,A}}{V_{m,B} - V_{m,A}}$.

Eine Anwendung der Enthalpie als thermodynamisches Potenzial und die Grundlage des Linde-Verfahrens zur Gasverflüssigung stellt der *Joule-Thomsonsche Drosselprozess* dar, der in Anhang 4 besprochen wird.

1.3.3.2 Der Dampfdruck nach Clausius und Clapeyron (Anwendung des *1. HS* und des *2. HS*)

Wir betrachten ein System mit einem beweglichen Kolben, bei dem durch ein Wärmebad die Temperatur vorgegeben ist. Im System (Zweiphasengebiet) befinden sich Dampf und kondensierte Flüssigkeit (Abb. II-1.29).

Wenn der äußere Druck P gerade gleich dem Dampfdruck des Systems bei der Temperatur T ist, befindet sich der Kolben abhängig von der verdampften Flüssigkeitsmenge in jeder Höhe im GG, solange Flüssigkeit (und damit der mit ihr im GG

---

116 Zum Beweis betrachten wir den reversiblen Kreisprozess von A nach B bei konstantem Druck P_A und zurück nach A über E und C. Für diesen Prozess gilt: $\sum Q + \sum W = 0$, da sich die innere Energie U_A dabei nicht ändert. Während des Weges ADB wird die Verdampfungswärme L_T^V zugeführt, längs des Weges $BEDCA$ die Kondensationswärme $-L_T^V$ abgeführt $\Rightarrow \sum Q = 0 \Rightarrow \sum W = 0 \Rightarrow$ Fläche $V_{m,A}ADBV_{m,B}$ = Fläche $V_{m,B}BEDCAV_{m,A}$ $\Rightarrow$ Fläche ACD = Fläche DEB.

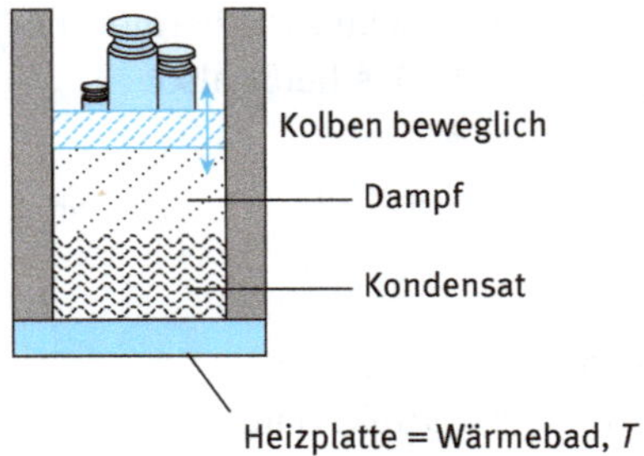

Abb. II-1.29: Ein System mit einem beweglichen Kolben und vorgegebener Temperatur T (Heizplatte). Im System befinden sich Dampf und kondensierte Flüssigkeit.

stehende Dampf) vorhanden ist. Trotz Wärmezufuhr steigt die Temperatur T des Systems nicht an, die zugeführte Wärmeenergie Q dient als *Verdampfungswärme* L_T^V einerseits zur Erhöhung der Menge $\Delta\nu_D$ des Dampfes, dessen innere Energie U_{Dampf} viel größer ist als die der Flüssigkeit $U_{\text{Flüss}}$ (*innere* Verdampfungswärme: $\Delta U = U_{\text{Dampf}} - U_{\text{Flüss}}$) und andererseits zur Verrichtung einer äußeren Arbeit (PdV = *äußere* Verdampfungswärme) bei der Kolbenverschiebung bei dem konstanten Sattdampfdruck P:[117]

$$L_T^V = \Delta U + P\Delta V = \Delta U + \Delta(PV) = \Delta H\,. \qquad \text{(II-1.257)}$$

Insgesamt wird also die Verdampfungswärme L_T^V bei der Temperatur T zur Enthalpieerhöhung des Dampfes gegenüber der Flüssigkeit verwendet. Erst wenn alles verdampft ist, steigt die Temperatur des Dampfes bei weiterer Wärmezufuhr, er nähert sich dabei immer mehr einem idealen Gas = *überhitzter Dampf.*

Wir betrachten 1 Mol dieses Systems im P-V_m-Diagramm und führen im Nassdampfgebiet, d. h. im Gebiet innerhalb der Grenzkurve (siehe Abb. II-1.27) einen Carnotschen Kreisprozess (zwei Isothermen und zwei Adiabaten) aus (Abb. II-1.30).[118]

Wir starten im Nassdampfgebiet beim Punkt A mit dem Volumen $V_{m,2}$ und der Temperatur T. Jetzt wird das Volumen quasistatisch im *GG* vergrößert bis der Nassdampf das Volumen $V_{m,1}$ einnimmt und ν Mol Flüssigkeit verdampft sind ($\nu < 1$, Punkt B). Vom Wärmebad wird bei dieser isothermen Expansion für die Verdampfung der ν Mol Flüssigkeit die Verdampfungswärme $\Delta Q_{\text{heiß}} = \nu \cdot L_T^V$ zugeführt. Wir nehmen nun den Zylinder vom Wärmebad und expandieren adiabatisch bis zum Punkt C, wobei der Nassdampf auf die Temperatur $T - dT$ beim Druck $P - dP$ abkühlt. Nun setzen wir den Zylinder auf das Wärmebad mit der neuen Temperatur $T - dT$ auf und verringern das Volumen im *GG* bis zum Punkt D. Die

117 Die *innere* Verdampfungswärme macht ca. 90 % der gesamten Verdampfungswärme aus und dient zum Aufbrechen der relativ starken Teilchenbindungen in der Flüssigkeit.

118 Im Zweiphasengebiet (Nassdampfgebiet im Falle von H_2O) können Adiabaten näherungsweise durch die Polytropengleichung $P \cdot V^n = \text{const.}$ ($1 < n < \kappa$) dargestellt werden.

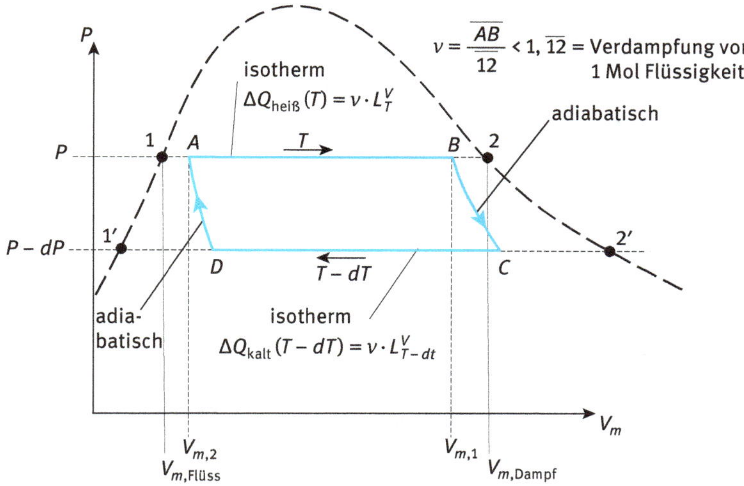

Abb. II-1.30: Carnotscher Kreisprozess im Nassdampfgebiet.

entstehende Kondensationswärme = Verdampfungswärme (dem Betrag nach) $\Delta Q_{\text{kalt}} = -\nu \cdot L_{T-dT}^V$ wird an das Wärmebad abgegeben.[119] Jetzt wird der Zylinder wieder vom Wärmebad genommen und durch adiabatische Kompression in den Ausgangszustand A gebracht. Für diesen Kreisprozess gilt bei quasistatischer, reversibler Versuchsführung der Carnotsche Wirkungsgrad (siehe Beispiel ‚Ideale Wärmekraftmaschine und ideale Wärmepumpe' in Abschnitt 1.3.1.3)

$$\eta_C = \frac{\Delta W}{\Delta Q_{\text{heiß}}} = 1 - \frac{T_{\text{kalt}}}{T_{\text{heiß}}} = \frac{T_{\text{heiß}} - T_{\text{kalt}}}{T_{\text{heiß}}}. \tag{II-1.258}$$

Im vorliegenden Fall ist die vom System verrichtete mechanische Arbeit gleich der von den Kurven eingeschlossenen Fläche im P-V_m-Diagramm, also $\Delta W = (V_{m,1} - V_{m,2}) \cdot dP = \nu \cdot (V_{m,\text{Dampf}} - V_{m,\text{Flüss}})dP$ und damit entsprechend dem Beispiel „Ideale Wärmekraftmaschine und ideale Wärmepumpe" in Abschnitt 1.3.1.3[120]

---

119 Wichtig: Die Molzahl $\nu = \frac{\overline{AB}}{\overline{12}}$ bei der Verdampfung von A nach B ist nur im Grenzwert $\Delta T \to 0$ gleich der Molzahl $\nu = \frac{\overline{CD}}{\overline{1'2'}}$ bei der Kondensation. Nur dieser Fall wird hier betrachtet!

120 Zur Erläuterung: Die Strecke $\overline{12}$ entspricht der Verdampfung von 1 Mol Flüssigkeit: $Q = L_T^V$; die Strecke $\overline{AB}$ entspricht der Verdampfung von $\frac{\overline{AB}}{\overline{12}} = \nu$ Mol ($\nu < 1$) $\Rightarrow \Delta Q_T = \Delta Q_{\text{heiß}} = \nu \cdot L_T^V$. Ferner gilt:

$\overline{12} = V_{m,\text{Dampf}} - V_{m,\text{Flüss}}$; $\overline{AB} = \underbrace{V_{m,1} - V_{m,2}}_{\overline{AB}} = \nu \cdot \underbrace{(V_{m,\text{Dampf}} - V_{m,\text{Flüss}})}_{\overline{12}}$

$\Rightarrow \Delta W = (V_{m,1} - V_{m,2}) \cdot dP = \nu \cdot (V_{m,\text{Dampf}} - V_{m,\text{Flüss}}) \cdot dP.$

$$\Delta W = \Delta Q_{\text{heiß}} \frac{T_{\text{heiß}} - T_{\text{kalt}}}{T_{\text{heiß}}} = \nu \cdot (V_{m,\text{Dampf}} - V_{m,\text{Flüss}}) dP \tag{II-1.259}$$

$$\Rightarrow \nu \cdot (V_{m,\text{Dampf}} - V_{m,\text{Flüss}}) dP = \Delta Q_{\text{heiß}} \frac{T - (T - dT)}{T} = \nu \cdot L_T^V \cdot \frac{dT}{T}. \tag{II-1.260}$$

Damit erhält man für die Temperaturabhängigkeit des Dampfdrucks

$$\frac{dP}{dT} = \frac{L_T^V}{(V_{m,\text{Dampf}} - V_{m,\text{Flüss}}) T} \quad \textit{Clausius-Clapeyron-Gleichung.} \tag{II-1.261}$$

Diese wichtige Gleichung der Thermodynamik kann auch für eine analoge Aussage über den Zusammenhang zwischen Schmelzdruck und Schmelztemperatur verwendet werden, wenn man für ΔQ die *Schmelzwärme* L_T^S und für die Molvolumina $V_{m,\text{Flüss}}$ und $V_{m,\text{fest}}$ setzt.

1.3.3.3 Phasenübergang einfacher Substanzen

Wir betrachten ein einfaches, chemisch einheitliches System (eine „Komponente"),[121] das aus zwei Phasen besteht, fest und flüssig oder gasförmig, oder flüssig und gasförmig. Das System soll sich in thermischem Kontakt mit einem Wärmebad der Temperatur T und in Kontakt mit einem Druckreservoir mit Druck P befinden und mit beiden im *GG* sein („kanonisches System, siehe Band VI, Kapitel „Statistische Physik", Abschnitt 1.3.4). Entsprechend Abschnitt 1.3.2.4, Gl. (II-1.250) muss für dieses System im *GG* die freie Enthalpie G minimal sein, also

$$G = U - TS + PV = H - TS = \min. \tag{II-1.262}$$

Es sei ν_1 die Zahl der Mole der Phase 1 und $g_1(T, P)$ die freie Enthalpie pro Mol der Phase 1 bei der Temperatur T und dem Druck P, entsprechend für die Phase 2. Dann gilt für das Zweiphasensystem[122]

$$G = \nu_1 g_1 + \nu_2 g_2 . \tag{II-1.263}$$

---

121 Unter einer *Komponente* versteht man einen chemisch einheitlichen Stoff (Element, chemische Verbindung), der sich bei einer Umwandlung nicht ändert.
Unter einer *Phase* versteht man eine aus einer oder mehreren Komponenten bestehenden Substanz, die physikalisch und chemisch homogen ist und durch eine Oberfläche begrenzt wird.

122 Die freie Enthalpie ist eine *extensive Größe*, das heißt, sie ändert sich mit der Größe des Systems; andere Beispiele für extensive Größen sind Masse, Stoffmenge, Volumen usw. *Intensive Größen* dagegen ändern sich nicht mit der Größe des Systems, z. B. Temperatur, Druck bzw. spezifische Größen.

Wegen der Massenerhaltung gilt außerdem

$$v_1 + v_2 = v = \text{const.} \Rightarrow dv_2 = -dv_1 . \qquad \text{(II-1.264)}$$

Im *GG* muss $dG = 0$ sein und da g_1 und g_2 nicht von v_1, v_2 abhängen gilt

$$dG = g_1 dv_1 + g_2 dv_2 = 0 \text{ bzw. } (g_1 - g_2) dv_1 = 0 \qquad \text{(II-1.265).}$$

dv_1 ist der einzige freie Parameter des Systems, der den Phasenübergang unter den Bedingungen T = const., P = const. beschreibt. Mit $dv_1 \neq 0$ folgt daraus unmittelbar als *GG*-Bedingung der beiden Phasen unter der Voraussetzung $T = P$ = const.:

$$g_1 = g_2 . \qquad \text{(II-1.266)}$$

Ist diese Bedingung erfüllt, so bleibt die freie Enthalpie G des Gesamtsystems unverändert, wenn sich eine bestimmte Menge der Substanz von der Phase 1 in die Phase 2 umwandelt und umgekehrt.
Im *P-T*-Diagramm ergibt sich so eine Grenzkurve (Dampfdruckkurve, Schmelzdruckkurve) mit $g_1 = g_2$, die die einphasigen Bereiche der Phase 1 ($g_1 < g_2$) und der Phase 2 ($g_1 > g_2$) trennt (Abb. II-1.31). Diese Kurve des Phasengleichgewichts wird durch die Clausius-Clapeyron-Gleichung beschrieben, wie im folgenden gezeigt werden soll.

Für die benachbarten Punkte A und B auf der *GG*-Kurve muss gelten

$$g_1(T,P) = g_2(T,P) \quad \text{und} \quad g_1(T + dT, P + dP) = g_2(T + dT, P + dP) \qquad \text{(II-1.267)}$$

$$\Rightarrow \quad g_1(T,P) + dg_1(T,P) = g_2(T,P) + dg_2(T,P). \qquad \text{(II-1.268)}$$

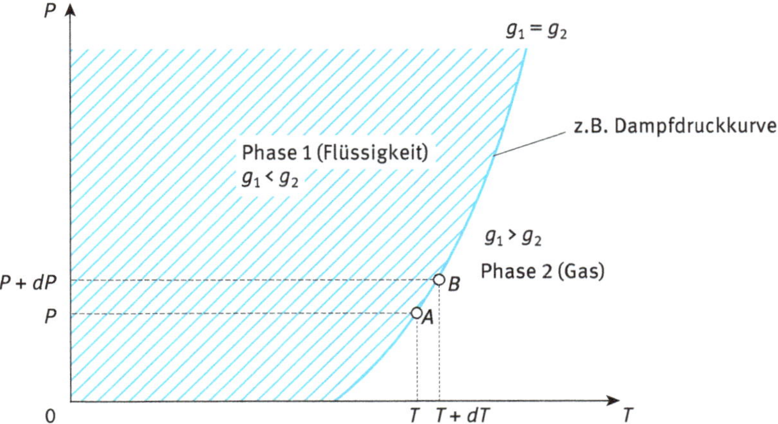

Abb. II-1.31: *P-T*-Diagramm. Grenzkurve mit $g_1 = g_2$, die die einphasigen Bereiche der Phase 1 ($g_1 < g_2$) und der Phase 2 ($g_1 > g_2$) trennt.

Mit (i = 1, 2) gilt also

$$dg_i = \left(\frac{\partial g_i}{\partial T}\right)_P dT + \left(\frac{\partial g_i}{\partial P}\right)_T dP\,. \tag{II-1.269}$$

Wenn man längs der Grenzkurve um (dT,dP) weitergeht, so erhält man mit $g_1(T,P) = g_2(T,P)$

$$dg_1(T,P) = dg_2(T,P)\,. \tag{II-1.270}$$

Aus der Grundgleichung der Thermostatik (1.3.2.1, Gl. II-1.207)

$$dU = TdS - PdV$$

erhält man andererseits mit $dU - TdS + PdV = 0$

$$\begin{aligned} dG \equiv d(U - TS + PV) &= dU - TdS - SdT + PdV + VdP = \\ &= -SdT + VdP \end{aligned} \tag{II-1.271}$$

und mit den spezifischen (oder molaren) Volumina υ_1 und υ_2 $\left(\text{spezifisches Volumen: } \upsilon = \frac{1}{\rho} = \frac{V}{m}\text{, molares Volumen: } V_m = \frac{V}{\nu}\right)$ und den spezifischen (oder molaren) Entropien s_1 und s_2 $\left(\text{spezifische Entropie: } s = \frac{S}{m}\text{, molare Entropie: } S_m = \frac{S}{\nu}\right)$ der beiden Phasen bei der Temperatur T und dem zugehörigen Druck P sowie mit Gl. (II-1.270)

$$-s_1 dT + \upsilon_1 dP = -s_2 dT + \upsilon_2 dP \Rightarrow (s_2 - s_1)dT = (\upsilon_2 - \upsilon_1)dP$$

bzw.

$$\frac{dP}{dT} = \frac{\Delta s}{\Delta \upsilon} \quad \textit{Differentialgleichung der Grenzkurve (z. B. Dampfdruckkurve)}. \tag{II-1.272}$$

Das ist wieder die Clausius-Clapeyron Gleichung wenn man bedenkt, dass die Phasenumwandlung mit einer Umwandlungswärme $L_T^{1,2}$ verbunden ist, die als „latente Wärme“ absorbiert oder abgegeben wird, sodass

$$\Delta s = s_2 - s_1 = \frac{\Delta q}{T} = \frac{L_T^{1,2}}{T} \tag{II-1.273}$$

(Δq ... auf die Masseneinheit (bzw. Stoffmenge) bezogene Wärmemenge Q) und damit

$$\frac{dP}{dT} = \frac{\Delta s}{\Delta \upsilon} = \frac{L_T^{1,2}}{T \cdot \Delta \upsilon}. \qquad \text{(II-1.274)}$$

In diesem Fall bezieht sich die Umwandlungswärme $L_T^{1,2}$ auf ein kg (bzw. ein Mol) der Substanz bei der Temperatur T, wenn $\Delta\upsilon$ der Unterschied der spezifischen Volumina (bzw. der Molvolumina) der beiden Phasen bei derselben Temperatur T ist.

Analoge Koexistenzkurven wie oben (Abb. II-1.31) zwischen den Phasen 1 und 2 existieren im *Phasendiagramm* einfacher Substanzen jeweils zwischen festem, flüssigem und gasförmigem Zustand (Abb. II-1.32).

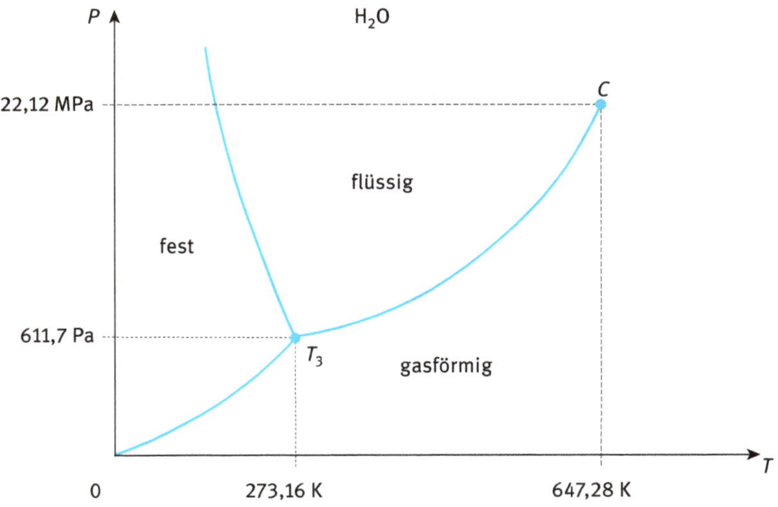

Abb. II-1.32: *P-T*-Phasendiagramm von H_2O. Beim *Tripelpunkt* T_3 koexistieren alle drei Phasen von Wasser: fest, flüssig und gasförmig (Dampf). Beim *kritischen Punkt C* hört die Unterscheidungsmöglichkeit zwischen flüssigem und gasförmigem Zustand des Wassers auf (siehe auch Abschnitt 1.3.3.1).

Am *Tripelpunkt* laufen drei Grenzkurven zusammen, hier koexistieren die drei Phasen bei festliegenden Werten des Drucks und der Temperatur. Beim *kritischen Punkt* (in Abb. II-1.30 Punkt *C*) hört die Unterscheidungsmöglichkeit zwischen flüssigem und gasförmigem Zustand auf.

Zusammenfassung

1. Die experimentell gefundenen Gesetzmäßigkeiten der Wärmephysik werden in den vier Hauptsätzen der Thermodynamik zusammengefasst:

0. HS: Es existiert die Zustandsgröße „Temperatur T“, die den Wärmezustand eines Systems angibt. *GG* zwischen Systemen herrscht, wenn ihre Temperatur gleich ist.
1. HS: Wärme ist eine Form der Energie und in einem abgeschlossenen System gilt die Erhaltung der Summe aus Wärmeenergie und Arbeit, speziell mechanischer Energie (Energieerhaltung):

$$dU = dQ + dW = dQ - PdV$$

d. h., der Energieinhalt U (innere Energie) eines Körpers wird durch Zufuhr von Wärme Q und an ihm geleisteter Arbeit W erhöht.

2. HS: Wärme fließt von selbst immer nur vom wärmeren zum kälteren Körper. Es existiert eine Zustandsfunktion S, die Entropie, die bei jedem von selbst ablaufenden Vorgang zunimmt:

$$\big(S(E) - S(A)\big)_{\text{abgeschl}} > 0$$

3. HS: Der absolute Nullpunkt $T = 0$ K kann experimentell nicht erreicht werden. Die Entropie nähert sich am absoluten Nullpunkt einem sehr kleinen konstanten Wert S_0:

$$S \longrightarrow S_0 = \text{const.} \qquad \text{für} \qquad T \longrightarrow +0$$

2. Ein ideales Gas gehorcht für alle Werte der Zustandsvariablen der idealen Gasgleichung (= Definition eines idealen Gases)

$$P \cdot V = \nu RT = NkT\,,$$

die die Gesetze von Boyle-Mariotte und Gay-Lussac zusammenfasst.
3. Durch den Fixpunkt $T = 0\,\text{K}$ und die Temperatureinheit Kelvin mit $1\,\text{K} = 1{,}380\,649 \cdot 10^{-23}\,\text{J}/k$ (exakt), k ... Boltzmannkonstante, ist die thermodynamische Temperaturskala festgelegt. Auch die Werte der Boltzmannkonstante $k = 1{,}380\,649 \cdot 10^{-23}\,\text{J}\,\text{K}^{-1}$, der Avogadro-Konstante $N_A = 6{,}022\,140\,76 \cdot 10^{23}\,\text{mol}^{-1}$ und der universellen Gaskonstante $R = k \cdot N_A = 8{,}314\,462\,618\ldots\,\text{J}\,\text{mol}^{-1}\,\text{K}^{-1}$ sind seit Mai 2019 exakt festgelegt.
4. Die Grundgleichung der kinetischen Gastheorie

$$P \cdot V = \frac{1}{3} N \cdot m \cdot \overline{v^2} = \frac{2}{3} N \cdot \frac{m}{2} \cdot \overline{v^2} = \frac{2}{3} N \cdot \bar{E}_{\text{kin}} = NkT$$

gibt mit dem Gleichverteilungssatz die absolute Temperatur als Funktion der E_{kin} der Gasmoleküle eines idealen Gases und zeigt, dass durch die absolute Temperaturskala auch der Wert der Boltzmannkonstanten k festgelegt ist.

5. Die Anzahl der Gasatome $F(\vec{v})dv_x dv_y dv_z$, die eine Geschwindigkeit $\vec{v}$ im Bereich $\vec{v}$ und $\vec{v} + d\vec{v}$ besitzen, beschreibt die Maxwellsche Geschwindigkeitsverteilung unter Verwendung der Boltzmannverteilung (Teilchendichten $n = N/V$)

$$F(\vec{v})dv_x dv_y dv_z = n\left(\frac{m}{2\pi kT}\right)^{3/2} \cdot e^{-\frac{mv^2}{2kT}} \cdot dv_x dv_y dv_z\,.$$

Für die Verteilung der Beträge der Geschwindigkeiten gilt

$$n(v)dv = 4\pi n\left(\frac{m}{2\pi kT}\right)^{3/2} v^2 e^{-mv^2/2kT} dv\,.$$

Man findet für die wahrscheinlichste Geschwindigkeit $v_w = \sqrt{2 \cdot \frac{kT}{m}}$, für die mittlere Geschwindigkeit $\bar{v} = \sqrt{\frac{8}{\pi} \cdot \frac{kT}{m}}$ und für die quadratisch gemittelte Geschwindigkeit $v_{\text{rms}} = \sqrt{\overline{v^2}} = \sqrt{3 \cdot \frac{kT}{m}}$ *mit* $v_{\text{rms}} : \bar{v} : v_w = \sqrt{3} : \sqrt{\frac{8}{\pi}} : \sqrt{2}\,.$

Für die Energieverteilung, also die Wahrscheinlichkeit, ein Gasteilchen mit E_{kin} zwischen E_{kin} und $E_{\text{kin}} + dE_{\text{kin}}$ zu finden, ergibt sich

$$f(E_{\text{kin}})dE_{\text{kin}} = \frac{2}{\sqrt{\pi}}\,(kT)^{-3/2} E_{\text{kin}}{}^{1/2}\, e^{-E_{\text{kin}}/kT}\, dE_{\text{kin}}\,.$$

6. Mit dem Gesamtstreuquerschnitt $\sigma_{\text{tot}} = (r_1 + r_2)^2\pi$ ergibt sich als mittlere freie Weglänge eines Gasmoleküls ($r_1 = r_2 = r$)

$\lambda = \frac{1}{\sqrt{2}}\frac{1}{n\sigma_{\text{tot}}}$, als Stoßzeit $\tau = \frac{1}{\sqrt{2}}\frac{1}{n\sigma_{\text{tot}}\bar{v}}$ und als

Stoßfrequenz $\nu = \frac{\bar{v}}{\lambda} = \sqrt{2} \cdot n \cdot \sigma_{\text{tot}} \cdot \bar{v}\,.$

7. Für die Diffusion unter dem Einfluss eines Konzentrationsgefälles gelten die Fickschen Gesetze, im eindimensionalen Fall:

$$j = -D\frac{dn}{dx} \quad \text{1. Ficksches Gesetz}$$

$$\frac{\partial n(x,t)}{\partial t} = D\frac{\partial^2 n(x,t)}{\partial x^2} \quad \text{2. Ficksches Gesetz (Diffusionsgleichung).}$$

Die spezielle Lösung $n(x,t) = \frac{N}{\sqrt{4\pi} \cdot \sqrt{Dt}} e^{-\frac{x^2}{4Dt}}$ der Diffusionsgleichung beschreibt den Diffusionsverlauf des Auseinanderlaufens von N Teilchen, wenn sie zur Zeit $t = 0$ bei $x = 0$ konzentriert waren.

8. Für die Wärmestromdichte bei der Wärmeleitung gilt

$$\dot{q}_x = -\Lambda \frac{\partial T}{\partial x};$$

die Wärmeleitfähigkeit des idealen Gases ist $\Lambda = \frac{1}{3} n\bar{v} \cdot c \cdot \lambda$.

9. Der *1. HS* ($dQ = dU + PdV$) ermöglicht die Diskussion der vier Prozesse am idealen Gas:
isochor ($dV = 0$): $dQ = dU = mc_V dT$
$\Rightarrow$ spezifische Wärme $c_V = \frac{1}{m}\left(\frac{\partial U}{\partial T}\right)_V$
bzw. Molwärme $C_V^m = \frac{1}{\nu}\left(\frac{\partial U}{\partial T}\right)_V$.
isobar ($dP = 0$): $dQ = dH = mc_P dT$
$\Rightarrow$ spezifische Wärme $c_P = \frac{1}{m}\left(\frac{\partial H}{\partial T}\right)_P$
bzw. Molwärme $C_P^m = \frac{1}{\nu}\left(\frac{\partial H}{\partial T}\right)_V$
mit $c_P - c_V = \frac{Nk}{m}$ und $C_P^m - C_V^m = R = N_A \cdot k$.
isotherm ($dT = 0$): $dQ = PdV$
$\Rightarrow$ beim isothermen Prozess wird zugeführte Wärme vollständig in abgegebene Arbeit umgewandelt.
adiabatisch ($dQ = 0$): $dU = -PdV = c_V \cdot m \cdot dT$;
die am System geleistete Arbeit wird vollständig als innere Energie gespeichert.
$\Rightarrow$ Adiabatengleichung $T \cdot V^{\kappa-1} = \text{const.}$, $P \cdot V^{\kappa} = \text{const.}$ mit dem Adiabatenkoeffizienten $\kappa = \frac{c_P}{c_V} > 1$.

10. Der reversible Carnotsche Kreisprozess besteht abwechselnd aus zwei isothermen und zwei adiabatischen Prozessen. Für seinen Wirkungsgrad $\eta = \frac{\Delta W_{\text{abgeg}}}{\Delta Q_{\text{aufgen}}}$ gilt

$$\eta_C = 1 - \frac{T_{\text{kalt}}}{T_{\text{heiß}}}.$$

11. Bei einem reversiblen Prozess ist die reduzierte Wärmemenge $dS = \left(\frac{dQ}{T}\right)_{\text{rev}}$ das Differential einer vom Prozessweg unabhängigen Zustandsgröße, der Entropie *S*, der für den *2. HS* charakteristischen Größe:

$$S = \int_A^E \left(\frac{dQ}{T}\right)_{\text{rev}} .$$

Atomistisch gibt die Boltzmannsche Entropiegleichung die Entropie proportional zum Logarithmus der Anzahl der möglichen Mikrozustände Ω eines abgeschlossenen Systems mit der Boltzmannkonstante *k* als Proportionalitätsfaktor:

$$S = k \cdot \ln \Omega .$$

12. Aus der Grundgleichung der Thermostatik, einer Verknüpfung aus *1. HS* und *2. HS*

$$TdS = dU + PdV$$

können die thermodynamischen Potenziale und die Maxwellrelationen abgeleitet werden:

Potenziale

innere Energie U: $\quad U = U(S,V)$, $\quad dU = TdS - PdV$

Enthalpie $H \equiv U + PV$: $\quad H = H(S,P)$, $\quad dH = TdS + VdP$

freie Energie $F \equiv U - TS$: $\quad F = F(T,V)$, $\quad dF = -SdT - PdV$

freie Enthalpie $G \equiv U - TS + PV$: $\quad G = G(T,P)$, $\quad dG = -SdT + VdP$

Maxwell Relationen

$$\left(\frac{\partial T}{\partial V}\right)_S = -\left(\frac{\partial P}{\partial S}\right)_V, \quad \left(\frac{\partial T}{\partial P}\right)_S = \left(\frac{\partial V}{\partial S}\right)_P$$

$$\left(\frac{\partial S}{\partial V}\right)_T = \left(\frac{\partial P}{\partial T}\right)_V, \quad \left(\frac{\partial S}{\partial P}\right)_T = -\left(\frac{\partial V}{\partial T}\right)_P .$$

13. Als Bedingungen für das GG eines Systems findet man aus $dS > 0$:

Ist das System abgeschlossen ($dQ = 0$), adiabatisch isochor ($dV = 0$) und adiabatisch isobar ($dP = 0$):

$$S = \max .$$

Sind T und V vorgegeben ($dT = dV = 0$):

$$F(T,V) = \min .$$

Sind T und P vorgegeben ($dT = dP = 0$):

$$G(T,P) = \min .$$

14. Die Teilchen realer Gase besitzen ein Eigenvolumen und wechselwirken miteinander. Das wird in einer ersten Näherung in der Van der Waalsschen Zustandsgleichung berücksichtigt:

$$\left(P + a\left(\frac{N}{N_A \cdot V}\right)^2\right)\left(V - \frac{N}{N_A} b\right) = N \cdot k \cdot T$$

bzw.

$$P = \frac{RT}{V_m - b} - \frac{a}{V_m^2} .$$

Damit kann im P-V-Diagramm der Phasenübergang vom gasförmigen in den flüssigen Zustand unterhalb der kritischen Temperatur T_c qualitativ verstanden werden.

15. Aus dem Wirkungsgrad eines Carnotschen Kreisprozesses im Nassdampfgebiet eines realen Gases kann die Temperaturabhängigkeit des Dampfdrucks als Funktion der Verdampfungswärme L_T^V, die Clausius-Clapeyron-Gleichung, entwickelt werden

$$\frac{dP}{dT} = \frac{L_T^V}{(V_{m,\mathrm{Dampf}} - V_{m,\mathrm{Flüss}})T} .$$

Übungen:

1. In einem rechteckigen Kasten vom Volumen $V = 50\,\mathrm{cm}^3$ sind $N = 400$ Plexiglas-Kugeln mit einer Masse von je $m_0 = 5\,\mathrm{g}$ eingesperrt. Sie werden durch eine vibrierende Wand zu statistischen Bewegungen angeregt. Diese Anordnung soll als Modell für ein ideales Gas betrachtet werden.
   a) Wann nennt man ein Gas „ideales Gas“?
   b) Wie groß ist die mittlere Geschwindigkeit $\bar{v}$ der Kugeln, wenn an einer der Wände mit der Fläche $A = 10\,\mathrm{cm}^2$ eine Druckkraft $F = 0{,}08\,\mathrm{N}$ gemessen wird?

c) Wie groß ist die mittlere freie Weglänge λ der Kugeln im Kasten? (Dichte von Plexiglas: $\rho_{\text{Plex}} = 1200\,\text{kg}\,\text{m}^{-3}$)

2. Berechne den Wirkungsgrad $\eta = \dfrac{\text{abgegebene Arbeit } W}{\text{zugeführte Verbrennungswärme } Q}$ für den Ottomotor, dessen Wirkungsweise durch folgende Prozesse idealisiert sei:

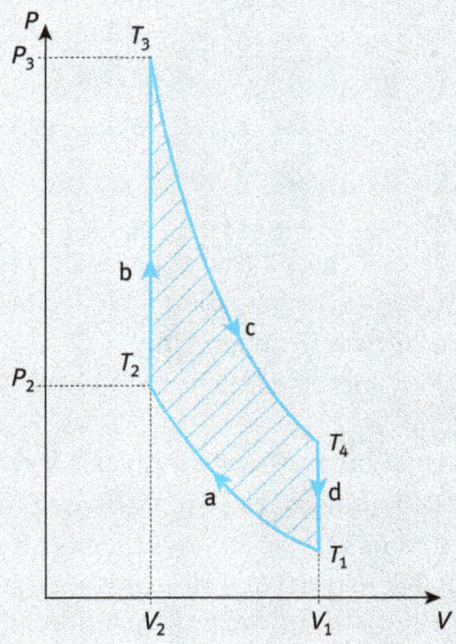

a) $V_1 \to V_2$ (adiabatisches Verdichten, wobei $P_1 \to P_2$; Verdichtungsverhältnis $\varepsilon = \dfrac{V_1}{V_2}$);
b) $P_2 \to P_3$ ($V = \text{const.}$; Verbrennung unter Freisetzen von Q);
c) $V_2 \to V_1$ adiabatisches Expandieren mit $P_3 \to P_4$);
d) $P_4 \to P_1$ ($V = \text{const.}$ und Austausch der Gase, sodass der Ausgangspunkt erreicht wird). An Konstruktionsdaten sei nur ε gegeben. (Man nehme der Einfachheit halber ein unverändertes Arbeitsmedium mit $c_V = \text{const.}$ an).

3. Radialer Wärmestrom durch eine Rohrwand: Die Innenwand eines geraden, zylindrischen Rohres von bekannten Dimensionen hat konstant die Temperatur T_i, die Außenwand die Temperatur T_a. Welcher stationäre Wärmestrom durchfließt die Wand? Wie ändert sich die Temperatur zwischen Innen- und Außenwand?

4. Eine Erhöhung der Temperatur des Systems flüssiges Wasser – Wasserdampf von 18 °C auf 22 °C ergibt eine Zunahme des Dampfdruckes P_s von 2,053 Pa auf 2,697 Pa. Wie groß ist die Verdampfungswärme des Wassers bei 20 °C? Der Wasserdampf darf bei diesem kleinen Druck als ideales Gas

betrachtet und das spezifische Volumen der Flüssigkeit gegenüber demjenigen des Dampfes vernachlässigt werden.

5. 0,5 kg Wasser und 100 g Eis befinden sich bei 0 °C im thermischen Gleichgewicht. Dieser Mischung werden 200 g Dampf von 100 °C hinzugefügt. Bestimme die Endtemperatur und die Zusammensetzung der Mischung.

Anhang 1 Phänomenologische Berechnung des mittleren Verschiebungsquadrats $\overline{x^2}$ eines frei suspendierten Teilchens (Brownsche Bewegung) nach Langevin

Langevin (Paul Langevin, 1872–1946, französischer Physiker) teilte die auf ein freies, also keinen äußeren Kräften unterworfenes, suspendiertes Teilchen von den umgebenden Teilchen ausgeübten Kräfte in zwei Gruppen ein:

1. Eine völlig regellos wirkende Kraft $F'(t)$, deren zeitlicher Mittelwert stets verschwindet: $\overline{F'(t)} = 0$.
2. Eine „Reibungskraft" F_R, die der momentanen Geschwindigkeit $v(t)$ des Teilchens, die es aufgrund des Gleichverteilungssatzes in statistisch regelloser Weise besitzt, entgegengerichtet ist und daher das zu fordernde Bestreben hat, die momentane mittlere Geschwindigkeit $\bar{v}(t)$ auf den sich im *GG* einstellenden Mittelwert $\bar{v} = 0$ zurückzuführen. Für diese Kraft setzt Langevin in einfachster Weise die Stokessche Reibungskraft $F_R = -6\pi\eta r\bar{v}$ (siehe Band I, Kapitel „Mechanik deformierbarer Körper", Abschnitt 4.3.7.2). Mit $v = \bar{v} + v'$, wobei v' der sehr rasch veränderliche Anteil von v ist, für den stets gilt $\overline{v'} = 0$, folgt: $F_R = -6\pi\eta r(v - v') = -a(\dot{x} - v')$.

Damit lautet die Newtonschen Bewegungsgleichung („Newton 2") unseres Teilchens für die x-Richtung (und analog für die beiden anderen Koordinatenrichtungen)

$$m\frac{d\dot{x}}{dt} = -a(\dot{x} - v') + F'(t)\,. \qquad \text{(II-1.275)}$$

Um von dieser Kraftgleichung zur Energiegleichung zu gelangen, die die Anwendung des Gleichverteilungssatzes gestattet, multiplizieren wir Gl. (II-1.275) mit x und verwenden die Identität $x\frac{d\dot{x}}{dt} = \frac{d}{dt}(x\dot{x}) - \dot{x}^2$:

$$mx\frac{d\dot{x}}{dt} = m\frac{d}{dt}(x\dot{x}) - m\dot{x}^2 = -a(x\dot{x}) + axv' + x\cdot F'(t)\,. \qquad \text{(II-1.276)}$$

Nach der zeitlichen Mittelwertbildung verschwinden die beiden letzten Terme ($\overline{xv'} = \bar{x}\overline{v'} = 0$; $\overline{x \cdot F'(t)} = \bar{x} \cdot \overline{F'(t)} = 0$) und der Gleichverteilungssatz liefert

$$m\overline{\dot{x}^2} = 2 \cdot \frac{m\overline{\dot{x}^2}}{2} = 2\frac{kT}{2} = kT. \qquad \text{(II-1.277)}$$

$$\Rightarrow \qquad m\frac{d}{dt}\overline{x\dot{x}} = kT - a(\overline{x\dot{x}}). \qquad \text{(II-1.278)}$$

Dies ist eine leicht lösbare, inhomogene lineare Differentialgleichung für $(\overline{x\dot{x}})$, deren Lösung als Summe der allgemeinen Lösungen der homogenen *DG*, also $(\overline{x\dot{x}})_{\text{homo}} = C \cdot e^{-\frac{a}{m}t}$, und einer speziellen Lösung der inhomogenen *DG*, nämlich $(\overline{x\dot{x}})_{\text{inhomo}} = \frac{kT}{a}$, darzustellen ist:

$$\Rightarrow \qquad (\overline{x\dot{x}}) = C \cdot e^{-\frac{a}{m}t} + \frac{kT}{a}. \qquad \text{(II-1.279)}$$

$\frac{a}{m}$ ist eine sehr große Zahl $\left(\frac{a}{m} = \frac{6\pi\eta r}{\frac{4\pi r^3\rho}{3}} = \frac{9}{2}\frac{\eta}{\rho r^2}\right)$, sodass der erste Term schon nach äußerst kurzer Zeit verschwindet:[123]

$$\Rightarrow \qquad (\overline{x\dot{x}}) = \frac{kT}{a}. \qquad \text{(II-1.280)}$$

Mit $x\dot{x} = \frac{1}{2}\frac{d}{dt}x^2$ folgt schließlich

$$(\overline{x\dot{x}}) = \frac{1}{2}\frac{d}{dt}(\overline{x^2}) = \frac{kT}{a}. \qquad \text{(II-1.281)}$$

Die Integration nach t liefert die gesuchte Beziehung für das mittlere Verschiebungsquadrat in der x-Richtung (das ebenso groß in der y- und der z-Richtung ist)

---

123 Für ein Pollenkorn in Wasser gilt (siehe dazu das Beispiel zur mittleren Geschwindigkeit eines Teilchens bei der Brownschen Bewegung in Abschnitt 1.2.6.2), wenn wir im Gaußschen CGS-System rechnen:

$m = 5 \cdot 10^{-13}\,\text{g}$, $r = 10^{-3}\,\text{cm}$; $\eta_{H_2O}(20\,°\text{C}) = 1{,}002 \cdot 10^{-2}$ Poise $= 1{,}002 \cdot 10^{-2}\text{cm}^{-1}\text{g}^{-1}\text{s}^{-1}$

$\Rightarrow \frac{a}{m} = \frac{6\pi\eta r}{m} = \frac{6\pi \cdot 1{,}002 \cdot 10^{-2} \cdot 10^{-3}}{5 \cdot 10^{-13}} = 3{,}78 \cdot 10^{8}\text{s}^{-1}$

$\Rightarrow$ für $t_e = \frac{1}{3{,}78 \cdot 10^{8}}\,\text{s} = 2{,}65 \cdot 10^{-9}\text{s}$ ist der Exponentialterm auf den e-ten Teil abgesunken.

$$\overline{x^2} = \frac{2kT}{a} \cdot t = \frac{kT}{3\pi\eta r} \cdot t. \tag{II-1.282}$$

Durch Vergleich mit $\overline{x^2} = 2Dt$ (siehe Abschnitt 1.2.6.3, Gl. II-1.103) folgt für den Diffusionskoeffizienten

$$D = \frac{kT}{6\pi\eta r} = B \cdot kT \tag{II-1.283}$$

mit

$$B = \frac{\bar{v}}{F_R} = \frac{\bar{v}}{6\pi\eta r\bar{v}} = \frac{1}{6\pi\eta r} \tag{II-1.284}$$

als Beweglichkeit des Teilchens.[124]

Anhang 2 Spezifische Wärme: Einfrieren von Freiheitsgraden

Nach der in diesem Kapitel verwendeten klassischen Statistik sollte die spezifische Wärme ein- und mehratomiger Gase temperaturunabhängig sein, da auf jeden Freiheitsgrad nach dem Gleichverteilungssatz (siehe Abschnitt 1.2.3, Gl. II-1.47) ein mittlerer Energiebetrag von $\frac{1}{2}kT$ entfällt. Tatsächlich zeigt das Experiment aber, dass die spezifische Wärme c_V der Gase in charakteristischer Weise von der Temperatur abhängt (Abb. II-1.33).

Das war eines der ungelösten Probleme der Physik des ausgehenden 19. Jhdts, die Erklärung konnte erst die Quantenphysik liefern: Die mit jedem Freiheitsgrad f verbundene Energie E_f wächst nicht von Null beginnend stetig an, wie es die Maxwell-Boltzmannsche Statistik voraussetzt, sondern nimmt in diskreten Schritten ΔE_f zu. Gilt nun $\Delta E_f \gg kT$, dann ist die Wahrscheinlichkeit $P = e^{-\frac{\Delta E_f}{kT}}$ für das Auftreten schon des ersten Energiewerts praktisch Null. Diese Energiewerte können daher zur spezifischen Wärme nichts beitragen: Der Freiheitsgrad f ist bei dieser Temperatur *eingefroren* und wird erst bei entsprechend hoher Temperatur aktiv. Einge-

124 Nimmt ein Teilchen in einem reibenden Medium unter der Einwirkung einer Kraft $\vec{F}$ die konstante Geschwindigkeit $\bar{v}$ an, dann bezeichnet man den Quotienten $B = \frac{\bar{v}}{|\vec{F}|}$ als *Beweglichkeit* (siehe Abschnitt 1.2.6.3, Fußnote 61), das ist die Geschwindigkeit pro Krafteinheit. Da sich $\bar{v}$ nicht ändern soll, halten sich die treibende Kraft $\vec{F}$ und die Reibungskraft $\vec{F}_R$ das Gleichgewicht: $|\vec{F}| = |\vec{F}_R|$. Damit folgt für die Beweglichkeit: $B = \frac{\bar{v}}{|\vec{F}|} = \frac{\bar{v}}{|\vec{F}_R|} = \frac{\bar{v}}{6\pi\eta r\bar{v}} = \frac{1}{6\pi\eta r}$.

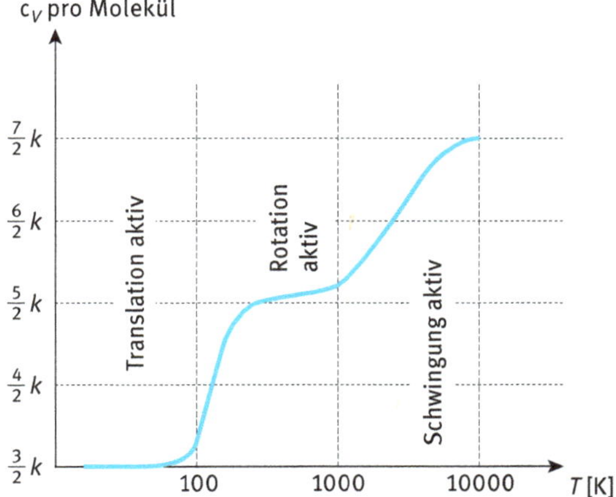

Abb. II-1.33: Spezifische Wärme von H_2. Die Schwingungsfreiheitsgrade werden erst bei sehr hohen Temperaturen aktiviert.

froren sind zuerst die Rotationen mit sehr kleinem Trägheitsmoment I, also alle Atomrotationen $\left(E_{\text{rot}} = \frac{\hbar^2}{2I} j(j+1)\right)$. Die Molekülrotationen mit großem I werden mit steigender Temperatur zuerst aktiv, erst zum Schluss folgen die Schwingungsfreiheitsgrade mit ihren großen Energieschritten. Die Translationsfreiheitsgrade sind praktisch immer aktiv, da die Energieschritte der Translationsbewegungen, verursacht durch die diskontinuierliche Änderung der de Broglie-Wellenlängen zwischen den Gefäßwenden, verschwindend klein sind. Erst bei sehr tiefen Temperaturen verlässt auch die Translationsenergie die Boltzmann-Statistik und diese geht – abhängig vom Gesamtspin der Teilchen – entweder in die Fermi-Dirac-Statistik (für halbzahlige Spinquantenzahl) oder in die Bose-Einstein-Statistik (für ganzzahlige Spinquantenzahl) über, wobei mit $T \to 0$ die Temperaturabhängigkeit von $\bar{E}_{\text{kin}}$ verschwindet, also $c_V \to 0$ geht (Gasentartung). Siehe dazu auch Band VI, Kapitel „Statistische Physik", Abschnitt 1.4.

Anhang 3 Herleitung der Van der Waals-Gleichung mit Hilfe der freien Energie *F*

Zwischen den Gasmolekülen herrscht eine attraktive *WW* (siehe dazu auch Band VI, Kapitel „Festkörperphysik", Abschnitt 2.2.2.3). Sind $\varphi(r)$ die potentielle Energie zweier Atome im Abstand r und $n = \frac{N}{V}$ die als konstant angenommene Teilchendichte, dann beträgt die *WW*-Energie zwischen *einem Teilchen* mit dem Harte-Kugel-Radius $r = \rho$ und allen anderen Teilchen im restlichen Volumen von $r = \rho$ bis $r = \infty$:

$$U_1 = -\underbrace{n\int_{\rho}^{\infty}\varphi(r)dV}_{2\alpha} = -n2\alpha = -2\alpha\frac{N}{V}. \tag{II-1.285}$$

Als gesamte *WW*-Energie *aller Teilchen* miteinander ergibt sich daraus:

$$U_{\text{ges}} = \frac{N}{2}U_1 = -\alpha\frac{N^2}{V}. \tag{II-1.286}$$

Die innere Energie U der N Teilchen ist jetzt von T und von V abhängig:

$$U = U(T) - \alpha\frac{N^2}{V} \Rightarrow F = U - TS = U(T) - \alpha\frac{N^2}{V} - TS. \tag{II-1.287}$$

Das Volumen, das den Teilchen für ihre Bewegung (kinetische Energie) zur Verfügung steht, ist gegenüber dem Gefäßvolumen V um das Eigenvolumen der Teilchen $N \cdot \beta = \frac{N \cdot b}{N_A}$ zu verringern ($\beta = \frac{b}{N_A}$ ... Volumen eines Teilchens). Damit erhalten wir für die freie Energie F mit der Entropie S nach Gl. (II-1.211):

$$F = U(T) - \alpha\frac{N^2}{V} - \nu TC_V^m \ln T - \nu TR\ln(V - N\beta) - T \cdot \text{const.} \tag{II-1.288}$$

Der Gasdruck ergibt sich dann aus Gl. (II-1.230) zu

$$P = -\left(\frac{\partial F}{\partial V}\right)_T = -\alpha\frac{N^2}{V^2} + \frac{\nu RT}{V - N\beta} = -\alpha N_A^2\frac{N^2}{N_A^2}\frac{1}{V^2} + \frac{RT}{\frac{V}{\nu} - \frac{N}{\nu}\beta} = -\alpha N_A^2\frac{1}{V_m^2} + \frac{RT}{V_m - N_A\beta}. \tag{II-1.289}$$

Mit $\alpha N_A^2 = a$ und $N_A\beta = b$ folgt die Van der Waals-Gleichung

$$P = -\frac{a}{V_m^2} + \frac{RT}{V_m - b} \text{ bzw. } \left(P + \frac{a}{V_m^2}\right) \cdot \left(V_m - b\right) = RT. \tag{II-1.290}$$

Anhang 4 Der Joule-Thomsonsche Drosselprozess[125] (*Joule-Thomson-throttling process*) – ein irreversibler Prozess

In einem thermisch isolierten Rohr wird ein Gas mit Volumen V_1 unter dem Druck P_1 durch ein poröses Hindernis (Wattebausch, poröse Keramik oder enges *Drosselventil* (*throttling valve*)) gepresst. Durch die Reibung im Hindernis tritt ein Druckabfall auf, der Druck nach dem Hindernis sei $P_2 < P_1$; nachdem das ganze Gas hindurchgepresst ist, ist das zugehörige Gasvolumen V_2. Die Gastemperatur vor der Drossel sei T_1, gesucht ist die Gastemperatur T_2 nach der Drossel. Praktisch wird der Versuch so ablaufen, dass die Drücke P_1 und P_2 und die entsprechenden spezifischen Gasvolumina v_1 und v_2 fortwährend konstant gehalten werden. Das kann z. B. dadurch geschehen, dass das Gas unter dem Druck P_1 von einer Pumpe durch das Hindernis gepresst wird und eine zweite Pumpe das Gas nach der Drossel so absaugt, dass der Druck P_2 erhalten bleibt. Es liegt dann ein *offenes System* mit einem Massendurchsatz vor. Wir wollen im Folgenden aber mit dem geschlossenen System weiterarbeiten, das den Vorteil besitzt, dass von der kinetischen Energie des ein- bzw. austretenden Gases abgesehen werden kann.

Links (vor der Drossel) wird am Gas durch den Kolben gegen den Druck P_1 die mechanische Arbeit P_1V_1 verrichtet (zugeführt), um das Gas mit dem Volumen V_1 durch das Hindernis zu pressen (Abb. II-1.34 Rechts wird vom durch die Drossel tretenden Gas am Kolben 2 die mechanische Arbeit P_2V_2 verrichtet (Abb. II-1.35).).

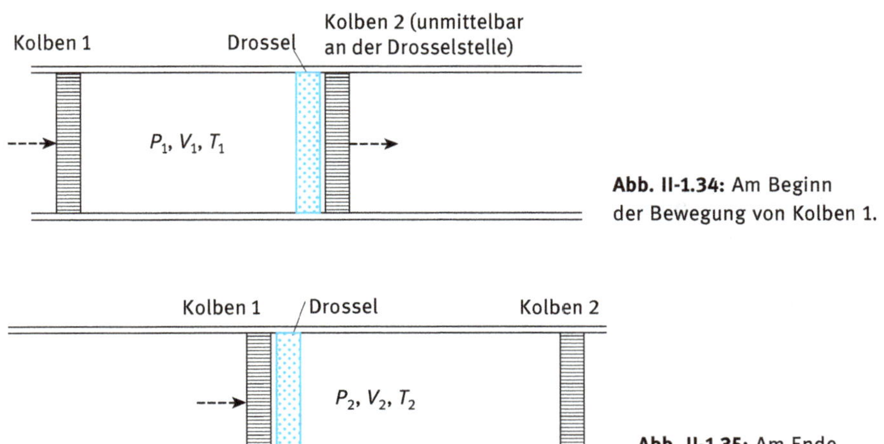

Abb. II-1.34: Am Beginn der Bewegung von Kolben 1.

Abb. II-1.35: Am Ende der Bewegung von Kolben 1.

125 nach James Prescott Joule, 1818–1889, und Sir William Thomson, später geadelt als 1. Baron Kelvin of Largs, 1824–1907.

Insgesamt wird also bei dem Prozess die Arbeit

$$W = P_1V_1 - P_2V_2 \tag{II-1.291}$$

verrichtet. Daher gilt bei diesem adiabatischen Prozess ($dQ = 0$) nach dem *1. HS* ($dU = dQ + dW$)

$$U_2 - U_1 = P_1V_1 - P_2V_2 \tag{II-1.292}$$

$$\Rightarrow \quad U_1 + P_1V_1 = H_1 = H_2 = U_2 + P_2V_2 . \tag{II-1.293}$$

Beim Joule-Thomson-Prozess bleibt also die Enthalpie konstant ($dH = 0$), es handelt sich daher um einen *isenthalpen* Prozess, eine isenthalpe Druckminderung.

Für ein *ideales Gas* lautet diese Gleichung (II-1.293)

$$c_VT_1 + NkT_1 = c_VT_2 + NkT_2 \tag{II-1.294}$$

$$\Rightarrow \quad T_1 = T_2 , \tag{II-1.295}$$

es ist keine Temperaturänderung zu erwarten, gleichgültig wie stark der Druck P_2 durch geeignete Kolbenbewegung gegenüber P_1 abgesenkt wird.[126] Bei diesem nicht-reversiblen adiabatischen Prozess erhöht sich aber die Entropie, denn es gilt (Abschnitt 1.3.2.1, Gl. II-1.211)

$$S_1 = mc_V \ln T + Nk\ln V_1 + S_0 ; \qquad S_2 = mc_V \ln T + Nk\ln V_2 + S_0 . \tag{II-1.296}$$

Aus $P_1V_1 = NkT = P_2V_2$ folgt

$$\Rightarrow \quad S_2 - S_1 = Nk\ln\frac{V_2}{V_1} = Nk\ln\frac{P_1}{P_2} > 1 . \tag{II-1.297}$$

Um die Temperaturänderung bei der Drosselung eines nicht idealen Gases zu ermitteln, müssen wir die Enthalpieänderung $dH = TdS + VdP$ (siehe Abschnitt 1.3.2.2.2, Gl. II-1.220) für ein *nicht ideales Gas* unter Benützung der Zustandsvariablen P und T heranziehen. Wir bilden zuerst das totale Differential der Entropie $S(T,P)$

$$dS(T,P) = \left(\frac{\partial S}{\partial T}\right)_P dT + \left(\frac{\partial S}{\partial P}\right)_T dP \tag{II-1.298}$$

126 Das Wesentliche bei diesem Prozess ist die *Strömung* durch die Drosselstelle. Der Druckunterschied wird durch die Reibungsverluste beim Strömungsvorgang durch die engen Kanäle aufgebaut; wird die Kolbenbewegung unterbrochen, dann gleichen sich die Drücke auf beiden Seiten an. Der Vorgang ist also grundsätzlich *nicht quasistatisch*!

und setzen in $dH = dQ + VdP = TdS + VdP$ ein

$$dH = T\left(\frac{\partial S}{\partial T}\right)_P dT + T\left(\frac{\partial S}{\partial P}\right)_T dP + VdP. \quad \text{(II-1.299)}$$

Für $dP = 0$ (P = const.) folgt

$$\left(\frac{\partial H}{\partial T}\right)_P = T\left(\frac{\partial S}{\partial T}\right)_P. \quad \text{(II-1.300)}$$

Es gilt (siehe Abschnitt 1.3.1.2.2, Gl. II-1.131)

$$C_P^m = \frac{1}{\nu}\left(\frac{\partial H}{\partial T}\right)_P = \frac{T}{\nu}\left(\frac{\partial S}{\partial T}\right)_P \quad \Rightarrow \quad T\left(\frac{\partial S}{\partial T}\right)_P = \nu \cdot C_P^m \quad \text{(II-1.301)}$$

und weiters (siehe Abschnitt 1.3.2.3, Gl. (II-1.239))

$$\left(\frac{\partial S}{\partial P}\right)_T \underbrace{=}_{\substack{\textit{Maxwell}\\ \textit{Relation}\\ \text{Gl. (II-1.239)}}} -\left(\frac{\partial V}{\partial T}\right)_P = -V \cdot \alpha, \quad \text{(II-1.302)}$$

mit dem thermischen Ausdehnungskoeffizienten[127] $\alpha = \frac{1}{V}\left(\frac{\partial V}{\partial T}\right)_P$.

Eingesetzt in das totale Differential dH ergibt sich unter Beachtung, dass für jeden adiabatischen Drosselvorgang $dH = 0$ gilt

$$dH = \nu \cdot C_P^m \cdot dT - T \cdot V \cdot \alpha \cdot dP + VdP = 0. \quad \text{(II-1.303)}$$

Daraus erhalten wir für die Temperaturänderung des Gases beim Durchpressen durch die Drossel im Verhältnis zur Druckänderung den *Joule-Thomson Koeffizienten* μ_{JT}

$$\mu_{JT} = \left(\frac{\partial T}{\partial P}\right)_H = \frac{V(T \cdot \alpha - 1)}{\nu \cdot C_V^m} = \frac{V_m}{C_P^m}(T \cdot \alpha - 1) \quad \textit{Joule-Thomson Koeffizient}. \quad \text{(II-1.304)}$$

Wir sehen: Für $T \cdot \alpha(T,P) = 1$ wird $\mu_{JT} = 0$, d. h., es erfolgt keine Temperaturänderung.

127 Siehe Abschnitt 1.1.2, Fußnote 6.

Schreiben wir die obige Gleichung (II-1.304) um, gilt also für einen Drosselvorgang

$$dT = \frac{V_m}{C_P^m}(T \cdot \alpha - 1) \cdot dP\,,^{128} \qquad \text{(II-1.305)}$$

so sehen wir: Die Temperaturänderung dT hat dasselbe Vorzeichen wie die Druckänderung dP, wenn $(T \cdot \alpha - 1) > 0$, also $T \cdot \alpha > 1$ ist; dann führt eine kleine Druckminderung beim Durchströmen des Hindernisses zu einer Abkühlung des Gases, für $T \cdot \alpha < 1$ zu einer Erwärmung. Aus $T \cdot \alpha(T,P) = 1$ kann die *Inversionstemperatur* T_{inv}, oberhalb welcher eine kleine Druckänderung $-dP$ zu einer Temperaturerhöhung $+dT$, unterhalb zu einer Temperaturabsenkung $-dT$ führt, berechnet werden, wenn aus der Zustandsgleichung, z. B. der van der Waals-Gleichung, der Ausdehnungskoeffizient α ermittelt wurde. In diesem Falle ergibt sich in erster Näherung

$$T_{\text{inv}} = \frac{2a}{R \cdot b}.^{129} \qquad \text{(II-1.306)}$$

Bei der *Inversionstemperatur* ist $\mu_{JT} = 0$ und es tritt keine Temperaturänderung auf. Da für den thermischen Ausdehnungskoeffizienten eines idealen Gases $\alpha = \frac{1}{T}$ gilt (siehe Abschnitt 1.1.2, Fußnote 6), verschwindet die Temperaturänderung beim Joule-Thomson Prozess für ein ideales Gas für alle Temperaturen: $\mu_{JT}^{\text{ideal}} = 0$, wie schon oben gesehen.

Atomistisch lässt sich der Joule-Thomson-Prozess so verstehen: Durch die Verringerung des Drucks nach der Drossel ($P_2 < P_1$) vergrößert sich das Volumen des Gases und der mittlere Teilchenabstand nimmt zu. Die *WW*-Kräfte, die bei realen Gasen zwischen den Gasteilchen in größerer Entfernung wirken, sind entweder anziehend oder abstoßend; bei Stickstoff und Sauerstoff z. B. sind sie anziehend, bei Wasserstoff und Helium abstoßend. Nimmt der mittlere Teilchenabstand daher zu, muss bei den Gasen der Luft unter Normaldruck (anziehende *WW*) Arbeit gegen die Anziehungskräfte zwischen den Gasteilchen verrichtet werden; die entsprechende Energie dazu stammt bei dem adiabatischen Prozess aus der kinetischen Energie des Gases, die damit verringert wird. Dadurch werden die Teilchen im Mittel langsamer und das Gas kühlt ab. Für Gase mit abstoßender *WW* tritt Erwärmung auf.

---

128 Für ein ideales Gas gilt $PV = \nu RT \Rightarrow \left(\frac{\partial V}{\partial T}\right)_P = \frac{\nu R}{P} \Rightarrow \underbrace{\frac{1}{V}\left(\frac{\partial V}{\partial T}\right)_P}_{=\alpha} = \frac{\nu R}{PV} = \frac{1}{T} \Rightarrow T \cdot \alpha = 1$. Aus Gl. (II-1.305) folgt daher, dass bei einem idealen Gas bei der Drosselung *keine* Temperaturänderung auftritt.

129 Für Luft erhält man: $T_{\text{inv}} = 591\,°\text{C}$; unterhalb dieser Temperatur ist $\mu_{JT} > 0$.

Der Joule-Thomson-Effekt wird beim *Linde-Verfahren* zur Verflüssigung von Luft angewendet, das 1895 von Carl von Linde (Carl Paul Gottfried Linde, seit 1897 Ritter von Linde, 1842–1934) entwickelt wurde. Dabei wird die komprimierte Luft zunächst wieder auf *RT* abgekühlt und dann über ein Drosselventil entspannt. Die dadurch weiter abgekühlte Luft kann wieder zur Vorkühlung in einem Gegenstromverfahren verwendet werden. In mehreren Abkühlstufen wird die Luft unter den „Verflüssigungspunkt" von etwa 170 °C abgekühlt und verflüssigt.[130] Flüssige Luft hat bei Atmosphärendruck eine Temperatur von –194,25 °C = 78,9 K.

---

130 Siedepunkt N_2: –196 °C = 77,15 K, Siedepunkt O_2: –183 °C = 90,15 K, beides bei $P = 1$ atm.

2 Nichtlineare Dynamik und Chaos

Einleitung: Für physikalische Vorgänge, die durch lineare Gleichungen beschrieben werden können, kann die zukünftige Entwicklung des Systems beliebig genau vorhergesagt werden (strenger Determinismus). Für die Lösungen gilt das Superpositionsprinzip. Enthalten die Gleichungen jedoch einen nichtlinearen Term, so hängt das zeitliche Systemverhalten sehr empfindlich von den Systemparametern und den Anfangsbedingungen ab und das additive Superpositionsprinzip gilt nicht mehr. An seine Stelle tritt ein multiplikatives Skalenprinzip: Gleichartige Muster treten in verschiedensten Abmessungen auf. Die zeitliche Entwicklung von Systemen wird durch die Systembahn (Trajektorie) im Phasenraum beschrieben. Bei d-ynamischen Systemen ändern sich die Systemkomponenten fortwährend, für bestimmte Systemparameter kann deterministisches Chaos eintreten: Die Systementwicklung ist zwar vollständig bestimmbar, trotzdem verhält sich das System von Augenblick zu Augenblick sprunghaft, die Punkte der Trajektorie des Systems können weite Bereiche des Phasenraums in irregulärer Aufeinanderfolge ausfüllen.

Die logistische Abbildung Gl. (II-2.55) ist ein Beispiel für ein nichtlineares System, die zeitliche Entwicklung zeigt das Feigenbaum-Diagramm: Je nach dem Wert des Kontrollparameters kann das System stabil sein oder zwischen zwei (Bifurkation) oder mehreren Fixpunkten (Anzahl: 2^k) hin und her springen. Ist der Wert des Kontrollparameters gleich dem am Feigenbaum-Punkt ($k = \infty$) oder größer, hängt die Systementwicklung nicht mehr vom Kontrollparameter ab, sondern nur mehr der Anfangswert bestimmt, wo sich das System nach einer gewissen Laufzeit befindet: Das System ist deterministisch chaotisch. Dynamische Systeme sind mit fraktalen Dimensionen verknüpft. So weist die „kritischen Systembahn“ der logistischen Abbildung am Feigenbaum-Punkt die fraktale Dimension $d_F = 0{,}539$ auf.

Nichtlineare Systeme zeigen das Phänomen der Selbstorganisation, das ist die Ausbildung räumlicher Strukturen oder zeitlicher Perioden fern vom thermodynamischen Gleichgewicht, also die Entstehung von dissipativen Nichtgleichgewichtsstrukturen, erzeugt durch ein kohärentes Verhalten der Teilsysteme („Versklavung“).

2.1 Stabile und instabile Systeme

2.1.1 Strenger Determinismus

Die Newtonsche Mechanik beschreibt die Bewegung eines Massenpunktes (*MP*) oder eines Systems von Massenpunkten mit Hilfe von *Bewegungsgleichungen*

$$\vec{F} = \frac{d\vec{p}}{dt} = \dot{\vec{p}}\,, \tag{II-2.1}$$

https://doi.org/10.1515/9783110675696-002

das sind lineare Differentialgleichungen, wenn die $F_i(t)$ lineare Funktionen der Ortskoordinaten und der Zeit sind:[1]

$$\left\{ \begin{array}{l} F_x t \;\; \dfrac{dp_x}{dt} \\ F_y t \;\; \dfrac{dp_y}{dt} \\ F_z t \;\; \dfrac{dp_z}{dt} \end{array} \right\} \qquad \text{(II-2.2)}$$

Die wirkende Kraft $\vec{F}(x,y,z,t)$ kann jedem Raumpunkt zu jeder Zeit zugeordnet werden und bildet so ein *Vektorfeld*, das im Allgemeinen zeitabhängig ist. Für die zeitliche Änderung des Impulses gilt also

$$\vec{F} = \dot{\vec{p}} = \{\dot{p}_x, \dot{p}_y, \dot{p}_z\}. \qquad \text{(II-2.3)}$$

Die Integration dieser Bewegungsgleichungen liefert die Bahnkurve des Massenpunkts für alle Zeiten:

$$\vec{v}(t) = \frac{1}{m}\int \vec{F}dt + \vec{C}_1 \qquad \text{(II-2.4)}$$

$$\vec{r}(t) = \int \vec{v}(t)dt + \vec{C}_2 = \frac{1}{m}\int\left[\int \vec{F}dt\right]dt + \int \vec{C}_1 dt + \vec{C}_2. \qquad \text{(II-2.5)}$$

$\vec{C}_1$ und $\vec{C}_2$ sind durch die Anfangsbedingungen $\vec{v}(t = 0) = \vec{v}_0$, $\vec{r}(t = 0) = \vec{r}_0$ festgelegt.

i Sind die Anfangsbedingungen exakt gegeben, so *kann die zukünftige Bewegung des Massenpunktes beliebig genau vorhergesagt* werden, wenn die wirkende Kraft (Kräfte) bekannt ist (sind).

Die Linearität der Newtonschen Bewegungsgleichungen bedeutet also: Die „Zukunft" des Massenpunktes hängt nicht davon ab, welcher Bewegungsphase der Zeitnullpunkt zugeordnet wird, wann also die Integration der Bewegungsgleichungen beginnt! (natürlich unter Beachtung der jeweils geänderten Anfangsbedingungen). Kann keine analytische Lösung der Bewegungsgleichungen angegeben werden, wie z. B. beim Mehrkörperproblem des Planetensystems, so kann zumindest *beliebig genau* numerisch integriert werden. Die beliebig genaue Vorhersehbarkeit der zeitlichen Entwicklung eines mechanischen Systems macht es zu einem *streng deterministischen System.*

1 Wirkt z. B. die Lorentz-Kraft $\vec{F} = q(\vec{v} \times \vec{B})$, dann stellt Gl. (II-2.2) kein lineares System dar.

Weiters sind die Lösungen der Bewegungsgleichungen *stabil*, d. h., kleine Abweichungen von den Anfangsbedingungen (Störungen des linearen Systems) verursachen auch nur kleine Änderungen in der Entwicklung des Systems.

Beispiel 1: Planetenbewegung: Die Störung des Zentralkräftefeldes durch andere Planeten kann für kleine Zeitabschnitte durch *Störungsrechnungen* beliebig genau berücksichtigt werden. Die Vorhersehbarkeit zukünftiger Positionen wird dann nicht beeinflusst.[2]

Beispiel 2: Ein instabiles Problem: Eine Kugel fällt bei $x = a$ von $z = h$ auf eine ideale Kante.

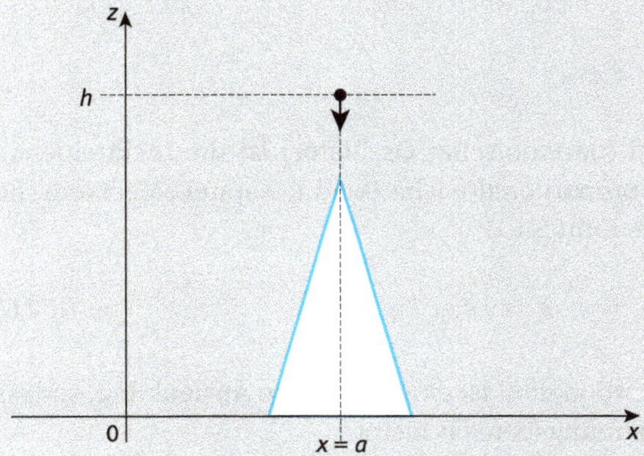

„Mathematisch" kann die Kugel auf der Kante liegen bleiben. In der Realität ist aber jedes System in Kontakt mit der komplexen und nicht völlig bestimmbaren Umgebung. Es erfolgt daher ein fortwährender geringfügiger Austausch (stofflicher Art, von Impuls und Energie) zwischen System und Umgebung. Da die Zustandsvariablen daher nicht unendlich genau festgelegt werden können, folgt eine *Unsicherheit in den Anfangsbedingungen.*

Wir betrachten den Ort der Kugel als Funktion der Zeit vor dem Fall, wobei wir eine kleine Unsicherheit (Störung) $\varepsilon(t)$ des Auftreffpunkts zulassen

$$x(t) = a + \varepsilon(t).$$

---

2 Bei genauerer Betrachtung stellt sich auch die Bewegung unseres Planetensystems infolge der Bahnstörungen als instabil heraus, allerdings auf einer sehr großen Zeitskala! Denn man beachte: Das durch Gl. (II-2.2) dargestellte System ist *nur* dann linear, wenn $\vec{F}(t)$ eine lineare Funktion der Koordinaten und der Zeit ist, was für das Newtonsche Gravitationsgesetz nicht zutrifft ($\vec{F} \propto \frac{1}{r^2} = \frac{1}{x^2 + y^2 + z^2}$)!.

Die Kugel trifft dann je nach Ausgangslage $x \quad a \quad \varepsilon z \quad h$ entweder bei $x = a + \varepsilon$ rechts von der Kante auf – Reflexion in $+x$-Richtung – oder bei $x = a - \varepsilon$ links von der Kante – Reflexion in $-x$-Richtung.

Der Ausgang des Versuchs „Fall der Kugel auf die Kante“ kann also nicht eindeutig vorausgesagt werden.[3]

Das zweite Beispiel zeigt:

i Bei instabilen Systemen hängt der Endzustand empfindlich von sehr kleinen Änderungen der Anfangsbedingungen ab.

2.1.2 Die anharmonische Schwingung

Beim harmonischen Federpendel (harmonischer Oszillator) ist die rücktreibende elastische Kraft der Auslenkung proportional (siehe Band I, Kapitel „Mechanische Schwingungen und Wellen“, Abschnitt 5.1.1)

$$\vec{F} = -k \cdot x \cdot \vec{e}_x . \tag{II-2.6}$$

Die Voraussetzung für diese Proportionalität ist eine nur kleine Auslenkung, sodass die Feder noch im elastischen Dehnungsbereich bleibt.

Mit zunehmender Schwingungsamplitude ist die Proportionalität der rücktreibenden „Bindungskräfte“ mit der Auslenkung nicht mehr erfüllt. Die Bindungskräfte können als Summe einer Reihe von Potenzen der Entfernung von der Ruhelage dargestellt werden. Meist genügt in guter Näherung die Hinzunahme einer weiteren Potenz zum linearen Glied.

Es werden zwei Arten von rücktreibenden Kräften in der Natur beobachtet:

- Alle Potenzen kommen in der Reihenentwicklung vor: Man nennt dieses Kraftgesetz unsymmetrisch, da es links und rechts von der Ruhelage verschieden große Kräfte ergibt und daher zu unsymmetrischen Schwingungen führt.
- Nur ungerade Potenzen kommen vor: Die daraus folgende Kraft ist auf beiden Seiten der Ruhelage bei hinreichend großem und negativem linearen Term zu dieser hingerichtet und dem Betrag nach gleich groß, also symmetrisch; man beobachtet eine symmetrische Schwingung.

3 Um auf die weiter folgende Darstellung hinzuweisen, sei angemerkt, dass die Kante ($x = a$, $z = h$) ein instabiler Fixpunkt des Systems ist. Die Geschwindigkeit der Kugel auf der Kante ist Null und die Kugel bleibt dort (theoretisch) liegen; aber jede noch so kleine Störung Δx führt zum Verlassen des Fixpunktes.

In der Natur treten symmetrische Schwingungen häufiger auf, wir nehmen daher zur Erzielung einer anharmonischen Schwingung in x-Richtung die Wirkung einer quasielastischen Kraft[4] $-kx$ mit einem zusätzlichen Glied $+\varepsilon \cdot x^3$ an mit $\varepsilon > 0$, was dem realistischen Fall entspricht, dass die Bindung mit wachsender Amplitude gelockert wird

$$F = -kx + \varepsilon x^3. \tag{II-2.7}$$

Die Integration führt auf elliptische Funktionen.

Wesentlich ist:

1. *Mit zunehmender Amplitude nimmt die Eigenfrequenz ab.* Das ist plausibel: Ersetzen wir die wirkliche Bindung durch eine mittlere, quasielastische, so wird $\bar{k} = \bar{k}(x)$ durch den zusätzlichen Term in der Bewegungsgleichung für $\varepsilon > 0$ mit wachsender Amplitude kleiner, wodurch auch $\omega_0 = \sqrt{\dfrac{\bar{k}}{m}}$ kleiner wird.
2. Bei der erzwungenen anharmonischen Schwingung tritt auch bei Fehlen der Dämpfung keine Resonanzkatastrophe ein. Bei der Resonanzfrequenz schwillt diese im Falle kleiner Schwingungsamplituden auch bei sehr kleinen Amplituden der äußeren Kraft an und führt so (vgl. Punkt 1) zu einer Verstimmung der „Eigenfrequenz" gegenüber der Anregungsfrequenz ω_0. Bei großen Amplituden liegt daher keine Resonanz mehr vor.

Näherungsverfahren für den stationären Zustand

Die Bewegungsgleichung des von außen periodisch angeregten, ungedämpften anharmonischen Oszillators lautet (vgl. dazu auch Band I, Kapitel „Mechanische Schwingungen und Wellen", Abschnitt 5.3.1)

$$m\ddot{x} + kx - \varepsilon x^3 = F_0 \cos \omega t \tag{II-2.8}$$

und führt auf die *DG*

$$\ddot{x} + \omega_0^2 x - \frac{\varepsilon}{m} x^3 = a_0 \cos \omega t \tag{II-2.9}$$

mit

$$\omega_0^2 = \frac{k}{m}, \; a_0 = \frac{F_0}{m}.$$

4 Eine Kraft der Form $F = -kx$ nennt man in Analogie zu einer elastischen Kraft (Hookesches Gesetz, siehe Band I, Kapitel „Mechanik deformierbarer Körper", Abschnitt 4.2.1) „quasielastisch".

Die stationäre Lösung ist sicher eine periodische Funktion der Zeit mit der Anregungsfrequenz ω als Grundfrequenz, die als Fourierreihe von ωt darstellbar ist. Wir setzen als erste Näherung für die Grundschwingung

$$x_1 = A\cos\omega t \tag{II-2.10}$$

und erhalten

$$\dot{x}_1 = -A\omega\sin\omega t, \qquad \ddot{x}_1 = -A\omega^2\cos\omega t. \tag{II-2.11}$$

Eingesetzt in die Schwingungsgleichung ergibt sich

$$-A\omega^2\cos\omega t + A\omega_0^2\cos\omega t - A^3\frac{\varepsilon}{m}\cos^3\omega t = a_0\cos\omega t \tag{II-2.12}$$

und mit $\cos^3\alpha = \frac{1}{4}\cos 3\alpha + \frac{3}{4}\cos\alpha$

$$\left(-A\omega^2 + A\omega_0^2 - \frac{3}{4}A^3\frac{\varepsilon}{m}\right)\cos\omega t - \frac{1}{4}A^3\frac{\varepsilon}{m}\cos 3\omega t = a_0\cos\omega t. \tag{II-2.13}$$

Eine erste Näherung erhalten wir unter der Annahme, dass der Term mit $\cos 3\omega t$ vernachlässigt werden kann. Seine Berücksichtigung liefert dann höhere Näherungen, die iterativ berechnet werden können. Damit erhalten wir zunächst eine kubische Gleichung für die Schwingungsamplitude A

$$\frac{3}{4}\frac{\varepsilon}{m}A^3 + \left(\omega^2 - \omega_0^2\right)A + a_a = 0 \tag{II-2.14}$$

mit ω_0 als Eigenfrequenz für unendlich kleine Amplitude. Dies ist eine Gleichung 3. Grades in A; sie besitzt daher entweder eine oder drei reelle Lösungen. Diese Werte können graphisch als Abszissenwert A des Schnittpunkts einer kubischen Parabel mit einer Geraden ermittelt werden (Abb. II-2.1). Um dies zu sehen multiplizieren wir mit $\frac{1}{\omega_0^2}$ und erhalten

$$\underbrace{\frac{3}{4}\frac{\varepsilon}{m}\frac{A^3}{\omega_0^2}}_{\substack{\text{kubische Parabel: } y=\frac{3}{4}\frac{\varepsilon}{m}\frac{A^3}{\omega_0^2} \\ \text{hängt nicht von der Erregerfrequenz ab}}} - \underbrace{\left(1-\frac{\omega^2}{\omega_0^2}\right)A + \frac{a_0}{\omega_0^2}}_{\substack{\text{Gerade: } y=\left(1-\frac{\omega^2}{\omega_0^2}\right)A-\frac{a_0}{\omega_0^2} \\ \text{die Steigung hängt von der Erregerfrequenz ab}}} = 0. \tag{II-2.15}$$

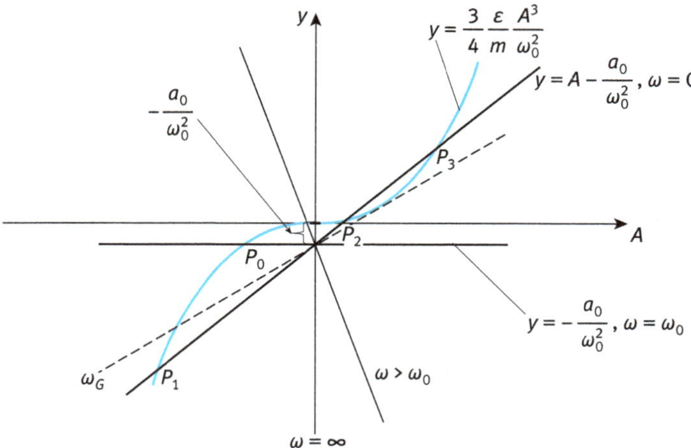

Abb. II-2.1: Lösungen für die Schwingungsamplitude A als Schnittpunkte der kubischen Parabel $y = \frac{3}{4}\frac{\varepsilon}{m}\frac{A^3}{\omega_0^2}$ mit der Geraden $y = \left(1 - \frac{\omega^2}{\omega_0^2}\right)A - \frac{a_0}{\omega_0^2}$, deren Steigung eine Funktion von ω ist.

Für $\omega = 0$ ist die Steigung der Geraden 1 (maximal möglicher Wert), es ergeben sich die 3 eingezeichneten Schnittpunkte P_1, P_2, P_3. Für $\omega = \omega_0$ ist die Steigung der Geraden Null. Es ergibt sich die horizontale Gerade $y = -\frac{a_0}{\omega_0^2}$ mit dem Schnittpunkt P_0.

Für $\omega > \omega_0$ ist die Steigung der Geraden $\left(1 - \frac{\omega^2}{\omega_0^2}\right) < 0$ und es gibt nur einen Schnittpunkt mit der Parabel zwischen P_1 und P_3. Für $\omega \to \infty$ fällt die Gerade mit der y-Achse zusammen, ihre Steigung ist $-\infty$. Für $\omega = \omega_0$ ergibt sich die horizontale Gerade $y = \left(-\frac{a_0}{\omega_0^2}\right)$ mit nur einem Schnittpunkt P_0. Zwischen $\omega = 0$ und der Frequenz $\omega = \omega_G$, bei der die zugehörige Gerade die Parabel gerade berührt, liegen drei Schnittpunkte vor, sodass sich in diesem Frequenzbereich drei verschiedene Amplituden ergeben.

Die Resonanzkurve der ungedämpften, anharmonischen Schwingung erhält man,[5] wenn man in einem $A^2(\omega)$-Diagramm[6] die Schnittpunkte der festen Parabel mit den zu verschiedenen ω-Werten gehörenden Geraden[7] einträgt und mit glatten Kurven verbindet. Die folgende Abb. II-2.2 zeigt die Resonanzkurven für einen un-

5 Bei Vernachlässigung des $\cos 3\omega t$-Terms.

6 $A^2(\omega)$ wird verwendet, um keine negativen Ordinatenwerte zu erhalten.

7 Die Geraden werden dabei, wie aus der Zeichnung ersichtlich, um den Punkt $\left(0, -a_0/\omega_0^2\right)$ von $\omega = 0$ bis $\omega = \infty$ im Uhrzeigersinn gedreht.

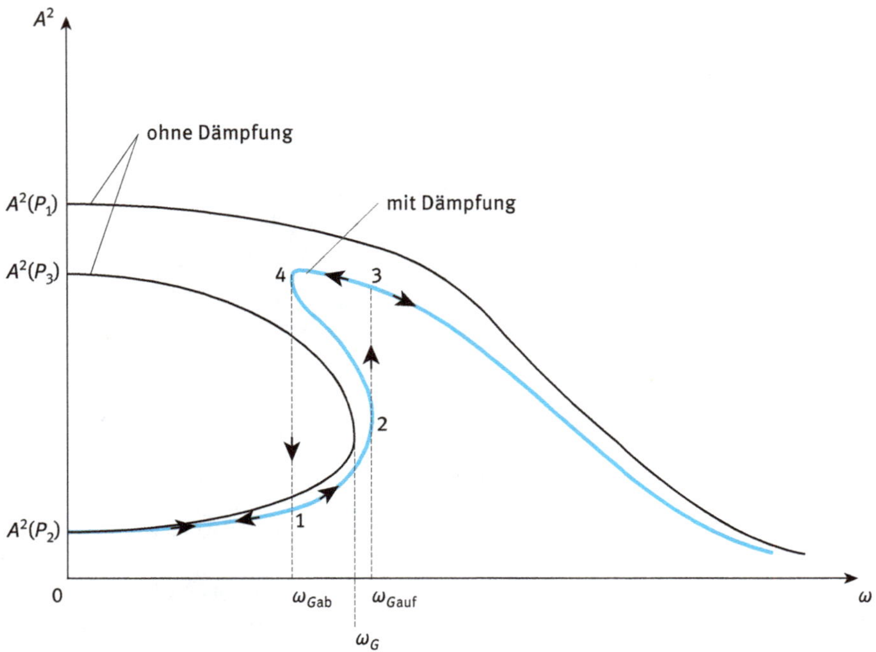

Abb. II-2.2: Schematischer Verlauf der Resonanzkurve für einen ungedämpften (schwarz) und einen gedämpften anharmonischen Oszillator (blau): Quadrat der Schwingungsamplitude A^2 als Funktion der Anregungsfrequenz ω. Bei den „Grenzfrequenzen" ω_{Gauf} und ω_{Gab} wird das System instabil und kann zwischen zwei Werten der Schwingungsamplitude springen (*Kipperscheinung*).

gedämpften (schwarz) und einen gedämpften (blau) anharmonischen Oszillator, dessen rücktreibende Kraft mit wachsender Auslenkung abnimmt.

Wird die Erregerfrequenz ω für den gedämpften Schwinger von Null beginnend erhöht, dann springt bei Erreichen von ω_{Gauf} (Punkt 2) die Amplitude unstetig zum Punkt 3 und nimmt anschließend stetig ab. Nimmt ω umgekehrt von großen Werten ab, so springt die Amplitude beim Erreichen von ω_{Gab} (Punkt 4) unstetig zum Punkt 1 und nimmt anschließend stetig weiter ab. Das Kurvenstück zwischen den Punkten 2 und 4 kann nicht erreicht werden, es ist *instabil*. Das Stück zwischen den Punkten 1 und 2 wird nur bei Frequenzerhöhung, das Stück zwischen 3 und 4 nur bei Frequenzerniedrigung durchlaufen – es sind halbstabile Bereiche. Wie im Falle der magnetischen Hysterese (siehe Band III, Kapitel „Statische Magnetfelder", Abschnitt 3.4.5) ist der Zustand des Systems zwischen ω_{Gauf} und ω_{Gab} nicht eindeutig bestimmt, sondern hängt von der „Vorgeschichte" ab.

Die Schwingung wird noch komplizierter, wenn die anregende Kraft unsymmetrisch ist, also etwa

$$F = F_0 + F_1 \cos \omega t \,. \tag{II-2.16}$$

2.1.3 Der parametrische Oszillator

Wir erinnern uns nochmals an den einfachen harmonischen Oszillator mit der Schwingungsgleichung (Band I, Kapitel „Mechanische Schwingungen und Wellen“, Abschnitt 5.1.1)

$$\ddot{x} + \omega_0^2 x = 0\,, \tag{II-2.17}$$

wobei gilt $\omega_0^2 = \dfrac{k}{m}$, $\vec{F} = -k \cdot x\vec{e}_x$ mit der Eigenfrequenz ω_0 und der Federkonstant k. Wesentlich ist: Wenn ω_0 zeitlich konstant ist, ist die Differentialgleichung linear und liefert eindeutige Lösungen. Die zeitliche Entwicklung des Systems ist eindeutig vorhersagbar.

Wenn die Eigenfrequenz ω_0 des Oszillators *nicht* zeitlich konstant ist, ist die entsprechende *DG nichtlinear*

$$\ddot{x} + \omega_0'^2(t) \cdot x = 0 \tag{II-2.18}$$

und es ändern sich seine Schwingungsparameter Frequenz und Phase im Laufe der Zeit, man nennt ihn deshalb *Parametrischer Oszillator*:

Für das ungedämpfte Fadenpendel haben wir früher gesehen (siehe Band I, Kapitel „Mechanik des Massenpunktes“, Anhang 1.3.1, Gln. (I-2.105 und (I-2.106)), dass sich die Schwingungsgleichung für kleine Auslenkungen zu

$$\ddot{\varphi} + \frac{g}{l}\,\varphi = 0 \tag{II-2.19}$$

vereinfacht. Lässt man allerdings auch große Schwingungsamplituden bis zum Überschlag des Pendels zu, so kann in der Schwingungsgleichung

$$\ddot{\varphi} + \frac{g}{l}\,\sin\varphi = 0 \tag{II-2.20}$$ [8]

$\sin\varphi$ nicht mehr durch φ ersetzt werden. Die Lösung führt auf ein elliptisches Integral und die Bewegung des Pendels hängt sehr empfindlich von den Anfangsbedingungen ab,[9] sodass bei einer Unsicherheit derselben die Bewegung unter Umständen für längere Zeiträume nicht mehr vorausgesagt werden kann.

---

8 Dass diese Bewegungsgleichung im Fall großer Ausschläge nicht mehr linear ist, sieht man auch, wenn man $\sin\varphi$ entwickelt: $\sin\varphi = \varphi - \dfrac{\varphi^3}{3!} + \dfrac{\varphi^5}{5!} - \dfrac{\varphi^7}{7!} + \ldots$.

9 Ob nämlich die Anfangsgeschwindigkeit v_0 für einen Pendelüberschlag ausreicht oder nicht. Vergleiche die analoge Situation beim Fall einer Kugel auf eine Schneide, Abschnitt 2.1.1, Beispiel ‚Instabiles Problem‘. Im höchsten Punkt könnte das Pendel (theoretisch) zur Ruhe kommen ($\dot{x} = 0$)

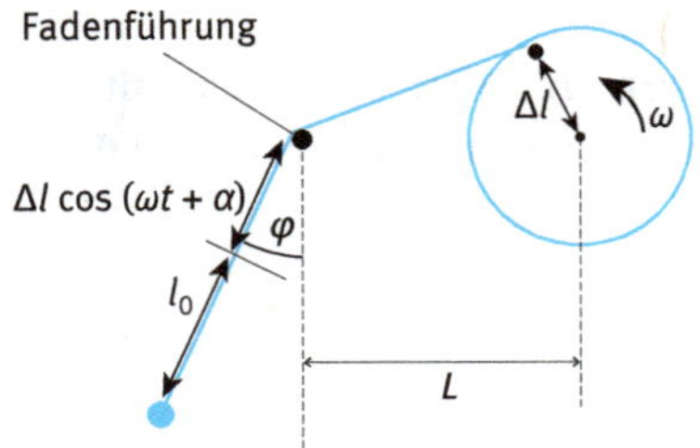

Abb. II-2.3: Periodische Variation der Fadenlänge durch einen rotierenden Exzenter.

Betrachten wir aber jetzt ein ebenes Fadenpendel mit sich periodisch ändernder Fadenlänge

$$l = l_0 - \Delta l \cos(\omega t + \alpha) . \tag{II-2.21}$$

Die periodische Variation der Fadenlänge kann z. B. durch einen rotierenden Exzenter realisiert werden (Abb. II-2.3).

Durch die Verkürzung und Verlängerung des Fadens erhöht und erniedrigt sich die potentielle Energie, die Energie des Systems wird periodisch verändert. Das ist ganz analog zum Aufschaukeln einer Schaukel durch rechtzeitige Streckung und Beugung der Knie, wobei der Abstand des Schwerpunkts vom Drehpunkt im richtigen Takt mit der zeitlich veränderlichen Schwingungsdauer rhythmisch verändert wird.[10]

Als Schwingungsgleichung für dieses ebene, als ideal ungedämpft angenommene Pendel gilt

$$mg \sin\varphi = -ml\ddot{\varphi} \Rightarrow l\ddot{\varphi} + g\sin\varphi = 0 . \tag{II-2.22}$$

Dabei wird aber jetzt die Fadenlänge um Δl harmonisch verändert (Annahme: $L \gg \Delta l$), also

$$(l_0 - \Delta l \cos(\omega t + \alpha))\,\ddot{\varphi} + g \sin\varphi = 0 \tag{II-2.23}$$

und die Schwingungsgleichung wird damit

$$\ddot{\varphi} + \frac{g}{l_0 - \Delta l \cos(\omega t + \alpha)} \sin\varphi = 0 . \tag{II-2.24}$$

---

und stehen bleiben. Dieser Punkt ist ein instabiler Fixpunkt. Rein mathematisch ergeben sich keine Unsicherheiten, diese treten erst auf, wenn die Anfangsgeschwindigkeit experimentell zu bestimmen ist und daher eine gewisse Unsicherheit aufweist.

10 Allerdings erfolgt bei unserem parametrischen Pendel die Änderung der Fadenlänge ohne Rücksichtnahme auf den Schwingungszustand.

Für die veränderliche Eigenfrequenz dieses Oszillators gilt also

$$\omega_0'^2(t) = \frac{g}{l_0 - \Delta l \cos(\omega t + \alpha)} \approx \frac{g}{l_0}\left(1 + \frac{\Delta l}{l_0}\cos(\omega t + \alpha)\right) \qquad \text{(II-2.25)}$$

für

$$\frac{\Delta l}{l_0} \ll 1 .$$

Nimmt man im realistischeren Fall noch einen Reibungsterm $\gamma\dot{\varphi}$ hinzu, beschränkt sich aber auf kleine Auslenkungen ($\sin\varphi \cong \varphi$), so erhält man als Bewegungsgleichung die Mathieusche Differentialgleichung[11] $\left(\omega_0^2 = \frac{g}{l_0}\right)$

$$\ddot{\varphi} + \gamma\dot{\varphi} + \omega_0^2\left(1 + \frac{\Delta l}{l_0}\cos(\omega t + \alpha)\right)\varphi = 0 . \qquad \text{(II-2.26)}$$

Diese gewöhnliche, nichtlineare *DG* ist nur durch einen Potenzreihenansatz numerisch lösbar und hat sowohl stabile als auch instabile Lösungen.[12] Ob sich eine stabile oder eine instabile Lösung ergibt, hängt von den drei *Kontrollparametern*[13] Δl, ω und α und empfindlich von der Anfangssituation $\varphi(t = 0)$ und $\dot{\varphi}(t = 0)$ ab. Auch hier kann bei den instabilen Lösungen die Pendelbewegung wegen der nicht exakt festlegbaren Anfangsbedingungen für längere Zeiträume nicht vorausgesagt werden.

Für $\omega = 2\omega_0$ ergibt Gl. (II-2.26) mit der Zeit exponentiell anwachsende Lösungen für φ. Diese Erscheinung wird in der Höchstfrequenztechnik bei den sehr rauscharmen *parametrischen Verstärkern* (*Low Noise Amplifier*) ausgenützt. Die Verstärkung wird durch einen nichtlinearen Parameter bewirkt (z. B. die spannungsabhängige Kapazität einer Varaktordiode (Kapazitätsdiode)). Die Energie zur Signalverstärkung wird durch die eingespeiste Pumpfrequenz $2\omega_0$ geliefert.

2.1.4 Deterministisches Chaos

Enthält also die Bewegungsgleichung für ein physikalisches System einen nichtlinearen Term, so können Zustände auftreten, bei denen die weitere Systement-

---

11 Nach dem französischen Mathematiker Émile Léonard Mathieu (1835–1890).

12 Bei stabilen Lösungen führen kleine Veränderungen der Anfangsbedingungen nur zu kleinen Änderungen der numerischen Werte, während instabile Lösungen für leicht veränderte Anfangsbedingungen zu völlig unterschiedlichen numerischen Werten führen.

13 Zum Begriff des *Kontrollparameters* siehe Abschnitt 2.2.4.1.

wicklung sehr empfindlich von den Systemparametern und den Anfangsbedingungen abhängt; dann ist der Zustand des Systems für den Fall nicht exakt festzulegender Anfangsbedingungen nicht mehr für beliebig lange Zeiten voraussagbar.

Betrachten wir Atome oder Moleküle im Gas oder Photonen in inkohärentem Licht („weißes" Licht einer üblichen Beleuchtung), dann sind die Geschwindigkeit und der Ort der Gasmoleküle bzw. die Phasenbeziehungen zwischen den Lichtwellen völlig unkorreliert und es herrscht *mikroskopisches Chaos*, das System ist *mikroskopisch chaotisch*. Das heißt, wir kennen nicht die Orts- und Impulskoordinaten eines jeden Teilchens. Das heißt aber nicht, dass nicht bindende Aussagen[14] über das System als Ganzes gemacht werden können!

In Systemen mit nichtlinearer Dynamik, also mit nichtlinearen Kraftgesetzen, können unregelmäßige Änderungen auftreten, die rein zufällig zu sein scheinen, obwohl ihnen eine ganz bestimmte deterministische Dynamik zugrunde liegt. Man bezeichnet das als *deterministisches Chaos* (= *makroskopisches Chaos*).[15] Ein Beispiel dafür ist das obige Überschlagspendel (Abschnitt 2.1.3).

Eine fundamental wichtige Eigenschaft nichtlinearer Systeme ist:

i Bei nichtlinearen Gleichungen gilt das Superpositionsprinzip nicht![16]

Wir werden in diesem Kapitel sehen, dass Nichtlinearität folgende Systemeigenschaften bewirkt:

1. Für bestimmte Systemparameter kommt es zum *deterministischen Chaos*: Die zeitliche Entwicklung des Systems bleibt zwar innerhalb gewisser Schranken, das System verhält sich aber irregulär. Die Details hängen empfindlich von den Anfangsbedingungen ab.
2. Das *Skalenprinzip* (gleichartige Muster treten in verschiedensten Abmessungen auf) tritt an die Stelle des Superpositionsprinzips.
3. Es kommt zu Ordnung und Struktur in offenen, dissipativen Systemen *fern vom Gleichgewicht* (Synergetik). Beispiele dafür sind stabile Strömungs- und Konvektionswirbel (z. B. die Bénard-Instabilität, siehe Abschnitt 2.4.1), der Laser (siehe Band V, Kapitel „Quantenoptik", Abschnitt 1.7.4.7), aber auch die Kerzenflamme, deren Flamme von der Art des Dochtes und der Dicke der Kerze in gewissen Grenzen unabhängig ist (siehe Abschnitt 2.4.2).

---

14 Wahrscheinlichkeitsaussagen mit Wahrscheinlichkeiten ≈ 1.

15 Nichtlinearitäten sind eine Voraussetzung für das Auftreten des deterministischen Chaos, aber nicht jede Nichtlinearität führt zum Chaos (siehe physikalisches Pendel, Band I, Kapitel „Mechanik des Massenpunktes", Anhang 1.3.2).

16 Das *Superpositionsprinzip* besagt: sind $f(x)$ und $g(x)$ Lösungen (mögliche Zustände) des Systems, dann gilt dies auch für $c_1 f(x) + c_2 g(x)$ mit c_1 und c_2 als Konstante (siehe Band I, Kapitel „Schwingungen und Wellen", Abschnitt 5.1.2).

2.2 Charakterisierung dynamischer Systeme

2.2.1 Fixpunkte, Trajektorien, Grenzzyklen

Die Größe x sei die bestimmende Komponente eines Systems (Ortskoordinate, Geschwindigkeit, elektrische Feldstärke, etc.). Sie ändere sich im Laufe der Zeit wie $x(t)$. Diese Änderungen sind dann i. Allg. eine kontinuierliche implizite Funktion der Zeit,[17] also

$$\frac{dx}{dt} = f(x(t)) . \tag{II-2.27}$$

Zur numerischen Bestimmung der Entwicklung der Systemkomponente $x(t)$ gehen wir auf den Differenzenquotienten zurück

$$\frac{\Delta x}{\Delta t} = \frac{x(t - \Delta t) - x(t)}{\Delta t} = f(x(t)) . \tag{II-2.28}$$

Nehmen wir Δt zwar endlich, aber genügend klein an, so können wir die Entwicklung des Systems (*Systembahn*, Abb. II-2.4) wie folgt berechnen

$$x(t + \Delta t) = x(t) + \Delta t \cdot f(x(t)) . \tag{II-2.29}$$

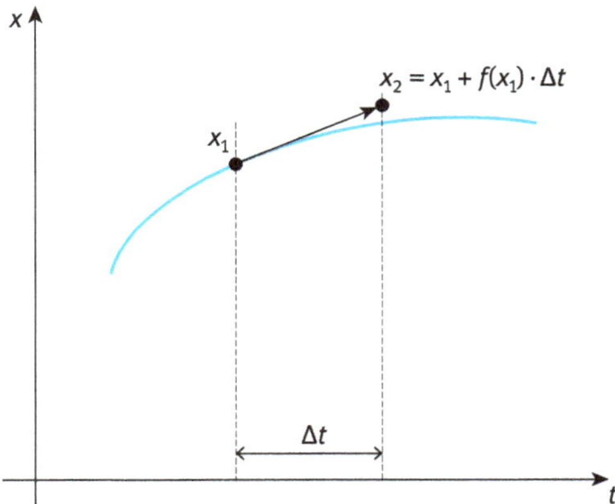

Abb. II-2.4: „Systembahn", zeitliche Entwicklung eines Systems.

17 Das heißt, $\frac{dx}{dt}$ hängt über die Zeitabhängigkeit von $x(t)$ von der Zeit ab.

Wird zur Zeit $t = t_f$ eine Größe x_f erreicht, für die $f(x_F) = 0$ ist, so ist ein *Fixpunkt* x_f erreicht und es gilt

$$\frac{dx}{dt} = \dot{x} = 0 \qquad \textit{Fixpunkt} \quad (\text{für } t \geq t_f). \tag{II-2.30}$$

i Von einem Fixpunkt aus ändert sich das System im Laufe der Zeit nicht mehr.

Fixpunkte können stabil sein (*Senke*, *Attraktor*: bei einer kleinen Störung ε kehrt das System in die Senke zurück) oder instabil (*Quelle*, *Repulsor*); instabile Fixpunkte werden praktisch nicht erreicht (bei einer kleinen Störung ε verlässt das System den Fixpunkt, die Quelle).

Betrachten wir jetzt das Verhalten eines Systems, das von 2 Komponenten $x(t)$ und $y(t)$ bestimmt wird, die beide von der Zeit abhängen:

$$\frac{dx}{dt} = f(x,y,t), \; \frac{dy}{dt} = g(x,y,t)\,. \tag{II-2.31}$$

Die Lösungen der beiden gekoppelten *DG*'s sind $x = x(t)$ und $y = y(t)$; durch Elimination des Parameters t erhält man die Trajektorie (Bahn bzw. Phasenbahn) des Systems im „Phasenraum“ (Abb. II-2.5)

$$y = y(x).$$

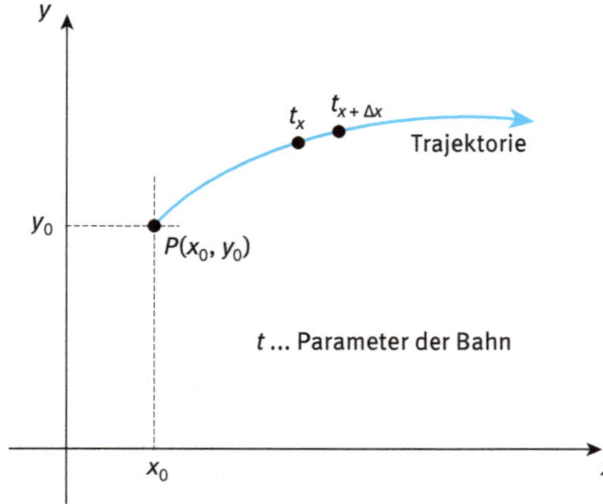

Abb. II-2.5: Trajektorie (Teilchenbahn im Phasenraum): zeitliche Entwicklung des Systempunktes $P(x_0,y_0)$, die den Anfangsbedingungen (x_0,y_0) genügt.

Die zeitliche Entwicklung des Phasenpunktes (x,y), die den Anfangsbedingungen (x_0,y_0) genügt, nennen wir *Trajektorie*.

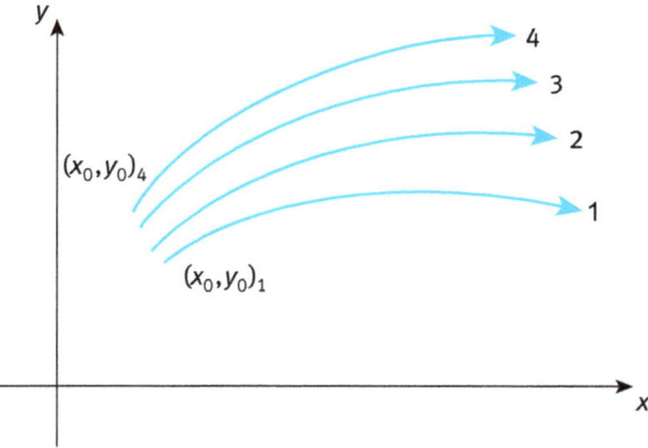

Abb. II-2.6: Trajektorienschar (Fluss).

Unter *Trajektorienschar* (= Fluss, Abb. II-2.6) verstehen wir eine ganze Schar von Trajektorien für unterschiedliche Anfangsbedingungen (x_0,y_0).
Für Fixpunkte muss gelten

$$\frac{dx}{dt} = 0 \quad \text{und} \quad \frac{dy}{dt} = 0. \tag{II-2.32}$$

Auf Fixpunkten können Trajektorien enden (Senke) oder aus ihnen entspringen (Quelle). Laufen die Trajektorien direkt, das heißt, ohne ihn zu umlaufen, in den Fixpunkt (oder entspringen dort), spricht man von einem *Knoten* (Abb. II-2.7).

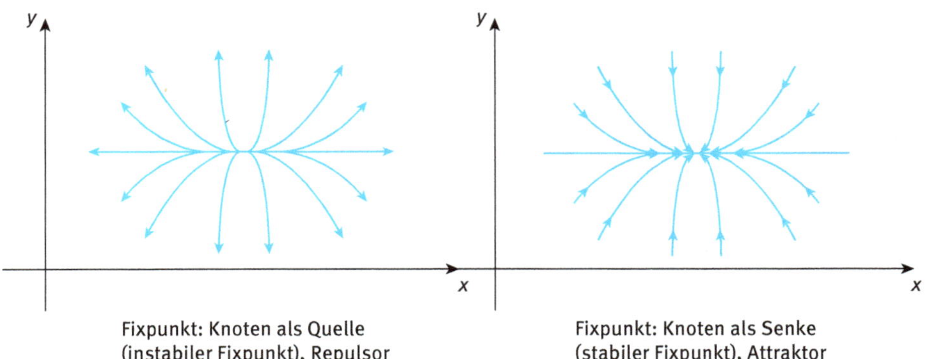

Fixpunkt: Knoten als Quelle (instabiler Fixpunkt), Repulsor

Fixpunkt: Knoten als Senke (stabiler Fixpunkt), Attraktor

Abb. II-2.7: Fixpunkte: Knoten.

Andere Formen von Fixpunkten sind der *Fokus* (Abb. II-2.8) und der *Sattelpunkt* (Abb. II-2.9).[18]

18 Die Mitte zwischen zwei positiven (negativen) Ladungen Q_1 und Q_2 stellt einen Sattelpunkt des elektrischen Potenzials dar. Ein positiv (negativ) geladener *MP* bleibt bei überkritischer Dämpfung

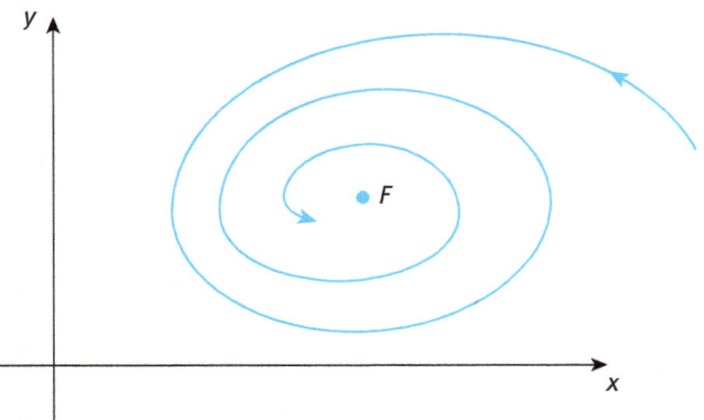

Abb. II-2.8: Fixpunkt: Fokus F als Grenzpunkt (die Trajektorie erreicht den Fixpunkt F erst für $t \to \infty$).

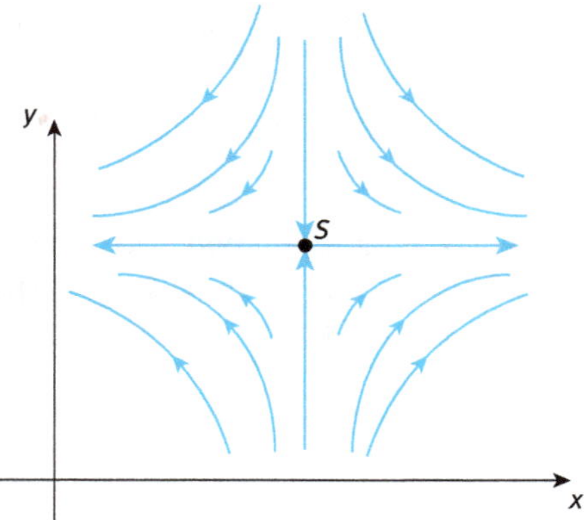

Abb. II-2.9: Fixpunkt: Sattelpunkt S. S wirkt (z. B. im elektrischen Feld oder im Gravitationsfeld) in der y-Richtung als Senke (Attraktor mit $\left.\frac{\partial^2 E_{\text{pot}}}{\partial x^2}\right|_S < 0$), in der x-Richtung als Quelle (Repulsor mit $\left.\frac{\partial^2 E_{\text{pot}}}{\partial x^2}\right|_S > 0$, E_{pot} potenzielle Energie des Systems).

Bei einem *Grenzzyklus* (= *periodischer Attraktor*, Abb. II-2.10) laufen benachbarte Trajektorien von innen und/oder außen auf eine ausgezeichnete Trajektorie zu, auf der das System eine periodische Bewegung ausführt: Die Projektion eines Grenzzyklus auf eine Achse zeigt eine eindimensionale periodische Bewegung.

---

bei Bewegung auf der Achse $\overline{Q_1Q_2}$ im Punkt S liegen. Bei schwacher Dämpfung schwingt er um S, kommt aber schließlich auch in S zu liegen. Senkrecht zu $\overline{Q_1Q_2}$ entfernt sich der *MP* nach einer der beiden Seiten ins Unendliche.

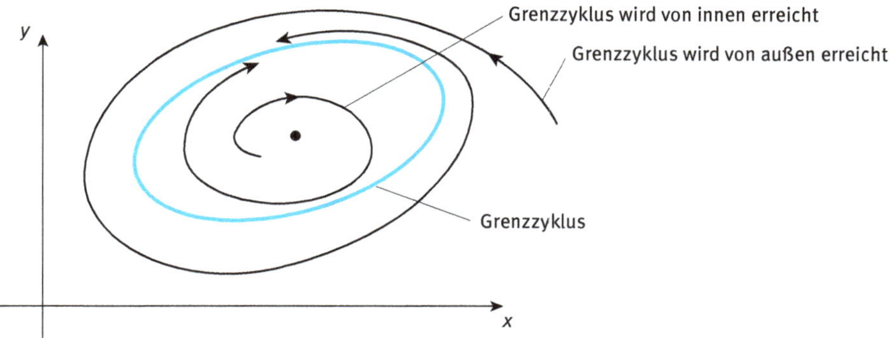

Abb. II-2.10: Periodischer Attraktor: Grenzzyklus.

Wesentlich: Die periodische Bewegung ist nicht die Folge einer periodisch von außen wirkenden Kraft, sondern das *System geht von selbst* (also auf Grund seiner physikalischen Struktur, zu der auch die wirkenden Kräfte gehören) *in einen periodischen Zustand über.*[19] Man spricht deshalb von einem Phänomen der *Selbstorganisation.*

Das Trajektorienbild eines Systems kann aus mehreren Knoten, Fokussen, Sattelpunkten und Grenzzyklen zusammengesetzt sein.

Geht man zu 3 Systemkomponenten über (3-Dimensionen), so ergibt sich:

1. Es ist zusätzlich eine 3-dimensionale, quasiperiodische Bewegung möglich. Dabei verläuft der Grenzzyklus der Trajektorie im Raum als Spirale auf einem Torus.
2. Es kann zu deterministischem Chaos kommen.

2.2.2 Phasenraum, Trajektorien im Phasenraum, Attraktoren

Zusammenstellung der wichtigsten Begriffe

Phasenraum: Der *Phasenraum* (= Zustandsraum) wird von den Komponenten des dynamischen Systems (Ortskoordinaten, Geschwindigkeit, elektrische Feldstärke, etc.) aufgespannt. Der augenblickliche Zustand des Systems wird daher durch einen Punkt im Phasenraum dargestellt. Siehe dazu auch Band VI, Kapitel „Statistische Physik“, Abschnitt 1.2.1.

Beispiel:

1. Der Phasenraum eines klassischen mechanischen Systems wird durch die Orts- und Geschwindigkeitskoordinaten (bzw. Impulskoordinaten) der Teilchen aufgespannt; sie sind die Komponenten des klassischen Phasenraums.

---

19 Der von der Erde eingefangene Mond hat mittlerweile eine periodische Bewegung mit der Mondumlaufbahn als periodischem Attraktor angenommen.

Dieser *μ-Raum* hat daher für ein Teilchen 6 Dimensionen, für N-Teilchen $6N$-Dimensionen. Werden die verallgemeinerten Koordinaten und Impulse verwendet, nennt man den Phasenraum *Γ-Raum* (siehe Band VI, Kapitel „Statistische Physik", Abschnitt 1.2.1).

2. Für ein thermodynamisches System spannen die Zustandsvariablen, z. B. der Druck P und die Temperatur T den Phasenraum auf und stellen somit seine Komponenten dar.

System: Das System wird durch die Systemkomponenten $x_i(t)$ beschrieben; diese sind die Koordinaten des Phasenraumes.

Augenblicklicher Systemzustand: Der Systemzustand zu einem bestimmten Zeitpunkt (Augenblick) t ist durch einen Punkt im Phasenraum mit den Koordinaten $\left\{x_i(t)\right\}$ bestimmt.

Zustandsvektor: Der Zustandsvektor $\vec{X}(t) = \left\{x_i(t)\right\}$ beschreibt den Systemzustand und seine Veränderungen im Phasenraum; $\dot{\vec{X}}(t) = \left\{\dot{x}_i(t)\right\}$ ist die Geschwindigkeit des Systempunktes im Phasenraum.

Stationäre Systeme: Für stationäre Systeme gilt $\dot{\vec{X}}(t) = 0$; sie haben den Gleichgewichtszustand nach endlicher oder unendlich langer Zeit erreicht und bleiben zeitlich konstant.

Beispiel: Ein im Schwerefeld (Erdbeschleunigung $\left|-\vec{g}_z\right| = g$) zum Zeitpunkt $t = 0$ aus der Höhe $x = h$ fallender Stein erreicht bei $t = t_a$ den Boden ($x = 0$) und bleibt liegen (*„freier Fall"*). Wir beschreiben das System durch die zwei Komponenten x und $|\dot{x}|$, der Zustandsvektor besitzt daher die Form $\vec{X}(t) = \left\{x(t), |\dot{x}(t)|\right\}$:

$t < 0$: $x(t) = h = \text{const.}, \; |\dot{x}(t)| = 0 \Rightarrow \vec{X}(t) = \{h,0\}, \; \dot{\vec{X}}(t) = \{0,0\}$

$0 \le t \le t_a$ (parabolischer Teil der Phasenbahn):

$$x(t) = h - \frac{1}{2}gt^2 = h - \frac{\dot{x}^2}{2g}, \; |\dot{x}(t)| = gt \Rightarrow \vec{X}(t) = \left\{h - \frac{g}{2}t^2, gt\right\}, \; \dot{\vec{X}} = \{gt, g\}$$

Für die gesamte Fallzeit t_a gilt dabei $t_a = \sqrt{\dfrac{2h}{g}}$,

die Endgeschwindigkeit beim Aufschlag ist $|\dot{x}(t_a)| = gt_a = \sqrt{2gh}$

$t > t_a$ (horizontaler Teil der Phasenbahn):

$x(t) = 0, \; \dot{x}(t) = 0 \Rightarrow \vec{X}(t) = \{0,0\}, \; \dot{\vec{X}} = \{0,0\}$

Die Aufschlagsenergie und damit die Aufschlagsgeschwindigkeit $|\dot{x}(t_a)| = \sqrt{2gh}$ wird am Boden als mechanische Energie „vernichtet" (in

Wärme umgewandelt) und der Phasenpunkt „springt" in den Ursprung O zurück.

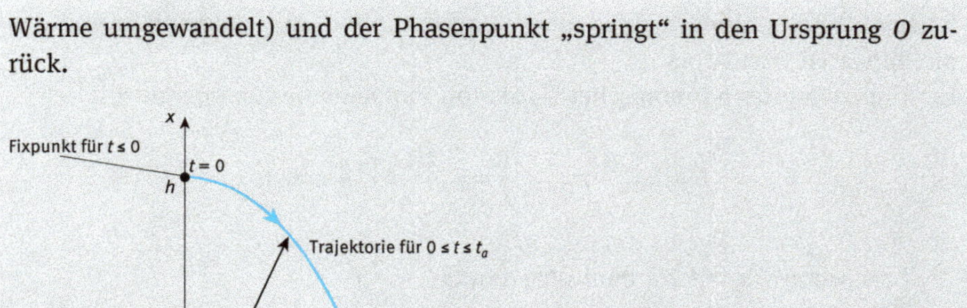

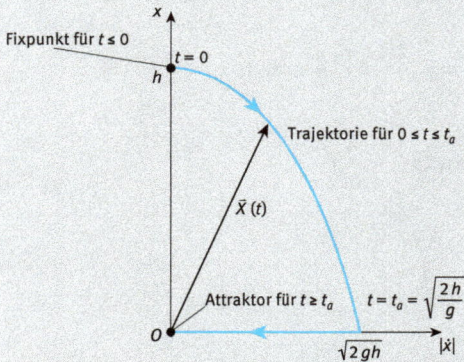

Trajektorie eines fallenden *MP*, z. B. eines Steins.

Dynamische Systeme: In dynamischen Systemen ändern sich die Systemkomponenten fortwährend mit der Zeit: $\vec{X} = \vec{X}(t)$

Ausgangszustand: $\vec{X}(t = 0) = \vec{X}_0$

Trajektorie: Die Bahn des Systempunkts $\vec{X}(t)$ im Phasenraum beschreibt die zeitliche Entwicklung des Systems.

Phasenportrait: Das *Phasenportrait* zeigt die Gesamtheit aller Trajektorien für alle möglichen Ausgangszustände (siehe Beispiel 3 der nachfolgenden Beispiele).

Fixpunkt (= singuläre, stationäre Punkte): Es gilt $\dot{\vec{X}} = 0$. Dynamische Systeme nähern sich stabilen Fixpunkten und Grenzzyklen asymptotisch an.

An Fixpunkten (Knoten, Fokussen, Sattelpunkten) sowie an Grenzzyklen können mehrere Trajektorien (z. B. auf Toren) asymptotisch zusammenlaufen.

Attraktor: Stabile Fixpunkte und Grenzzyklen sind *Attraktoren*, sie werden von allen in ihrer Umgebung verlaufenden Trajektorien asymptotisch erreicht.

Die Zustandsänderungen sind bei einem Attraktor im Phasenraum besonders einfach: Bei einem Knoten oder Fokus kommt der Zustandsvektor zur Ruhe, bei einem Grenzzyklus führt der Systempunkt eine periodische Bewegung aus.

Einzugsbereich eines Attraktors: Der Einzugsbereich eines Attraktors ist der Bereich aller Zustandsvektoren $\vec{X}_i$, die gegen den Fixpunkt $\vec{X}_f$ streben.

Separatrix: Als Separatrix bezeichnet man jene Trajektorie, die die Einzugsbereiche mehrer stabiler Fixpunkte voneinander trennt. Von keinem Punkt der Separatrix aus wird irgendein Fixpunkt des Systems im Laufe der Zeit angesteuert.

Beispiel: Phasenraumtrajektorien des ungedämpften, des gedämpften und des nichtlinearen Oszillators.

1. Ungedämpfter harmonischer Oszillator. Für seine Gesamtenergie gilt

$$E = E_{\mathrm{kin}} + E_{\mathrm{pot}} = \frac{1}{2}m\dot{x}^2 + \frac{1}{2}kx^2 = \text{const.}$$

bzw. wenn wir mit $2/k$ multiplizieren ($\omega_0^2 = \frac{k}{m}$)

$$\frac{2E}{k} = \left(\frac{\dot{x}}{\omega_0}\right)^2 + x^2.$$

Das ist die Gleichung für einen Kreis ($x^2 + y^2 = r^2$) mit Radius $r = \sqrt{2E/k}$. Wenn wir daher als Komponenten dieses Systems $\frac{\dot{x}}{\omega_0}$ und x nehmen und damit den Phasenraum aufspannen, ergibt sich als Phasenraumktrajektorie ein Kreis mit Radius $r = \sqrt{2E/k}$.

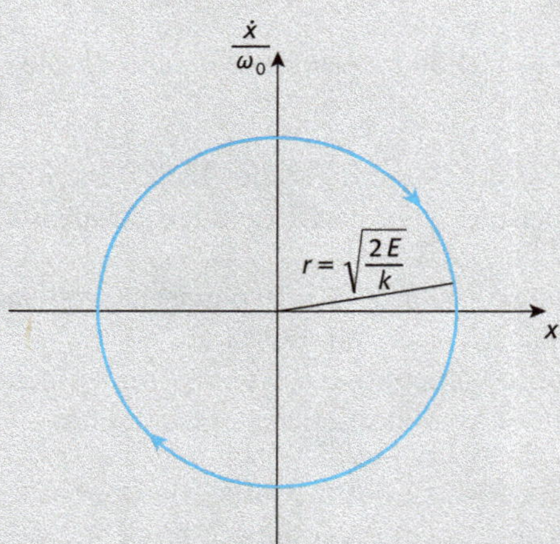

Trajektorie des ungedämften harmonischen Oszillators im Phasenraum $\{\dot{x}/\omega_0, x\}$.

2. Gedämpfter harmonischer Oszillator. Die Bewegungsgleichung lautet:

$$\ddot{x} + 2\,\gamma\dot{x} + \omega_0^2 x = 0.$$

Für den gedämpften Oszillator verändert sich die Trajektorie zu einer logarithmischen Spirale (vgl. Band I, Kapitel „Mechanische Schwingungen und Wellen", Abschnitt 5.2.1).

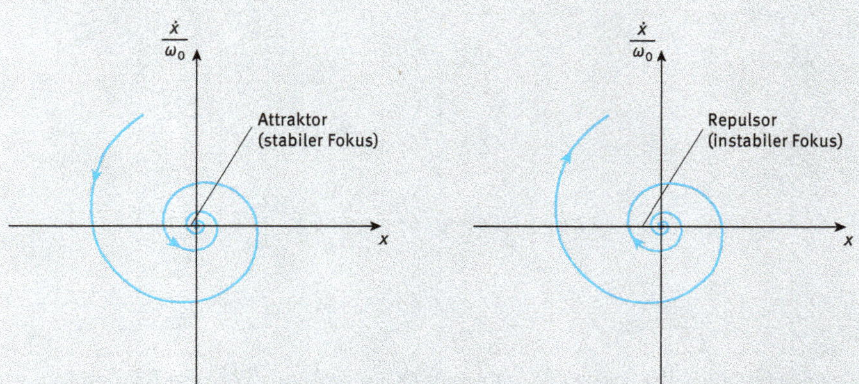

Trajektorien des gedämpften und des negativ gedämpften (verstärkten) harmonischen Oszillators im Phasenraum $\{\dot{x}/\omega_0, x\}$, Fixpunkte als Fokus.

3. Nichtlineares mathematisches Pendel.

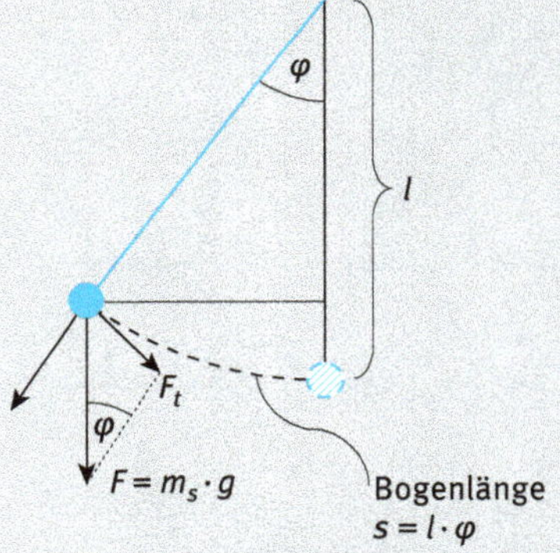

Für die rücktreibende Tangentialkraft gilt

$$F_t = -m_S g \sin\varphi.$$

Damit lautet die Bewegungsgleichung (mit $m_s = m_t$)

$$m_t \frac{d^2 s}{dt^2} + m_S g \sin\varphi \Rightarrow \frac{d^2 s}{dt^2} + g \sin\varphi = 0,$$

wenn wir träge (m_t) und schwere Masse (m_s) entsprechend dem Äquivalenzprinzip gleichsetzen (vgl. Band I, Kapitel „Mechanik des Massenpunktes“, Abschnitt 2.2.1, Gl. I-2.21).

Wir bilden

$$\frac{ds}{dt} = l\dot{\varphi} \quad \text{und} \quad \frac{d^2s}{dt^2} = l\ddot{\varphi}$$

Und erhalten als Bewegungsgleichung mit $\omega_0^2 = \frac{g}{l}$

$$\ddot{\varphi} + \omega_0^2 \sin\varphi = 0.$$

Das ist die allgemeine Bewegungsgleichung eines Pendels für beliebig große Ausschlagswinkel φ, sodass nicht mehr $\sin\varphi = \varphi$ gesetzt, die Gleichung also nicht mehr linearisiert werden kann.

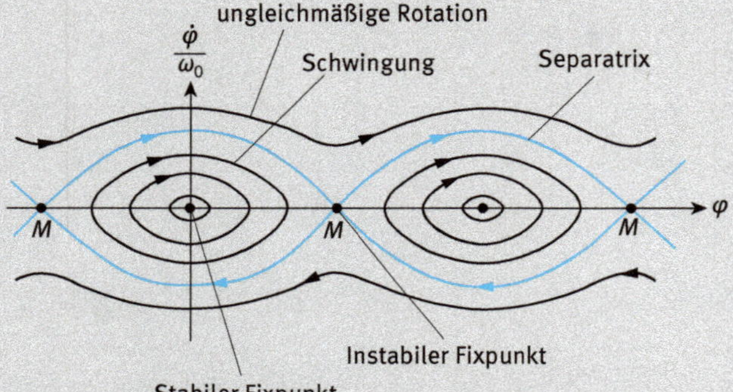

Phasenportrait des nichtlinearen, ungedämpften mathematischen Pendels („Überschlagspendel"). Die blaue Kurve ist die *Separatrix*: Sie trennt die Schwingungsbereiche ($\varphi < 90°$) mit geschlossener Phasenbahn von der ungleichmäßigen Rotationsbewegung ($\varphi > 90°$). *M*: Instabile Gleichgewichtslagen des Pendels (Überschlagspunkte).

2.2.3 Stabilität von Fixpunkten und Grenzzyklen, Lyapunov-Exponent

Wie kann man feststellen, ob ein Fixpunkt stabil ist oder nicht? Wir wollen zunächst ein Maß für die empfindliche Abhängigkeit des dynamischen Systems von seinen Anfangswerten finden. Dazu betrachten wir ein nichtlineares System, das nur von einer einzigen Variablen (= Komponente) x abhängt. Wir wollen das System mit einer *diskreten Dynamik* beschreiben, bei der sich der Zustand des Systems nicht kontinuierlich ändert, sondern in diskreten Schritten.

Das System durchlaufe zu diskreten Zeiten t_n die Werte x_n. Zur Zeit t_{n+1} hat die Komponente x daher den Wert x_{n+1}, der vom Wert x_n abhängt

$$x_{n+1} = f(x_n), \tag{II-2.33}$$

Die Funktion $f(x)$ beschreibt die Entwicklung des Systems. Wird der Fixpunkt x_f erreicht, bleibt die Entwicklung von da an stationär

$$x_f = f(x_f), \tag{II-2.34}$$

Die Entwicklung des Systems konvergiert gegen den Fixpunkt x_f, wenn gilt

$$\lim_{n \to \infty} x_n = x_f, \tag{II-2.35}$$

d. h., die Abweichung $\delta_n = x_n - x_f$ des Systempunkts vom Fixpunkt muss mit $n \to \infty$ gegen 0 gehen, also

$$\lim_{n \to \infty} \delta_n = 0\,. \tag{II-2.36}$$

Wir betrachten die Abweichung vom Fixpunkt an der Stelle $n+1$ unter Beachtung von $x_n = x_f + \delta_n$:

$$\delta_{n+1} = x_{n+1} - x_f = f(x_n) - x_f = f(x_f + \delta_n) - x_f\,. \tag{II-2.37}$$

Wir entwickeln $f(x_f + \delta_n)$ in eine Taylorreihe um x_f[20]

$$\underbrace{f(x_f + \delta_n)}_{\delta_{n+1} + x_f} = \underbrace{f(x_f)}_{= x_f} + \delta_n \left.\frac{df(x)}{dx}\right|_{x = x_f} + \ldots. \tag{II-2.38}$$

Wenn δ_n sehr klein ist ($\delta_n \ll 1$), sind die höheren Glieder vernachlässigbar, also

$$\delta_{n+1} = \left.\frac{df(x)}{dx}\right|_{x = x_f} \cdot \delta_n\,. \tag{II-2.39}$$

Damit erhalten wir als Bedingung, dass das System beim Grenzübergang $n \to \infty$ mit $\delta_n \to 0$ schließlich in den Fixpunkt einläuft

20 Für die Taylorreihe gilt: $f(a+h) = f(a) + \frac{h}{1!} f'(a) + \frac{h^2}{2!} f''(a) + \ldots$.

$$f'(x_f) = \left|\frac{df(x)}{dx}\right|_{x=x_f} < 1.^{21} \qquad \text{(II-2.40)}$$

Wir gehen jetzt von 2 unterschiedlichen Anfangswerten x_0 und $x_0 + \varepsilon_0$ zum Zeitpunkt $t_0 = 0$ aus und berechnen, wie die zeitliche Entwicklung in den einzelnen Zeitintervallen $\Delta t_n = t_n - t_{n-1}$ „auseinander läuft“:

Startwert x_0	**Startwert $x_0 + \varepsilon_0$**
Zeitintervall $\Delta t_1 = t_1 - t_0$: $x_0 \rightarrow x_1 = f(x_0)$	$x_0 + \varepsilon_0 \rightarrow x_1 + \varepsilon_1 = f(x_0 + \varepsilon_0) = f(x_0) + \varepsilon_0 \left.\frac{df}{dx}\right\|_{x_0} \Rightarrow \varepsilon_1 = \left.\frac{df}{dx}\right\|_{x_0} \varepsilon_0,$ der Abstand der beiden Systempunkte wurde um den Wert $\left.\frac{df}{dx}\right\|_{x_0} \varepsilon_0 = f'(x_0)\varepsilon_0$ verändert.
Zeitintervall $\Delta t_2 = t_2 - t_1$: $x_1 \rightarrow x_2 = f(x_1)$	$x_1 + \varepsilon_1 \rightarrow x_2 + \varepsilon_2 = f(x_1 + \varepsilon_1) =$ $= f(x_1) + \varepsilon_1 \left.\frac{df}{dx}\right\|_{x_1} =$ $= f(x_1) + \left.\frac{df}{dx}\right\|_{x_1} \cdot \left.\frac{df}{dx}\right\|_{x_0} \cdot \varepsilon_0 =$ $= f(x_1) + f'(x_1) \cdot f'(x_0) \cdot \varepsilon_0$
…………	
Zeitintervall $\Delta t_n = t_n - t_{n-1}$: $x_{n-1} \rightarrow x_n = f(x_{n-1})$	$x_{n-1} + \varepsilon_{n-1} \rightarrow x_n + \varepsilon_n = f(x_{n-1} + \varepsilon_{n-1}) =$ $= \underbrace{f(x_{n-1})}_{x_n} + \underbrace{f'(x_{n-1}) \cdot \ldots \cdot f'(x_1) \cdot f'(x_0)}_{\prod_{i=0}^{n-1} f'(x_i)} \cdot \varepsilon_0$ mit $f'(x_i) \neq 0$

Wir treffen jetzt folgende *Annahme:* Der Betrag der Abweichung ε_n zwischen den beiden Systempunkten bzw. zwischen den entsprechenden Trajektorien klingt mit der Zahl n entweder exponentiell ab oder nimmt exponentiell zu. Dazu setzen wir

---

21 Mit $f'(x_f) = \left|\frac{df(x)}{dx}\right|_{x=x_f} < 1$ folgt aus $\delta_{n+1} = f'(x_f) \cdot \delta_n \rightarrow \delta_{n+m} = \left(f'(x_f)\right)^m \delta_n$, wobei mit $f'(x_f) < 1$ gilt: $m \rightarrow \infty$ $\left(f'(x_f)\right)^m \rightarrow 0$ und damit $\delta_{n+m} \rightarrow \delta_\infty \rightarrow 0$.

$$\prod_{i=0}^{n-1} \left| f'(x_i) \right| = e^{n\lambda}. \tag{II-2.41}$$

λ ist der *Lyapunov-Exponent*.

Dann ist $x_n + \varepsilon_n = x_n + e^{n\lambda}\varepsilon_0$ und damit

$$\varepsilon_n = e^{n\lambda}\varepsilon_0. \tag{II-2.42}$$

Wir sehen also:

Für $\lambda < 0$ laufen die Trajektorien zusammen (Fixpunkt), für $\lambda > 0$ laufen sie exponentiell auseinander, das führt zu Instabilität und Chaos.[22]

Wenn wir das obige Produkt (Gl. II-2.41) logarithmieren, kommen wir zu einem Ausdruck für den Lyapunov-Exponenten, der aber noch von n abhängt:

$$\ln \prod_{i=0}^{n-1} \left| f'(x_i) \right| = n \cdot \lambda \Rightarrow \lambda = \frac{1}{n} \sum_{i=0}^{n-1} \ln \left| f'(x_i) \right|. \tag{II-2.43}$$

Um die n-Abhängigkeit und die Näherung in der Taylorentwicklung zu beseitigen, wird ein zweifacher Grenzübergang vorgenommen:

$$\lambda(x_0) = \lim_{n \to \infty} \lim_{\varepsilon_0 \to 0} \frac{1}{n} \sum_{i=0}^{n-1} \ln \left| f'(x_i) \right| \quad \textit{Lyapunov-Exponent}. \tag{II-2.44}$$

Der Lyapunov-Exponent beschreibt also den Mittelwert aller $\ln\left|f'(x_i)\right|$ über die ganze Trajektorie.

Der jeweiligen Schrittanzahl n kann eine abgelaufene Zeit $t = t_n$ zugeordnet werden; $\frac{1}{n}$ ist daher proportional zu $\frac{1}{t}$; dann wird der Lyapunov-Exponent zu

$$\lambda(t) = \lim_{t \to \infty} \lim_{\varepsilon_0 \to 0} \frac{1}{t} \sum_{t=t_0}^{t=t_{n-1}} \ln \left| f'(x(t)) \right| \quad \textit{Lyapunov-Exponent}. \tag{II-2.45}$$

Er beschreibt die mittlere exponentielle Änderung der Divergenz ($= \frac{\varepsilon_n}{\varepsilon_0}$, zunehmend für $\lambda > 0$, abnehmend für $\lambda < 0$) zweier ursprünglich benachbarter Trajektorien.

---

22 An Stellen mit $\lambda = 0$ treten *Bifurkationen* auf (siehe Abschnitt 2.2.4.3).

Wir wenden diese Überlegungen jetzt auf den Fixpunkt an. Wir haben oben die augenblickliche Abweichung einer Trajektorie vom Fixpunkt $\delta_{n+1} = x_{n+1} - x_f$ in eine Taylorreihe entwickelt (Gl. II-2.39) und erhalten jetzt mit $f'(x) = e^{\lambda}$

$$\delta_{n+1} = x_{n+1} - x_f = f'(x)\Big|_{x=x_f} \cdot \delta_n = e^{\lambda}\delta_n . ^{23} \qquad \text{(II-2.46)}$$

Wir finden also unsere Bedingung für das Konvergieren einer Trajektorie in den Fixpunkt mit Hilfe des Lyapunov-Exponenten bestätigt:

i Der Fixpunkt ist stabil, wenn $\lambda < 0$.
Der Fixpunkt ist instabil, wenn $\lambda > 0$.

Beispiel: Teilchen im eindimensionalen Doppelmuldenpotenzial.

$$E_{pot}(x) = -2\,ax^2 + bx^4 .$$

Wir werden diesem Potenzial später beim Bénard-Problem (Abschnitt 2.4.1) und bei der nichtlinearen Lasergleichung (Abschnitt 2.4.2, Beispiel ‚Der Laser') wieder begegnen.

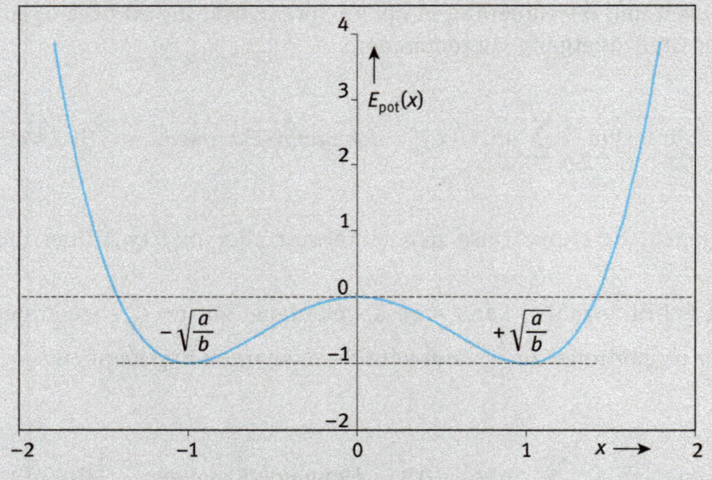

Doppelmuldenpotenzial (*double-well potential*) $E_{pot} = -2\,ax^2 + bx^4$; $a = 1$, $b = 1$.

23 Gemäß der Annahme einer exponentiellen Annäherung oder Entfernung der Trajektorien gilt: $\prod_{i=0}^{n-1} |f'(x_i)| = e^{n\lambda}$ (Gl. II-2.41), das sind n Faktoren; daher gilt näherungsweise $f'(x) = e^{\lambda}$ unabhängig von x. (Genauer gilt $e^{\lambda} = \sqrt[n]{\prod_{i=0}^{n-1} |f'(x_i)|} = \overline{f'(x_i)}$... geometrisches Mittel aller $|f'(x_i)|$.)

Aus $\vec{F} = -\vec{\nabla} E_{\text{pot}}$ erhalten wir die x-Komponente der auf das Teilchen wirkenden Kraft

$$F_x(x) = -\frac{dE_{\text{pot}}}{dx} = 4\,ax - 4\,bx^3$$

und damit als Bewegungsgleichung, die die Bewegung des *MP* unter dem Einfluss der wirkenden Potenzialkraft beschreibt

$$m\ddot{x} - 4\,ax + 4\,bx^3 = 0.$$

Der Energiesatz formuliert die Erhaltung der Gesamtenergie E. Er lautet in unserem Fall

$$E = E_{\text{pot}}(x) + \frac{m}{2}\dot{x}^2 = -2\,ax^2 + bx^4 + \frac{m}{2}\dot{x}^2.$$

Damit erhalten wir für die Geschwindigkeit des Teilchens

$$\dot{x} = \sqrt{\frac{2}{m}\,(E - E_{\text{pot}})} = \sqrt{\frac{2}{m}\,(E + 2\,ax^2 - bx^4)} = \dot{x}(x)\,,$$

das sind die Trajektorien (Phasenbahnen) mit der Gesamtenergie E als Parameter.

Schon bei Betrachtung des Potenzials sehen wir: Es gibt einen instabilen Fixpunkt bei $x = 0$ und zwei stabile Fixpunkte an den Stellen der beiden Minima der potenziellen Energie. Zur Bestimmung der Lage der Fixpunkte suchen wir die Extrema von E_{pot}, das sind die Nullstellen der wirkenden Kraft:

$$x \cdot (4\,a - 4\,bx^2) = 0,$$

Die Fixpunkte liegen also bei:

$$x = 0 \text{ (instabil) und } x = \pm\sqrt{\frac{a}{b}} \text{ (stabil).}$$

Das Phasenportrait $\dot{x}(x)$ für einen Massenpunkt, der im obigen Potenzial schwingt, zeigt eine Separatrix, die den Einzugsbereich der beiden Attraktoren bei $x = \pm\sqrt{\frac{a}{b}}$ vom übrigen Bereich trennt.

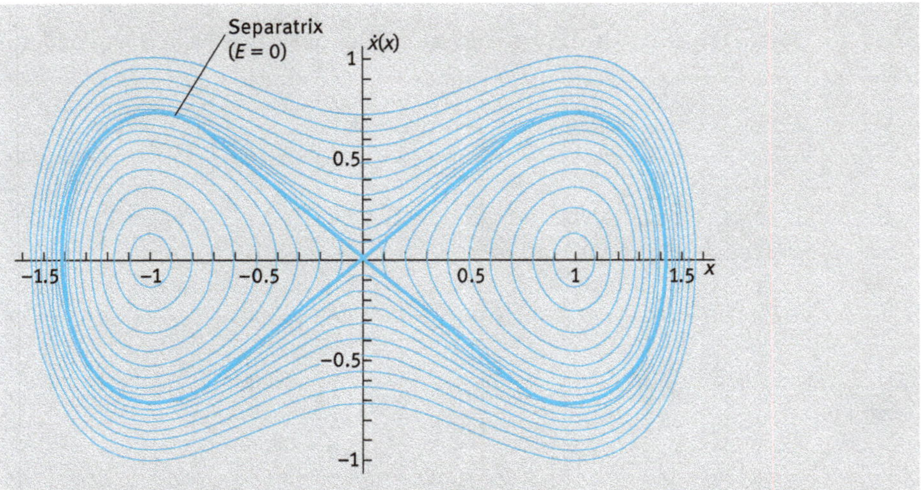

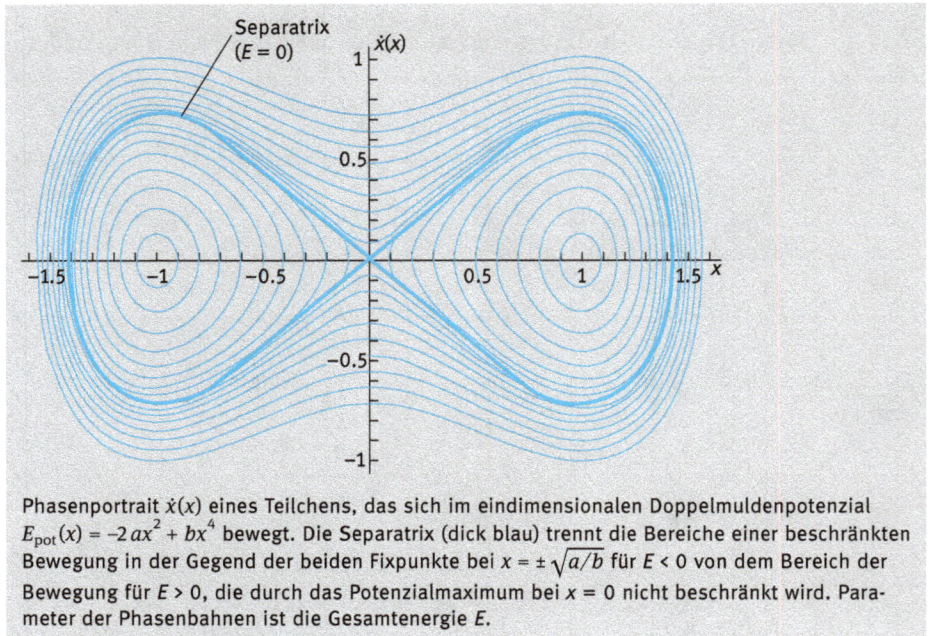

Phasenportrait $\dot{x}(x)$ eines Teilchens, das sich im eindimensionalen Doppelmuldenpotenzial $E_{\text{pot}}(x) = -2ax^2 + bx^4$ bewegt. Die Separatrix (dick blau) trennt die Bereiche einer beschränkten Bewegung in der Gegend der beiden Fixpunkte bei $x = \pm\sqrt{a/b}$ für $E < 0$ von dem Bereich der Bewegung für $E > 0$, die durch das Potenzialmaximum bei $x = 0$ nicht beschränkt wird. Parameter der Phasenbahnen ist die Gesamtenergie E.

Betrachten wir nochmals die zeitliche Entwicklung eines Systems mit $\lambda > 0$ von unterschiedlichen Ausgangswerten aus und stellen wir uns die Frage: In welcher Zeitspanne Δt sind Vorhersagen mit einer Genauigkeit ε_n noch möglich?

Werden im Zeitintervall Δt n Schritte ausgeführt, so gilt (Gl. II-2.42)

$$\varepsilon_n = e^{\Delta t \lambda} \cdot \varepsilon_0$$

und damit

$$\Delta t = \frac{1}{\lambda} \ln \frac{\varepsilon_n}{\varepsilon_0}. \qquad \text{(II-2.47)}$$

$1/\lambda$ legt also die Größenordnung der Zeitspanne fest, innerhalb der eine vorgegebene Abweichung nicht überschritten wird („Vorhersagbarkeit" der zeitlichen Entwicklung des Systems). Da ε_n bei $\lambda > 0$ mit jedem Schritt größer wird, kann das Ergebnis auch so formuliert werden:

> Bei chaotischen Systemen, also für $\lambda > 0$, geht mit jedem Schritt Information über den Ausgangszustand verloren.

Das heißt aber:

Punkte im Phasenraum, die anfangs in einem engen Volumenelement beieinander liegen, breiten sich rasch über den ganzen verfügbaren Raum aus. Das bedeutet eine Entropiezunahme. Es besteht aber ein wesentlicher Unterschied zur Unordnung von Gasmolekülen: Die Ordnung verschwindet hier *deterministisch* und nicht zufällig, also nicht nur in Richtung des wahrscheinlicheren Zustandes (*stochastisch*) wie beim idealen Gas, wenn etwa die Trennwand zwischen zwei Gasbehältern entfernt wird, von denen einer gefüllt und der andere leer ist.

2.2.4 Logistisches Wachstumsgesetz, Feigenbaumdiagramm

2.2.4.1 Die logistische Abbildung

Wir wollen nun das Verhalten eines sehr einfachen, nichtlinearen Systems etwas genauer untersuchen. Dazu betrachten wir die zeitliche Änderung biologischer Populationen. Wir fragen z. B.: Wie hängt die Population im Jahr 2009 mit jener von 2008 zusammen? Wir suchen also

$$N_{2009} = f(N_{2008})$$

bzw. allgemein

$$N_{n+1} = f(N_n)\,. \tag{II-2.48}$$

Wenn der funktionale Zusammenhang streng proportional ist, können wir schreiben

$$N_{n+1} = \sigma N_n\,. \tag{II-2.49}$$

Allgemein setzen wir also

$$N_{n+1} = f(N_n,\sigma)\,. \tag{II-2.50}$$

Im obigen Fall ist $f(N_n,\sigma) = \sigma \cdot N_n$.

σ wird als *Kontrollparameter* der Entwicklung bezeichnet. Wir sehen sofort, dass gelten muss $\sigma \geq 0$, da sonst $N_{n+1} < 0$ wird; die Population kann zwar verschwinden, aber nicht negativ werden.

Bei konstantem σ ergibt sich für

$\sigma > 1$ exponentielles Wachstum
$\sigma = 1$ N bleibt konstant: $N_n = N_0$
$\sigma < 1$ exponentielle Abnahme.

Unser Ansatz wird realitätsnäher, wenn wir Dämpfungseffekte, z. B. durch die Beschränkung der Nahrung in einem beschränkten Lebensraum, zulassen. Um die Reduktion des Populationszuwachses durch die Beschränkung der Nahrungsmittel zu berücksichtigen, verkleinern wir den Kontrollparameter proportional zur augenblicklichen Population N_n, setzen also $\sigma_n = \sigma(1 - rN_n)$ mit $r \geq 0$. Damit erhalten wir ($\sigma \geq 0$)

$$N_{n+1} = \sigma N_n \cdot (1 - rN_n)^{24} \tag{II-2.51}$$

wobei $rN_n < 1$ sein muss, da N_{n+1} nicht negativ sein kann. Aus Gl. (II-2.51) folgt zunächst, dass der Wert $N_f = 0$ für alle σ-Werte ein Fixpunkt ist.[25] Zur Berechnung der Grenzpopulation wollen wir diesen Fixpunkt ausschließen. Aus der Bedingung, dass am Fixpunkt $N_{n+1} = N_n = N_f$ gelten muss, folgt nach Kürzung durch $N_f \neq 0$ aus Gl. (II-2.51) $\sigma(1 - rN_f) = 1$ und damit ($r \cdot N_f < 1$ für $\sigma > 0$)

$$N_f = \frac{\sigma - 1}{\sigma r}, \qquad r < \frac{1}{N_f}. \tag{II-2.52}$$

r ist ein konstanter, vorgegebener Dämpfungsparameter mit $r \geq 0$. Er gestattet die Berechnung der Grenzpopulation N_f. Wenn N_f bekannt ist, kann damit andererseits bei bekanntem σ das erforderliche r berechnet werden: $r = \frac{\sigma - 1}{\sigma N_f}$.

Zusammenfassend gilt also: Ist $\sigma < 1$, nimmt die Bevölkerung kontinuierlich ab und stirbt aus, auch wenn mit $r = 0$ keine Nahrungsmittelbeschränkung eintritt. Ist andererseits $\sigma > 1$ und $r = 0$, so wächst die Population unbeschränkt. Für ein bestimmtes $0 < r < \frac{1}{N_f}$ läuft die Bevölkerung in eine Grenzpopulation $N_f = \frac{\sigma - 1}{\sigma r}$ (Abb. II-2.11).

Wir führen nun die neue Variable

$$x_n = rN_n \tag{II-2.53}$$

ein (*Normierung*), deren Werte wegen $0 \leq x_n = rN_n < 1$ auf den Bereich $0 \leq x_n < 1$ beschränkt sind. Damit lautet die obige Gleichung (II-2.51)

$$\frac{1}{r} x_{n+1} = \frac{1}{r} \sigma x_n (1 - x_n) \tag{II-2.54}$$

und damit nach Kürzung von $r > 0$ (wir schließen also $r = 0$ aus)

$$x_{n+1} = \sigma x_n (1 - x_n) \qquad 0 \leq x_n < 1,\ 0 \leq \sigma \leq 4 \qquad \textit{logistische Abbildung} \tag{II-2.55}$$

24 In der Ökologie heißen σ „Wachstumsparameter“ und N_f „Umweltkapazität“.

25 Aus der Fixpunktbedingung $N_{n+1} = N_n = N_f$ folgt mit $N_n = 0$ aus Gl (II-2.51), dass $N_f = 0$ für alle σ ein Fixpunkt ist (trivialer Fixpunkt).

bzw. für eine stetige Veränderliche $x(t)$

$$f(x) = \dot{x} = \sigma' x(1 - x) \qquad \textit{logistische Gleichung (Verhulst-Gleichung)}.^{26} \qquad \text{(II-2.56)}$$

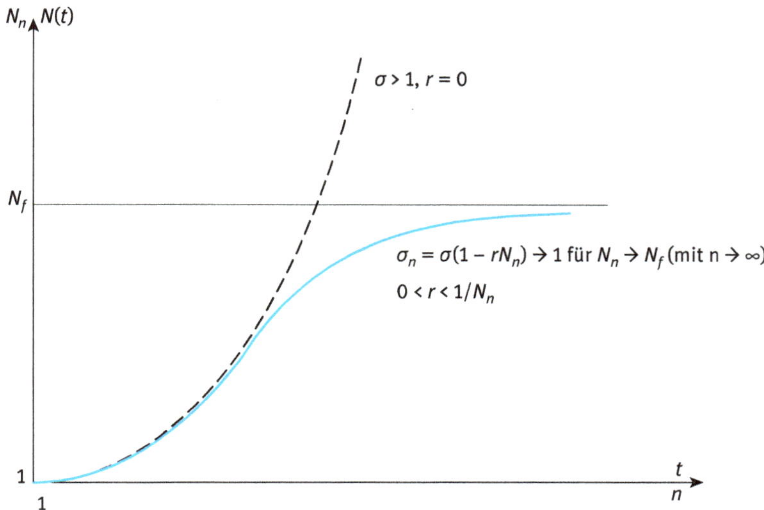

Abb. II-2.11: Wachstumsdiagramm N_n bzw. $N(t)$ einer Population. Für konstanten Kontrollparameter $\sigma > 1$ wächst die Population unbeschränkt (schwarz strichliert). Werden Dämpfungseffekte durch stete Verkleinerung des Kontrollparameters berücksichtigt, strebt die Population dem Grenzwert $N_f = \dfrac{\sigma - 1}{\sigma r}$ zu (blau). σ_n heißt Netto-Wachstumsparameter, er verkleinert sich mit der bereits vorhandenen Population N_n.

Die logistische Abbildung bildet den Punkt x_n in den Punkt x_{n+1} ab, das ergibt einen unendlichen Zyklus, der Kontrollparameter σ steuert den Vorgang:

26 Nach Pierre-François Verhulst, 1804–1849, belgischer Mathematiker.
Allgemein lautet die logistische Differentialgleichung: $f'(t) = \dot{x} = \sigma' \cdot f(t) \cdot (L - f(t))$ mit $x = f(t) \leq L$. Diese Gleichung erhalten wir, wenn wir die differentielle Veränderung der Population dN der zum Zeitpunkt t vorhandenen $N(t)$ und dem Zeitelement dt proportional setzen (vgl. das analoge Problem des radioaktiven Zerfalls, Band V, Kapitel „Subatomare Physik“, Abschnitt 3.1.4.1): $dN = \sigma(N(t)dt$. σ soll jetzt aber nicht mehr konstant sein (was ein exponentielles Wachsen oder Schrumpfen ergeben würde), sondern linear mit der vorhandenen Population abnehmen. Wir setzen daher $\sigma = \sigma' \left(1 - \dfrac{N(t)}{N_f}\right)$, $\sigma' = \text{const.} \Rightarrow$ für $N(t) = N_f$ ist $\dot{N}(t) = 0$, die Population ändert sich nicht mehr, N_f ist also die Grenzpopulation (in der Ökologie als Umweltkapazität K bezeichnet). Führt man wieder die Variable $x(t) = \dfrac{N(t)}{N_f}$, $\dot{x}(t) = \dfrac{\dot{N}(t)}{N_f}$ ein, so erhält man die oben angegebene Verhulst-Gleichung.

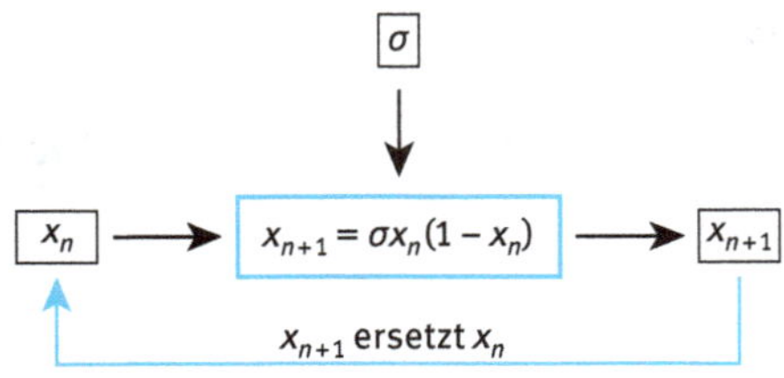

Die Werte x sind durch die Normierung auf das Intervall [0,+1) beschränkt. Jetzt soll gezeigt werden, dass der Kontrollparameter σ auf das Intervall [0,4] beschränkt ist. Dazu betrachten wir die Parabel $y = \sigma x - \sigma x^2$, die ja die logistisch abgebildeten Werte von x darstellt ($x_{n+1} = \sigma \cdot x_n - \sigma \cdot x_n^2 = f(x_n) = y$), und wählen als Beispiel zunächst den Parameterwert $\sigma = 1{,}5$ aus (Abb. II-2.12):

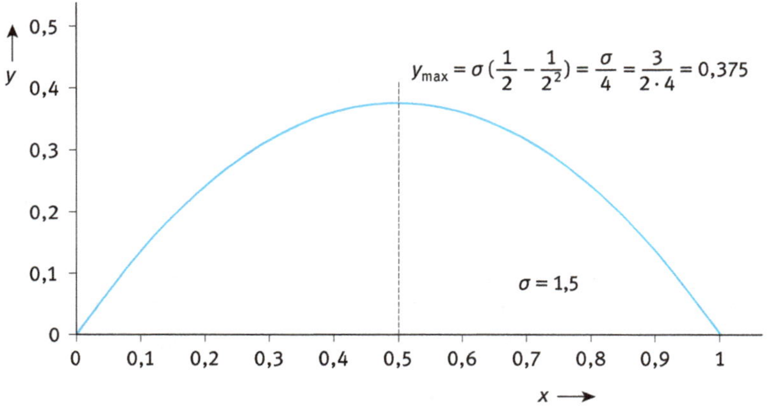

Abb. II-2.12: Die Funktion $y = f(x) = \sigma \cdot x(1 - x)$ für einen Wert des Kontrollparameters von $\sigma = 1{,}5$. Der Maximalwert der Funktion liegt für jeden Wert von σ bei $x = 0{,}5$.

Der Scheitel von y liegt bei $x = 0{,}5$, unabhängig von σ;[27] der Maximalwert des Kontrollparameters σ ergibt sich also dann, wenn der Parabelscheitel bei $y = 1$ liegt (y gehört ja auch zur Menge der möglichen „x-Werte" und darf daher nicht größer als 1 sein). Aus der Parabelgleichung folgt dann mit $x = 0{,}5$

$$1 = 0{,}5\,\sigma_{\text{max}} - 0{,}25\,\sigma_{\text{max}} \Rightarrow \sigma_{\text{max}} = \frac{1}{0.25} = 4\,. \tag{II-2.57}$$

27 $y' = \frac{dy}{dx} = \sigma - 2\sigma x = 0 \Rightarrow x = 1/2$

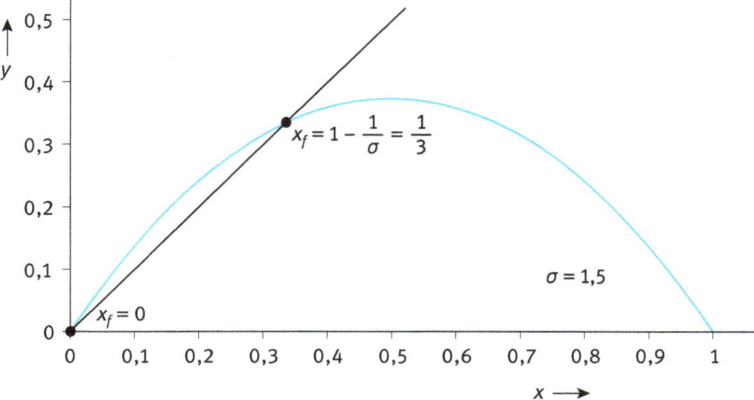

Abb. II-2.13: Bestimmung der Fixpunkte durch Schnitt der Parabel $y = f(x) = \sigma \cdot x(1 - x)$ mit der Geraden $y = x$. Kontrollparameter $\sigma = 1{,}5$.

Nun ermitteln wir die möglichen Fixpunkte, an denen also $x_f = f(x_f)$ gelten muss:

$$x_f = f(x_f) = \sigma x_f - \sigma x_f^2 = x_f(\sigma - \sigma x_f)\,. \tag{II-2.58}$$

Diese Gleichung liefert zwei Werte für x_f, von denen einer Null ist: $x_{f,1} = 0$. Zur Bestimmung des weiteren Fixpunktes mit $x_f \neq 0$ dividieren wir durch x_f und erhalten als zweiten Fixpunkt mit $\sigma > 0$

$$x_{f,2} = \frac{\sigma - 1}{\sigma} = 1 - \frac{1}{\sigma} \text{ mit } 0 < \sigma \leq 4\,. \tag{II-2.59}$$

Da der Fixpunkt $x_f = f(x_f) = y(x_f)$ verlangt, also $y(x) = x$, müssen die Fixpunkte Schnittpunkte der Geraden $y = x$ mit der Parabel $y = \sigma x - \sigma x^2$ sein (Abb. II-2.13).

Graphische Konstruktion der „Bewegung" (= Änderung) des logistischen Systems

Wir zeichnen zunächst für den gegebenen Kontrollparameter σ die Parabel $y = f(x) = \sigma x - \sigma x^2$ und die Gerade $y = x$. Dann wählen wir einen Startpunkt x_0, zeichnen eine Gerade // zur Ordinate (vertikal) durch x_0 und bringen sie mit der Kurve $f(x)$ zum Schnitt, wir setzen also x_0 in $f(x)$ ein. Der Ordinatenwert des Schnittpunktes gibt den neuen Abszissenwert $x_1 = f(x_0)$. x_1 wird auf der Abszisse abgetragen und ist nun der neue Startwert, usf. (Abb. II-2.14).

Da der entstandene Ordinatenwert des Systempunktes den jeweils neuen Abszissenwert und damit den neuen Startwert ergibt, gewinnt man den neuen Startwert auch einfacher: Man zieht vom gerade erreichten Systempunkt (z. B. $f(x_0)$)

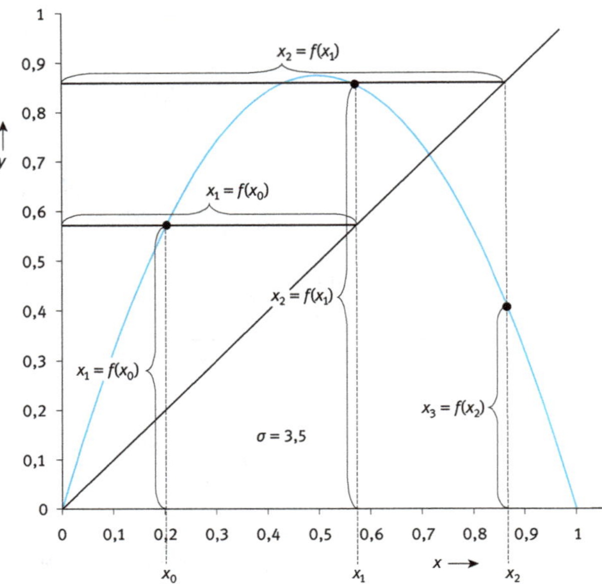

Abb. II-2.14: Graphische Konstruktion der Systembewegung für einen frei gewählten Startpunkt x_0: x_1 ergibt sich aus $x_1 = f(x_0)$, x_2 aus $x_2 = f(x_1)$ usf. $\sigma = 3,5$.

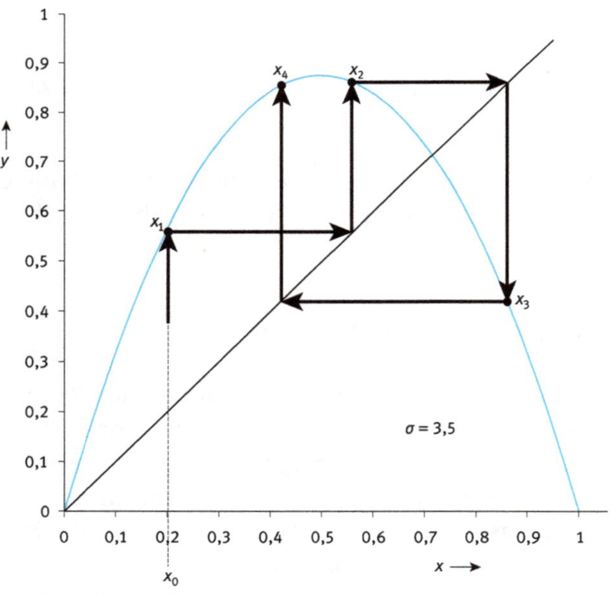

Abb. II-2.15: Graphische Konstruktion der Systembewegung für einen frei gewählten Startpunkt x_0 durch „Reflexion" an der Geraden $y = x$. $\sigma = 3,5$.

eine Gerade // zur Abszisse (horizontal) und bringt sie mit der Geraden $x = y$ zum Schnitt. Der Schnittpunkt ergibt den neuen Abszissenwert ($x = y$) als neuen Startwert (x_1). Jetzt zieht man durch den Schnittpunkt eine Gerade // zur Ordinate und bringt sie mit der Funktion $f(x)$ zum Schnitt. Das ergibt den neuen Systempunkt ($f(x_1)$) und damit wie vorhin den neuen Startwert x_2, usf. (Abb. II-2.15).

2.2.4.2 Diskussion der Systembewegung in Abhängigkeit vom Kontrollparameter σ

An der Stelle $x = 0$ hat die Parabel ihre maximale Steigung mit dem Wert σ. Dies folgt aus $y = \sigma x\,(1 - x)$ und $y' = \sigma\,(1 - 2x) \Rightarrow y'\,(0) = \sigma$.

1. $\sigma \leq 1$
   In diesem Fall hat die Parabel $f(x)$ nur einen einzigen Schnittpunkt mit der Geraden $x = y$ bei $x = 0$ und es bleibt damit nur der (triviale) Fixpunkt $x_f = 0$. Also

$$x_f = 0 \qquad \textit{erster Fixpunkt.} \tag{II-2.60}$$

Für $\sigma = 1$ ist $x = y$ die Tangente an $f(x)$ in $x = 0$ und $x_f = 0$ ist daher immer noch der einzige Fixpunkt (Abb. II-2.16).

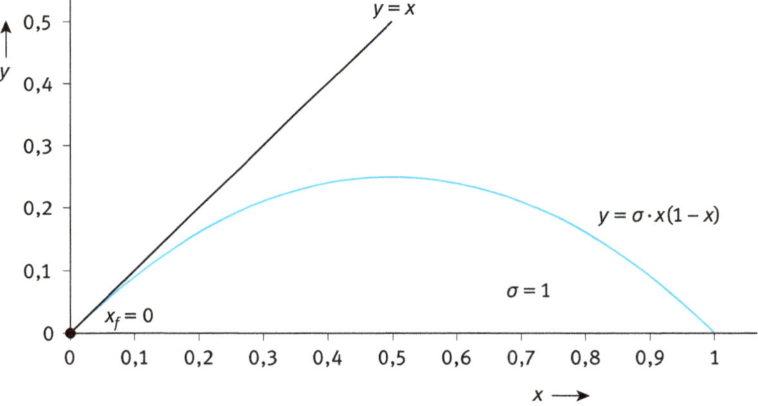

Abb. II-2.16: Für $\sigma \leq 1$ hat das System nur einen einzigen Fixpunkt bei $x_f = 0$. Für $\sigma = 1$ ist die Gerade $y = x$ Tangente an $f(x)$ in $x = 0$.

Wir untersuchen die Stabilität dieses Fixpunktes bei $x_f = 0$, also das Verhalten der Funktion $f(x)$ bei Abweichungen δ_n des Arguments x_n der Funktion vom Fixpunkt. Es gilt mit $x_f = 0$:

$$\delta_n = x_n - x_f = x_n \text{ und analog } \delta_{n+1} = x_{n+1} - x_f = x_{n+1}\,; \tag{II-2.61}$$

eingesetzt in $x_{n+1} = \sigma x_n(1 - x_n)$ erhalten wir mit $x_n = \delta_n$

$$\delta_{n+1} = \sigma\delta_n(1 - \delta_n) = \sigma\delta_n - \sigma\delta_n^2 \approx \sigma\delta_n.^{28} \qquad \text{(II-2.62)}$$

Für $\sigma \leq 1$ wird die Abweichung vom Fixpunkt $x_f = 0$ mit wachsender Schrittzahl immer kleiner (oder bleibt höchstens gleich). Es ergibt sich also bei $x = 0$ ein *stabiler Fixpunkt = Attraktor.*

Die beiden folgenden Abbildungen II-2.17 und II-2.18 zeigen die Rückkehr des Systems aus der Abweichung $\delta_0 = x_0 = 0{,}43$ in den Fixpunkt $x_f = 0$ für $\sigma = 0{,}8$.

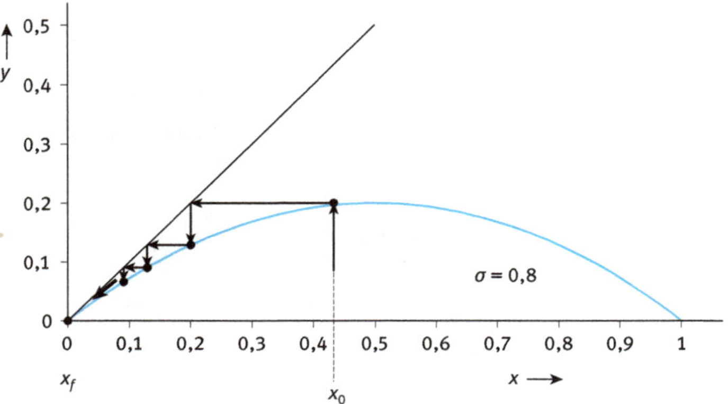

Abb. II-2.17: Für $\sigma \leq 1$ ist der Fixpunkt bei $x = 0$ stabil, also ein Attraktor. Im Bild ist $\sigma = 0{,}8$, der Startwert $x_0 = 0{,}43$.

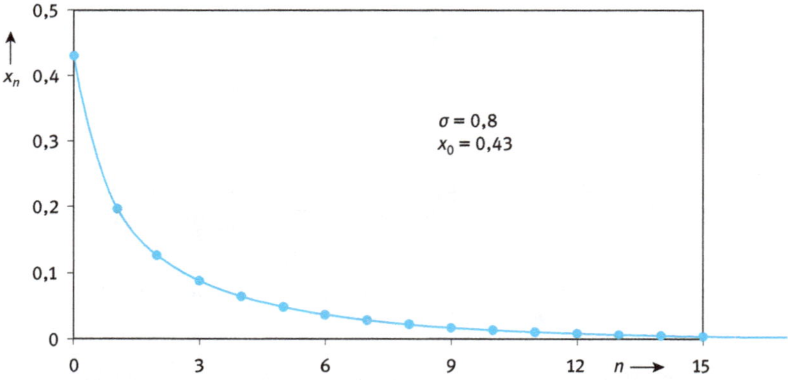

Abb. II-2.18: Für $\sigma = 0{,}8$ strebt der Systempunkt x_n der logistischen Abbildung mit n rasch dem stabilen Fixpunkt bei $x = 0$ zu. Startwert: $x_0 = 0{,}43$.

28 Weglassen des quadratischen Terms bedeutet, dass wir ein lineares Stabilitätskriterium verwenden, das nur für $\delta_n \ll 1$ verwendet werden kann.

2. $\sigma > 1$
Jetzt gibt es neben dem Nullpunkt einen weiteren Schnittpunkt von $f(x)$ mit $x = y$, und zwar gilt, wie wir oben gesehen haben (Gl. II-2.59)

$$x_f = 1 - \frac{1}{\sigma} \qquad \textit{zweiter Fixpunkt.}^{29}$$

Für $\sigma > 1$ ist der erste Fixpunkt $x_f = 0$ instabil (Abb. II-2.19)!

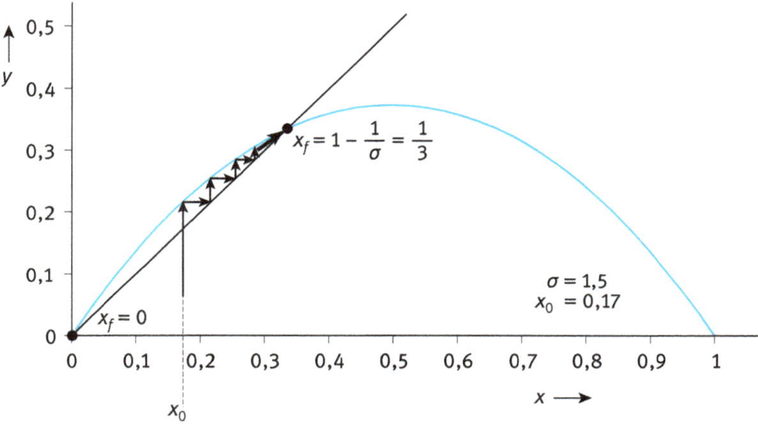

Abb. II-2.19: Für $\sigma > 1$ wird der Fixpunkt $x = 0$ instabil (Repulsor) und das System läuft für $\sigma = 1{,}5$ (Bild) stets von derselben Seite kommend zum stabilen Fixpunkt $x_f = 1 - \frac{1}{\sigma} = \frac{1}{3}$. Dies gilt aber nur für alle Kontrollparameter $1 < \sigma \leq 2$ (vgl. Gl. II-2.65).

Wir untersuchen jetzt die Stabilität des zweiten Fixpunktes bei $x_f = 1 - \frac{1}{\sigma}$. Für die Abweichung δ_n der Funktion x_n von x_f gilt

$$\delta_n = x_n - x_f = x_n - 1 + \frac{1}{\sigma} \Rightarrow x_n = \delta_n + 1 - \frac{1}{\sigma}. \qquad \text{(II-2.63)}$$

und

$$\delta_{n+1} = x_{n+1} - x_f = x_{n+1} - 1 + \frac{1}{\sigma}. \qquad \text{(II-2.64)}$$

---

29 Mit der Definition von x_n (Abschnitt 2.2.4.1, Gl. (II-2.53), der „Normierung") folgt $x_f = r \cdot N_f = 1 - \frac{1}{\sigma} = \frac{\sigma - 1}{\sigma}$ und $N_f = \frac{\sigma - 1}{\sigma \cdot r}$, also wieder jene stabile Grenzpopulation, die wir schon in Abschnitt 2.2.4.1, Gl. (II-2.52) erhalten haben.

Mit der logistischen Abbildung $x_{n+1} = \sigma x_n(1 - x_n)$ (Abschnitt 2.2.4.1, Gl. II-2.55) erhalten wir

$$\begin{aligned}
\delta_{n+1} &= \sigma x_n(1 - x_n) - 1 + \frac{1}{\sigma} = \\
&= \sigma\left(\delta_n + 1 - \frac{1}{\sigma}\right)\left(1 - \delta_n - 1 + \frac{1}{\sigma}\right) - 1 + \frac{1}{\sigma} = \\
&= (\sigma\delta_n + \sigma - 1)\left(\frac{1}{\sigma} - \delta_n\right) - 1 + \frac{1}{\sigma} = \\
&= \delta_n - \sigma\delta_n^2 + 1 - \sigma\delta_n - \frac{1}{\sigma} + \delta_n - 1 + \frac{1}{\sigma} = \\
&= 2\,\delta_n - \sigma\delta_n - \sigma\delta_n^2 = \\
&= (2 - \sigma)\delta_n - \sigma\delta_n^2 \underset{\delta_n \ll 1}{\cong} (2 - \sigma)\delta_n
\end{aligned} \tag{II-2.65}$$

Wir beschränken uns wieder auf „lineare Stabilität" ($\delta_n \ll 1$), vernachlässigen also $-\sigma\delta_n^2$ und sehen, dass unter der Bedingung

$$\left|(2 - \sigma)\right| < 1 \tag{II-2.66}$$

der Fixpunkt $x_{f,2} = 1 - \frac{1}{\sigma}$ für den Bereich $1 < \sigma < 3$ stabil, ein Attraktor ist (Abb. II-2.20).[30]

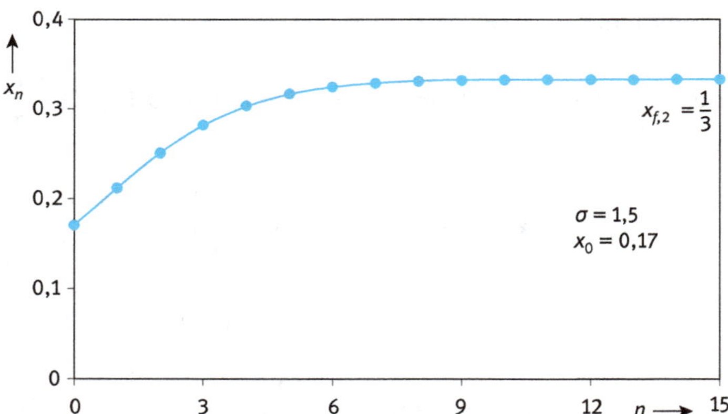

Abb. II-2.20: Für $\sigma = 1{,}5$ wird der Fixpunkt bei $x = 0$ instabil, also zum Repulsor und der Systempunkt x_n der logistischen Abbildung strebt mit n rasch dem zweiten, stabilen Fixpunkt bei $x_f = 1 - \frac{1}{\sigma}$ zu. Hier ist der Startwert $x_0 = 0{,}17$ und der Fixpunkt liegt bei 1/3.

30 Aus $(2 - \sigma) < 1$ folgt $\sigma > 1$ und aus $-(2 - \sigma) = -2 + \sigma < 1$ folgt $\sigma < 3$.

Sobald allerdings $\sigma > 2$ ist, wird der Vorfaktor $(2 - \sigma)$ von δ_n in der obigen Gl. (II-2.65) negativ, sein Betrag bleibt aber < 1. In diesem Fall läuft das System nicht mehr direkt in den Fixpunkt, sondern *asymptotisch von beiden Seiten alternierend* auf ihn zu (Abb. II-2.21).

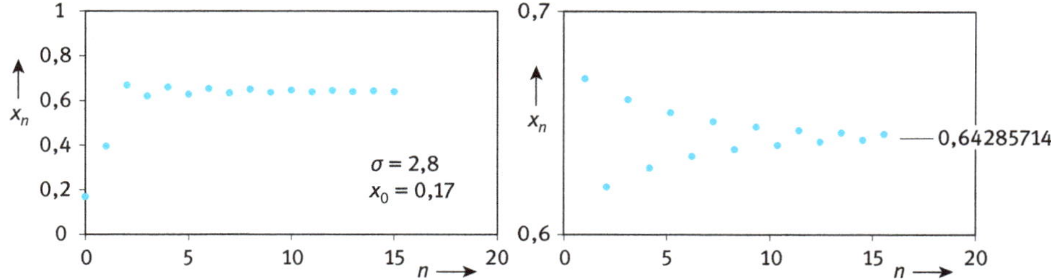

Abb. II-2.21: Für $2 < \sigma \leq 3$ läuft der Systempunkt x_n der logistischen Abbildung nicht mehr direkt in den stabilen Fixpunkt bei $x_f = 1 - \frac{1}{\sigma}$, sondern asymptotisch von beiden Seiten auf ihn zu. Im Bild ist $\sigma = 2{,}8$, der Startwert $x_0 = 0{,}17$ und der Fixpunkt liegt bei 0,64285714. Das rechte Bild zeigt das Einpendeln in den Fixpunkt vergrößert.

Wenn $\sigma > 3$ ist, wird der Betrag des Vorfaktors von δ_n in Gl. (II-2.65) größer als 1, damit *wird auch der zweite Fixpunkt instabil.*[31] Das System nähert sich dem Fixpunkt nicht, sondern oszilliert zunächst rasch zwischen zwei Werten (Abb. II-2.22), dann bei weiterer Erhöhung von σ zwischen $2^2 = 4$ Werten (Abb. II-2.23) usf.[32]

⇒ Solange der Wert des Kontrollparameters $\sigma < 3{,}57$ beträgt, ist der Kontrollparameter σ die entscheidende Größe für die Entwicklung des Systems und nicht der Anfangswert x_0.

31 Wir werden allerdings weiter unten in Abschnitt 2.2.4.3 sehen, dass der Lyapunov-Exponent für den Bereich $3 < \sigma \leq 3{,}57$ noch als $\lambda < 0$ betrachtet werden kann und das System, das in diesem Bereich zwischen einer abzählbaren Menge von Grenzwerten oszilliert, als „stabil" angesehen werden kann.

32 Nur wenn der Startwert *exakt* dem Wert des „Fixpunkts" $x_f = 1 - 1/\sigma$ zwischen den Grenzwerten der Oszillationen entspricht, also $x_0 \underset{exakt}{\equiv} x_f$, tritt keine Oszillation auf, sondern alle Punkte liegen beim gleichen Wert. Bei noch so kleinen Abweichungen des Startwerts vom Grenzwert nähert sich das System im Laufe der Iterationen (also der Zeit) den Oszillationen um den Fixpunkt.

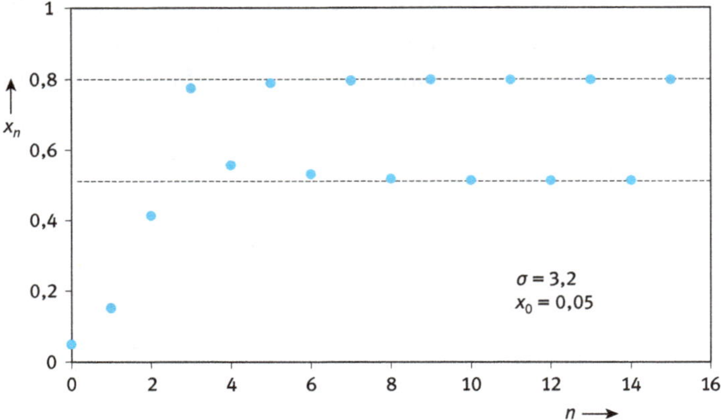

Abb. II-2.22: Für σ = 3,2 oszilliert das System nach wenigen Schritten bzw. nach kurzer Zeit zwischen 2 Grenzwerten. Startwert: x_0 = 0,05, „Fixpunkt“: $0{,}6875 = 1 - \frac{1}{3{,}2}$ (liegt zwischen den Grenzwerten). Dieser „Fixpunkt“ wird nicht erreicht, es ist aber ein Schnittpunkt der Parabel $y = 3{,}2 \cdot (1 - x)$ mit der Geraden $y = x$ wie im Falle eines „echten“ Fixpunktes bei $1 < \sigma < 3$.

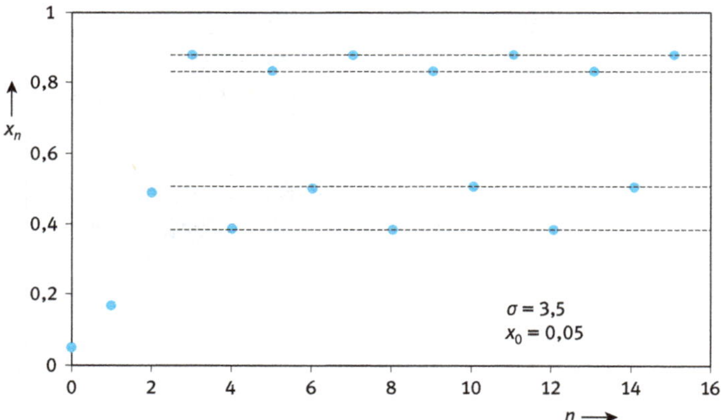

Abb. II-2.23: Für σ = 3,5 oszilliert das System nach wenigen Schritten bzw. nach kurzer Zeit zwischen 4 Grenzwerten. Startwert: x_0 = 0,05, „Fixpunkt:“ $0{,}7143 = 1 - \frac{1}{3{,}5}$; vgl. Abb. II-2.14.

2.2.4.3 Das Feigenbaum-Diagramm

Wichtige Systemeigenschaften der logistischen Abbildung können aus dem sogenannten *Feigenbaum-Diagramm* (nach Mitchell Jay Feigenbaum, geb. 1944) abgelesen werden. Im Feigenbaum-Diagramm (Abb. II-2.24) wird der Systempunkt nach sehr langer (unendlich langer) Wartezeit, d. h. sehr vielen Entwicklungsschritten n, als Funktion des Kontrollparameters aufgetragen, also:

$$x_f(\sigma) = \lim_{n\to\infty} x_n(\sigma) \qquad \textit{Feigenbaum-Diagramm.} \tag{II-2.67}$$

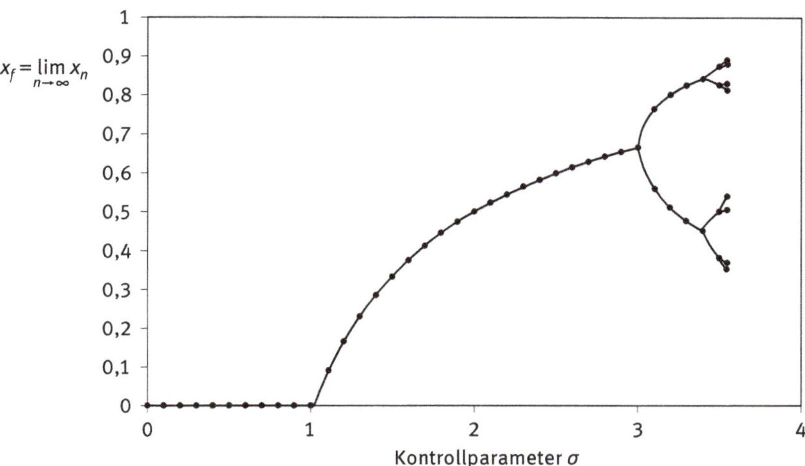

Abb. II-2.24: Feigenbaum-Diagramm der logistischen Abbildung $x_{n+1} = \sigma x_n(1 - x_n)$ für Werte des Kontrollparameters σ von 0 bis 3,55. Bis $\sigma = 1$ ist der erste Fixpunkt $x_f = 0$ ein Attraktor, wird aber ab $\sigma > 1$ instabil. Dafür wird bis $\sigma = 3$ der zweite Fixpunkt $x_f = 1 - \frac{1}{\sigma}$ stabil. Ab $\sigma > 3$ wird auch dieser Fixpunkt instabil, es treten *Bifurkationen* auf, bei denen die Zahl der Grenzwerte, zwischen denen x_f oszilliert, jeweils verdoppelt wird. Der Systempunkt springt bei jeder Erhöhung von n um 1 von jedem der bei $3 < \sigma < \infty$ vorhandenen „Fixpunkte" zum nächsten.

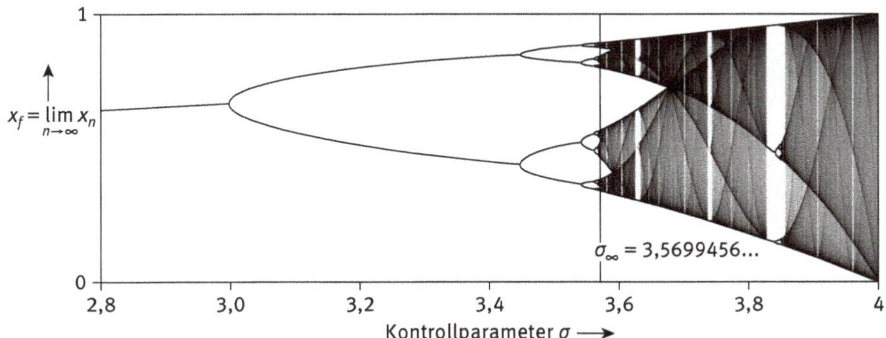

Abb. II-2.25: Feigenbaumdiagramm der logistischen Abbildung für $2{,}8 \le \sigma \le 4$. Mit kleinen Abweichungen wiederholen sich Details mit unterschiedlichem Maßstab. Bis $\sigma_\infty = 3{,}5699456...$ ist der Kontrollparameter σ die entscheidende Größe für die Entwicklung des Systems.
Im chaotischen Bereich mit $\sigma \ge \sigma_\infty$ bestimmt der Anfangswert x_0, wo sich das System für $n \to \infty$ schließlich befindet. (nach André Aichert, Wkipedia)

Wir lesen aus dem Feigenbaum-Diagramm (Abbn. II-2.24 und II-2.25) ab:

$\sigma \le 1$ → der stabile Attraktor (Fixpunkt) $x_f = 0$ ist wirksam.

$1 < \sigma \le 3$ → Das System läuft in den Fixpunkt $x_f(\sigma)$. x_f hängt hier von σ ab: $x_f = 1 - \dfrac{1}{\sigma} \neq 0$.

$\sigma > 3$ → An den *Bifurkationen* (Verdopplungsstellen) tritt (bei fortlaufender Erhöhung der Schrittzahl n) jeweils ein weiterer Übergang zu einer Oszillation zwischen zwei Grenzwerten („Quasi-Fixpunkten") auf. Man spricht von „Perioden" und „Periodenverdopplung".

Bezeichnen wir die Anzahl der Grenzwerte, also der Perioden, zwischen denen das Systems oszilliert, mit 2^k, dann können wir die Bereiche im Feigenbaum-Diagramm entsprechend der vorliegenden Periodenzahl so charakterisieren:

$k = 0$ für $\sigma_0 \le 3$
$k = 1$ für $3 < \sigma_1 < 3{,}449$: zwei Perioden, „Zweier-Zyklus"
$k = 2$ für $3.449 < \sigma_2 < 3{,}544$: vier Perioden, „Vierer-Zyklus"
usw. (siehe Abbn. II-2.22 und II-2.23), also:

An den Bifurkationspunkten erhöht sich k um 1.

Mit wachsendem $\sigma > 3$ wird das σ-Intervall zwischen den Bifurkationen immer kleiner, die Zahl der Bifurkationen geht mit $\sigma_k \longrightarrow \sigma_\infty$ (einem Häufungspunkt von σ) nach Unendlich. Es gilt:

$$\sigma_\infty = \lim_{k \to \infty} \sigma_k = 3{,}5699456... \qquad \textit{Feigenbaum-Punkt}. \qquad \text{(II-2.68)}$$

Die Werte σ_k der Bifurkationspunkte folgen für große k einer geometrischen Reihe

$$\sigma_k = \sigma_\infty - c\delta^{-k} \qquad \text{für } k \gg 1 \qquad \text{(II-2.69)}$$

Für den Abstand zweier Bifurkationspunkte $\Delta_k = \sigma_k - \sigma_{k-1}$ ergibt sich damit

$$\Delta_k = \sigma_\infty - c\delta^{-k} - \sigma_\infty + c\delta^{-k+1} = c\delta^{-k} \cdot \delta - c\delta^{-k} = c\delta^{-k}(\delta - 1). \qquad \text{(II-2.70)}$$

Es stellt sich heraus, dass die Konstante δ, die bei unbegrenzt wachsendem k den Grenzwert für das Verhältnis des σ-Abstands zweier Bifurkationspunkte angibt,[33] eine universale Konstante für nichtlineare Systeme ist, sie heißt *Feigenbaum-Konstante*:

---

33 Für große k gilt: $\dfrac{\Delta_k}{\Delta_{k+1}} = \dfrac{c\delta^{-k}(\delta - 1)}{c\delta^{-k-1}(\delta - 1)} = \delta$.

$$\delta = \lim_{k \to \infty} \frac{\Delta_k}{\Delta_{k+1}} = 4{,}66920160910\ldots \qquad \textit{Feigenbaum-Konstante}.^{34} \tag{II-2.71}$$

Als Bedingung, dass ein System in einen stabilen Fixpunkt einläuft haben wir verlangt (Abschnitt 2.2.3, Gl. II-2.40), dass für ihn $f'(x_f) < 1$ gilt, wobei $f(x)$ die Systementwicklung beschreibt: $x_{n+1} = f(x_n)$, das ist in unserem Falle die logistische Funktion. Dies ist für den stabilen Fixpunkt im Bereich $1 < \sigma \leq 3$ auch erfüllt. Für Stabilität fordern wir, dass der Lyapunov-Exponent $\lambda < 0$, dass also der Mittelwert von $\ln\left|f'(x)\right| < 0$ ist, sodass dann gilt (Abschnitt 2.2.3)

$$\lambda = \frac{1}{n}\sum_i \ln\left|f'(x_i)\right| < 0. \tag{II-2.72}$$

Da sich die Trajektorie des Systems, solange Stabilität herrscht, überwiegend in der Nähe des Fixpunktes befindet, ist dies sicher dann erfüllt, wenn $f'(x_f) < 1$ gilt.

Für die logistische Funktion $f(x) = \sigma x(1 - x) = \sigma x - \sigma x^2$ ist

$$\frac{df}{dx} = f'(x) = \sigma - 2\sigma x. \tag{II-2.73}$$

Für den zweiten Fixpunkt $x_{f,2} = 1 - \frac{1}{\sigma}$ gilt daher

$$f'(x_f) = \sigma - 2\sigma\left(1 - \frac{1}{\sigma}\right) = \sigma - 2\sigma + 2 = 2 - \sigma. \tag{II-2.74}$$

Wir betrachten $\left|\ln f'(x_f)\right|$ an den Stellen $\sigma = 1{,}5;\ 2;\ 2{,}5;\ 3;\ 3{,}5$:

σ	$\left\|f'(x_f)\right\|$	$\ln\left\|f'(x_f)\right\| \triangleq \lambda$
1,5	$2 - 1{,}5 = 0{,}5 < 1$	< 0
2	$2 - 2 = 0 < 1$	$-\infty < 0$
2,5	$\left\|2 - 2{,}5\right\| = 0{,}5 < 1$	< 0
3	$\left\|2 - 3\right\| = \left\|-1\right\| = 1$	$= 0$
3,5	$\left\|2 - 3{,}5\right\| = \left\|-1{,}5\right\| = 1{,}5 > 1$	> 0

34 Die Feigenbaum-Konstante wurde 1977 von Siegfried Großmann (geb. 1930) und Stefan Thomae (geb. 1953) in der Zeitschrift für Naturforschung **32a**, 1353 (1977) publiziert. Von M. J. Feigenbaum wurde die Konstante bereits 1975 entdeckt, aber erst 1978 publiziert.

Am ersten Bifurkationspunkt bei $\sigma = 3$ ist also $\lambda = 0$. Es zeigt sich, dass allgemein gilt

> **i** An den Bifurkationspunkten ist der Lyapunov-Exponent $\lambda = 0$.

Wir betrachten jetzt den Bereich $3 < \sigma < \sigma_\infty$: Dort ist der Fixpunkt $1 - \frac{1}{\sigma}$ eigentlich instabil, der Funktionswert oszilliert zwischen festen Grenzwerten. Nehmen wir z. B. den Bereich der Oszillation zwischen den zwei Grenzwerten x_2 und x_3. Dann ist $x_3 = f(x_2)$ kein Fixpunkt. Bilden wir aber den nächsten Wert $f(f(x_2)) = f(x_3) = x_4 = x_2$, so ist das ein Fixpunkt; wir erfassen jetzt nur jeden zweiten Wert und die zugehörige Ableitung ist $\left[f(f(x_2))\right]' = f'(x_2) \cdot f'(x_3) < 1$.[35] Analog ist $f(f(x_3))$ ein Fixpunkt.

Ganz allgemein gilt für die Oszillation zwischen 2^k Grenzwerten

$$f^{2^k}(x_k) \equiv \underbrace{f\big(f(f....f(x_k))\big)}_{\substack{f\,erscheint \\ 2^k\,mal}} \text{ ist ein Fixpunkt mit } \left[f^{2^k}(x_k)\right]' < 1, \qquad \text{(II-2.75)}$$

daher gilt im Bereich $3 < \sigma < \sigma_\infty \rightarrow \lambda_k < 0$, die Funktion strebt einer Vielzahl von stabilen Fixpunkten zu. Erst für $k = \infty$, also wenn $\sigma = \sigma_\infty$ ist, wird $\lambda_\infty > 0$. Für $\sigma \geq \sigma_\infty$, also im Bereich $\sigma_\infty \leq \sigma \leq 4$, ist das System chaotisch:

Dann gibt es Bereiche, in denen die Grenzwerte $\lim_{n \to \infty} x_n = x_f$ quasi-statistisch streuen mit $\lambda > 0$, man spricht von einem *seltsamen Attraktor* (*strange attractor*);

dazwischen aber gibt es „Fenster“ mit „normalen“ Zyklen, also Oszillationen zwischen zwei und mehreren Fixpunkten mit $\lambda < 0$.

Im chaotischen Bereich mit $\sigma_\infty \leq \sigma \leq 4$ hat σ keinen Einfluss mehr auf die Entwicklung des Systems, sondern nur der Startwert; rationale Startwerte führen zu Fixpunkten, irrationale Startwerte zu Chaos, das heißt zu unregelmäßig hin- und herspringenden Werten x_f.

Für $\sigma = 4$ liegt vollentwickeltes Chaos vor: Der seltsame Attraktor ergibt für x alle Werte von 0 bis 1 für $\lim_{n \to \infty} x_n$.

---

35 Mit Hilfe der Kettenregel folgt: $[f(f(x_2))]' = f'\underbrace{(f(x_2)}_{x_3} \cdot f'(x_2) = f'(x_3) \cdot f'(x_2)$. Man entnimmt dem Feigenbaumdiagramm (Abb. II-2.24), dass bei $\sigma = 3$ einer der beiden x-Werte in der Nähe von $x = 0{,}5$ liegt. Dann ist aber die Ableitung $f'(x) = \sigma(1 - 2x)$ für diesen Wert sehr nahe bei Null und daher das Produkt $f'(x_2) \cdot f'(x_3) < 1$. Das gilt prinzipiell auch für mehr als 2 Grenzwerte.

2.3 Selbstähnlichkeit und fraktale Dimension

2.3.1 Skalenprinzip und Selbstähnlichkeit

Die Lineare Differentialgleichung

$$\dot{x} = -a \cdot x(t), \qquad a > 0 \tag{II-2.76}$$

beschreibt unter anderem (wie z. B. beim radioaktiven Zerfall) einen mit der Zeit abnehmenden Prozess. Wir lösen die Gleichung durch Trennung der Variablen

$$\frac{dx}{x} = -adt \Rightarrow \ln x = -at + \ln C \tag{II-2.77}$$

also

$$\ln \frac{x}{C} = -at \Rightarrow x = Ce^{-at}. \tag{II-2.78}$$

Setzen wir $C = x_0$ bei $t = 0$, so ergibt sich als Lösung der *DG*

$$x = x_0\, e^{-at}. \tag{II-2.79}$$

Unabhängig vom Anfangswert x_0 bleibt die Funktion immer eine Exponentialfunktion. Da die *DG* linear ist, gilt das *Superpositionsprinzip* (Abschnitt 2.1.4, insbesondere Fußnote 13):

Wenn wir zwei Lösungen, z. B. $x_1 = x_{01}\, e^{-at}$ und $x_2 = x_{02}\, e^{-at}$ kennen, so ist auch eine Linearkombination der beiden Lösungen eine Lösung der *DG*, denn setzen wir die Linearkombination

$$x(t) = C_1 x_1 + C_2 x_2 = C_1 \cdot x_{01} e^{-at} + C_2 \cdot x_{02} e^{-at}. \tag{II-2.80}$$

in die *DG* ein, so erhalten wir

$$\frac{d}{dt}\,(C_1 \cdot x_{01} + C_2 \cdot x_{02})\, e^{-at} = -a\,(C_1 \cdot x_{01} + C_2 \cdot x_{02})\, e^{-at} = -a \cdot x(t), \tag{II-2.81}$$

diese Lösung erfüllt also wirklich die *DG* (Gl. II-2.76).

Betrachten wir jetzt das nichtlineare Bewegungsgesetz

$$\dot{x} = -bx^3(t), \qquad \mathrm{b} > 0. \tag{II-2.82}$$

Zur Lösung trennen wir wieder die Variablen

$$\frac{dx}{x^3} = -b\,dt \quad \Rightarrow \quad -\frac{x^{-2}}{2} = -bt + C\,. \tag{II-2.83}$$

$$\Rightarrow \quad x^2 = \frac{1}{2(bt - C)}\,. \tag{II-2.84}$$

Damit erhalten wir für $t = 0$ und $x(0) = x_0$ $\quad C = -\frac{1}{2x_0^2}$ $\quad$ und

$$x^2 = \frac{1}{2bt + \frac{1}{x_0^2}} = \frac{x_0^2}{2bx_0^2 t + 1} \tag{II-2.85}$$

und somit (Abb. II-2.26)

$$x(t,x_0) = \frac{x_0}{\sqrt{1 + 2bx_0^2 t}}, \qquad t \geq 0\,. \tag{II-2.86}$$

Die Summe zweier Lösungen mit unterschiedlichen Anfangsbedingungen $x_{0,1}$ und $x_{0,2}$ erfüllt in diesem Fall die Differentialgleichung nicht mehr, denn sind x_1 und x_2 Lösungen der *DG*, dann muss gelten

$$\dot{x}_1 = -bx_1^3,\ \dot{x}_2 = -bx_2^3\,. \tag{II-2.87}$$

Für die Linearkombination $x = rx_1 + sx_2$ gilt

$$\begin{aligned}\dot{x} &= r\dot{x}_1 + s\dot{x}_2 = -\ b(rx_1^3 + sx_2^3)\\ &\neq -b\underbrace{(rx_1 + sx_2)^3}_{x^3} = -b(r^3x_1^3 + 3r^2sx_1^2x_2 + 3rs^2x_1x_2^2 + s^3x_2^3)\end{aligned} \tag{II-2.88}$$

Also: *Das Superpositionsprinzip gilt nicht!*

Betrachten wir jetzt lange Zeiten. Dann kann im Nenner der Lösung die 1 gegen $2bx_0^2t$ vernachlässigt werden:

$$x(t) \approx \frac{x_0}{\sqrt{2bx_0^2 t}} = \frac{1}{\sqrt{2bt}}\,. \tag{II-2.89}$$

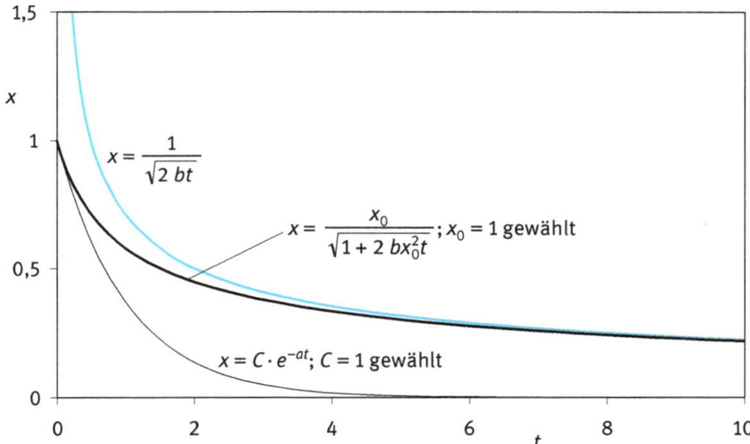

Abb. II-2.26: Die Lösungen der linearen *DG* $\dot{x} = -a \cdot x(t)$ (unterste Kurve) und der nichtlinearen *DG* $\dot{x} = -bx^3(t)$ (mittlere Kurve). Für lange Zeiten t kann die Lösung der nichtlinearen *DG* durch $x \propto t^{-1/2}$ genähert werden (oberste, blaue Kurve). Diese Lösung ist vom Startwert unabhängig und daher selbstähnlich.

Das gilt sicher gut für $2bx_0^2 t \gg 1$, bzw. $t \gg \frac{1}{2bx_0^2}$. Wir sehen also, dass für lange Zeiten dieser Größenordnung die Bewegung nicht mehr vom Anfangswert x_0 abhängt! Das bedeutet aber, dass das Lösungsverhalten $x(t) \propto t^{-1/2}$ für lange Zeiten auf unterschiedlichen Zeitskalen *ähnlich* ist: Ersetzt man nämlich t durch $\lambda \cdot t$, was bei $\lambda = \text{const.}$ einen anderen Zeitmaßstab bedeutet, so gilt (Gl. II-2.89)

$$x(\lambda t) = (\lambda \cdot t)^{-1/2} = \lambda^{-1/2} \cdot x(t). \tag{II-2.90}$$

Für unser spezielles Bewegungsgesetz $\dot{x} = -bx^3(t)$ stehen also für $t \gg \frac{1}{2bx_0^2}$ die Funktionswerte für die Zeitpunkte t und λt stets im Verhältnis λ^κ mit $\kappa = -1/2$; der konstante Exponent κ heißt *Skalenexponent*. Diese Beziehung gilt für jedes λ; man kann auch für verschiedene Zeitpunkte verschiedene λ-Werte wählen,[36] was gleich ausgenützt wird, um zu zeigen, dass die obige Beziehung ein Potenzgesetz für $x(t)$ bedingt.

Die Kurve $x(\lambda t)$ liegt für $\lambda > 1$ um den Faktor $1/\sqrt{\lambda}$ unter der Kurve $x(t)$ (Abb. II-2.27). Wenn man die Zeitachse t um den Faktor λ dehnt (Maßstabsänderung), dann decken sich die Kurven $x(t)$ und $x(\lambda t)$. Die Pfeile zeigen, wie man gemäß der Gleichung $x(\lambda t) = \lambda^{-1/2} \cdot x(t)$ von der Kurve $x(t)$ zur Kurve $x(\lambda t)$ gelangt und wie die

36 Dann sind die Abszissenstreckung und die zugehörige Ordinatenstauchung von der Zeit abhängig, führt aber immer zur gleichen resultierenden Kurve.

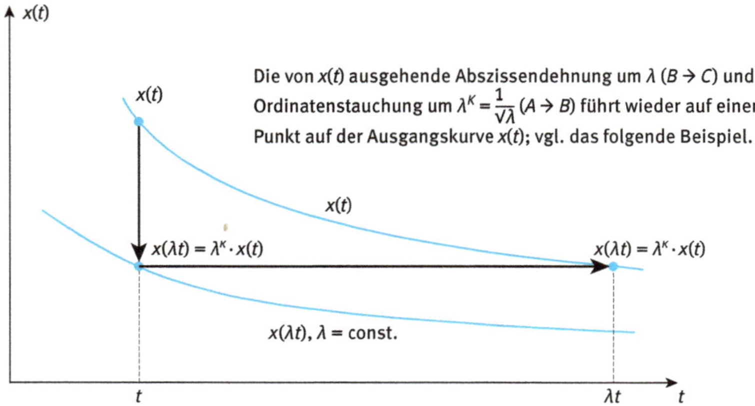

Abb. II-2.27: Die Kurve $x(\lambda t)$ geht bei Dehnung der Zeitachse um den Faktor λ ($t \to \lambda t$) in die Kurve $x(t)$ über. $\kappa = -1/2$.

Dehnung der (t)-Achse um den Faktor λ die beiden Kurven zur Deckung bringt (die Ordinatenwerte der beiden Achsen fallen dann zusammen). Wenn der Faktor λ von t abhängt ($\lambda = \lambda(t)$), dann besitzt die Kurve $x(\lambda(t) \cdot t)$ zwar ein anderes „Aussehen" als die Kurve $x(t)$, aber die jetzt inhomogene Dehnung $t \to \lambda(t) \cdot t$ bringt wieder beide Kurven zur Deckung. Sie sind über den konstanten Skalenexponenten κ weiterhin *selbstähnlich.*

Beispiel: Wir wählen $\lambda = 5$, also eine Streckung der Zeitachse um den Faktor 5, die jeweilige Zeit wird also verfünffacht. Dies kann durch die Stauchung der Ordinate x um den Faktor $1/\sqrt{5}$ wettgemacht werden ($\lambda^{-1/2} = \frac{1}{\sqrt{5}} = 0{,}447$), völlig unabhängig von der Konstante b!

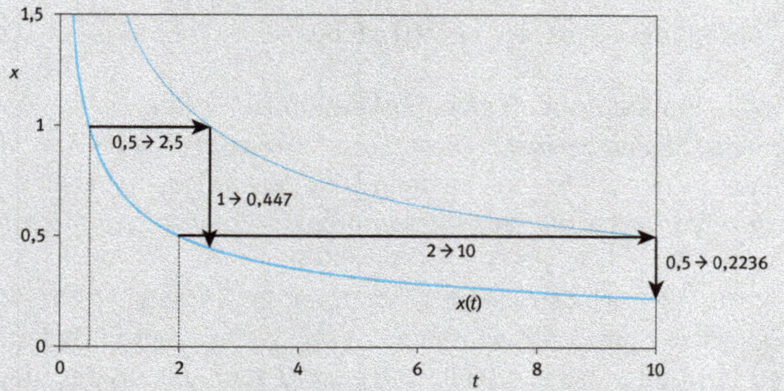

Selbstähnlichkeit der Kurve $x(t) = \frac{1}{\sqrt{2bt}} \Rightarrow x(\lambda \cdot t) = \lambda^{-1/2} \cdot x(t)$, hier für $\lambda = 5$: Streckung der t-Achse um den Faktor 5 und Stauchung der x-Achse um $1/\sqrt{5}$ führen auf dieselbe Kurve $x(t)$ (dick blau).

Für nichtlineare Systeme, die einem Potenzgesetz gehorchen ($x(t) \propto t^{\kappa}$), tritt an die Stelle eines additiven Prinzips (Superpositionsprinzip) ein multiplikatives Prinzip, das Prinzip der Selbstähnlichkeit:

$$x(\lambda \cdot t) = \lambda^{\kappa} \cdot x(t) \quad \text{oder} \quad \frac{x(\lambda \cdot t)}{x(t)} = \lambda^{\kappa} \qquad \textit{Prinzip der Selbstähnlichkeit (= Skalenähnlichkeit, Affininvarianz),} \tag{II-2.91}$$

dabei ist λ beliebig > 0, wobei λ auch eine Funktion von t sein kann, und κ der *Skalenexponent* (= *Ähnlichkeitsexponent*).

Mit dem Selbstähnlichkeitsprinzip kann sofort gezeigt werden, dass das zeitliche Verhalten der Funktion $x(t)$ die Form eines Potenzgesetzes haben muss. Wir wählen dazu λ so, dass $\lambda \cdot t$ mit steigendem t (anwachsender Zeit) konstant bleibt[37]

$$\lambda \cdot t = \text{const.} = c \Rightarrow \lambda = \frac{c}{t} = \lambda(t). \tag{II-2.92}$$

Dann gilt nach dem Prinzip der Selbstähnlichkeit

$$x(t) = \frac{x(\lambda t)}{\lambda^{\kappa}} = \frac{x(c)}{\frac{c^{\kappa}}{t^{\kappa}}} = \text{const} \cdot t^{\kappa}. \tag{II-2.93}$$

Es ist also

$$x(t) \propto t^{\kappa} \quad \text{und} \quad x(\lambda \cdot t) \propto (\lambda \cdot t)^{\kappa}. \tag{II-2.94}$$

Wir sehen: Die Selbstähnlichkeit (Skalenähnlichkeit) und das Potenzgesetz des zeitlichen Verhaltens bedingen einander wechselseitig.

Vergleichen wir diese Ergebnisse nochmals mit jenem der linearen *DG* $\dot{x} = -a \cdot x(t)$ und ihrer Lösung $x(t) = x_0 e^{-at}$,[38] so gilt für den Zeitpunkt (λt) jetzt $x(\lambda t) = x_0 e^{-a(\lambda t)}$

$$\Rightarrow \quad \frac{x(\lambda t)}{x(t)} = \frac{x_0 e^{-a(\lambda t)}}{x_0 e^{-at}} = e^{-at(\lambda - 1)}. \tag{II-2.95}$$

37 Der Skalenfaktor λ kann ja frei gewählt werden.

38 Hier gilt: $\frac{x(t+\tau)}{x(t)} = e^{-a\tau}$ unabhängig von der Zeit, also nicht die Multiplikation des Zeitpunkts mit λ, sondern die Addition eines Zeitwerts τ ergibt hier ein zeitunabhängiges Verhältnis der beiden Funktionswerte.

Hier ist bei Änderung des Zeitpunkts um den Faktor λ das Verhältnis der Funktionswerte zu den Zeitpunkten (λt) und t im Gegensatz zum Prinzip der Selbstähnlichkeit nun über die *Relaxationskonstante* a explizit von der Zeit abhängig!

Das heißt:

Die Relaxationskonstante des Exponentialprozesses setzt dem Prozess einen natürlichen Zeitmaßstab.

Im Falle des Exponentialgesetzes ist nach der Zeit $\tau = \frac{1}{a}$ der Wert von $x(t)$ auf $1/e$ des Anfangwertes x_0 gesunken (z. B. beim radioaktiven Zerfallsgesetz mit $N = N_0 e^{-\lambda t}$ mit $x_0 = N_0$). Die mittlere Lebensdauer $\tau = \frac{1}{a}$ ist damit ein natürlicher Zeitmaßstab; durch Vergleich mit der *Relaxationszeit* τ kann die Zeit bewertet werden, die seit dem Zeitpunkt $t = 0$ vergangen ist.

Im Gegensatz dazu setzt der Parameter b in der nichtlinearen *DG* $\dot{x} = -bx^3$ (Gl. II-2.82) keinen Zeitmaßstab, denn die Streckung oder Stauchung der Zeitachse wird durch entsprechende Skalierung der x-Achse wettgemacht, wodurch das Verhältnis zweier Funktionswerte für zwei im Verhältnis λ stehende Zeitpunkte, unabhängig vom betrachteten Zeitpunkt, stets den konstanten Wert λ^κ besitzt.

Selbstähnlichkeit bedeutet das Fehlen eines natürlichen Maßstabes beim betrachteten Phänomen.

Ein analoges Fehlen eines Maßstabs wie bei dem eben besprochenen Verhalten unserer nichtlinearen *DG* tritt auch bei räumlichen Strukturen auf. Beispiele dazu sind die sogenannten „kritischen Phänomene“ in der *Physik der kritischen Punkte*.[39] In den dort behandelten Systemen (siehe Fußnote 39) liegt unterhalb des kritischen Punktes jeweils ein charakteristischer Maßstab, die *Korrelationslänge* ξ, vor. Oberhalb des *kritischen Punktes* zerfallen die Korrelationen exponentiell. Am kritischen Punkt aber geht $\xi \to \infty$, damit fehlt plötzlich der natürliche Längenmaßstab des entsprechenden Phänomens. Damit werden die thermischen Fluktuationen am kritischen Punkt selbstähnlich, also skaleninvariant und gewisse thermodynamische Eigenschaften (z. B. spezifische Wärme, Suszeptibilität, etc.) verhalten sich

---

39 Am kritischen Punkt endet die Unterscheidungsmöglichkeit zwischen spezifischen physikalischen Größen. Beispiele sind der thermodynamische kritische Punkt (dort verschwindet der Dichteunterschied zwischen Flüssigkeit und Gas), die Curie-Temperatur (hier verschwindet der Unterschied zwischen ferromagnetischer und paramagnetischer Magnetisierung), der λ-Punkt von flüssigem Helium (dort verschwindet der suprafluide Zustand), die Sprungtemperatur der Supraleiter (es verschwindet die Supraleitfähigkeit), die kritische Temperatur bei gewissen Ordnungs-Unordnungs-Umwandlungen (dort verschwindet die Zuordnung der verschiedenen Atomsorten einer Legierung auf spezielle Untergitter, z. B. für CuZn).

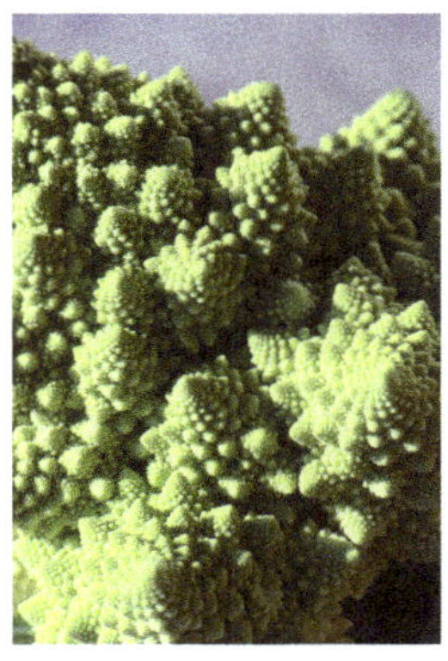

Abb. II-2.28: Blumenkohl (Karfiol) „Romanesco“ eine Kreuzung aus Blumenkohl und Broccoli aus der Umgebung von Rom. (Fotografiert von Wolfgang Beyer; nach Wikipedia).

nach einem Potenzgesetz, das *universal*[40] ist, also für viele verschiedene Systeme gleich: Es kommt zum Wechsel von einem vorher linearen zu einem nichtlinearen System. Zum genaueren Studium kritischer Phänomene sei das Buch „Modern Theory of Critical Phenomena“ von S.-K. Ma empfohlen (The Benjamin/Cummings Publishing Company, Reading, Massachusetts, USA, 1976).

Selbstähnliche Strukturen treten auch in der Natur, z. B. beim Wachstum biologischer Systeme auf, deren Ursache in Rückkopplungsprozessen beim Wachstum liegt. Abb. II-2.28 zeigt als Beispiel die Blumenkohlsorte (Karfiolsorte) „Romanesco“, die ursprünglich aus der Umgebung von Rom stammt.

Die Blütensprossen dieser Gemüsesorte weisen einen hohen Grad an Selbstähnlichkeit auf und zeigen damit einen fraktalen Charakter: Jeder Sprossenkegel besteht wieder aus Kegeln und so fort. In der Natur lässt sich die Verfolgung dieser selbstähnlichen Strukturen durch Vergrößerung aber nicht beliebig lang fortsetzen. Im Beispiel in Abb. II-2.28 treten die Sprossenkegel auch in „Fibonacci-Spiralen“ auf, wie sie sich z. B. auch in den Blütenständen der Sonnenblumen finden. Zu den Fibonacci-Reihen siehe auch Band VI, Kapitel „Materialphysik“, Abschnitt 3.3 („Quasikristalle“).

Beschreibung einer allgemeinen Nichtlinearität:

$$\dot{x} = -bx^{1+n} \quad \textit{Bewegungsgleichung des Systems.} \qquad \text{(II-2.96)}$$

Für lange Zeiten $t \gg \dfrac{1}{nbx_0^n}$ hat die Bewegungsgleichung folgende Potenzfunktion als Lösung

40 Universalität bedeutet in der Statistischen Physik, dass viele Systeme Eigenschaften aufweisen, die unabhängig von den speziellen (dynamischen) Vorgängen in den Systemen sind. Der Begriff stammt von Leo Kadanoff, 1937–2015, US-amerikanischer theoretischer Physiker).

$$x(t) = \frac{1}{(nbt)^{1/n}}.^{41} \qquad \text{(II-2.97)}$$

In unserem obigen Beispiel (Gl. II-2.82) war $n = 2$.

Für den Skalenexponenten ergibt sich jetzt

$$\kappa = -\frac{1}{n}. \qquad \text{(II-2.98)}$$

Dabei muss n nicht ganzzahlig sein, auch $n < 1$ ist erlaubt. n darf aber nicht 0 sein, da sich sonst eine exponentielle Lösung mit Superpositionsprinzip ergibt.

Zusammenfassend kann man sagen:

i

Es gibt die „*lineare Welt*" mit linearen Bewegungsgleichungen, in der das Superpositionsprinzip gilt.

Andererseits gibt es die „*nichtlineare Welt*" mit nichtlinearen Bewegungsgleichungen, in der das Skalenprinzip der Selbstähnlichkeit Gl. (II-2.91) gilt. Beide „Welten" existieren nebeneinander.

2.3.2 Die Koch-Kurve

Wir haben gerade das Prinzip der Selbstähnlichkeit aus dem Verhalten der Lösung von *DG*'s entwickelt, wenn diese in der Form eines Potenzgesetzes vorliegen. Der Begriff der Selbstähnlichkeit umfasst aber auch alle Strukturen mit der Eigenschaft, dass bei Vergrößerung dieselbe oder jedenfalls eine ähnliche Struktur wie vorher auftritt. Wir diskutieren daher jetzt diskontinuierliche Strukturen, die zwar keiner *DG* gehorchen, die aber sich gesetzmäßig wiederholende Elemente aufweisen, deren charakteristische Länge bzw. deren Anzahl sich als Funktion des Itera-

---

41 Durch Separation der Variablen folgt: $\int \frac{-dx}{x^{(1+n)}} = \int b\,dt \Rightarrow \frac{1}{nx^n} = b \cdot t + k \Rightarrow x = \frac{1}{(nbt + nk)^{1/n}}$.

Anfangsbedingung: Für $t = 0$ ist $x = x_0 \Rightarrow x_0 = \frac{1}{(nk)^{1/n}} \Rightarrow nk = \frac{1}{x_o^n}$. Damit lautet die Lösung der *DG*:

$x = \frac{1}{\left(nbt + \frac{1}{x_0^n}\right)^{1/n}}$; für $nbt \gg \frac{1}{x_0^n}$ bzw. $t \gg \frac{1}{nbx_0^n}$ gilt $x(t) = \frac{1}{(nbt)^{1/n}} \Rightarrow$

$x(\lambda t) = \frac{1}{(nbt)^{1/n} \cdot \lambda^{1/n}} = \lambda^{-1/n} \cdot x(t) = \lambda^{\kappa} \cdot x(t)$ mit $\kappa = -1/n$.

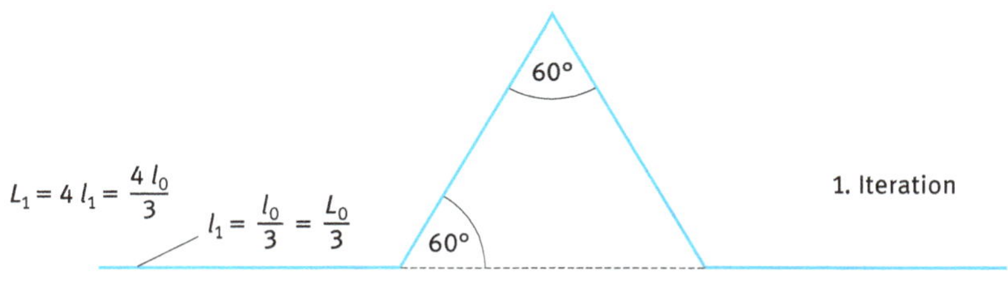

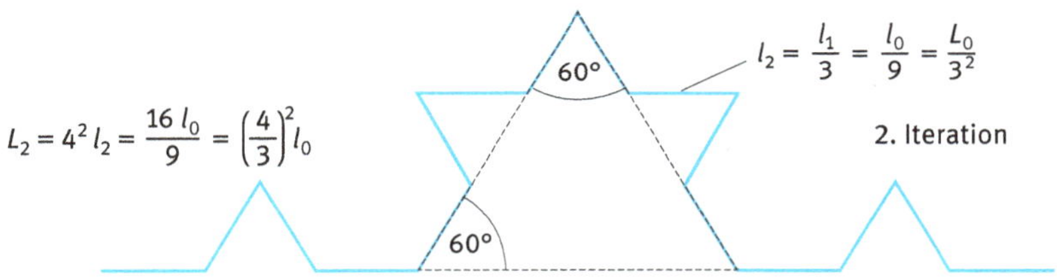

$L_2 = 4^2\,l_2 = \frac{16\,l_0}{9} = \left(\frac{4}{3}\right)^2 l_0$
$l_2 = \frac{l_1}{3} = \frac{l_0}{9} = \frac{L_0}{3^2}$
60°
60°
2. Iteration

Abb. II-2.29: Konstruktion der Koch-Kurve (siehe Text).

tionsschritts n nach einem Potenzgesetz ändert und die somit dem Prinzip der Selbstähnlichkeit genügen.

Als Beispiel betrachten wir die *Koch-Kurve* (nach dem schwedischen Mathematiker Niels Fabian Helge Hartmut von Koch, 1870–1924). Zunächst (0-te Iteration) liegt eine gerade Strecke L_0 der Länge l_0 vor. Wir verkleinern die Strecke in der ersten Iteration nun auf ein Drittel und tragen sie viermal auf: gerade, anschließend um 60° geneigt, anschließend um 120° in die Gegenrichtung geneigt, anschließend um 120° geneigt (Abb. II-2.29). Damit hat jeder der vier neuen Abschnitte die Länge $l_1 = \frac{l_0}{3}$ und die neue Kurve die Gesamtlänge $L_1 = \frac{4\,l_0}{3} = \frac{4\,L_0}{3}$.

Dieses Verfahren wenden wir nun wieder auf jede der neu auftretenden Längen L_1 an (vgl. Abb. II-2.29). Nach n-Schritten hat die Kurve die Länge

$$L_n = \left(\frac{4}{3}\right)^n L_0 \qquad \text{mit } L_0 = l_0\,. \tag{II-2.99}$$

Wir lassen die Iterationen gegen ∞ gehen und erhalten

$$\lim_{n \to \infty} L_n = \infty \,. \tag{II-2.100}$$

Dabei ist die „Maßstabslänge“, das ist die Länge eines äquivalenten Geradenstücks in jeder Iteration

$$l_n = L_0 \cdot \frac{1}{3^n} \,. \tag{II-2.101}$$

Die Gesamtzahl der Einzelstrecken $N(l_n)$ mit Länge l_n ergibt sich aus der Gesamtlänge nach der n-ten Iteration $L_n = N(l_n) \cdot l_n$ zu

$$N(l_n) = \frac{L_n}{l_n} = \frac{\left(\frac{4}{3}\right)^n L_0}{L_0 \frac{1}{3^n}} = 4^n \,. \tag{II-2.102}$$

Wie kommt man von einer gegebenen Gesamtzahl von Einzelstrecken eines Iterationsschritts zur Gesamtzahl der nächsten Iteration? Die Gesamtzahl der Einzelstücke mit Länge l_n (n-te Iteration) ist ja $N(l_n) = 4^n$. Bei der nächsten Iteration wird der Maßstab (= charakteristische Länge eines Strukturelements) auf 1/3 gekürzt, also

$$N\left(\frac{1}{3} l_n\right) = N\left(\frac{1}{3^{n+1}} l_0\right) = N(l_{n+1}) = 4^{n+1} = 4 \cdot 4^n = 4 \cdot N(l_n) \,. \tag{II-2.103}$$

Die als Beispiel gewählte Koch-Kurve zeigt also bezüglich der Anzahl $N(l_n)$ Selbstähnlichkeit, da für jedes l_n gilt

$$N\left(\frac{1}{3} l_n\right) = 4 \cdot N(l_n) \,. \tag{II-2.104}$$

Wir können das Selbstähnlichkeitsprinzip in diesem Fall ebenso wie früher für stetige Funktionen $x(t)$ (Abschnitt 2.3.1, Gl. II-2.91) so schreiben

$$N(\lambda \cdot l_n) = \lambda^\kappa \cdot N(l_n) \,. \tag{II-2.105}$$

und erhalten damit

$$\lambda = \frac{1}{3}, \; \lambda^\kappa = \left(\frac{1}{3}\right)^\kappa = 4 \,. \tag{II-2.106}$$

Definition des Logarithmus: Als Logarithmus A der Zahl N zur Basis a, also $\log_a N = A$ bezeichnet man den Exponenten der Potenz, zu der man a erheben muss, um die Zahl N zu erhalten, also $a^A = N$. Das heißt: Aus $a^A = N$ folgt $\log_a N = A$ und umgekehrt; daher gilt identisch $a^{\log_a N} \equiv N$.

Zur Umrechnung des Logarithmus der Zahl N zur Basis b auf jenen zur Basis a gilt die Beziehung $\log_a N = \dfrac{\log_b N}{\log_b a}$, wobei rechts und links die Logarithmen zweier beliebiger Basen a und b stehen.[42]

Die wichtigsten Eigenschaften der Logarithmen zur gleichen Basis a ($a \neq 1$) sind:

$\log_a 1 = 0$, $\log_a a = 1$, $\log_a 0 = \begin{cases} -\infty \textit{ für } a > 1 \\ +\infty \textit{ für } a < 1 \end{cases}$,[43]

$\log_a \left(N_1 \cdot N_2\right) = \log_a N_1 + \log_a N_2$,[44] $\log_a \dfrac{N_1}{N_2} = \log_a N_1 - \log_a N_2$,

$\log_a (N^n) = n \cdot \log_a (N)$, $\log_a \sqrt[n]{N} = \dfrac{1}{n} \log_a N$.

Dekadische (Briggsche) Logarithmen, Basis $a = 10$: $\log_{10} N = \lg N$, natürliche (Npersche) Logarithmen, Basis $a = e = 2{,}71828 \ldots$: $\log_e N = \ln N$.[45]

Aus der Fußnote 38 folgt: $\log_{10} N = \lg N = \dfrac{\log_e N}{\log_e 10} = \dfrac{\ln N}{2{,}30259}$.

Wir wählen in unserem Fall zur Berechnung von κ als Basis die *Eulersche Zahl e*, nehmen also die natürlichen Logarithmen. Es folgt

$$\ln \lambda^\kappa = \ln\left(\frac{1}{3}\right)^\kappa = \ln 4 = \kappa \cdot \ln(3^{-1}) = -\kappa \ln 3 \qquad \text{(II-2.107)}$$

und damit

$$\kappa = -\frac{\ln 4}{\ln 3} = -1{,}2618 \ldots . \qquad \text{(II-2.108)}$$

---

42 Es gilt: $a^{\log_a N} = N = b^{\log_b N}$; $a = b^{\log_b a} \Rightarrow a^{\log_a N} = b^{\log_b a \cdot \log_a N} = b^{\log_b N}$; die Exponenten von b müssen daher gleich sein $\Rightarrow \log_a N = \dfrac{\log_b N}{\log_b a}$.

43 Diese Beziehungen folgen sofort aus der Identität $a^{\log_a N} \equiv N$.

44 $a^{\log_a(N_1 \cdot N_2)} = N_1 \cdot N_2 = a^{\log_a N_1} \cdot a^{\log_a N_2} = a^{\log_a N_1 + \log_a N_2} \Rightarrow \log_a(N_1 \cdot N_2) = \log_a N_1 + \log_a N_2$ und analog für $\log_a \dfrac{N_1}{N_2}$.

45 Die *Eulersche Zahl e* (nach dem Mathematiker Leonhard Euler, 1707–1783) ist so definiert: $e = \lim\limits_{n \to \infty} \left(1 + \dfrac{1}{n}\right)^n = 2{,}718281828459\ldots$ $n = 1,2,3, \ldots$ (Irrationalzahl).

Wie früher für das zeitliche Verhalten $x(t) \propto t^{\kappa}$ (Abschnitt 2.3.1, Gl. II-2.94) folgt hier aus $N(\lambda \cdot l_n) = \lambda^{\kappa} N(l_n)$ indem l_n an die Stelle von t tritt

$$N(l_n) \propto l_n^{\kappa}, \; \kappa < 0\,. \qquad \text{(II-2.109)}$$

Setzen wir für $\kappa = -d_F$, also $d_F = \dfrac{\ln 4}{\ln 3} = 1{,}2618\ldots$, so wird

$$N(l_n) \propto \frac{1}{l_n^{d_F}} = l_n^{-d_F} \qquad \text{(II-2.110)}$$

mit $l_n = \dfrac{L_0}{3^n}$ (Gl. II-2.101).

Für die Gesamtlänge L_n nach n Iterationen ergibt sich mit $N_n(l_n) = 4^n$ (Gl. II-2.102) und $l_n = L_0 \cdot \dfrac{1}{3^n}$ (Gl. II-2.101)

$$\Rightarrow L_n = N(l_n) l_n = \left(\frac{4}{3}\right)^n L_0 \qquad \text{(II-2.111)}$$

und daher gilt im Grenzfall unendlich kleiner Strukturelemente

$$\underset{n\to\infty}{L_n} = \underset{n\to\infty}{\left(\frac{4}{3}\right)^n L_0} \to \infty \text{ sowie } \underset{n\to\infty}{l_n} = \underset{n\to\infty}{\frac{L_0}{3^n}} = 0. \qquad \text{(II-2.112)}$$

Nach vielen Iterationen (Abb. II-2.30) bekommt die Kurve eine „Noppenstruktur", die immer länger werdende Kurve wird „breit", also nahezu flächig. Zur Bestimmung der Fläche der vielfach iterierten Kurve bedecken wir sie mit kleinen Quadraten, z. B. von der Größe $l_n \times l_n$.[46] Damit erhalten wir eine Gesamtfläche von

$$A_n = A(l_n) \propto l_n^2 \cdot N(l_n) = \frac{L_0^2}{3^{2n}} \cdot 4^n = L_0^2 \left(\frac{4}{9}\right)^n \to 0 \text{ für } n \to \infty\,, \qquad \text{(II-2.113)}$$

das heißt, die Gesamtfläche geht für $n \to \infty$ gegen Null

46 Diese Quadrate sind sicher größer als die entsprechenden Dreiecksflächen; die Gesamtfläche dieser Quadrate stellt daher eine obere Grenze für die Fläche A_n der n-ten Iteration der Kochkurve dar.

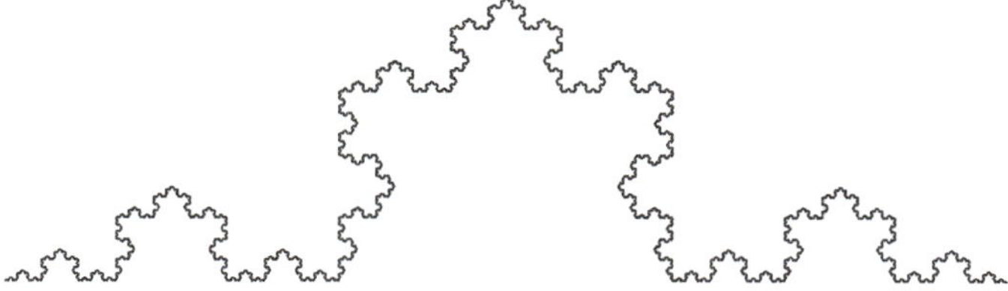

Abb. II-2.30: Die Koch-Kurve nach der 11. Iteration.

$$\lim_{n \to \infty} A_n = 0. \tag{II-2.114}$$

Die Koch-Kurve, die sich ganz im Endlichen erstreckt, ist also *mehr als eine Linie*, da ihre Länge ∞ wird, aber *weniger als eine Fläche*, da ihr Flächeninhalt gleich Null ist. Können wir der Kochkurve vielleicht eine Dimension zwischen 1 und 2 zuordnen? Hat diese Dimension eventuell etwas mit $d_F = -\kappa = \dfrac{\ln 4}{\ln 3} = 1{,}2618\ldots$ zu tun?

2.3.3 Fraktale Dimension

Wir nehmen jetzt das abgeschlossene Intervall der Zahlengeraden zwischen Null und Eins [0,1], teilen es in drei gleich große Teile und streichen den „offenen" mittleren Teil (ohne seine Grenzen). Genauso verfahren wir anschließend mit den beiden restlichen Teilen: Wir teilen sie wieder in drei gleich große Teile und streichen den offenen inneren Teil, usf. Im Grenzfall erhalten wir eine unendlich große, nicht abzählbare Menge nicht zusammenhängender Punkte, die *Cantor-Menge* (*Cantor-Staub*, nach dem deutschen Mathematiker Georg Ferdinand Ludwig Philipp Cantor, 1845–1918).

Diese Intervallmenge (Abb. II-2.31) hat im Grenzfall unendlicher Teilung keine eigentliche Länge, sie ist „vom Maß Null", da der weggelassene Rest zusammen die Länge Eins hat:

$$\frac{1}{3} + \frac{2}{9} + \frac{4}{27} + \ldots = 1.\text{[47]} \tag{II-2.115}$$

Die *Dimension* dieser Cantormenge ist aber nicht 0!

---

47 $S = \frac{1}{3} + \frac{2}{3^2} + \frac{2^2}{3^3} + \ldots = \frac{1}{3} + \frac{2}{3}\underbrace{\left(\frac{1}{3} + \frac{2}{3^2} + \frac{2^2}{3^3} + \ldots\right)}_{S} \Rightarrow S - \frac{2}{3}S = \frac{1}{3} \Rightarrow S = 1.$

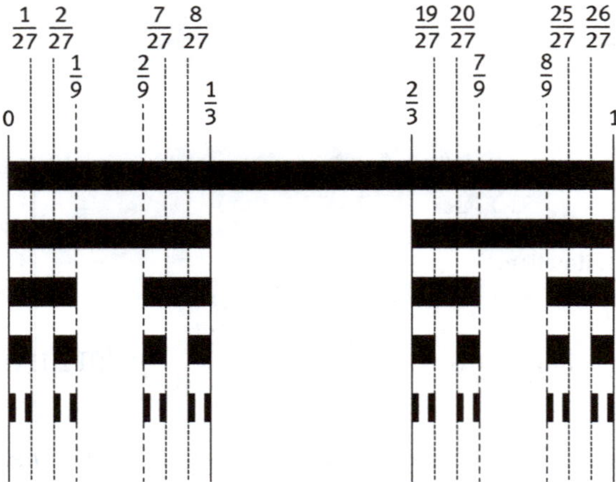

Abb. II-2.31: Die Cantor-Menge („Cantor-Staub").

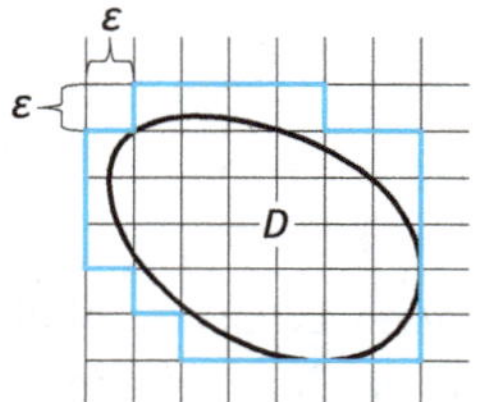

Abb. II-2.32: Zur Definition der fraktalen Dimension (Hausdorff-Dimension). Wir bedecken das Objekt D (hier die Fläche D) mit „Hyperwürfeln" (hier Quadrate) der Seitenkante ε und zählen die Anzahl der Zellen N_ε, die notwendig ist, um D zu bedecken.

Wie kommt man zur Dimension? Dazu gehen wir so vor:

Wir nehmen unser Objekt D, also eine Linie, eine Fläche usw., und bedecken es mit gleich langen, kleinen Linienstücken, gleich großen, kleinen Quadraten usw.

Allgemein: Wir bedecken D mit „Hyperwürfeln" der Seitenkante ε und zählen die Anzahl der Zellen N_ε, die notwendig ist, um D zu bedecken (Abb. II-2.32).

Als Dimension von D definieren wir

$$d_F = \lim_{\varepsilon \to 0} \frac{\ln \overbrace{N_\varepsilon}^{\text{Anzahl der Hyperwürfel}}}{\ln 1/\varepsilon} \qquad \textit{Fraktale Dimension, Hausdorff-Dimension.}^{48} \qquad \text{(II-2.116)}$$

48 Die Idee zur Einführung der fraktalen Dimension stammt vom deutschen Mathematiker Felix Hausdorff, 1868–1942.

Beispiel: Quadrat mit Kantenlänge 1.

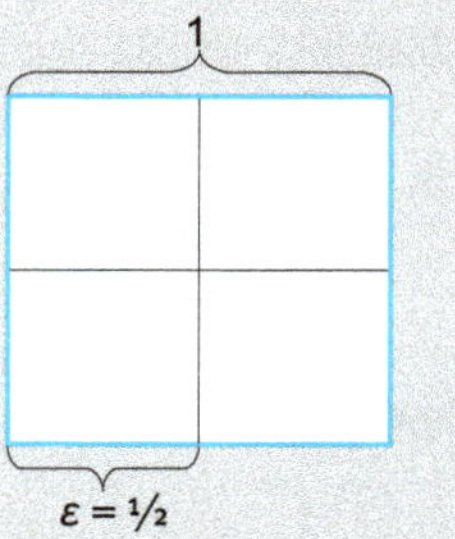

Für $\varepsilon = 1/2$ ergibt sich $N_\varepsilon = 4 = \left(\frac{1}{\varepsilon}\right)^2$, für $\varepsilon = 1/4$ folgt $N_\varepsilon = 16 = \left(\frac{1}{\varepsilon}\right)^2$.

Damit erhalten wir die Hausdorff-Dimension

$$d_F = \frac{\ln\left(\frac{1}{\varepsilon}\right)^2}{\ln\left(\frac{1}{\varepsilon}\right)} = \frac{2 \cdot \ln\left(\frac{1}{\varepsilon}\right)}{\ln\left(\frac{1}{\varepsilon}\right)} = 2,$$

also den erwarteten Wert.

Wir wenden diese Definition der Dimension jetzt auf die Cantor-Menge an. Als „Hyperwürfel" nehmen wir die Längen der jeweiligen Reststrecken:

1. Teilung:	2 Reststrecken der Länge		$1/3$ ($N_\varepsilon = 2$, $\varepsilon = 1/3$)
2. Teilung:	$4 = 2^2$ Reststrecken zu je		$1/9 = \frac{1}{3^2}$ ($N_\varepsilon = 2^2$, $\varepsilon = 1/3^2$)
:	:	:	:
:	:	:	:
n. Teilung:	2^n	Reststrecken zu je	$1/3^n$ ($N_\varepsilon = 2^n$, $\varepsilon = 1/3^n$)

Es ergibt sich also $N_\varepsilon = 2^n$ und $\varepsilon = \frac{1}{3^n}$, also $\frac{1}{\varepsilon} = 3^n$.

Damit können wir die Dimensionen der Cantor-Menge angeben:

$$d_{\text{Cantor}} = \frac{\ln 2^n}{\ln 3^n} = \frac{n \cdot \ln 2}{n \cdot \ln 3} = \frac{\ln 2}{\ln 3} = 0{,}6309\ldots \qquad \text{(II-2.117)}$$

Die Cantor-Menge liegt in ihrer Dimension also zwischen einem Punkt mit $d = 0$ und einer Linie mit $d = 1$, es handelt sich um eine *gebrochene*, eine *fraktale Dimension*.

Wir können jetzt auch die Dimension der Koch-Kurve bestimmen. Für ε nehmen wir die auf l_0 normierte Maßstabslänge (Abschnitt 2.3.2, Gl. II-2.101) $\frac{l_n}{L_0} = \frac{1}{3^n} = \varepsilon$, da wir zur Bildung des Logarithmus eine dimensionslose Größe brauchen. Die Anzahl der „Hyperwürfel" ist $N_\varepsilon = N(l_n) = 4^n$. Damit ergibt sich für die Dimension der Koch-Kurve

$$d_{\text{Koch}} = \frac{\ln 4^n}{\ln 3^n} = \frac{n \cdot \ln 4}{n \cdot \ln 3} = \frac{\ln 4}{\ln 3} = 1{,}2618\ldots \qquad \textit{Dimension der Koch-Kurve.} \qquad \text{(II-2.118)}$$

Die Koch-Kurve liegt in ihrer Dimension also zwischen einer Linie ($d = 1$) und einer Fläche ($d = 2$).

Beispiel: Das Sierpinski-Dreieck (nach dem polnischen Mathematiker Waclaw Franciszek Sierpinski, 1882–1969). Hier wird ein gleichseitiges Dreieck in vier gleich große gleichseitige Dreiecke zerlegt und das mittlere ausgeschnitten. Jedes der verbleibenden drei Dreiecke wird in gleicher Weise wieder in 4 gleiche Dreiecke geteilt und das jeweils mittlere ausgeschnitten, usf.

Sierpinski-Dreieck. Auf den verschiedenen Iterationsstufen (Rekursionen) wird immer das mittlere der vier kongruenten Dreiecke ausgeschnitten (blau), in die das vorhergehende Dreieck aufgeteilt wurde.

Zur Bestimmung der fraktalen Dimension der verbliebenen weißen Dreiecke betrachten wir die Teilung der Dreiecke auf den verschiedenen Stufen:

1. Teilung: 3 Restdreiecke der Seitenkante 1/2

2. Teilung: $9 = 3^2$ Restdreiecke der Seitenkante $1/4 = \frac{1}{2^2}$

: : : :

: : : :

n. Teilung: 3^n Restdreiecke der Seitenkante $1/2^n$

Die Anzahl N_ε der Restdreiecke ist also $N_\varepsilon = 3^n$, wir bedecken sie mit Quadraten der Seitenkanten $\varepsilon = 1/2^n \Rightarrow 1/\varepsilon = 2^n$.

Daraus erhalten wir die Dimension

$$d_{\text{Sierpinski}} = \frac{\ln 3^n}{\ln 2^n} = \frac{n \cdot \ln 3}{n \cdot \ln 2} = \frac{\ln 3}{\ln 2} \approx 1{,}5849....$$

Wieder liegt die fraktale Dimension zwischen der einer Länge und der einer Fläche.

Von B. Mandelbrot[49] stammt ein nichtlineares Schema der Regression mit komplexen Zahlen (1980):

$$z_{n+1} = z_n^2 + c, \qquad z_n, c \text{ komplex.} \tag{II-2.119}$$

Die komplexe Zahl c bestimmt zusammen mit z_0 die Folge der komplexen Zahlen z_n:

1. $c = 0$

   Wir wählen z_0 zunächst so, dass $|z_0| < 1$. Dann werden die z_n mit steigendem n immer kleiner, im Grenzwert

$$\lim_{n \to \infty} z_n = 0. \tag{II-2.120}$$

   Der Wert Null ist also ein Attraktor für alle Werte mit $|z| < 1$, d. h. für alle Punkte in der komplexen Ebene innerhalb des Kreises mit Radius $R = 1$ (Abb. II-2.33).

   Wir wählen jetzt z_0 so, dass $|z_0| = 1$; damit gilt $|z_n| = |z_1| = |z_0^2| = 1$, das heißt, alle Punkte z_n bleiben auf dem Kreis mit Radius $R = 1$.

49 Benoit B. Mandelbrot, französischer Mathematiker, polnischer Herkunft, 1924–2010. Die meiste Zeit seines Lebens verbrachte er in den USA, wo er am IBM Thomas J. Watson Research Center in Cambridge (Massachusetts) forschte.

Wählen wir aber $|z_0| > 1$, dann divergiert die Folge der z_n, sie strebt gegen den neuen Attraktor $z = \infty$. Der Kreis mit Radius 1 ist daher die Grenzlinie (*Separatrix*) zwischen dem Attraktor bei $z = 0$ und jenem bei $z = \infty$.

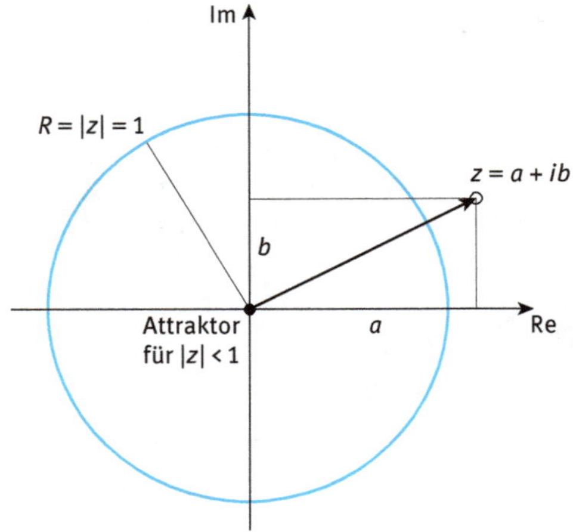

Abb. II-2.33: Für alle Werte $|z| < 1$ der komplexen Zahlen $z_{n+1} = z_n^2$ ist $z = 0$ ein Attraktor. Beim Startwert $|z_0| = 1$ bleiben alle Punkte auf dem Kreis mit Radius $R = |z| = 1$.

2. $c \neq 0$
   Wir wählen als Startwert $z_0 = 0$. Damit wird die Folge der z_n:

$$z_1 = c,\ z_2 = c^2 + c,\ z_3 = (c^2 + c)^2 + c,\ \ldots \tag{II-2.121}$$

Für $c = 1 + i$ und $z_0 = 0$ ergibt sich z. B.

$$\begin{aligned} &z_1 = 1 + i,\ z_2 = (1 + i)^2 + 1 + i = 1 + 2i - 1 + 1 + i = 1 + 3i, \\ &z_3 = -7 + 7i,\ z_4 = -1 - 97i,\ z_5 = -9407 - 193i,\ \ldots . \end{aligned} \tag{II-2.122}$$

Die Punkte machen große Sprünge in der komplexen Zahlenebene, die Zahlenfolge divergiert (der Attraktor ist $z = \infty$).
Es gibt aber wieder einen Bereich von c in der komplexen Zahlenebene, für den die Folge konvergiert, man nennt die Menge der komplexen Zahlen dieses Bereiches die *Mandelbrot-Menge.*
Die Begrenzungskurve zwischen dem stabilen Bereich der Mandelbrot-Menge (in der nachfolgenden Abb. II-2.34 der schwarze Bereich der komplexen Ebene) und dem instabilen Bereich der Zahlen c, für die die Rekursion divergiert (weißer Bereich), zeigt Selbstähnlichkeit und hat eine fraktale Dimension. Man nennt sie *Julia Menge* (nach dem französischen Mathematiker Gaston Maurice Julia 1893–1978).

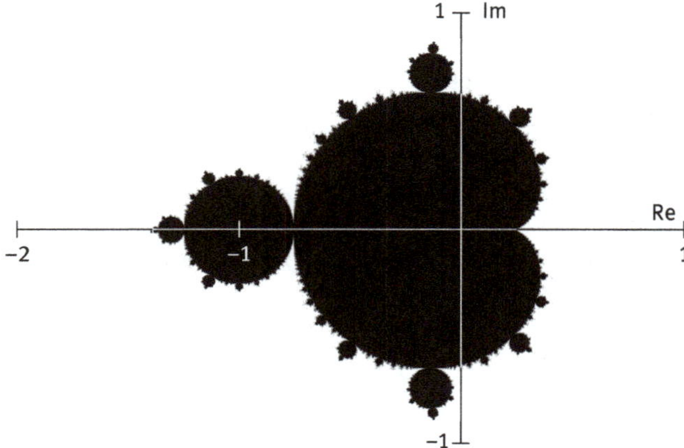

Abb. II-2.34: *Mandelbrot-Menge* der komplexen Zahlen c, für die die Rekursion $z_{n+1} = z_n^2 + c$ mit dem Startwert $z_0 = 0$ nicht divergiert, also beschränkt bleibt.

2.3.4 Chaos-Übergang und fraktale Dimension

Erinnern wir uns an die logistische Abbildung (Abschnitt 2.2.4.1, Gl. II-2.55)

$$x_{n+1} = f(x_n) = \sigma x_n(1 - x_n), \quad 0 \leq x_n < 1, 0 \leq \sigma \leq 4.$$

Der Startwert x_0 liefert im ersten Schritt x_1, im zweiten Schritt x_2, im nächsten x_3, usf. Jede Iteration kann durch einen Zeitschritt ersetzt werden ($\Delta n = \alpha \Delta t$), es ergibt sich dann ein zeitlicher Ablauf. Dieser hängt für große n bis zum Feigenbaum-Punkt σ_∞ nicht vom Anfangswert ab, sondern nur vom *Kontrollparameter* σ. Das *Feigenbaum-Diagramm* (Abschnitt 2.2.4.3, Abbn. II-2.24 und II-2.25), in dem $x_f(\sigma) = \lim\limits_{n \to \infty} x_n(\sigma)$ aufgetragen ist, gibt an, wo sich ein System mit gegebenem σ nach genügend großer Schrittzahl bzw. genügend langem Zeitablauf befindet.

Wir haben gesehen, dass die Systementwicklung gegen einen einzigen stationären Wert streben kann (asymptotischer Bahnwert für $\sigma \leq 3$) oder zwischen 2 oder mehreren Grenzwerten oszilliert (mehrere asymptotische Bahnwerte für $3 < \sigma < \sigma_\infty$, siehe die Abbn. II-2.22 und II-2.23 in Abschnitt 2.2.4.2). Es ergeben sich mit wachsendem σ ($\sigma_k \to \sigma_\infty$) die folgenden Perioden = „Fixpunkte" = Grenzwerte T:

σ_1:	$2 = 2^1$	Grenzwerte (Periode $T = 2$)
σ_2:	$4 = 2^2$	Grenzwerte (Periode $T = 4$)
σ_3:	$8 = 2^3$	Grenzwerte (Periode $T = 8$)
⋮	⋮	⋮
σ_k:	2^k	Grenzwerte (Periode $T = 2^k$)

Die Periodenfolge ist also 2^k. Beim Übergang von 2^k auf 2^{k+1} tritt *Periodenverdopplung bei jeder Bifurkation* auf.

Für den Abstand des Kontrollparameters $\Delta_k = \sigma_k - \sigma_{k-1}$ zwischen zwei Bifurkationen fanden wir (Abschnitt 2.2.4.3, Gl. II-2.70)

$$\Delta_k = c\delta^{-k}(\delta - 1)$$

und damit verringert sich der Abstand zur nächsten Bifurkation beim Übergang von k auf $k+1$ auf

$$\Delta_{k+1} = c\delta^{-k-1}(\delta - 1) = \frac{1}{\delta} c\delta^{-k}(\delta - 1) = \frac{1}{\delta} \Delta_k , \tag{II-2.123}$$

das Intervall verkürzt sich um $\frac{1}{\delta}$ ($\delta = 4{,}6692$ ..., *Feigenbaum-Konstante* mit $\delta = \frac{\Delta_k}{\Delta_{k+1}}$ $(k \gg 1) \Rightarrow \Delta_{k+1} = \frac{1}{\delta} \Delta_k$).

Wir sehen also: Bei Verdopplung der „Periode" $k \to k+1$ ändert sich der Bifurkationsabstand Δ_k um den Faktor $1/\delta$. Das ergibt ein *Skalenprinzip* für die Perioden T als Funktion des Bifurkationsabstandes Δ_k

$$T\left(\frac{1}{\delta} \Delta_k\right) = 2\,T(\Delta_k) . \tag{II-2.124}$$

mit $\Delta_k = \sigma_k - \sigma_{k-1}$ als Bifurkationsabstand. Vergleichen wir das mit dem allgemeinen Skalenprinzip (Abschnitt 2.3.1, Gl. (II-2.91)

$$T(\lambda\Delta_k) = \lambda^\kappa T(\Delta_k) , \tag{II-2.125}$$

so liefert der Vergleich $\lambda = \frac{1}{\delta}$ und $\lambda^\kappa = \left(\frac{1}{\delta}\right)^\kappa = 2$. κ wird so mit $\delta = 4{,}669...$

$$\kappa = -\frac{\ln 2}{\ln \delta} = -0{,}4498 . \tag{II-2.126}$$

Wenn T als zeitliche Periode angesehen wird, ergibt sich eine Zeitskala: Das System springt zwischen den Grenzwerten hin und her – dadurch wird die zeitliche Entwicklung bestimmt. Die Periodenzahl T divergiert für $k \to \infty$ ($\Delta_k \to 0$), also für Annäherung an den Häufungspunkt σ_∞. Das bedeutet eine kritische Verlangsamung der zeitlichen Abfolge (*critical slowing down*),[50] σ_∞.... ist ein *kritischer Para-*

50 Denn für jeden Sprung von einem Fixpunkt zum nächsten ist die gleiche Zeitspanne Δt anzusetzen.

meter und die zugehörige Trajektorie (Systembahn) die *kritische Trajektorie* $\left\{x_f^{crit}\right\}$:

Bei $\sigma_\infty = \lim\limits_{k \longrightarrow \infty} \sigma_k = 3{,}5699...$, dem Feigenbaum-Punkt, besteht der für $n \longrightarrow \infty$, also auch für $t \longrightarrow \infty$, angestrebte Systemwert aus unendlich vielen, nicht zusammenhängenden Punkten *vom Maß Null*, aber *gleich mächtig wie die Menge der reellen Zahlen*. Diese Punktmenge ist also ähnlich jener der Cantor-Menge und besitzt bei σ_∞ eine fraktale Dimension $d_F = 0{,}539$. Sie trennt den Bereich der Periodenverdopplung ($3 < \sigma < \sigma_\infty$) vom chaotischen Bereich ($\sigma > \sigma_\infty$).

Für $\sigma > \sigma_\infty$ sind die zeitlichen Entwicklungen chaotisch,[51] dazwischen aber gibt es auch periodische Bereiche.[52]

Die chaotischen Bahnen füllen im Feigenbaum-Diagramm (siehe 2.2.4.3, Abb. II-2.25) ganze Intervalle von x_f, sogenannte „Bänder". In den chaotischen Bereichen verlaufen die Teilchenbahnen bei vorgegebenem σ für unterschiedliche Anfangszustände völlig verschieden, werden also nicht mehr durch den Parameter σ bestimmt, und enden für $n \longrightarrow \infty$ irgendwo im „Band": Man spricht von *chaotischen* bzw. *seltsamen Attraktoren*, sie haben fraktale Dimensionen.

Die Breite der Bänder (Bereich der für verschiedene Startwerte x_0 angelaufenen Grenzwerte x_f), werden mit wachsendem σ größer und die Bänder verschmelzen mit anderen Bändern. Die Bandverschmelzungspunkte entsprechen Bifurkationspunkten und gehorchen demselben geometrischen Prinzip wie die Bifurkationen mit derselben Feigenbaumkonstanten δ.

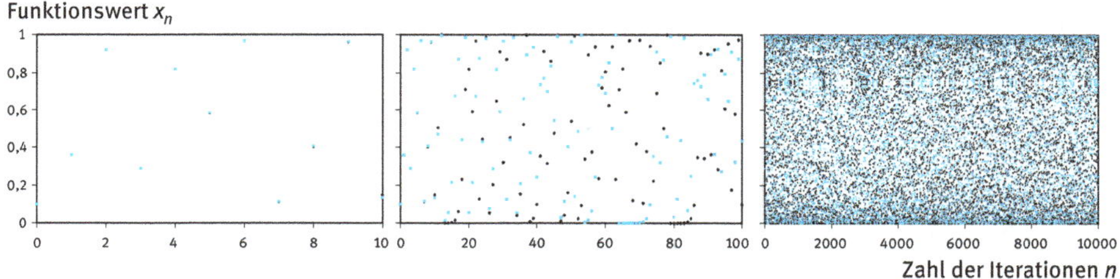

Abb. II-2.35: Der *seltsame Attraktor* der logistischen Abbildung $x_{n+1} = \sigma x_n(1 - x_n)$ für $\sigma = 4$, also vollentwickeltes Chaos. Die Bilder zeigen die Systementwicklung ausgehend von den Startwerten 0,1 (schwarze Punkte) und 0,10001 (blaue Punkte) für 10, 100 und 10 000 Iterationen (zu jeder Iteration gehören 2 Punkte, ein schwarzer und ein blauer). Anfangs ist die Systementwicklung für beide Startwerte praktisch identisch (blaue Punkte decken sich mit den schwarzen. Ab der 10. Iteration beginnen die beiden Entwicklungen auseinanderzulaufen. Obwohl die Systembewegung vollständig bestimmt ist, verhält sie sich wie unvorhersehbar, also wie zufällig, völlig unregelmäßig (deterministisches Chaos).

51 Das System nimmt keinen angebbaren Endzustand an. Obwohl es für jeden Anfangszustand x_0 und jedes n ein ganz bestimmtes x_n gibt, existiert für $n \rightarrow \infty$ kein angebbarer Grenzwert.

52 Hier wechselt das System (quasi)periodisch zwischen endlich vielen Fixpunkten.

Bei $\sigma = 4$ gibt es für x_f nur mehr Chaos im gesamten Wertebereich von x ($0 \leq x < 1$), also für alle Startwerte x_0 (Abb. II-2.35).

Zwischen $\sigma_\infty < \sigma < 4$ gibt es aber immer wieder σ-Bereiche mit periodischen Bahnen: „Fenster" mit selbstähnlicher Wiederholung der Struktur des Feigenbaum-Diagramms (weiße Bereiche im Feigenbaum-Diagramm 2.2.4.3, Abb. II-2.25).

Wir erkennen weiters aus Abb. II-2.24: Die Aufspaltungsweite benachbarter Bahnpunkte zwischen zwei Bifurkationspunkten zeigt skalierte Wiederholungen. Nach Periode 2 zeigt Periode 4 oben eine kleinere, unten eine größere Aufspaltung. Jede von ihnen spaltet nach demselben Muster wieder auf: je eine kleinere und größere oben bzw. größere und kleinere unten. Das setzt sich bis σ_∞ fort. Folgt man den wiederholten größeren Aufspaltungen, so gelangt man für $\sigma \longrightarrow \sigma_\infty$ ($k \longrightarrow \infty$) in den mittleren Teil der *kritischen Trajektorie* (Systembahn für den Kontrollparameter σ_∞), etwas oberhalb $x_f = 0{,}5$. Die fraktale Dimension an dieser Stelle ist

$$d_{f_1} = -\frac{\ln 2}{\ln 0{,}3995} = 0{,}756\,. \tag{II-2.127}$$

Folgt man den wiederholten kleineren Aufspaltungen oben, so gelangt man zum höchsten Punkt $x_f^{\max}$ der kritischen Trajektorie knapp unterhalb $x_f = 0{,}9$). Dort ist die fraktale Dimension

$$d_{f_2} = -\frac{\ln 2}{\ln (0{,}3995)^2} = 0{,}378\,. \tag{II-2.128}$$

i Die *kritische Trajektorie* (= kritische Systembahn) weist eine lokal unterschiedliche fraktale Dimension d_F zwischen 0,378 und 0,756 auf. Sie ist *multifraktal* mit einer mittleren Dimension von 0,539).

Für $\sigma > \sigma_\infty$ treten immer wieder „Fenster" mit stabilen Perioden, also Fixpunkten, im chaotischem Bereich auf. Es treten unendlich viele, selbstähnlich aufeinanderfolgende Fenster auf und unterbrechen den chaotischen Bereich. Die zur Fenstermenge komplementäre Menge mit chaotischem Verhalten hat die Dimension 1, hat aber trotzdem fraktale Eigenschaften, weil sie unendlich oft und beliebig fein unterbrochen ist, man spricht von einem „dicken Fraktal", da die fraktale Eigenschaft die Löcherstruktur ist.

Ein anderes, sehr bekanntes nichtlineares dynamisches System ist das *Lorenz-Modell*, ein kontinuierliches System, das durch drei Ordnungsparameter (σ, ρ, β) bestimmt ist. Es wurde von E. N. Lorenz (Edward Norton Lorenz, 1917–2008, amerikanischer Meteorologe) zur idealisierten Beschreibung hydrodynamischer Systeme entwickelt:

$$\frac{dx}{dt} = \sigma(y - x), \; \frac{dy}{dt} = x(\rho - z), \; \frac{dz}{dt} = xy - \beta z \qquad \textit{Lorenz-Modell.} \qquad \text{(II-2.129)}$$

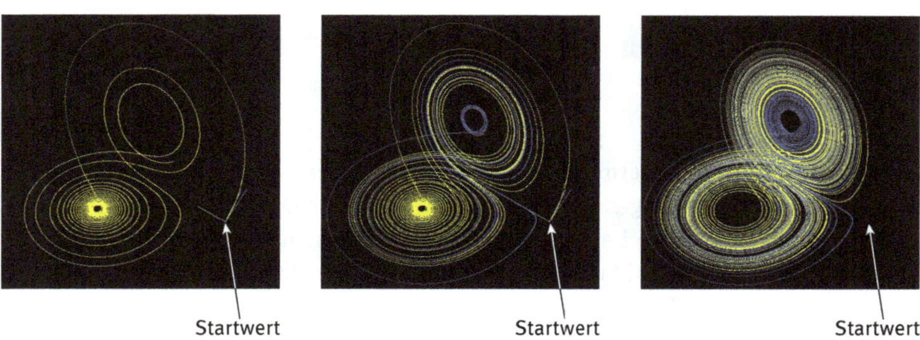

Abb. II-2.36: Lorenz-Attraktor $\frac{dx}{dt} = \sigma(y - x), \frac{dy}{dt} = x(\rho - z), \frac{dz}{dt} = xy - \beta z$ für die Parameter $\rho = 28$, $\sigma = 10$ und $\beta = 8/3$ für 3 Stadien der zeitlichen Entwicklung des Systems. Die Differenz der Startwerte der beiden Trajektorien (blau und gelb) beträgt nur 10^{-5} in der x-Koordinate. Am Anfang (linkes Bild) unterscheiden sich die beiden Trajektorien praktisch nicht, man sieht nur die gelbe Kurve, die sich mit der blauen deckt. Nach einiger Zeit (mittleres, dann rechtes Bild) laufen die Trajektorien merklich auseinander, das System läuft in einen *seltsamen Attraktor*, es „verliert sein Gedächtnis" an die Anfangsbedingungen. Das System ist streng deterministisch, verhält sich aber im seltsamen Attraktor bei der kleinsten Änderung der Startbedingungen in völlig anderer Weise, also wie zufällig. (nach Wikipedia)

Abb. II-2.36 zeigt die Systementwicklung von zwei extrem nahe benachbarten Startwerten aus. Für die benützten Ordnungsparameter laufen die anfänglich identischen Systembahnen nach einiger Zeit merklich auseinander, das System „verliert das Gedächtnis" an seine ursprünglich praktisch gleichen Startwerte.

2.4 Strukturbildung in dissipativen Systemen[53]

Wir haben gesehen, dass relativ einfache, nichtlineare Systeme sehr unterschiedliche „Bewegungen" ausführen können, z. B. der parametrische Oszillator (Kinder-

53 Unter *dissipativen Systemen* verstehen wir Systeme im Nichtgleichgewicht, die Energie an die Umgebung abgeben, also nicht abgeschlossen sind. Zur Aufrechterhaltung eines bestimmten Nichtgleichgewichtszustands, der sich aber dennoch nicht zeitlich ändert, also ein dynamisches (Durchfluss-)Gleichgewicht darstellt (stationärer Zustand), muss daher fortwährend Energie in das System „gepumpt" werden. Ein Beispiel ist der Laser, bei dem der Nichtgleichgewichtszustand der Besetzungsinversion durch fortwährende Energiezufuhr, z. B. durch „optisches Pumpen" aufrecht erhalten werden muss.

schaukel mit variablem Trägheitsmoment und variabler Direktionskraft): Schwingung, Rotation, chaotische (turbulente) Bewegung. Andererseits führen dieselben Prinzipien der Nichtlinearität unter bestimmten Bedingungen zur Ausbildung räumlicher Strukturen oder zeitlicher Perioden: *Phänomene der Selbstorganisation.*

2.4.1 Die Bénard-Instabilität

Die Untersuchung der thermischen Konvektion hat eine große Bedeutung für die Ermittlung der Bewegungen der Atmosphäre und der Ozeane und damit für die Erklärung des Wettergeschehens. Andere Beispiele sind die Kontinentaldrift als Folge von Bewegungen im Erdmantel[54] und der Transport von Wärme und Materie in der Sonne (Granulation der Photosphäre: Zelldurchmesser ca. 1000 km, ΔT ca. 500 K, Dicke ca. 350 km, siehe Abb. II-2.37).

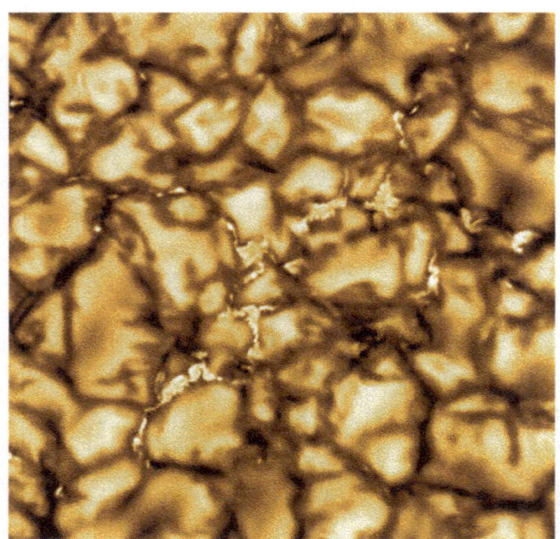

Abb. II-2.37: Granulation der Photosphäre. Das Bild zeigt in hoher Auflösung die granuläre Struktur der Sonnenoberfläche: Konvektionszellen des „kochenden“ Plasmas, das die ganze Sonnenoberfläche bedeckt. Gezeigter Bildausschnitt: 8200 × 8200 km^2. Aufnahme vom *Daniel K. Inouye Solar Telescope* der US National Solar Observatory (NSO) auf dem Hawaii-Vulkan Haleakala, USA (30. 1. 2020). Dank an: NSO/NSF/AURA

54 Als Erdmantel bezeichnet man die im Mittel 2850 km dicke, feste, plastisch deformierbare Schale im Aufbau der Erde, die zwischen der Erdkruste (bis 40 km dick) und dem Erdkern (innerer Erdkern (FeNi): fest (6371 km–5150 km), ca. 6000 K, äußerer Erdkern (FeNiSi): flüssig (5150 km–2850 km), ca. 3000–5000 K) liegt und deren Temperatur T von 1000 °C (Manteloberseite) bis 3500 °C (Mantelunterseite) zunimmt.

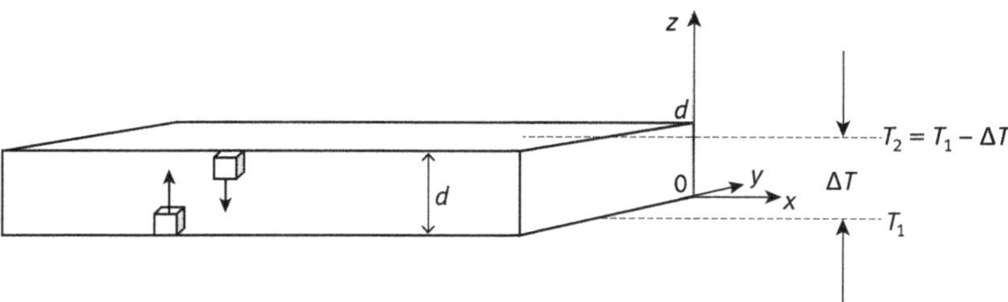

Abb. II-2.38: Durch die Temperaturdifferenz ΔT werden die Volumenelemente in der Nähe der erhitzten Seite leichter (sie streben in der Mitte einer polygonalen Zelle nach oben) als jene an der kalten Seite (sie streben im Mantel der Zelle nach unten).

Beim Bénard-Experiment (nach dem französischen Physiker Henri Bénard, 1874–1939) wird eine Flüssigkeitsschicht geringer Viskosität der Dicke d von unten erwärmt. Die Temperaturdifferenz zwischen Boden (T_1)- und Deckplatte (T_2) $\Delta T = T_1 - T_2$ ist der Kontrollparameter ($T_1 > T_2$).

Wir betrachten das recht komplizierte Geschehen (genauere Betrachtung siehe Anhang 1) in einem sehr einfachen Modell (Abb. II-2.38) zur Entstehung von „Flüssigkeitsrollen".

Mit dem Erhitzen dehnen sich Flüssigkeitsvolumina an der Unterseite aus, dadurch sinkt ihr spezifisches Gewicht, sie erfahren einen Auftrieb und können gegen die schwereren Volumina nach oben aufsteigen, die schwereren kalten aber sinken nach unten. Ist die Temperaturdifferenz ΔT klein, so kommt es zu keiner Flüssigkeitsbewegung, also zu keiner Konvektion, es erfolgt nur Wärmeleitung, das System ist stabil. Ab einer gewissen Größe von ΔT setzt eine *kollektive* Bewegung ein, der Zustand des Systems wird instabil. Unterschiedliche Flüssigkeitsbereiche transportieren die Wärme konvektiv auf und ab. Eine Konfiguration setzt sich durch und zwar jene, die am besten die Wärme transportiert (Abb. II-2.39).

Wir betrachten einen vertikalen Schnitt durch die Flüssigkeit. Die Geschwindigkeit v_z der konvektierenden Flüssigkeit ändert sich von Ort zu Ort längs der x-Achse und variiere etwa sinusförmig mit einer zeitabhängigen Amplitude $A_1(t)$:

$$v_z(x,t) = A_1(t)\sin k_1 x \qquad \text{mit } k_1 = \frac{2\pi}{\lambda_1}. \tag{II-2.130}$$

Dabei ist λ_1 die Wellenlänge der Geschwindigkeitsvariation mit x. Eine andere Konvektionsform habe die Konfiguration

$$v_z(x,t) = A_2(t)\sin k_2 x\,. \tag{II-2.131}$$

Nach einer gewissen Zeit hat sich eine bestimmte konvektive Bewegung der Flüssigkeit durchgesetzt, z. B. jene mit der Amplitude A_1. Gilt $A_1 = 0$, dann ist die Flüssigkeit in Ruhe, ist andererseits $A_1 \neq 0$ dann setzt die Strukturierung ein. $A_1(t)$ ist ein *Ordnungsparameter*.

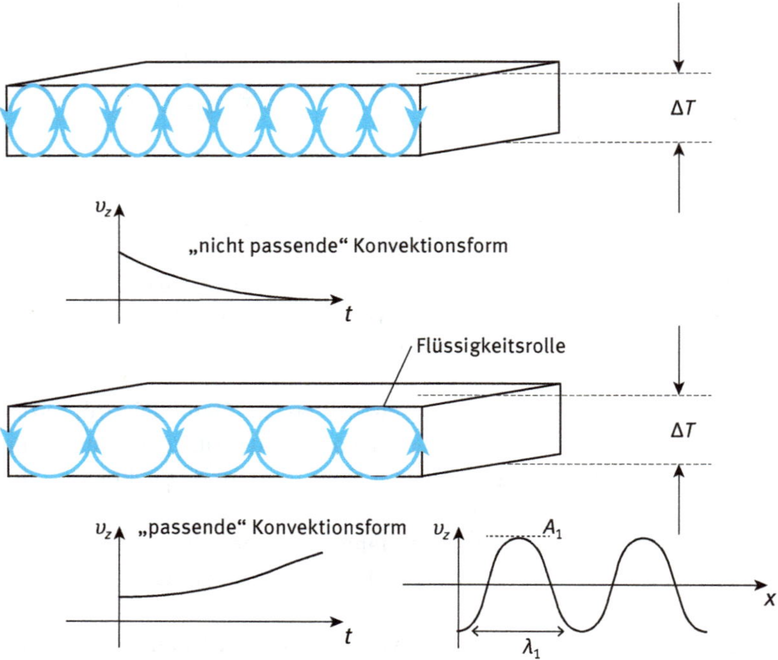

Abb. II-2.39: Ab einer gewissen Temperaturdifferenz ΔT beginnt die Konvektion. Eine von den Randbedingungen bestimmte Konvektionsstruktur („Flüssigkeitsrollen“) setzt sich gegen andere, nur anfänglich vorhandene, durch. Für die „passende“ Konvektionsform nimmt die Vertikalgeschwindigkeit v_z zunächst zu, während sie für alle anderen abnimmt. Schließlich variiert v_z etwa sinusförmig mit dem Ort: Benachbarte Rollen haben entgegengesetzten Drehsinn.

Warum hat gerade für die Wellenlänge λ_1 die Amplitude A_1 einen Wert $\neq 0$ und alle anderen sterben aus? Dazu müssen wir die zeitliche Entwicklung des Ordnungsparameters bestimmen. Für die zeitliche Änderung des Ordnungsparameters A_1 gilt

$$\dot{A}_1(t) = \text{Zuwachsrate minus Verlustrate.} \qquad \text{(II-2.132)}$$

Die Zuwachsrate hängt mit dem Auftrieb zusammen, der wieder vom Kontrollparameter ΔT abhängt. Die Verluste treten durch die (innere) Reibung der konvektierenden Flüssigkeit auf.

Das Modell führt auf

$$\dot{A}_1 = \lambda A_1 - \beta A_1^3 . \qquad \text{(II-2.133)}$$[55]

55 Die Gleichung entspricht dem Kraftansatz im Falle des Doppelmuldenpotenzials, vgl. Abschnitt 2.2.3, Beispiel ‚Teilchen im eindimensionalen Doppelmuldenpotenzial‘, wenn $\dot{A}_1$ mit der „wirkenden

λ ist der Wachstumsfaktor, der von der Temperaturdifferenz ΔT (dem Kontrollparameter) und der Wellenzahl k_1 abhängt, β ist der Reibungs(Verlust)faktor.

Ist die Amplitude A_1 klein, dann ist βA_1^3 sehr klein und vernachlässigbar. Daher wächst die Amplitude A_1 exponentiell an und λ bestimmt das Wachstum. Damit gewinnt aber βA_1^3 an Bedeutung und A_1 geht in einen stationären Zustand über, also $\dot{A}_1 = 0$ und damit

$$\lambda A_1 - \beta A_1^3 = 0. \tag{II-2.134}$$

Diese Gleichung hat zwei Lösungen:

1. $$A_1 = 0, \tag{II-2.135}$$

es existiert keine Vertikalgeschwindigkeit, also keine Konvektion;

2. $$A_1 = \pm \left(\frac{\lambda}{\beta} \right)^{1/2}, \tag{II-2.136}$$

zwei Amplituden sind also möglich, und zwar Drehsinn der Flüssigkeitsrolle nach rechts oder nach links (gebrochene Symmetrie).

Tritt ein Ordnungsparameter $A_1 \neq 0$ auf, so müssen alle Volumenelemente einer speziellen Bewegung folgen, es handelt sich um *„kohärentes Verhalten“ = Versklavung.*

Mit zunehmender Temperaturdifferenz ΔT gehen die Konvektionsmuster über Bifurkationspunkte wie bei der logistischen Abbildung ins Chaos (vollständige Turbulenz) über.

Betrachtet man das Bénard-Problem im Raum, so stellt man eine Überlagerung mehrerer Ordnungsparameter fest und es entstehen dadurch hexagonale Konvektionszellen (Abb. II-2.40).

Ein anderes Beispiel ist der Laser (vgl. Band V, Kapitel „Quantenoptik“, Abschnitt 1.7.4): Bei geeignetem „Pumpen“, d. h., bei der Erzeugung einer geeigneten Besetzungsinversion der atomaren Zustände, setzt sich eine bestimmte Wellenlänge und Phase durch, es wird kohärentes Licht erzeugt. Ein weiteres Beispiel für Strukturbildung sind strömende Flüssigkeiten: Die Reynoldszahl Re charakterisiert als Kontrollparameter den Abstand vom Gleichgewichtszustand der laminaren Strömung (vgl. Band I, Kapitel „Mechanik deformierbarer Körper“, Abschnitt 4.3.7.2).[56]

Kraft“ identifiziert wird ($\dot{A}_1 \triangleq F_x(x)$ im Beispiel von Abschnitt 2.2.3) und A_1 der Auslenkung x entspricht. Das Potenzial $V(A_1)$ lautet dann $V(A_1) = -\int_0^{A_1} \dot{A}_1 dA_1 = -\int_0^{A_1} (\lambda A_1 - \beta A_1^3) dA_1 = -\frac{\lambda}{2} A_1^2 + \frac{\beta}{4} A_1^4$.

56 Üblicherweise wird die Funktion des Lasers im dynamischen Gleichgewichtszustand beschrieben. Die obige Diskussion bezieht sich jedoch auf den Einschaltvorgang. Das Gleiche gilt für die Untersuchung der turbulenten Strömung, die sich beim „Einschalten“ aus der laminaren Strömung heraus aufbaut.

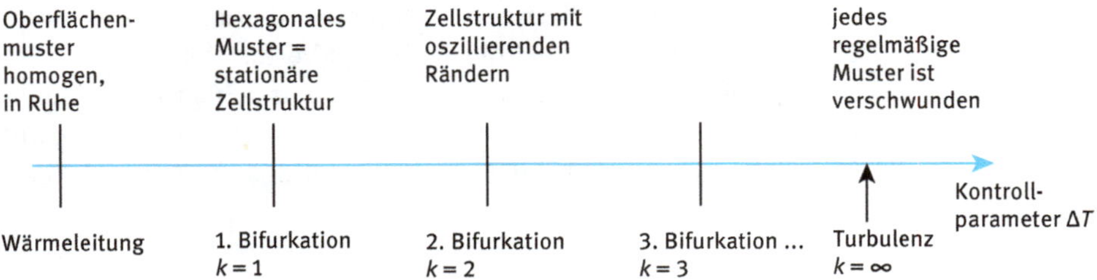

Abb. II-2.40: Vereinfachte Konvektionsstruktur beim Bénard-Effekt als Funktion des Kontrollparameters ΔT, also bei zunehmendem Abstand vom Gleichgewicht bei $\Delta T = 0$. Zu jedem k-Wert (Bifurkation) gehört ein bestimmtes Konvektionsmuster. In Wirklichkeit sind die Bénard-Muster komplizierter, es treten zum Teil mehrere „Konvektionsmoden“ gleichzeitig auf.

2.4.2 Strukturbildung weit entfernt vom Gleichgewicht, Synergetik

Wir gehen jetzt einen Schritt über die Mechanik hinaus: In der reinen Mechanik bleibt die *mechanische Energie* $E = E_{\text{kin}} + E_{\text{pot}}$ erhalten. In der Thermodynamik bleibt die *Gesamtenergie* eines Systems erhalten. Das drückt der 1. Hauptsatz der Thermodynamik (*1. HS*, siehe Kapitel „Physik der Wärme“, Abschnitt 1.3.1.1, Gl. II-1.118) so aus

$$dU = dQ + dW;$$

die Zunahme der inneren Energie eines Systems ist die Summe aus zugeführter Wärmemenge und am System verrichteter mechanischer Arbeit;[57] es werden also auch Umwandlungen von mechanischer Energie in Wärmeenergie und umgekehrt im Energiesatz berücksichtigt. Der *1. HS* fasst zusammen, dass in der Natur in abgeschlossenen Systemen[58] nur jene Prozesse vorkommen, bei denen die *Gesamtenergie erhalten bleibt.*

Beispiel: 2 ideale Gase A (innere Energie U_A) und B (innere Energie U_B) mit gleiche Temperatur T und gleichem Druck P sind in einen isolierten Behälter gesperrt und durch eine Wand getrennt (abgeschlossenes System). Zieht man die Wand heraus, kommt es zu einer Durchmischung der Gase.

Entsprechend dem *1. HS* muss die gesamte innere Energie dieses Systems vor und nach dem Herausziehen der Wand gleich bleiben

57 Vom System abgeführte Wärmemengen bzw. geleistete Arbeiten sind mit dem negativen Vorzeichen zu versehen.

58 Ein abgeschlossenes System tauscht mit seiner Umgebung weder Wärme, noch Arbeit, noch Teilchen aus.

$$U_{gesamt} = U_A + U_B.$$

Aber: Welcher detaillierte Zustand vorliegt, nämlich etwa der der völligen Entmischung (beide Gase bleiben nach dem Herausziehen der Wand in ihrem Raumbereich) oder der der vollständigen Durchmischung der Gase, oder einer der vielen Zwischenzustände, ist durch den *1. HS* nicht geregelt. Da die Mischung idealer Gase ohne Energieänderung vor sich geht, bleibt die Temperatur des Systems konstant.

Der 2. Hauptsatz der Thermodynamik (*2. HS*, siehe Kapitel „Physik der Wärme", Abschnitt 1.3.1.3) besagt: In einem abgeschlossenen System finden solange Zustandsänderungen mit $dS \geq 0$ statt, bis die *Entropie S*,[59] die „Unordnung", unter den vorgegebenen Randbedingungen ein Maximum erreicht hat; er beschreibt daher in welche *Richtung* Prozesse ablaufen. Der *2. HS* stellt fest, dass die in der Natur vorkommenden Prozesse abgeschlossener Systeme gegenüber dem *1. HS* weiter eingeschränkt sind in solche, die die *„Ordnung"* entweder *gleich lassen* (*reversible Prozesse*, sie laufen nicht von selbst ab) oder den *Ordnungszustand verringern* (*irreversible, von selbst ablaufende Prozesse*) (Abb. II-2.41).[60]

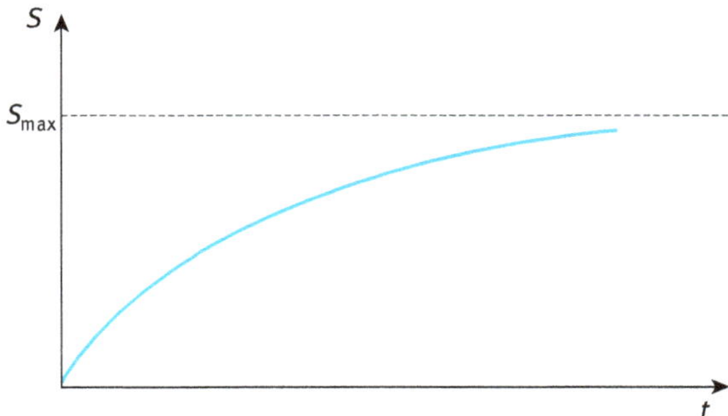

Abb. II-2.41: In einem isolierten System strebt die Entropie S gegen ihren Maximalwert S_{max}.

---

59 Für reversible Prozesse gilt die thermodynamische Definition der Entropie: $dS = \frac{dQ_{rev}}{T}$, bzw. $S = \int \frac{dQ_{rev}}{T}$. Q_{rev} ist die dem System in reversibler Weise, also bei infinitesimalen Temperaturdifferenzen zu- oder abgeführte Wärmemenge. Bei irreversiblen Prozessen ist dS auch im Falle $dQ = 0$ stets größer 0: $dS_{irr} > 0$.

60 Lebende Strukturen sind kein abgeschlossenes System, ihre Entropie kann durch Arbeitsleistung auch verringert werden, ihre Ordnung z. B. bei Wachstumsprozessen vergrößert werden (auf Kosten einer noch größeren Entropievermehrung der Umgebung).

Von Ludwig Boltzmann stammt die statistische Interpretation der Entropie: Die Entropie ist ein Maß für die Unordnung physikalischer Systeme. Es gilt nach Boltzmann (siehe Kapitel „Physik der Wärme", Abschnitt 1.3.1.3, Gl. II-1.192)

$$S = k \ln \Omega \qquad \textit{Boltzmannsche Entropiegleichung.}$$[61]

Die Welt strebt demnach, falls sie abgeschlossen ist, nach W. Nernst[62] einem Zustand des mikroskopischen Chaos größter Unordnung zu, letztlich dem „Wärmetod":

1. Es gibt keine Energiedifferenzen mehr
2. Es gibt keine Temperaturdifferenzen mehr
3. Die Entropie ist maximal.

Das steht aber im Widerspruch zum Vorhandensein und zur Entwicklung biologischer Strukturen (Abb. II-2.42).[63]

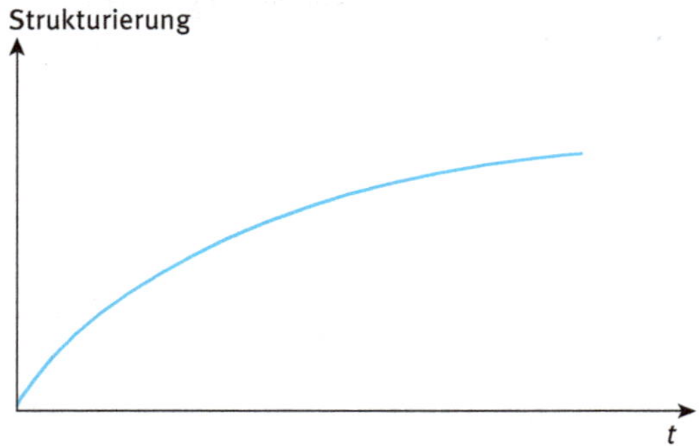

Abb. II-2.42: Die Strukturierung biologischer Systeme (Evolution) nimmt mit der Zeit zu.

---

61 Dabei sind k die Boltzmannkonstante mit dem Zahlenwert $k = 1{,}3806 \cdot 10^{-23}\,\mathrm{J/K}$ und Ω die *thermodynamische Wahrscheinlichkeit*, die angibt, mit wie vielen verschiedenen Anordnungen (Vertauschungen) der Mikroteilchen (= Anzahl der Komplexionen, „Multiplizität") ein Systemzustand (Makrozustand) realisiert werden kann (siehe auch Band VI, Kapitel „Statistische Physik", Abschnitt 1.2.4). Boltzmann ging dabei davon aus, dass die Mikroteilchen unterscheidbar seien. Dies wurde aber von der heutigen Quantenphysik als unrichtig erkannt. Heute ist Ω durch die Anzahl der unterschiedlichen Verteilungen der Mikroteilchen auf die erreichbaren Energieniveaus unter Beachtung der Randbedingungen gegeben.

62 Walther Nernst, deutscher Physiker und Chemiker, 1864–1941. Für seine Arbeiten zur Thermochemie erhielt er 1920 den Nobelpreis für Chemie.

63 Das lässt zwei Schlüsse zu: Entweder ist unsere Welt abgeschlossen, aber nicht im thermodynamischen Gleichgewicht, oder sie ist kein abgeschlossenes System.

Die Entstehung eines makroskopischen Ordnungszustandes aus dem mikroskopischen Chaos (mit hoher Entropie) muss also möglich sein!

ORDNUNG ⇄ CHAOS

Viele Systeme zeigen makroskopisch ähnliche Strukturen, obwohl sie mikroskopisch aus unterschiedlichen Subsystemen bestehen (z. B. Schneeflocken, metallische Ausscheidungen (Dendritenwachstum durch Wärmeleitung bei Erstarrungsprozessen); es handelt sich um *kooperative Phänomene.*

Von Hermann Haken (deutscher theoretischer Physiker, geb. 1927) stammt das relativ neue Wissenschaftsgebiet der *Synergetik*, der *Lehre vom Zusammenwirken* (seit 1970).

Die *Synergetik* beschreibt die kooperative Strukturbildung in nichtlinearen, dynamischen Systemen.

Wesentliche Begriffe der Synergetik sind: der Ordnungsparameter für kohärentes Verhalten, das Versklavungsprinzip, die Aufspaltung in mehrere angestrebte Grenzwerte an Bifurkationspunkten als Funktion eines Kontrollparameters.

Wir fragen uns nun, wie in einem System, in dem entsprechend dem 2. *HS* die Entropie und damit die Unordnung zunehmen muss, wenn es abgeschlossen ist, höhere Strukturen entstehen können. Dazu erinnern wir uns, dass in *offenen Systemen* ein Austausch von Teilchen und Energie mit der Umgebung möglich ist (z. B. beim Stoffwechsel): In offenen Systemen kann daher die Entropiemenge des Systems unter Umständen abgesenkt werden, wenn mehr *Entropie nach außen gepumpt* wird als im Inneren erzeugt wird.[64] Für die Änderung der Entropie durch Wechselwirkung (*WW*) des Systems mit seiner Umgebung und die Entropieproduktion im Inneren können wir schreiben

$$dS = \underbrace{dS_e}_{\substack{\text{WW mit} \\ \text{Umgebung}}} + \underbrace{dS_i}_{\substack{\text{Prozesse im} \\ \text{Systeminneren}}} . \qquad \text{(II-2.137)}$$

Der 2. *HS* sagt nun für den inneren Anteil, der nicht mit der Umgebung wechselwirkt, also als abgeschlossen betrachtet werden kann

64 Ein Beispiel dafür ist der Kühlschrank, bei dem durch Energiezu- und -abfuhr (im Verdampfer und Kondensator) die Entropie (also die Temperatur) im Inneren abgesenkt wird.

$$dS_i \geq 0 \qquad \text{(II-2.138)}$$

und für den Wechselwirkungsanteil

$$dS_e \neq 0 \text{ mit } dS_e > 0 \text{ oder } dS_e < 0\,. \qquad \text{(II-2.139)}$$

Das heißt also, in offenen Systemen gibt es die Möglichkeit

$$dS_e < 0 \text{ mit } \left|-dS_e\right| > dS_i > 0\,, \qquad \text{(II-2.140)}$$

Entropie kann aus dem System nach außen „geschaufelt" werden (z. B. durch Wärmeentzug).[65]

In der Natur treten einerseits *Strukturen im Gleichgewicht* (*GG*) auf, z. B. die Kristallstruktur der Festkörper. Die Ursache der Kristallisation ist der Gewinn an Bindungsenergie, die abgeführt werden muss, um die Temperatur des Systems (= Kristall) bei konstanter Temperatur konstant zu halten, wobei gleichzeitig Entropie nach außen gelangt. Damit ist eine Reduktion der freien Enthalpie des Systems verbunden, das heißt es handelt sich nach Abschluss der Kristallisation um einen Zustand *minimaler freier Enthalpie*.[66] Andererseits kann es zu stationären *dissipativen Nichtgleichgewichtsstrukturen* kommen (z. B. Bénard-Konvektion, „Wirbelstraße", Laser-Schwingungsmode, biologische Strukturen, etc.). Diese sind durch ständige Wechselwirkung mit der Umgebung charakterisiert (Wärmezufuhr, Aufrechterhaltung der Strömung, Besetzungsinversion, Nahrungs- und Lichtzufuhr, etc.) (Abb. II-2.43).

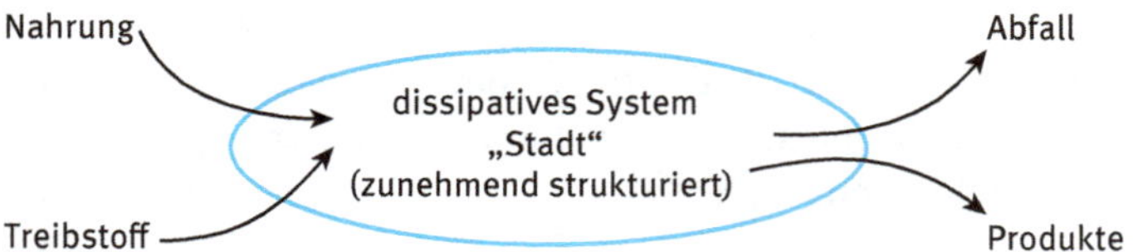

Abb. II-2.43: Die Stadt als Beispiel für ein dissipatives System fern vom Gleichgewicht, aber mit fortgesetzter Strukturbildung im Inneren.

65 Z. B. im Verdampfer des Kühlschranks.

66 Die Kristallisation erfolgt nicht in einem abgeschlossenen System, sondern bei konstanter Temperatur und konstantem Druck (Temperatur T und Druck P sind vorgegeben). In der Thermodynamik wird gezeigt (siehe Kapitel „Physik der Wärme", Abschnitt 1.3.2.4), dass dann die *freie Enthalpie* des Systems $G = U + PV - TS$ bei von selbst ablaufenden Prozessen, wie z. B. der Kristallisation bis zu einem Minimalwert abnimmt. U ... innere Energie, S ... Entropie, T ... Temperatur (Bei elektrochemischen Zellen (Batterien) sind T und V vorgegeben, im *GG* wird daher $F = U - TS$ minimal.).

Im synergetischen Konzept kommt es zu struktureller Ähnlichkeit unterschiedlicher dissipativer Strukturen durch ähnliche Ursachen:

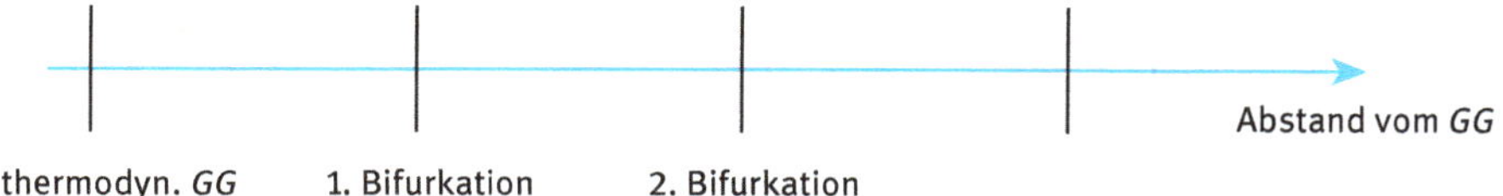

Beispiel:
1. Der Laser
Vergleich der Strahlung einer Glühbirne und eines Lasers (siehe Band V, Kapitel „Quantenoptik", Abschnitt 1.7.4)

Glühbirne	$\longleftrightarrow$	LASER
spontane Lichtemission: durch thermische *WW* unterschiedlich angeregte Atomaggregate (= Festkörper) gehen spontan in den Grundzustand über → Wellenzüge sind nicht in Phase, Strahlung ist inkohärent		induzierte = stimulierte Emission: Atome in angeregtem Zustand; durch elektromagnetische Welle geeigneter Energie geht eine große Zahl gleich angeregter Atome zugleich in den Grundzustand über → Wellenzüge sind in Phase, Strahlung ist kohärent

Der Ordnungsparameter beim Laser ist die Amplitude der elektrischen Feldstärke $E(t)$. Nach dem Einschalten kommt es zu einem „Konkurrenzkampf" der von den Atomen zunächst regellos, das heißt, ohne bestimmte Phasenbeziehung abgestrahlten Lichtwellen mit der Amplitude $A(t)$, eine bestimmte Welle $E_\lambda(t)$ setzt sich durch („Versklavungsprinzip"). Für $E_\lambda(t) = E(t)$ ergibt sich die nichtlineare Lasergleichung (siehe Band V, Kapitel „Quantenoptik", Abschnitt 1.7.4.7, Gl. V-1.189)

$$\frac{dE}{dt} = \dot{E} = \underbrace{(G - G_C)}_{\textit{Kontrollparameter}} \cdot E - \underbrace{\beta E^3}_{\substack{\textit{Photonenverlust}\\ \textit{durch Laserprozess}}} .$$

Dabei sind G die „Pumpleistung" zur Aufrechterhaltung der Besetzungsinversion und G_C die Verlustrate. Die Gleichung für den Laser erweist sich als analog zu jener des Bénard Problems (Abschnitt 2.4.1, Gl. II-2.133) $\dot{A}_1 = \lambda A_1 - \beta A_1^3$.

Das zu dieser Gleichung gehörende Potenzial muss ein Doppelmuldenpotenzial sein (vgl. Abschnitt 2.2.3, Beispiel ‚Teilchen im eindimensionalen Doppelmuldenpotenzial')

$$V(E) = -\frac{1}{2}(G - G_c)E^2(t) + \frac{1}{4}\beta E^4(t).$$

Das Doppelmuldenpotenzial ist für die Herausbildung von Ordnungssystemen typisch: Das System kann zwischen zwei Zuständen hin und her „schalten", durch Fluktuationen geht das System von einem in den anderen Zustand über. Wenn kritische Werte überschritten werden, kann so das bistabile System in ein monostabiles übergehen. Das ist wie bei manchen Phasenübergängen mit einem Symmetriebruch verbunden.[67]

2. Die Kerzenflamme[68]
Die Kerze ist ein dissipatives System: Durch den Docht nach oben transportiertes Wachs verdampft, reagiert chemisch mit dem Sauerstoff der Luft und die freiwerdende Reaktionswärme des Oxidationsprozesses bringt nicht verbrannten Kohlenstoff zum Leuchten. Es verbrennt fortwährend Wachs, das durch den Docht nachgeliefert wird und neue Kohlenstoffteilchen zum Leuchten bringt. Interessant ist, dass die Größe der Kerzenflamme vom Brennstoff und von der Dicke der Kerze, in gewissen Grenzen auch vom Dochtmaterial unabhängig ist. Auch bei der Kerze muss wie beim Beispiel der dissipativen Stadt zur Aufrechterhaltung der Struktur (Kerzenflamme) die Entropie konstant gehalten werden, sonst würde die Kerzenflamme an der Entropie „ersticken". Durch den Verbrennungsvorgang wird im Kerzensystem Entropie erzeugt, wir können die Entropieproduktion pro Zeiteinheit proportional zum Flammenvolumen ansetzen, also

$$\Delta S_i = \varphi \cdot r^3,$$

wenn r die charakteristische Längendimension der Kerzenflamme ist und φ die Proportionalitätskonstante. Die ständig nach außen transportierte Entropiemenge pro Zeiteinheit zur Aufrechterhaltung der inneren Struktur des Systems der Kerzenflamme können wir andererseits proportional zur Flammenoberfläche annehmen, also

$$\Delta S_e = -\tau r^2.$$

Für stabile Flammenverhältnisse muss dann gelten

$$\Delta S = \Delta S_i + \Delta S_e = \varphi \cdot r^3 - \tau r^2 = 0.$$

In diesem Zustand hat die Flamme ihre stabile Größe $r_s = \frac{\tau}{\varphi}$. Für $r < r_s$ (kleine Flamme) ist $\Delta S < 0$, die Flamme kann wachsen. Wird aber $r > r_s$, so ist $\Delta S > 0$ und dies führt zur Beschränkung der „Struktur", also der Größe der Flamme.

67 Unter einem Symmetriebruch verstehen wir den Übergang von einem Zustand höherer Symmetrie in einen Zustand niedrigerer Symmetrie.

68 Nach H. J. Schlichting, Praxis der Naturwissenschaften/Physik **49**, 12 (2000).

2.4.3 Zusammenfassung und Ausblick

Durch die *Nichtlinearität dynamischer Prozesse* entstehen charakteristische Phänomene:

1. *chaotische zeitliche Entwicklung,*
   d. h., trotz bekannter Entwicklungsgesetze ist die zeitliche Entwicklung eines Systems längerfristig nicht voraussagbar, da die Anfangsbedingungen immer in gewissen Grenzen schwanken und das System sehr empfindlich auf kleine Änderungen der Anfangswerte reagiert.
2. Das *additive Superpositionsprinzip* wird abgelöst durch das *multiplikative Selbstähnlichkeits- oder Skalenprinzip.*
   Es tritt im chaotischen Bereich als statistisches Affinitätsprinzip auf, im nichtchaotischen Bereich als regelmäßige Selbstähnlichkeit zeitlicher und räumlicher Muster und regelt in selbstähnlicher, geometrisch skalierender Weise die Änderung des Systemzustandes mit den äußeren Parametern. Die Zusammenhänge zwischen dem aktuellen Naturgesetz und dem daraus folgenden Skalengesetz sind noch nicht vollständig geklärt.

Die dissipative Struktur nichtlinearer Systeme kann zur Selbstorganisation führen. Dies ist ein irreversibler Prozess, der durch das kooperative Wirken von Teilsystemen zu komplexen Strukturen des Gesamtsystems führt. Evolution ist dann die unbegrenzte Folge von Prozessen der Selbstorganisation.

Eigenschaften evolutionsfähiger Systeme:

1. Das System muss offen sein: Energie- und Stoffaustausch mit der Umgebung und damit Entropieexport müssen möglich sein.
2. Das System ist fern vom thermodynamischen *GG*.
3. Die Bewegungsgleichungen weisen eine nichtlineare Dynamik auf.
4. Über Bifurkationen kommt es zur Multistabilität, das heißt, der Existenz in mehreren Zuständen.

Ausklang

Unsere Welt ist vielfältig: Es gibt *einfach überschaubare Phänomene* wie den Umlauf der Erde um die Sonne, sie scheinen zeitlich reversibel und streng deterministisch (es gibt aber auch hier schon ein Problem!,[69] das aber rein mathematischer Natur ist). Andererseits gibt es *irreversible* und stochastische Prozesse wie das Eintreten von unterschiedlichen Zuständen nach einer Bifurkation.

---

69 Während man die Bewegung von *zwei Körpern* unter dem Einfluss ihrer gegenseitigen Massenanziehung vollständig analytisch lösen kann, ist dies schon für drei Körper im allgemeinen Fall nicht mehr möglich (*Dreikörperproblem*). Das Mehrkörperproblem ist ein zentrales Problem der Himmelsmechanik der Astronomie und kann außer für Spezialfälle (die von den Körpern gebildeten Dreiecke

Klassische Sicht:
Irreversibilität und Zufälligkeit auf makroskopischer Skala sind *Artefakte, verursacht durch die Komplexität des kollektiven Verhaltens* einer sehr großen Zahl eigentlich einfacher Objekte, der Atome. Der Glaube an die Einfachheit der fundamentalen Abläufe war die treibende Kraft der klassischen Naturwissenschaft.

Heutige Sicht:
Die Dinge sind auf der fundamentalen Ebene schon nicht einfach, nicht einmal in der klassischen Physik. Wir haben gesehen, es gibt viele Systeme, in denen die Systemzustände, die langfristig angestrebt werden, selbst chaotisch (= seltsam) werden und Trajektorien ihren Sinn verlieren: *Unter bestimmten Umständen verlieren klassische Systeme ihre Berechenbarkeit!*

Zusammenfassung

1. Die Newtonsche Bewegungsgleichung beschreibt die zukünftige Bewegung eines Massenpunktes exakt, wenn die Anfangsbedingungen exakt bekannt sind. Für den Fall nichtlinearer Kraftsysteme kann es aber bei nicht genügend genau bestimmten Anfangsbedingungen zu „deterministischem Chaos“ kommen, im Unterschied zum „mikroskopischen Chaos“ der statistischen Physik bei sehr großer Teilchenzahl.
   Es lassen sich viele Beispiele finden, bei denen nichtlineare Bewegungsgleichungen auftreten. Die anharmonische Schwingung und der parametrische Oszillator („Schaukel“) sind solche Beispiele. Dabei treten aber nicht immer chaotische Zustände auf; dafür sind noch zusätzliche Bedingungen (z. B. bestimmte Werte des Kontrollparameters) erforderlich.
2. Bei nichtlinearen Systemen gilt das Superpositionsprinzip nicht, an seine Stelle tritt das Skalenprinzip.
3. Nichtlineare Systeme werden in ihrem Phasenraum (Zustandsraum) durch Systembahnen (Trajektorien), Fixpunkte (Attraktoren und Repulsoren), Grenzzyklen, Phasenportraits und die Separatrix charakterisiert.
4. Der Lyapunov-Exponent

$$\lambda(x_0) = \lim_{t\to\infty} \lim_{\varepsilon_0\to 0} \frac{1}{t} \sum_{t=t_0}^{t=t_{n-1}} \ln\left|f'(x,t)\right|$$

sind fortwährend ähnlich, einer der Körper bewegt sich auf einer „Librationsbahn“) nur in Näherungen oder rein numerisch gelöst werden (siehe z. B. Richard Feynman, Robert B. Leighton, Matthew Sands, „Vorlesungen über Physik“, 1. Band, Oldenbourg 1991, Abschnitt ‚Planetenbewegung‘).

beschreibt, ob ein Fixpunkt des Systems stabil ($\lambda < 0$) oder instabil ist ($\lambda > 0$).

5. Am einfachen System der logistischen Abbildung

$$x_{n+1} = \sigma x_n(1 - x_n)$$

kann die Entwicklung eines Systems als Funktion des Kontrollparameters σ gut studiert werden (Feigenbaum-Diagramm). Bis zum Feigenbaum-Punkt

$$\sigma_\infty = \lim_{k \to \infty} \sigma_k = 3{,}5699456...$$

läuft das System in einen Fixpunkt (bis $\sigma \leq 3$) oder mehrere Grenzwerte ($3 < \sigma < \sigma_\infty$) mit $\sigma_\infty = 3{,}5699...$ Feigenbaumpunkt; ab diesem Wert wird das System chaotisch, d. h., der Kontrollparameter verliert seine Bedeutung (außer in den „Fenstern"), das Systemverhalten wird „wie zufällig". Die Feigenbaum-Konstante $\delta = \lim_{k \to \infty} \frac{\Delta_k}{\Delta_{k+1}} = 4{,}669\,201\,609\,10...$ gibt den Grenzwert für das Verhältnis des σ-Abstands zweier Bifurkationspunkte an und ist eine universelle Konstante nichtlinearer Systeme.

6. Nichtlineare Systeme, die einem Potenzgesetz gehorchen, genügen dem Skalenprinzip:

$$x(\lambda \cdot t) = \lambda^\kappa \cdot x(t),$$

d. h., gewisse Systemeigenschaften weisen auf unterschiedlichen Maßstabsskalen die gleichen Muster und Strukturen auf (Selbstähnlichkeit). Dieses multiplikative Prinzip tritt bei bestimmten Problemen nichtlinearer Dynamik an die Stelle des Superpositionsprinzips der linearen Dynamik.

7. Der Übergang nichtlinearer Systeme ins Chaos (Beispiel: logistische Funktion) führt über die Verdopplung quasi-oszillatorischer Zustände, die Bifurkationen, deren Anzahl als Funktion des Kontrollparameters gegen unendlich strebt, wenn der Kontrollparameter σ gegen seinen Häufungspunkt strebt (Feigenbaum-Punkt σ_∞).

8. Die zum „kritischen Parameter" σ_∞ gehörige „kritische Trajektorie" zeigt „fraktale Struktur" (gebrochene Dimension), es liegt ein chaotischer (seltsamer) Attraktor vor.

9. Im Unterschied zur Bildung von Gleichgewichtsstrukturen in klassischen Systemen, die zur Verringerung der das System beschreibenden thermodynamischen Funktion führen (Beispiel: freie Enthalpie wird bei der Kristallisation minimal), kann es in dissipativen, nichtlinearen Systemen **fern vom Gleichgewicht** zur Strukturbildung kommen. Beispiele dafür sind thermische Konvektionsströmungen (Bénard-Instabilität), Strömungsturbulenz, der Laser, aber auch viele biologische Systeme.

Übungen:

1. Diskutiere das Phasenporträt (Trajektorien im Phasenraum $\frac{\dot{\varphi}}{\omega_0}(\varphi)$) eines mathematischen Pendels mit verschiedenen Amplituden (nichtlineares mathematisches Pendel). Wie verlaufen die Trajektorien im Grenzfall für kleine Energie, wie im Grenzfall für große Energie und wie an der Separatrix? Wie würde das Phasenporträt mit Reibung aussehen?
2. Bestimme Fixpunkt bzw. Attraktor für die in Polarkoordinaten gegebene Gleichung:
$$\frac{dr}{dt} = -r(-a + r^2)$$
für $a < 0$, $a = 0$, $a > 0$; für die Winkelgeschwindigkeit gelte $\dot{\varphi} = \omega_0 = \text{const.}$
3. Bestimme die Fixpunkte und den Lyapunov-Exponenten für die logistische Gleichung $x_{n+1} = \sigma \cdot x_n(1 - x_n)$ für $\sigma = 3{,}1$ und $\sigma = 3{,}3$.
4. Diskutiere Unterschiede zwischen physikalischen Systemen, die durch lineare Gleichungen (Differentialgleichungen) beschrieben werden können und solchen, die zur Beschreibung nichtlineare Gleichungen verlangen; was ist Selbstähnlichkeit?

Anhang 1 Bénard-Instabilität

Eine Flüssigkeitsschicht der Dicke d befinde sich zwischen einer geheizten Platte der Temperatur $T_0 + \Delta T$ (unten) und einer Platte mit der konstanten Temperatur T_0 (oben). Die beiden die Flüssigkeit begrenzenden Platten seien unendlich ausgedehnt. Wir haben schon in der einfachen Betrachtung in Abschnitt 2.4.1 gesehen, dass für kleine Temperaturdifferenzen $\Delta T < \Delta T_c$ die Flüssigkeit ruht und nur Wärmeleitung auftritt, aber für $\Delta T > \Delta T_c$ eine kollektive Konvektionsbewegung der Flüssigkeitsmoleküle einsetzt (Flüssigkeitsrollen).

In Labordimensionen sind die Dichteänderungen in der Flüssigkeit im Allgemeinen klein, sodass die Boussinesq-Näherung (nach Valentin Joseph Boussinesq, 1842–1929, französischer Mathematiker und Physiker) angewendet werden kann (linearisierte thermische Ausdehnung)

$$\rho = \rho_0\left[1 - \gamma(T - T_0)\right]. \tag{II-2.141}$$

Dabei ist γ der Volumsausdehnungskoeffizient. Unter der Voraussetzung einer Flüssigkeit mit kleinem Ausdehnungskoeffizienten (z. B. Wasser mit γ (20 °C) = $2{,}1 \cdot 10^{-4}\ K^{-1}$) gilt $d\rho \approx 0$. Die Geschwindigkeit $\vec{v}$ der Flüssigkeitsströmung kann daher aufgrund der Kontinuitätsgleichung als divergenzfrei angenommen werden und die Temperaturabhängigkeit der Dichte in der Navier-Stokes-Gleichung (Band I, Kapitel „Mechanik deformierbarer Körper", Abschnitt 4.3.2, Gl. I-4.59) braucht nur im Schwerkraftterm berücksichtigt zu werden. Für die das Problem beschreibenden Gleichungen ergibt sich so mit $\frac{\rho}{\rho_0} \approx 1$ und daher weggelassen

$$\underbrace{\frac{\partial \vec{v}}{\partial t} + (\vec{v} \cdot \vec{\nabla})\vec{v}}_{\frac{d\vec{v}}{dt}} = \underbrace{-\frac{\vec{\nabla} P}{\rho_0}}_{\text{Druckkraft}/\rho_0} \underbrace{-\left[1 - \gamma(T - T_0)\right] g\vec{e}_z}_{\text{Schwerkraft}/\rho_0} + \underbrace{\nu \nabla^2 \vec{v}/\rho_0}_{\text{Reibungskraft}/\rho_0}$$

Navier-Stokes-Gleichung im Schwerefeld (II-2.142)

$$\vec{\nabla} \cdot \vec{v} = 0$$ *Kontinuitätsgleichung für* $\rho_0 = \text{const.}$[70] (II-2.143)

$$\underbrace{\frac{T}{t} \;\vec{v} \cdot \vec{\nabla})T}_{\frac{dT}{dt}} = \kappa \nabla^2 T$$ *Wärmeleitungsgleichung mit konvektivem Term* $(\vec{v} \cdot \vec{\nabla})T$. (II-2.44)

ν ist die kinematische Zähigkeit ($\nu = \frac{\eta}{\rho_0}$, η ... dynamische Zähigkeit), $\vec{e}_z$ der Einheitsvektor in z-Richtung und $\kappa = \frac{\lambda}{c\rho_0}$ (Temperaturleitfähigkeit, c ... spezifische Wärme, λ ... Wärmeleitfähigkeit). Die Randbedingungen für das Bénard-Problem sind dabei durch den Temperaturgradienten und das Haften der Flüssigkeit an den Platten gegeben

$$T(z = 0) = T_0 + \Delta T,\; T(z = d) = T_0,$$
$$v_x(0) = v_x(d) = v_y(0) = v_y(d) = v_z(0) = v_z(d) = 0 \qquad \text{(II-2.145)}$$

(siehe Abschnitt 2.4.1, Abb. II-2.38).

Zur Bestimmung der kritischen Temperaturdifferenz, bei der die Wärmeleitung in der ruhenden Flüssigkeit in Konvektion übergeht und es zur Ausbildung polygonaler Zellen (Bénard-Zellen) kommt in deren Mitte Flüssigkeitsteilchen nach oben steigen und in deren Mantel nach unten sinken (siehe Abb. II-2.44), wird zunächst die stationäre Lösung für $\vec{v}_{stat} = 0$ bestimmt, die T_{stat} und P_{stat} als Funktion von z

---

70 Aus Band I, Kapitel „Mechanik deformierbarer Körper", Abschnitt 4.3.1, Gl. (I-4.48) mit $\frac{\partial \rho}{\partial t} = 0$ und $\vec{j} = \rho_0 \vec{v}$.

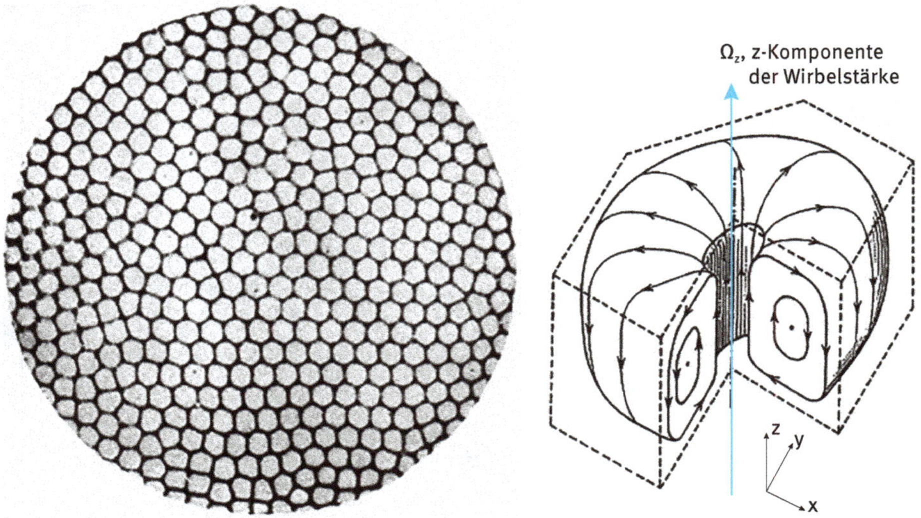

Abb. II-2.44: Ausbildung von hexagonalen Bénard-Zellen nach Einsetzen der Konvektion in einer ebenen, von unten geheizten Flüssigkeitsschicht (links). Die Skizze rechts zeigt ein Modell der Flüssigkeitsströmung in diesen Zellen: Geschlossene Trajektorien innerhalb der Zellen verlaufen horizontal, heiße Flüssigkeit steigt entlang ihrer Achse auf und sinkt abgekühlt entlang der vertikalen Randzone nach unten. Bénard entdeckte den Effekt durch Zufall in einem Bad aus geschmolzenem Paraffin, das mit Graphitstaub verunreinigt war. Das linke Bild stammt aus Bénards Dissertation „Les tourbillons cellulaires dans une nappe liquide propageant de la chaleur par convection en régime permanent" an der École normale supérieure in Paris (veröffentlicht von Gauthier-Villars, Paris 1901, die rechte Skizze stammt aus H. Bénard, D. Avsec, J. Phys. Radium, 9, 486 (1938)).

liefert. Der stationären Lösung[71] wird nun eine kleine (infinitesimale) Schwankung der Variablen der Form

$$\vec{v} \neq \vec{v}_{stat} = 0,\; T = T_{stat} + \theta,\; P = P_{stat} + p \qquad \text{(II-2.146)}$$

überlagert. Bezüglich dieser Störung werden also nur die linearen Glieder berücksichtigt (Linearisierung des Problems). Es ergeben sich die folgenden Störungsgleichungen:[72]

71 Die stationäre Lösung ist in diesem Fall auch statisch, ρ ist also keine Funktion von t, die Dichte ist stabil geschichtet.

72 Die genaue Berechnung findet sich in S. Chandrasekhar, 1961. „Hydrodynamic and Hydromagnetic Stability", Oxford University Press. Subrahmanyan Chandrasekhar (1888–1970), amerikanisch-indischer Physiker, erhielt 1983 zusammen mit William A. Fowler den Nobelpreis für Physik für seine theoretischen Studien der physikalischen Prozesse, die für die Struktur und Entwicklung der Sterne von Bedeutung sind.

$$\frac{\partial}{\partial t}\nabla^2 v_z = g\gamma\left(\frac{\partial^2\theta}{\partial x^2}+\frac{\partial^2\theta}{\partial y^2}\right)+\nu\nabla^4 v_z \qquad \text{(II-2.147)}$$

$$\frac{\partial}{\partial t}\Omega_z = \nu\nabla^2\Omega_z \qquad \text{(II-2.148)}$$

$$\frac{\partial\theta}{\partial t} = \frac{\Delta T}{d}v_z + \kappa\nabla^2\theta. \qquad \text{(II-2.149)}$$

$\vec{\Omega}$ ist die Wirbelstärke (siehe Band I, Kapitel „Mechanik deformierbarer Körper", Abschnitt 4.3.7.1), die für zweidimensionale Flüsse senkrecht zur Flussebene, hier also in z-Richtung, orientiert ist (Komponente Ω_z von Ω). Mit Hilfe von $\vec{\Omega} = \vec{\nabla}\times\vec{v}$ kann der Druckterm $\frac{\vec{\nabla}P}{\rho_0}$ in Gl. (II-2.142) eliminiert werden.

Dann werden mit der Zeit anwachsende Schwingungen (Schwankungen) parallel zur Plattenebene als Lösung angesetzt, die den gegebenen Randbedingungen genügen

$$v_z = W(z)\cdot e^{i(k_0x+k_0y)}e^{\xi t} \qquad \text{(II-2.150)}$$

$$\Omega_z = (\vec{\nabla}\times\vec{v})_z = H(z)\cdot e^{i(k_0x+k_0y)}e^{\xi t} \qquad \text{(II-2.151)}$$

$$\theta = G(z)\cdot e^{i(k_0x+k_0y)}e^{\xi t}. \qquad \text{(II-2.152)}$$

Zur Berechnung des kritischen Temperaturgradienten wird die Wachstumsrate ξ unter der Annahme einer fehlenden oszillierenden Instabilität Null gesetzt, wodurch man Stabilitätsgleichungen erhält, die unter den gegebenen Randbedingungen von zwei dimensionslosen Parametern abhängen, von der *Rayleigh-Zahl* Ra

$$\text{Ra} = \frac{\gamma g d^3\Delta T}{\nu\kappa} \qquad \textit{Rayleigh-Zahl} \qquad \text{(II-2.153)}$$

und von der auf d normierten Wellenzahl $k\cdot d = k_0$.[73] In der Rayleigh-Zahl steckt als wesentliche Größe die Temperaturdifferenz ΔT als Kontrollparameter. Die Wellenzahl k_0 beschreibt die Periodizität der Schwankungen. Unter den gegebenen Randbedingungen ergibt sich für die kritischen Werte der beiden Größen in sehr guter Übereinstimmung mit dem Experiment (Abb. II-2.45)

$$k_{0c} = 3{,}117,\ \text{Ra}_c = 1707{,}762. \qquad \text{(II-2.154)}$$

---

73 Auf d normierte Wellenlänge: $\lambda_0 = \frac{\lambda}{d} \Rightarrow$ auf d normierte Wellenzahl: $k_0 = \frac{2\pi}{\lambda_0} = \frac{2\pi}{\lambda}d = k\cdot d$.

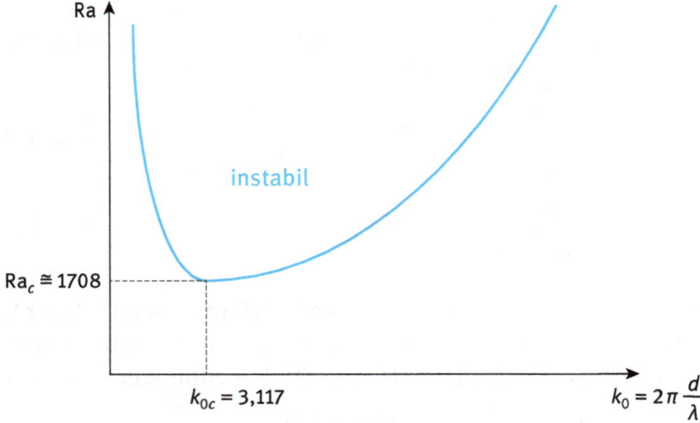

Abb. II-2.45: Abhängigkeit des Instabilitätsbereiches beim Benard-Problem von der Rayleigh-Zahl Ra und der Wellenzahl *k* der Schwankungen parallel zur Plattenebene.

3 Relativistische Mechanik (*relativistic mechanics*)

Einleitung: Am Schweizer Patentamt beschäftigte sich Albert Einstein auch mit der Übermittlung elektrischer Signale und der Synchronisation von Uhren. Wahrscheinlich stieß er so auf das Problem, das sich ergibt, wenn sich nicht beschleunigte Bezugssysteme (Inertialsysteme) relativ zueinander bewegen. Aus dem negativen Ausgang des Michelson-Morley Experiments muss geschlossen werden, dass es kein im Weltall ruhendes Medium für die Ausbreitung von Lichtwellen gibt und damit auch keinen absoluten Raum. Die daraus resultierende Konstanz der Lichtgeschwindigkeit ist in Übereinstimmung mit den Maxwell Gleichungen der Elektrodynamik. Als Folge muss beim Umrechnen zwischen zueinander bewegten Inertialsystemen auch die Zeit transformiert werden (Lorentz-Transformation). Konsequenzen daraus sind die Zeitdilatation und die Längenkontraktion, der relativistische Dopplereffekt mit dem „Zwillingsparadoxon" und ein neues Additionstheorem für Geschwindigkeiten.

Die Darstellung im Minkowski-Diagramm zeigt in einfacher Weise die Folgerungen, die sich aus der Lorentz-Transformation ergeben.

Für die Berechnung des relativistischen Impulses eines Teilchens darf die Zeit nicht mit einer laborfesten Uhr gemessen werden, sondern es muss zur Geschwindigkeitsmessung eine vom Teilchen mitgeführte Uhr verwendet werden, die das Lorentz-invariante Eigenzeitintervall $\Delta\tau = \frac{\Delta t}{\gamma}$ anzeigt. Damit wird der relativistische Impuls vom Lorentz-Faktor γ abhängig. Dies hat zur Folge, dass sich die Gesamtenergie des Teilchens $E = m\gamma c^2 = \gamma E_0$ als Summe der kinetischen ($E_{\text{kin}} = m\gamma c^2 - mc^2$) und der Ruheenergie ($E_0 = mc^2$) berechnet.

Die Lorentz-Transformation zeigt, dass die Zeit gleichwertig mit den Raumkoordinaten transformiert werden muss, also mathematisch gesehen eine vierte Dimension darstellt. Die relativistischen Größen Raumvektor, Geschwindigkeit, Beschleunigung, Impuls und Kraft werden daher vorteilhaft als vierdimensionale Vektoren, sog. Vierervektoren, dargestellt.

Wir haben gesehen, dass mechanische Wellen, z. B. Schallwellen, ein Medium zur Ausbreitung benötigen (siehe z. B. Band I, Kapitel „Mechanische Schwingungen und Wellen, Abschnitt 5.6.8.1).

Anfang des 19. Jh. erkannte man ‚Licht' als Erscheinung ‚elektromagnetischer Wellen' und es erhob sich die Frage nach dem Medium, in dem sich diese Wellen ausbreiten. Man nannte das hypothetische Medium ‚Äther'. Ein Problem ergab sich jedoch aus der erfolgreichen Beschreibung des Elektromagnetismus mit der Maxwellschen Theorie und der als richtig angenommenen Galilei-Transformation für Geschwindigkeiten (siehe dazu Band I, Kapitel „Mechanik des Massenpunktes", Abschnitt 2.3.1, Gl. I-2.41). In den Maxwellschen Gleichungen tritt eine *Konstante* auf, von der im *Experiment von Kohlrausch und Weber* (siehe Band III, Ab-

https://doi.org/10.1515/9783110675696-003

schnitt 3.3.4, Beispiel ‚Der Versuch von Weber und Kohlrausch (Bestimmung der „kritischen“ Geschwindigkeit)‘) gezeigt werden konnte, dass es sich um die Lichtgeschwindigkeit im Vakuum ($c \cong 3 \cdot 10^8$ m/s) handelt. Da nach der klassischen Auffassung diese Geschwindigkeit auf den Äther bezogen werden muss – er vermittelt ja in Analogie zu den mechanischen Wellen die Ausbreitung der elektromagnetischen Wellen – ergibt sich hier bei Anwendung der Galilei-Transformation folgendes Dilemma: Die Relativgeschwindigkeit zweier zueinander gleichförmig bewegter Bezugssysteme, von denen eines im Äther ruht, sollte sich zur Geschwindigkeit des Lichts addieren, die dann aber nicht konstant wäre.

Es ist bekannt, dass auch elektromagnetische Wellen einen Dopplereffekt zeigen: Die Spektren der Sterne, die sich von der Erde wegbewegen, sind zu längeren Wellenlängen verschoben (Rotverschiebung). Wir wissen andererseits vom akustischen Dopplereffekt (Band I, Abschnitt 5.6.8.1), dass sich ein Unterschied in der Frequenzänderung ergibt, je nachdem, ob sich die Quelle oder der Beobachter bewegt, wenn zur Wellenausbreitung ein Medium notwendig ist. Wenn die Messgenauigkeit eine Messung von Größen 2. Ordnung erlaubt, also Unterschiede in den Geschwindigkeiten um den Faktor $\left(1 \pm \frac{v^2}{c^2}\right)$, sollte die Existenz eines übertragenden Mediums, z. B. des ‚Äthers‘, nachzuweisen sein.

Laufzeitmessung des Lichts

Eine Lichtquelle ist fest mit einem bewegten System (z. B. Waggon) verbunden und sendet Lichtwellen aus, die von einem Spiegel reflektiert werden (Abb. II-3.1).

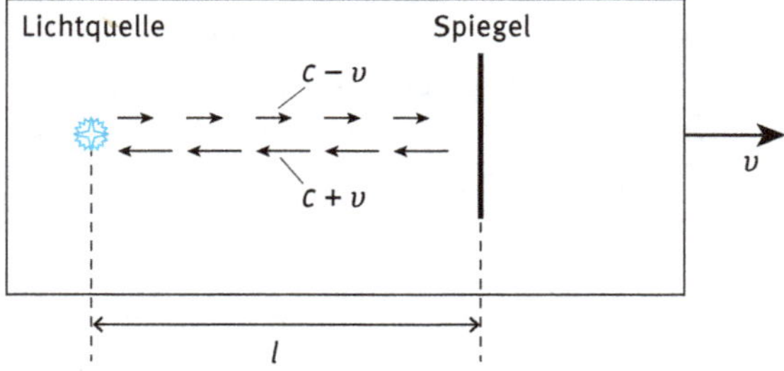

Abb. II-3.1: Klassische Galileische Geschwindigkeitsaddition. Eine mit dem System (z. B. Waggon) fest verbundene Lichtquelle sendet Lichtwellen aus, die von einem Spiegel reflektiert werden.

Die gesamte Laufzeit des Lichts von der Quelle zum Spiegel und zurück beträgt bei klassischer Geschwindigkeitsaddition

$$t = \frac{l}{c-v} + \frac{l}{c+v} = \frac{l(c+v) + l(c-v)}{c^2 - v^2} = 2l\,\frac{c}{c^2 - v^2} = \frac{2l}{c}\left(1 - \frac{v^2}{c^2}\right)^{-1}. \quad \text{(II-3.1)}$$

Wir entwickeln $\left(1-\frac{v^2}{c^2}\right)^{-1}$ wie beim akustischen Dopplereffekt beim Vergleich zwischen bewegter Quelle und bewegtem Beobachter (Band I, Abschnitt 5.6.8.1) entsprechend $(1+x)^n = 1 + n \cdot x + \ldots$ für $x \ll 1$ und erhalten

$$t \cong \frac{2l}{c}\left(1+\frac{v^2}{c^2}\right). \qquad \text{(II-3.2)}$$

Ohne Bewegung der Lichtquelle ergibt sich dagegen

$$t = \frac{2l}{c}, \qquad \text{(II-3.3)}$$

die Laufzeitdifferenz ist also ein Effekt 2. Ordnung in v/c.

Unter der Voraussetzung, dass der Äther von der Erde nicht mitgeführt wird, muss dieses Ergebnis auch für Laufzeitmessungen des Lichts auf der Erdoberfläche gelten. Die Bahngeschwindigkeit der Erde beträgt ca. $v = 3 \cdot 10^4$ m/s. Wir erhalten

$$\frac{v}{c} \cong \frac{3 \cdot 10^4}{3 \cdot 10^8} = 10^{-4} \quad \text{und} \quad \frac{v^2}{c^2} \cong 10^{-8}, \qquad \text{(II-3.4)}$$

einen sehr kleinen Wert, der schwer nachzuweisen ist.

3.1 Das Michelson-Morley Experiment und seine Konsequenzen

1881 führte Michelson[1] ein Experiment durch, das sehr ähnlich dem eben besprochenen war. Es wurden zwei Laufzeiten des Lichts auf Wegen verglichen, von denen einer in v-Richtung, also in Richtung der Bahngeschwindigkeit v der Erde und einer normal dazu lag (Abb. II-3.2).

Das Licht einer Lichtquelle wird an einem halbdurchlässigen Spiegel in zwei zueinander senkrechte Teile zerlegt, die beide dieselbe Strecke l zweimal durchlaufen, zuerst zu einem reflektierenden Spiegel hin und nach der Reflexion wieder her. Die Strecke zum Spiegel 1 hat die Richtung der Bahngeschwindigkeit der Erde, die Strecke 2 ist normal dazu. Die beiden reflektierten Strahlen werden in der Brennebene eines Fernrohres zur Interferenz gebracht.

---

1 Albert Abraham Michelson, 1852–1931; für seine optischen Präzisionsinstrumente und die mit ihrer Hilfe ausgeführten spektroskopischen und messtechnischen Untersuchungen erhielt er 1907 als erster Amerikaner den Nobelpreis. Originalarbeit: *The American Journal of Science, Third Series*, **22**, 120 (1881).

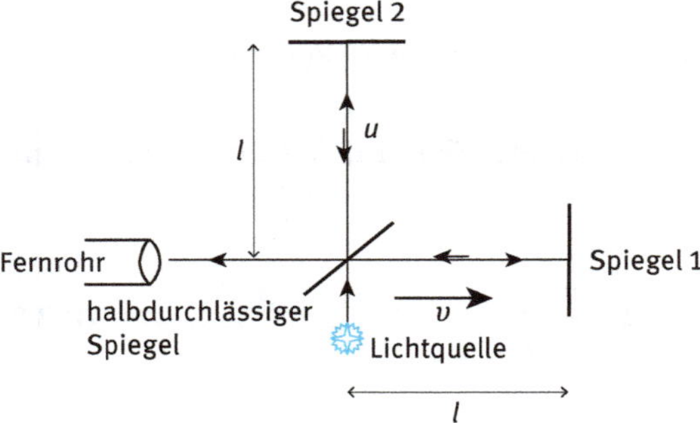

Abb. II-3.2: Zum Michelson-Morley Experiment.

Strecke 1: Wie oben (Gl. II-3.2) gilt in der Näherung zweiter Ordnung

$$t_1 = \frac{2l}{c}\left(1 + \frac{v^2}{c^2}\right). \tag{II-3.5}$$

Strecke 2: Im Äthersystem muss der Lichtstrahl unter dem Winkel θ verlaufen, damit er im Erdsystem normal zu $\vec{v}$ verläuft (Abb. II-3.3), wie es die Spiegelstellung verlangt. Für die Relativgeschwindigkeit u des Lichts auf der Wegstrecke zum Spiegel 2 gilt daher[2]

$$u = \sqrt{c^2 - v^2} \tag{II-3.6}$$

und damit für die Zeitdauer, in der die Strecke 2 zweimal durchlaufen wird

$$t_2 = \frac{2l}{\sqrt{c^2 - v^2}} = \frac{2l}{c}\left(1 - \frac{v^2}{c^2}\right)^{-1/2} \underbrace{=}_{\text{Reihenentwicklung}} \frac{2l}{c}\left(1 + \frac{1}{2}\frac{v^2}{c^2}\right). \tag{II-3.7}$$

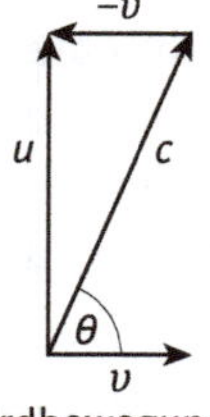

Abb. II-3.3: Unter der Annahme eines Äthers muss der Lichtstrahl im Äthersystem unter dem Winkel θ ausgesandt werden, damit er im Erdsystem normal zur Richtung $\vec{v}$ der Bahngeschwindigkeit der Erde verläuft.

2 Nach der Galilei-Transformation ist die Geschwindigkeit $\vec{u}$ in einem mit $\vec{v}$ bewegten System (Erdsystem): $\vec{u} = \vec{c} - \vec{v}$, wenn $\vec{c}$ die Geschwindigkeit im ruhenden System (Äthersystem) ist (Band I, Kapitel „Mechanik des Massenpunktes“, Abschnitt 2.3.1).

Damit ergibt sich für die Differenz der Laufzeiten

$$\underline{\Delta t} = t_1 - t_2 = \frac{2l}{c}\frac{v^2}{c^2} - \frac{1}{2}\frac{2l}{c}\frac{v^2}{c^2} = \underline{\frac{l}{c}\frac{v^2}{c^2}}. \tag{II-3.8}$$

Die Abschätzung mit der Bahngeschwindigkeit der Erde von $3 \cdot 10^4$ m/s und einer Streckenlänge von 30 m ergibt $\Delta t = 10^{-15}$ s. So kurze Zeiten sind nur messbar, wenn man die *Interferenz* von Lichtwellen benützt. Verwendet man gelbes Licht mit einer Wellenlänge $\lambda = 600\,\text{nm} = 6 \cdot 10^{-7}$ m, so erhält man für die Zahl der Schwingungen z innerhalb der Differenz der Laufzeiten $\Delta t = 10^{-15}$ s

$$z = \Delta t \cdot \nu = \Delta t \cdot \frac{c}{\lambda} = 10^{-15} \cdot \frac{3 \cdot 10^8}{6 \cdot 10^{-7}} = \frac{1}{2}, \tag{II-3.9}$$

also eine halbe Schwingung Unterschied. Wird die Apparatur um 90° gedreht, so werden damit die Strecken 1 und 2 vertauscht und es ergibt sich für den mitgedrehten Beobachter eine ganze Wellenlänge Unterschied.

Man erwartet daher folgende Beobachtung: Für Drehwinkel 0° sieht man ein System aus hellen und dunklen Streifen.[3] Bei Drehung um 45° sind die beiden Strecken optisch gleichwertig und die vorher dunklen Streifen sollten jetzt von mittlerer Helligkeit sein. Beim Drehwinkel 90° ergibt sich eine Verschiebung um eine volle Streifenbreite gegenüber der ursprünglichen Streifenfolge. Die Registrierung der Intensität im Fadenkreuz bei Drehung der Apparatur müsste jedenfalls eine Wellenlinie zeigen!

Die Messbarkeit des Effekts zweiter Ordnung in v^2/c^2 war an der Grenze des Auflösungsvermögens des Experiments von Michelson, das am Astrophysikalischen Institut in Potsdam[4] durchgeführt wurde. Er benutzte eine Streckenlänge von 2 *m*, nützte aber zusätzlich zur Bahngeschwindigkeit der Erde um die Sonne auch noch die Bewegung der Erde mit dem Sonnensystem aus[5] und kam so zu einer erwarteten Streifenverschiebung von 10 % eines Streifens. In jeder von 4 Messreihen wurde das Instrument in Schritten von 45° fünfmal um die eigene Achse gedreht. Die Zeichnung in Abb. II-3.4 stammt aus der Originalveröffentli-

---

3 Dass im Gesichtsfeld keine gleichmäßige Helligkeit oder Dunkelheit herrscht, sondern ein Streifenmuster erscheint, ist eine Folge davon, dass die beiden reflektierenden Spiegel nicht völlig normal zueinander liegen. Dadurch erhält man das Interferenzmuster eines ‚Keils'.

4 Michelson war nach Abschluss seines Studiums an der US Naval Academy dort Ausbilder für physikalische Wissenschaften. Für die Jahre 1880–1882 erhielt er die Erlaubnis für weiterführende Studien in Europa, wo er bei Helmholtz in Berlin das nach ihm benannte Michelson-Interferometer entwickelte.

5 Die Sonne bewegt sich zusammen mit den Planeten um das galaktische Zentrum mit einer Geschwindigkeit von ca. 220 km/s, für einen Umlauf benötigt sie etwa $300 \cdot 10^6$ Jahre.

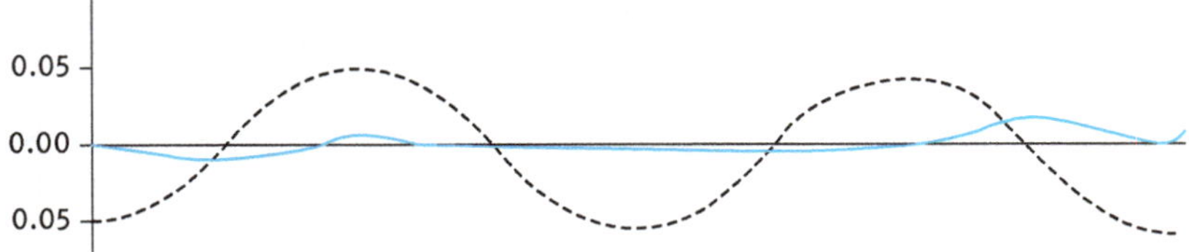

Abb. II-3.4: Mit Äther erwartete (strichliert) und tatsächlich gemessene Helligkeitsänderung (blau durchgezogen) während einer Drehung der Michelson-Apparatur um 360° in Potsdam 1881.

chung Michelsons und zeigt, dass die erwartete Hell-Dunkelvariation (strichliert) nicht zu sehen war.

Michelson zog den Schluss:

> *The interpretation of these results is that there is no displacement of the interference bands. The result of the hypothesis of a stationary ether is thus shown to be incorrect, and the necessary conclusion follows that the hypothesis is erroneous.*

Das Experiment wurde 1887 von Michelson und Morley (Edward Williams Morley, 1838–1923) mit einer Streckenlänge von 11 m (erwartete Streifenverschiebung von etwa 37 % des Streifenabstandes) und gleichem Ergebnis wiederholt (Abb. II-3.5).[6]

Als später 1925 von D. C. Miller ein positiver Effekt berichtet wurde,[7] der 1/3 Streifenverschiebung entsprechen sollte, setzte eine Reihe von neuen Messungen ein. 1930 wurde das Experiment von Georg Joos (deutscher Physiker, 1894–1959) in Jena unter besten Bedingungen durchgeführt (Streckenlänge 21 m, erwartete Streifenverschiebung 71 % des Streifenabstands bei einer Messgenauigkeit von 0,1 %) und wieder ein negatives Ergebnis erzielt.

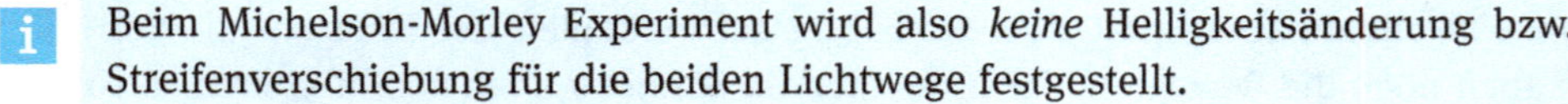
Beim Michelson-Morley Experiment wird also *keine* Helligkeitsänderung bzw. Streifenverschiebung für die beiden Lichtwege festgestellt.

Wir müssen daher davon ausgehen, dass keine Analogie besteht zwischen der Ausbreitung von Schallwellen in einem Medium und der Ausbreitung von Lichtwellen. Es existiert offenbar kein im Weltall ruhendes Medium (der ‚Äther') für die Ausbreitung von Lichtwellen und somit auch kein absoluter Raum. Damit ist also die Lichtgeschwindigkeit unabhängig von der Relativgeschwindigkeit zwischen Quelle und Beobachter.

---

6 Das Interferometer mit vierfacher Reflexion an jedem Arm war auf einer massiven Steinplatte montiert, die in einem Bottich mit Quecksilber schwamm (siehe Originalapparatur, Abb. II-3.5).

7 D. C. Miller, 1866–1941: Proceedings of the American National Academy of Sciences **2,** 306 (1925).

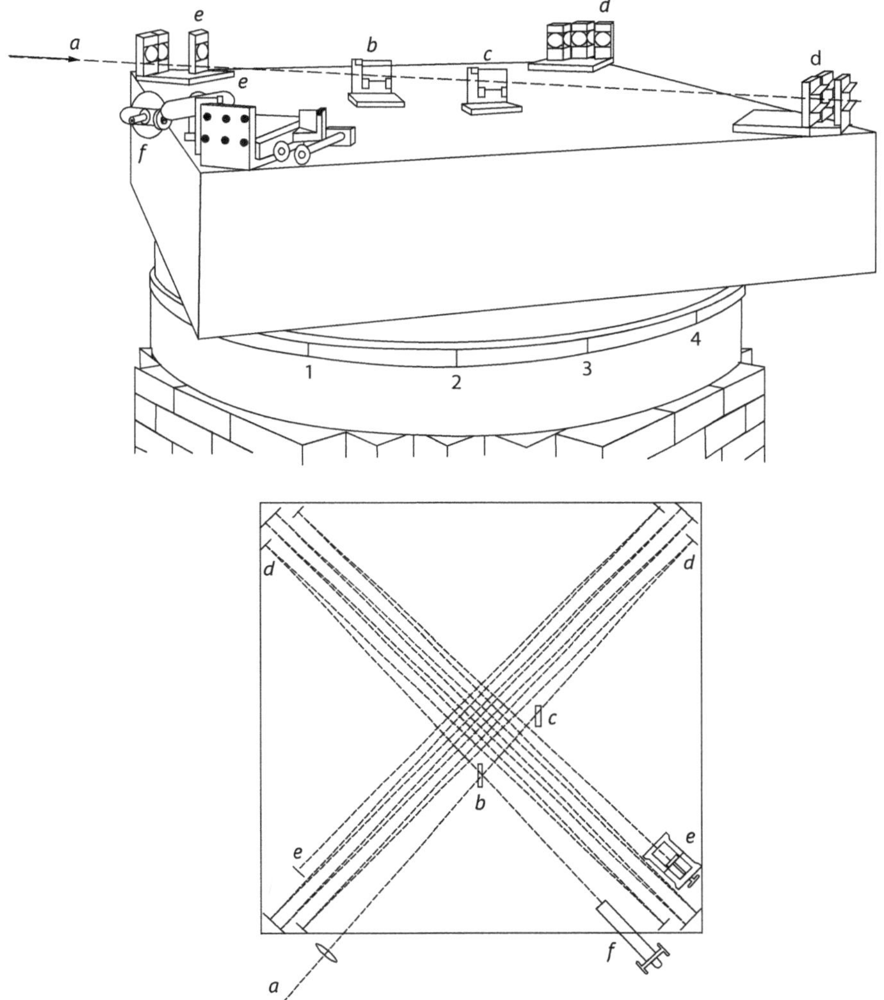

Abb. II-3.5: Originalapparatur von Michelson und Morley (American Journal of Science **34**, 333 (1887)). Das Interferometer ruhte auf einer 30 cm dicken, schwimmend gelagerten Steinplatte mit einer Fläche von etwa 1,5 m^2. Der bei *a* einfallende Lichtstrahl trat zunächst durch den Teilerspiegel *b* und wurde von den Spiegeln (*dd*, *ee*) in den vier Ecken mehrfach reflektiert. Die wieder vom Strahlteiler *b* kommenden Strahlen wurden mit einem Fernrohr (*f*) beobachtet. *c* ist eine „Kompensationsplatte" von gleicher Dicke wie der Teilerspiegel *b*, um die optische Weglänge in beiden Armen gleich zu machen (der am Teiler *b* nicht reflektierte einfallende Strahl durchsetzt diesen einmal, der reflektierte jedoch zweimal!). Der bewegliche Spiegel *e* diente zum Abgleich der Weglängen in beiden Armen.

Die Einstein-Postulate („Relativitätsprinzip")

1905 veröffentlichte Albert Einstein[8] im Artikel ‚Über die Elektrodynamik bewegter Körper' die Grundzüge der *speziellen Relativitätstheorie*.[9] Sie beruht auf zwei Postulaten:

1. Es gibt kein physikalisch bevorzugtes Inertialsystem.[10] Die Naturgesetze nehmen in jedem Inertialsystem dieselben Formen an.

Dieses Postulat gilt schon für die Newtonsche Mechanik. In der Elektrodynamik (*ED*) hat es aber eine besondere Bedeutung, da die Lichtgeschwindigkeit in den Maxwellschen Gleichungen, die in jedem Inertialsystem dieselbe Form haben, explizit als Konstante auftritt. Es bedingt daher unmittelbar das zweite Postulat.

2. Die Lichtgeschwindigkeit im Vakuum hat in jedem beliebigen Inertialsystem den gleichen Wert unabhängig vom Bewegungszustand der Lichtquelle und des Beobachters.

Dies bedeutet, wie schnell wir auch einem Lichtsignal, das sich irgendwo im Raum ausbreitet, hinterherlaufen, es entfernt sich stets mit der gleichen Geschwindigkeit c von uns!

In der Antike betrachtete man Raum und Zeit als absolut. Man sah den Raum gegeben durch die feste Erdoberfläche – wobei ‚oben' und ‚unten' durch die Schwerkraft bestimmt sind – sowie die feste Zeit, die durch den Umlauf der Gestirne um die Erde festgelegt ist.

Mit der Einführung der Inertialsysteme durch das erste Newtonsche Axiom und die damit verbundene Galilei-Transformation bleibt zwar die Zeit absolut, aber der Raum wird relativiert (Band I, Kapitel „Mechanik des Massenpunktes", Abschnitt 2.3.1, Gl. I-2.41):

Galilei-Transformation:

$$\left.\begin{aligned} \vec{r}\,' &= \vec{r} - \vec{v}\cdot t \\ t' &= t \end{aligned}\right\} \quad \vec{v} \text{ ... Relativgeschwindigkeit zwischen zwei Inertialsystemen } \Sigma \text{ und } \Sigma'.$$

Damit ergibt sich eine „Relativität der Gleichortigkeit" zweier ungleichzeitiger Ereignisse:

---

8 Albert Einstein, 1879–1955. Für seine Erklärung des Photoeffekts durch Quantisierung des elektromagnetischen Strahlungsfeldes (Photonen) 1905 erhielt er 1921 den Nobelpreis.

9 Es ist wahrscheinlich, dass Einstein die Experimente von Michelson und Morley gar nicht kannte, als er den Artikel veröffentlichte. Die Arbeiten von Poincaré (Jules Henri Poincaré, 1854–1912) über die Synchronisation bewegter Uhren und von Lorentz (Hendrik Antoon Lorentz, 1853–1928) zur Transformation zwischen bewegten Systemen lagen aber bereits vor.

10 Zum Inertialsystem siehe Band I, Kapitel „Mechanik des Massenpunktes", Abschnitte 2.2 und 2.3.1.

i

Es hängt vom *zeitlichen Abstand* von ‚*Ereignissen*' und von der Relativgeschwindigkeit der Systeme ab, von denen aus sie beobachtet werden, ob die im einen Beobachtersystem *räumlich getrennten Ereignisse* in einem anderen System *am gleichen Ort* stattfinden.[11]

In der speziellen Relativitätstheorie führt das Postulat 2 über die Konstanz der Lichtgeschwindigkeit auf eine analoge *Relativität der Gleichzeitigkeit*:

i

Es hängt von der *räumlichen Distanz* von Ereignissen und der Relativgeschwindigkeit der Systeme ab, von denen aus sie beobachtet werden, ob die im einen Beobachtersystem *zeitlich getrennten Ereignisse* in einem anderen System *gleichzeitig* stattfinden.

3.2 Die Lorentz-Transformation

Offensichtlich ist die Galilei-Transformation mit dem Relativitätsprinzip, also mit den Einsteinschen Postulaten nicht vereinbar und daher nicht allgemein gültig, da damit die Lichtgeschwindigkeit in zueinander bewegten Systemen verschiedene Werte annimmt. Wir suchen daher jetzt nach der richtigen Transformation zwischen Inertialsystemen. Dazu betrachten wir zwei Inertialsysteme $\Sigma(x,y,z)$ und $\Sigma'(x',y',z')$ mit zueinander parallelen Achsen. Die Nullpunkte O von Σ und O' von Σ' sollen zum Zeitpunkt $t=0$ zusammenfallen: $O(t=0)=O'(t'=0)$.

Das System Σ' bewege sich gegen Σ mit konstanter Geschwindigkeit v in x-Richtung. Zum Zeitpunkt $t=0$ wird von $O=O'$ ein Lichtblitz ausgesandt. Er muss sich nach Postulat 1 in beiden Systemen als Kugelwelle ausbreiten (Abb. II-3.6). Nach dem 2. Postulat muss sich in beiden Systemen die Kugelwelle mit der gleichen Geschwindigkeit c ausbreiten, unabhängig von der Relativbewegung der beiden Systeme. Es muss also für die Koordinaten und die Zeit des Ereignisses „Eintreffen des Lichts in Punkt A" in beiden Systemen gelten (siehe Abb. II-3.6)

$$c^2t^2 - x^2 - y^2 - z^2 \equiv c^2t'^2 - x'^2 - y'^2 - z'^2 = 0\,.\qquad \text{(II-3.10)}$$

[12]

11 Oder, anders ausgedrückt: Wenn in einem Bezugssystem zwei Ereignisse zu verschiedenen Zeiten am gleichen Ort betrachtet werden, so treten diese beiden Ereignisse in einem dazu bewegten System nicht mehr am gleichen Ort auf. Die Situation lässt sich übersichtlich mit Hilfe der graphischen Darstellung der Galilei-Transformation zeigen (vergleiche Abschnitt 3.7.1 und Band I, Kapitel „Mechanik des Massenpunktes", Abschnitt 2.3.1, Abb. I-2.15).

12 Wobei die Koordinaten des Punktes (= Ereignisses) A in Σ, nämlich $\{x,y,z\}$ mit den Koordinaten $\{x',y',z'\}$ in Σ' sowie die Zeiten t und t' durch eine Beziehung verbunden werden müssen, die im Grenzfall sehr kleiner Geschwindigkeiten v der beiden Systeme gegeneinander in die Galilei-Transformation übergeht.

Der zur Zeit $t = t' = 0$ am Ort $O = O'$ ausgesandte Lichtblitz wird daher nach Postulat 2 *in beiden Systemen* als Kugelwelle mit derselben Ausbreitungsgeschwindigkeit c beobachtet. Die einzig mögliche Konsequenz der obigen Gleichung lautet:

i $t \neq t'$, wir müssen die Raumkoordinaten *und die Zeit* transformieren!

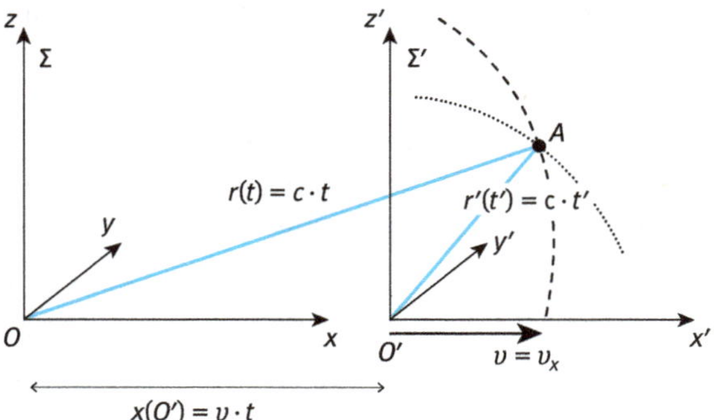

Abb. II-3.6: Beobachter in Σ: nach der Zeit t hat das Licht den Raumpunkt A erreicht. Es gilt: $r = c \cdot t$ und $x^2 + y^2 + z^2 = c^2 \cdot t^2$. Beobachter in Σ′ das Licht erreicht A nach der Zeit t' und es gilt: $r' = c \cdot t'$ und $x'^2 + y'^2 + z'^2 = c^2 \cdot t'^2$.

Da die transversalen Koordinaten keine Relativbewegung gegeneinander besitzen, bleiben sie beim Übergang zum bewegten System unverändert, also $y = y'$ und $z = z'$ und es bleibt von oben (Gl. II-3.10)

$$c^2t^2 - x^2 \equiv c^2t'^2 - x'^2 = 0\,. \qquad \text{(II-3.11)}$$

Der Beobachter in Σ′ sieht (mit seinen Maßstäben und Uhren gemessen), das System Σ mit dem gleichen Geschwindigkeitsbetrag υ an ihm vorbeiziehen wie der Beobachter in Σ das System Σ′:

$$\begin{aligned} x(O') &= \upsilon \cdot t &&\rightarrow \quad \text{Bewegung von } O' \text{ in } \Sigma \\ x'(O) &= -\upsilon \cdot t' &&\rightarrow \quad \text{Bewegung von } O \text{ in } \Sigma'. \end{aligned} \qquad \text{(II-3.12)}$$

Alle Koordinaten x' des Systems Σ′ sind auf O' bezogen. Wenn wir daher ein beliebiges Ereignis (einen an einem bestimmten Ort zu einem bestimmten Zeitpunkt stattfindenden Vorgang), das in Koordinaten des Systems Σ gegeben ist, mit den Koordinaten des Systems Σ′ ausdrücken wollen, müssen diese Σ′-Koordinaten von $(x - \upsilon \cdot t)$ abhängen, denn bei der Galilei-Transformation galt ja $x'(t) = x(t) - u_x \cdot t$ und diese ist ja im Grenzfall sehr kleiner Geschwindigkeiten sicher richtig! Wir nehmen also folgende lineare Beziehung zwischen den Koordinaten an[13]

13 Dass die Beziehung linear sein muss folgt aus der Bedingung, dass die linearen Newtonschen Bewegungsgleichungen wieder in lineare Gleichungen übergehen sollen. Bei einer nichtlinearen Transformation würden Beschleunigungen auftreten, die vorher nicht vorhanden waren.

$$x' = \gamma(x - v \cdot t), \tag{II-3.13}$$

wobei der Faktor γ, der wegen der geforderten Linearität der Transformation nur mehr von v abhängen kann, für $v \to 0$ nach $\gamma \to 1$ strebt.

Da wir auch die Zeit mittransformieren müssen, setzen wir analog für einen Punkt, der im System Σ' gegeben ist, den wir aber in Koordinaten des Systems Σ ausdrücken wollen

$$x = \gamma'(x' + vt'). \tag{II-3.14}$$

Um t' als Funktion von x und t zu erhalten, eliminieren wir x' in der zweiten Gleichung (Gl. II-3.14) mit Hilfe der ersten (Gl. II-3.13)

$$x = \gamma'(\gamma x - \gamma vt + vt') = \gamma\gamma' x - \gamma\gamma' vt + \gamma' vt' \tag{II-3.15}$$

bzw.

$$\gamma' vt' = x - \gamma\gamma' x + \gamma\gamma' vt \tag{II-3.16}$$

und erhalten so

$$t' = \frac{x}{\gamma' v} - \frac{\gamma x}{v} + \gamma t = \gamma\left[t - \frac{x}{v}\left(1 - \frac{1}{\gamma\gamma'}\right)\right]. \tag{II-3.17}$$

x' und t' setzen wir in Gl. (II-3.11) $c^2t^2 - x^2 - c^2t'^2 + x'^2 \equiv 0$ ein und erhalten

$$c^2t^2 - x^2 - c^2\gamma^2\left[t^2 - \frac{2xt}{v}\left(1 - \frac{1}{\gamma\gamma'}\right) + \frac{x^2}{v^2}\left(1 - \frac{2}{\gamma\gamma'} + \frac{1}{\gamma^2\gamma'^2}\right)\right] +$$
$$+\gamma^2(x^2 - 2xvt + v^2t^2) \equiv 0 \tag{II-3.18}$$

Da x und t voneinander unabhängig sind, müssen die Koeffizienten von x^2, $x \cdot t$ und t^2 in dieser Identität einzeln verschwinden, nur die Konstanten γ und γ' sind frei.

Koeffizient von x^2: $$-1 - \frac{c^2}{v^2}\gamma^2 + \frac{2c^2}{v^2}\frac{\gamma}{\gamma'} - \frac{c^2}{v^2}\frac{1}{\gamma'^2} + \gamma^2 = 0 \tag{II-3.19}$$

Koeffizient von t^2: $$c^2 - c^2\gamma^2 + \gamma^2v^2 = 0 \tag{II-3.20}$$

$$\Rightarrow \gamma^2 = \frac{c^2}{c^2 - v^2} = \frac{1}{1 - \frac{v^2}{c^2}} \tag{II-3.21}$$

und wir erhalten[14]

$$\gamma = \frac{1}{\sqrt{1 - v^2/c^2}} = \frac{1}{\sqrt{1 - \beta^2}} \geq 1 \quad \textit{Lorentz-Faktor,} \tag{II-3.22}$$

mit

$$\beta = \frac{v}{c} \quad \textit{Geschwindigkeitsparameter.} \tag{II-3.23}$$

Koeffizient von $x \cdot t$:

$$2\frac{c^2\gamma^2}{v} - 2\frac{c^2}{v}\frac{\gamma}{\gamma'} - 2\gamma^2 v = 0 \,\Big|\, \cdot \frac{v \cdot \gamma'}{2\gamma}$$

$$c^2\gamma\gamma' - c^2 - v^2\gamma\gamma' = 0$$

$$\gamma\gamma' = \frac{c^2}{c^2 - v^2} = \gamma^2 \tag{II-3.24}$$

$$\Rightarrow \gamma = \gamma'. \tag{II-3.25}$$

Probe mit Koeffizient von x^2:

$$-1 - \frac{1}{\beta^2(1-\beta^2)} + \frac{2}{\beta^2} - \frac{1-\beta^2}{\beta^2} + \frac{1}{1-\beta^2} =$$

$$= \frac{-\beta^2(1-\beta^2) - 1 + 2(1-\beta^2) - (1-\beta^2)^2 + \beta^2}{\beta^2(1-\beta^2)} =$$

$$= \frac{-\beta^2 + \beta^4 - 1 + 2 - 2\beta^2 - 1 + 2\beta^2 - \beta^4 + \beta^2}{\beta^2(1-\beta^2)} = 0. \tag{II-3.26}$$

Für t' erhalten wir mit Gl. (II-3.17)

$$t' = \gamma\left[t - \frac{x}{v}\left(1 - \frac{1}{\gamma\gamma'}\right)\right] = \frac{1}{\sqrt{1-\beta^2}}\left[t - \frac{x}{v}\left(1 - \frac{c^2 - v^2}{c^2}\right)\right] =$$

$$= \frac{1}{\sqrt{1-\beta^2}}\left[t - \frac{x}{v}\left(\frac{v^2}{c^2}\right)\right] = \frac{1}{\sqrt{1-\beta^2}}\left(t - \frac{v}{c^2}x\right). \tag{II-3.27}$$

Die Transformationsgleichungen für die Ortskoordinaten und die Zeitkoordinate von Σ nach Σ' lauten also

---

14 Das negative Vorzeichen der Wurzel ist physikalisch sinnlos.

$$x' = \gamma(x - vt) = \frac{x - v \cdot t}{\sqrt{1 - v^2/c^2}}$$

$$y' = y$$

$$z' = z$$

$$t' = \gamma(t - v \cdot x/c^2) = \frac{t - v \cdot x/c^2}{\sqrt{1 - v^2/c^2}}$$

Lorentz-Transformationvon Σ nach Σ′ (Relativgeschwindigkeit |v| in x-Richtung).[15] (II-3.28)

Durch Auflösung dieses Gleichungssystems nach x und t, bzw. schneller durch Umkehrung des Vorzeichens von v und Vertauschung der ungestrichenen und gestrichenen Größen, erhält man die umgekehrte Transformation von Σ′ nach Σ:[16]

$$x = \gamma(x' + vt') = \frac{x' + v \cdot t'}{\sqrt{1 - v^2/c^2}}$$

$$y = y'$$

$$z = z'$$

$$t = \gamma(t' + v \cdot x'/c^2) = \frac{t' + v \cdot x/c^2}{\sqrt{1 - v^2/c^2}}$$

Lorentz-Transformation von Σ′ nach Σ (Relativgeschwindigkeit |v| in x-Richtung). (II-3.29)

Eine andere, symmetrische Schreibweise ergibt sich, indem wir für $v = \beta \cdot c$ schreiben:

$$x' = \gamma(x - \beta ct) \qquad ct' = \gamma(ct - \beta x) \qquad \text{(II-3.30)}$$

Lorentz-Transformation.

$$x = \gamma(x' + \beta ct') \qquad ct = \gamma(ct' + \beta x') \qquad \text{(II-3.31)}$$

Die Symmetrie in x und $c \cdot t$ dieser Schreibweise drückt die *fundamentale Gleichwertigkeit von Raum und Zeit* aus.[17]

---

15 Die Lorentz-Transformation zwischen Inertialsystemen kann als Analogie zur Drehung von Koordinatensystemen aufgefasst werden. Siehe auch Abschnitt 3.7.2, Fußnote 42.

16 Für die Umrechnung der Koordinaten hat nur die *relative Translationsgeschwindigkeit* zwischen den Systemen Σ und Σ′ Bedeutung: „Σ′ bewegt sich relativ zu Σ mit der Geschwindigkeit $+v$“ ist identisch zu „Σ bewegt sich relativ zu Σ′ mit der Geschwindigkeit $-v$“. Siehe dazu auch Abschnitt 3.5, insbesondere das Beispiel ‚Dopplereffekt bei ruhender Lichtquelle und bewegtem Beobachter‘.

17 Anmerkung: Wenn Messergebnisse in verschiedenen Bezugssystemen Σ bzw. Σ′ (z. B. Längen- oder Zeitintervalle) verglichen werden sollen, müssen universelle, also vom Bezugssystem unabhängige Einheiten verwendet werden. Für die Länge x und die Zeit t sind dies die Eigenlängenintervalle zwischen den Enden, z. B. eines im jeweiligen System ruhenden Metermaßes („Meteretalon“, siehe Abschnitt 3.4.2), bzw. das Eigenzeitintervall (siehe Abschnitt 3.4.1), z. B., die Schwingungsdauer eines idealen Sekundenpendels, dessen Aufhängepunkt in dem betrachteten Inertialsystem

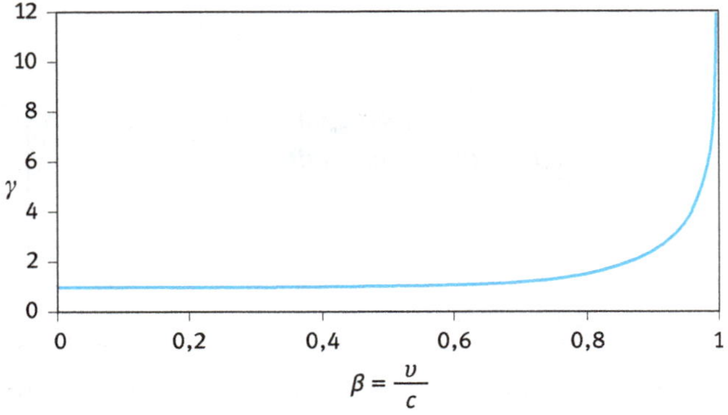

Abb. II-3.7: Lorentz-Faktor γ in Abhängigkeit vom Geschwindigkeitsparameter β.

Für $v \ll c \Rightarrow v^2/c^2 \approx 0 \Rightarrow \gamma \approx 1$ und wir erhalten wieder die Galilei-Transformation. Die Galilei-Transformation ist daher die erste Näherung der Lorentz-Transformation. Für Geschwindigkeiten $v > 0{,}5 \cdot c$ ist der Lorentz-Faktor γ so groß, dass er unbedingt berücksichtigt werden muss (Abb. II-3.7).

Beispiel:

1. Die Geschwindigkeit eines Objektes sei $v = 36\,000$ km/h = 10 km/s = 10^4 m/s. Damit ergibt sich $\frac{v}{c} = \frac{10 \cdot 10^3}{3 \cdot 10^8} \approx 3 \cdot 10^{-5}$ und $\frac{v^2}{c^2} \approx 10 \cdot 10^{-10}$ bzw. $(1 - v^2/c^2)^{-1/2} \approx 1 + \frac{1}{2}\frac{v^2}{c^2} = 1 + 5 \cdot 10^{-10}$. Der Effekt zweiter Ordnung ist also praktisch nicht messbar.
2. Relativistische Elektronen im Elektronenmikroskop. Im Durchstrahlungs-Elektronenmikroskop werden z. B. kristalline Proben bei Beschleunigungsspannungen von 100 kV und mehr durchstrahlt. Durch die wesentlich kürzere Wellenlänge der zur Abbildung verwendeten Elektronen (einige pm) im Vergleich zu den Wellenlängen des sichtbaren Lichts (ca. 500 nm) wird eine vielfache Steigerung des Auflösungsvermögens erzielt. In die Berechnung der Elektronenwellenlänge muss die Tatsache einfließen, dass die Lichtgeschwindigkeit im Vakuum ein oberer Grenzwert für alle Geschwindigkeiten ist.

---

ruht (gleiche Schwerkraft vorausgesetzt). Diese *Eigengrößen* sind *per definitionem* vom Bezugssystem unabhängig.

Die dem Elektron durch die Beschleunigungsspannung V zugeführte kinetische Energie ist $E_{kin} = e \cdot V$ (e ... *Elementarladung*). Für die Geschwindigkeit der Elektronen und ihre Wellenlänge ergibt sich bei 100 kV bzw. 1000 kV Beschleunigungsspannung ($1\,pm = 1 \cdot 10^{-12}\,m$):

	klassisch	relativistisch[18]	
100 kV:	$\lambda = 3{,}88$ pm	$\lambda = 3{,}70$ pm	
	$v = 1{,}875 \cdot 10^8$ m/s	$v = 1{,}644 \cdot 10^8$ m/s	55 % c
1000 kV:	$\lambda = 1{,}22$ pm	$\lambda = 0{,}87$ pm	
	$v = 5{,}931 \cdot 10^8$ m/s $> c$!	$v = 2{,}821 \cdot 10^8$ m/s	94 % c

3.3 Das Problem der Gleichzeitigkeit (*simultaneity*)

Zwei Ereignisse finden im System Σ *gleichzeitig* an den Orten x_1 und x_2 statt, es gilt also $t_1 = t_2 = t$.[19] Wir transformieren nach Σ':

$$t'_1 = \frac{t - \frac{v}{c^2} x_1}{\sqrt{1 - \beta^2}}, \quad t'_2 = \frac{t - \frac{v}{c^2} x_2}{\sqrt{1 - \beta^2}} \tag{II-3.32}$$

und damit

$$t'_2 - t'_1 = \gamma \frac{v}{c^2} (x_1 - x_2) \Rightarrow t'_1 \neq t'_2, \text{ da } x_1 \neq x_2,\ v > 0\,. \tag{II-3.33}$$

Zwei Ereignisse an verschiedenen Orten x_1 und x_2, die für den Beobachter in Σ gleichzeitig sind, sind dies *nicht* für einen gegenüber Σ bewegten Beobachter (*relative Gleichzeitigkeit*).

i

Kann die *Reihenfolge von Ereignissen* (*sequence of events*) vom Bewegungszustand des Beobachters abhängen?

Zwei Ereignisse in Σ erfolgen am Ort x_1 zum Zeitpunkt t_1 und bei x_2 zur Zeit t_2. Wir nehmen an, dass $t_2 > t_1$, also $t_2 - t_1 > 0$ und dass Ereignis 2 durch Ereignis 1 verursacht wird, also ein kausaler Zusammenhang besteht. Dann darf der Abstand der

---

18 Die genaue Rechnung wird in Abschnitt 3.9 ‚Relativistische Dynamik', Unterabschnitt 3.9.3, Beispiel ‚Elektronenmikroskop' durchgeführt.

19 Wegen der endlichen Geschwindigkeit jeder Signal- bzw. Energieübertragung können diese beiden Ereignisse *nicht* kausal verknüpft sein.

beiden Ereignisse $x_2 - x_1$ nicht größer sein als die Distanz, die das Licht als maximale Signalgeschwindigkeit in der Zeit $t_2 - t_1$ zurücklegt, also $(x_2 - x_1) \leq c(t_2 - t_1)$.

In Σ' gilt:

$$t'_2 - t'_1 = \frac{t_2 - t_1 - \frac{v}{c^2}(x_2 - x_1)}{\sqrt{1-\beta^2}}. \tag{II-3.34}$$

Offenbar ist auch $t'_2 > t'_1$, also die Abfolge der kausalen Ereignisse in Σ' unverändert, wenn

$$t_2 - t_1 > \frac{v}{c^2}(x_2 - x_1). \tag{II-3.35}$$

Damit die Zeitdifferenz $t'_2 - t'_1$ in Gl. II-3.34 reell ist, muss $\beta = v/c \leq 1$ sein, also $v \leq c$. Wird also in der Gleichung (II-3.35) v/c durch den Maximalwert 1 ersetzt, so gilt sicher $t'_2 > t'_1$, wenn

$$t_2 - t_1 \geq \frac{x_2 - x_1}{c} \geq \frac{v}{c^2}(x_2 - x_1) \quad \text{mit} \quad v \leq c. \tag{II-3.36}$$

Wir definieren: Zwei Ereignisse bei x_1 und x_2 können nur dann kausal miteinander verknüpft sein, wenn das Zeitintervall dazwischen mindestens $(x_2 - x_1)/c$ beträgt, da nur dann die Reihenfolge der Ereignisse auch im bewegten System erhalten bleibt.

Das ist vernünftig, da die größte Geschwindigkeit, mit der sich ein Vorgang fortpflanzen kann, die Geschwindigkeit c ist; selbst in diesem Fall kehrt sich aber die Abfolge der Ereignisse nicht um, sondern die Ereignisse werden mit $\beta = 1$ gleichzeitig.[20]

Die Reihenfolge kausal verknüpfter Ereignisse wird durch den Bewegungszustand des Beobachters nicht umgekehrt.

---

20 Denn mit $t_2 - t_1 = \frac{x_2 - x_1}{c}$ folgt aus Gl. (II-3.34):

$$t'_2 - t'_1 = \frac{t_2 - t_1 - \frac{v}{c}(t_2 - t_1)}{\sqrt{1-\beta^2}} = (t_2 - t_1) \cdot \frac{1 - \frac{v}{c}}{\sqrt{1-\beta^2}} = (t_2 - t_1) \cdot \frac{\sqrt{1-\beta}}{\sqrt{1+\beta}} = (t_2 - t_1) \cdot \underbrace{a}_{\substack{0 \leq a \leq 1 \\ \text{für } 1 \geq \beta \geq 0}}$$

Dabei ist die Relativgeschwindigkeit beider Systeme $v \leq c$.

Die Reihenfolge *nicht* kausal miteinander verknüpfter Ereignisse im System Σ kann dagegen im dazu bewegten System Σ′ umgekehrt werden.

Einige in der Relativitätstheorie häufig verwendete Begriffe.

Ereignis *(event)*:	raum-zeitliche Koinzidenz eines Vorgangs, z. B. Messung oder Aussendung eines Lichtsignals bei (x,t); ein Punkt in der vierdimensionalen Raum-Zeit
Weltlinie *(world line)*:	quasi-kontinuierliche Abfolge von Ereignissen, sie beschreibt die zeitliche Folge von Ereignissen
Momentangerade:	Zeitschnitt, d. h., $t = \text{const.}$ ergibt im 2-dimensionalen Raum-Zeitdiagramm die Momentangerade, verbindet alle Orte gleicher Zeit
Ruhesystem Σ^0, Σ′ *(rest frame)*:	Bezugssystem, in dem ein gegebener Körper ruht (dort gilt die ‚*Eigenzeit*' (*proper time*))
Laborsystem Σ *(laboratory frame)*:	in ihm ruht der Beobachter, es bewegt sich gegenüber dem Ruhesystem
Lichtkegel:	Gesamtheit der Weltlinien aller Lichtstrahlen, die von einem Punkt ausgehen
Uhr:	beliebige, zeitlich periodische Vorgänge lieferndes Gerät
Uhren-/Maßstabshypothese:	Gang einer Uhr/Länge eines Maßstabs hängen nur von der momentanen Geschwindigkeit ab und nicht von der Beschleunigung[21]
Zeitlänge (*time length*):	Strecke, die das Licht in der Zeit t zurücklegt: $c \cdot t$

3.4 Zeitdilatation und Längenkontraktion

3.4.1 Die Zeitdilatation (*time dilation*)

Im System Σ′ gebe eine ‚Uhr' am Ort x' nacheinander Lichtsignale (Ereignisse) zu den Zeiten t'_1 und t'_2, also im Abstand $\Delta t' = t'_2 - t'_1$. Die mit dieser in Σ′ ruhenden Uhr gemessene Zeit heißt *Eigenzeit* (*proper time*) τ, $\Delta t' = \Delta\tau$ ist das *Eigenzeitintervall* (*proper time interval*) in Σ′.

Das System Σ′ bewege sich mit der Geschwindigkeit v entlang der x-Achse des Systems Σ, auf der die Beobachter ruhen. Diese Beobachter messen die Zeitdifferenz zwischen den beiden Ereignissen (Moment der Aussendung der Lichtsignale) mit in ihrem System Σ ruhenden Uhren,[22] an denen die in x' befindliche Uhr zu den Zeiten

21 Dies zeigt, dass „Uhren" in der Relativitätstheorie gedachte Messinstrumente sind und keine technisch realisierbaren Geräte (Räderuhren oder Atomuhren).

22 Am besten denken wir uns alle Systeme mit Uhren bestückt. So wie bei einem ‚Feld' jedem Raumpunkt Feldgrößen zugeordnet sind, z. B. die Ortskoordinaten, die eine Position im Raum angeben, befinde sich hier an jedem Raumpunkt eine ‚Uhr', die die Systemzeit angibt. Alle Uhren eines

$$t_1 = \gamma(t_1' + v \cdot x'/c^2) \quad \text{und} \quad t_2 = \gamma(t_2' + v \cdot x'/c^2), \quad \text{mit} \quad x_1' = x_2' = x' \tag{II-3.37}$$

vorbeikommt (gemäß der Lorentz-Transformation der Ereignisse (t_1', x_1') und (t_2', x_2') vom System Σ' ins System Σ). Diese Uhren der Beobachter befinden sich dabei an den Orten

$$x_1 = \gamma(x' + vt_1') \quad \text{und} \quad x_2 = \gamma(x' + vt_2'). \tag{II-3.38}$$

Die im System Σ' am gleichen Ort x' gesetzten Signale im Zeitabstand $t'_2 - t'_1 = \Delta\tau$, werden also im dazu bewegten System Σ an zwei verschiedenen Orten x_1 und x_2 zu den Zeiten t_1 und t_2 registriert. Die Zeitdifferenz zwischen den zwei Ereignissen beträgt daher in Σ

$$\underline{\Delta t} = t_2 - t_1 = \gamma(t_2' + v \cdot x'/c^2 - (t_1' + v \cdot x'/c^2)) = \underline{\gamma \cdot \Delta\tau}, \tag{II-3.39}$$

wobei $\Delta\tau = \Delta t' = t_2' - t_1'$ ist.

Da für $v \neq 0$ immer $\gamma > 1$ ist, so gilt $\Delta\tau < \Delta t$, das Zeitintervall $\Delta\tau$ der in Σ' ruhenden Uhr wird also im System Σ, gegen das die Uhr bewegt ist, um den Faktor γ länger gemessen. Die in Σ' ruhende Uhr geht daher im System Σ, in welchem sie bewegt ist, langsamer.[23]

i Das Eigenzeitintervall $\Delta\tau = \dfrac{\Delta t}{\gamma}$ einer in einem System Σ' ruhenden Uhr erscheint den dazu bewegten Beobachten in Σ (für sie bewegt sich die Uhr mit v) gemäß $\Delta t = \gamma \cdot \Delta\tau$ um den Faktor γ gedehnt: Eine bewegte Uhr ‚tickt' immer langsamer als eine ruhende Uhr (Zeitdilatation), „bewegte Uhren gehen langsamer".

Für den im System Σ ruhenden Beobachter ist die Uhr, die in Σ' blitzt, mit der Geschwindigkeit v bewegt. Das Zeitintervall Δt wird daher an *verschiedenen* Orten x_1 und x_2 des Systems Σ mit zwei verschiedenen Uhren gemessen, an denen die in Σ' ruhende Uhr gerade ‚vorbei streicht'. Dagegen wird das Eigenzeitintervall $\Delta\tau = \Delta t'$ an ein- und derselben Uhr immer am gleichen Ort $x' = x_1' = x_2'$ abgelesen (*gleichortige* Zeitmessung), es ist immer kleiner als das mit zwei verschiedenen Uh-

---

Systems müssen also dieselbe Zeit anzeigen. Den Vorgang der Gleichstellung der Uhren nennt man *synchronisieren*, wobei die Laufzeit der Zeitsignale zwischen den Uhren berücksichtigt sein muss: Senden z. B. zwei Uhren gleichzeitig Zeitzeichen aus, so muss ein von beiden Uhren äquidistanter Empfänger ihr Signal (nach entsprechender Verzögerung) gleichzeitig erhalten.

23 Ist $\Delta\tau$ die Zeit für *eine Schwingung* eines in Σ' *ruhenden* Pendels, dann ist Δt die Zeit für *dieselbe* Schwingung, gemessen im System Σ, in dem sich das Pendel mit v bewegt; aus $\Delta t = \gamma \cdot \Delta\tau$ folgt, dass die Schwingungsdauer Δt des *bewegten* Pendels um den Faktor $\gamma > 1$ größer ist als die des ruhenden Pendels $\Delta\tau$. Bewegte Uhren gehen also langsamer, denn einer Schwingungsdauer Δt des bewegten Pendels entsprechen γ Schwingungsdauern $\Delta\tau$ des ruhenden Pendels.

ren an zwei verschiedenen Orten x_1 und x_2 abgelesene zugehörige Intervall Δt im bewegten System Σ

$$\Delta\tau = \frac{1}{\gamma}\,\Delta t\,. \tag{II-3.40}$$

Da die Systeme Σ und Σ' völlig gleichwertig sind, betrachten wir daher jetzt den umgekehrten Fall, die Lichtblitze werden am Ort $x = x_1 = x_2$ in Σ zu den Zeiten t_1 und t_2 erzeugt und von Σ' aus beobachtet, das sich am System Σ mit $+\upsilon$ vorbeibewegt. Die Eigenzeit in Σ am Ort x ist damit $\Delta\tau = \Delta t = t_2 - t_1$ und es ergibt sich das Zeitintervall in Σ' zu

$$\underline{\Delta t'} = t_2' - t_1' = \gamma\big(t_2 - \upsilon\cdot x/c^2 - (t_1 - \upsilon\cdot x/c^2)\big) = \underline{\gamma\cdot\Delta\tau}\,, \tag{II-3.41}$$

wobei jetzt $\Delta\tau = \Delta t$ das Eigenzeitintervall ist.

Jetzt ist die Uhr im System Σ als die relativ zum System Σ' bewegte Uhr zu betrachten; ihr Eigenzeitintervall ist

$$\Delta\tau = \frac{1}{\gamma}\,\Delta t' \tag{II-3.42}$$

und ist damit wieder kleiner als das zugehörige Zeitintervall $\Delta t'$, das mit zwei Uhren an verschiedenen Orten x_1' und x_2' in Σ' gemessen wird. Offensichtlich sieht der in „seinem" System (einmal in Σ', das andere mal in Σ) *ruhende* Beobachter seine *ruhende* ‚Uhr' im Vergleich mit den ‚Uhren' in den jeweils anderen, bewegten Systemen *schneller* gehen und wir erhalten ganz allgemein:

Von irgendeinem Bezugssystem aus gesehen gehen die Uhren eines jeden anderen, dagegen bewegten Systems, nach (*Uhrenparadoxon, clock paradox*). i

Man kann aber immer unter Benützung von

$$\Delta\tau = \frac{1}{\gamma}\,\Delta t \tag{II-3.43}$$

das an zwei verschiedenen Orten gemessene Zeitintervall Δt zweier von einer mit υ bewegten Uhr ausgesandter Signale auf das entsprechende Eigenzeitintervall $\Delta\tau$ der ruhenden Uhr umrechnen (gleichortige Zeitmessung).

Beispiel: t_1' und t_2' seien die Zeitpunkte der Entstehung und des Zerfalls eines Myons (μ-Teilchen, siehe Band V, Kapitel „Subatomare Physik", Abschnitt 3.2.2.1) in seinem *Ruhesystem* Σ_0'. Dann ist $\Delta t' = t_2' - t_1' = \Delta\tau$ seine *Eigen-*

Lebensdauer (*proper lifetime*). Diese Lebensdauer beträgt für ein Myon im Mittel etwa $2 \cdot 10^{-6}$ s. Im Laborsystem Σ des Beobachters bewegt sich das Myon mit einer Geschwindigkeit v, die praktisch gleich der Lichtgeschwindigkeit ist. Seine Entstehung und sein Zerfall finden an verschiedenen Orten statt und seine Lebensdauer im Laborsystem = Erdsystem ist um den Faktor γ länger als seine Lebensdauer im Eigensystem. Myonen werden in der Erdatmosphäre oberhalb von etwa 20 km Höhe durch die kosmische Strahlung erzeugt. Wir schätzen ab, wie weit das Teilchen während seiner Eigen-Lebensdauer, also in seinem Ruhesystem, maximal kommen kann: $\Delta s' = c \cdot \Delta t' = (3 \cdot 10^8) \cdot (2 \cdot 10^{-6}) = 600$ m. Ohne Zeitdilatation würden die Teilchen also unweit ihrer Entstehung zerfallen, praktisch immer noch 20 km über der Erdoberfläche.[24] Tatsächlich können Myonen aber auf Meeresniveau nachgewiesen werden, da sich ihre Lebensdauer im auf die Erde bezogenen Laborsystem durch ihre hohe Geschwindigkeit (99,9 % c) stark verlängert. Transformieren wir die Lebensdauer der Myonen von ihrem Ruhesystem in ein mit der Erde verbundenes System, so ergibt sich mit $\beta^2 \cong 0{,}99918$ und $\gamma = \dfrac{1}{\sqrt{1-\beta^2}} = 35$

$$\Delta t = \gamma \cdot \Delta t' = 35 \cdot 2 \cdot 10^{-6} = 7 \cdot 10^{-5}\,\text{s}\,.$$

Damit ergibt sich eine Flugstrecke von 21 km.

3.4.2 Die Längenkontraktion (= Lorentz-Kontraktion, *length contraction*)

Zuerst definieren wir, was wir unter der Längenmessung eines bewegten Objekts verstehen wollen:

Wir halten einen im System Σ ruhenden Maßstab neben die zu messende bewegte (in Σ′ ruhende) Strecke l. Die Enden der Strecke im bewegten System Σ′ fallen *in einem bestimmten Augenblick* in Σ mit gewissen Maßstabsstrichen in Σ zusammen, deren Differenz die Länge der bewegten Strecke l angibt (*gleichzeitige* Längenmessung).[25]

---

24 Nach Besprechung der Längenkontraktion in 3.4.2 wird sich aber im Beispiel ‚Myonenexperiment' zeigen, dass für das schnell fliegende Myon die Entfernung zur Erde auf weniger als 600 m schrumpft.

25 Wir stellen uns die praktische Durchführung der Messung der beiden Maßstabsstriche *im selben Augenblick* etwa so vor: An jedem Punkt der x-Achse des Systems Σ mit den Koordinaten x_i werden sowohl (geeignet synchronisierte) Uhren als auch Beobachter aufgestellt. Die Position der Beobachter stellt den obigen „Maßstab" dar, mit dem gemessen wird; die bewegte Strecke, deren Länge l gemessen werden soll, stellen wir uns als einen festen Maßstab vor, der an den Beobachtern vorüberzieht. Die Beobachter messen die Zeit t im System Σ, an dem sich der in Σ′ ruhende Maßstab vorbeibewegt. Die Zeitpunkte, an denen Anfang und Ende des Stabes jeden Beobachter passieren, werden gemessen und mit den Koordinaten der Beobachter notiert. In den Aufzeichnungen finden

Ein Maßstab mit Ausdehnung in Richtung der x-Achse ruhe in Σ'. Die Koordinaten seiner Endpunkte seien x'_1 und x'_2; damit ist die Länge

$$l' = x'_2 - x'_1 = l_0 \quad \text{seine } \textit{Eigenlänge (proper length)}. \tag{II-3.44}$$

Die Beobachter ruhen im System Σ, der im System Σ' ruhende Maßstab bewegt sich mit der Geschwindigkeit v in Richtung der x-Achse an ihnen vorbei. Bei einer Messung in Σ haben Anfangs- und Endpunkt des Maßstabs *zum selben Zeitpunkt* die Koordinaten x_1 und x_2, er hat also in Σ die Länge $l = x_2 - x_1$. Aus der Lorentz-Transformation folgt sofort mit diesen Koordinaten und $t_1 = t_2 = t$ der Zusammenhang mit der Länge des in Σ' ruhenden Maßstabs, der Eigenlänge l_0

$$x'_1 = \gamma(x_1 - v \cdot t) \quad \text{und} \quad x'_2 = \gamma(x_2 - v \cdot t), \quad \text{mit} \quad t_1 = t_2 = t. \tag{II-3.45}$$

Für die Länge l' des in Σ' ruhenden Maßstabs ergibt sich damit

$$l' = l_0 = x'_2 - x'_1 = \gamma(x_2 - vt - x_1 + vt) = \gamma(x_2 - x_1) = \gamma \cdot l \tag{II-3.46}$$

und daher

$$l = \frac{1}{\gamma} l_0 \quad \textit{Länge einer bewegten Strecke}, \tag{II-3.47}$$

wobei $l' = l_0$ (Eigenlänge) ist.

i

Von im System Σ ruhenden Beobachtern zum selben Zeitpunkt aus ‚gesehen', sind die in der Bewegungsrichtung von Σ' gelegenen Längen bewegter Objekte des Systems Σ' um den Faktor $1/\gamma$ verkürzt (Lorentz-Kontraktion).

So wird z. B. eine Kugel ein in Bewegungsrichtung gestauchtes Ellipsoid. Auf einer Photographie würde die Kugel allerdings wieder wie eine Kugel aussehen, da die zu einem bestimmten Zeitpunkt im Detektor (Photoplatte) ankommenden Lichtstrahlen nicht alle zum gleichen Zeitpunkt (also auch nicht von der gleichen Kugelposition) ausgesandt wurden, was sich auf der Photoplatte wegen der unterschiedlichen Weglängen von der Kugeloberfläche zum ebenen Detektor (nur) als Verdrehung des bewegten Objekts um den Winkel $\alpha = \arctan \frac{v}{c}$ auswirkt, bei einer Kugel also unbemerkt bleibt.

---

sich jede Zeitangabe und die zugehörigen Koordinaten zweimal, nämlich einmal, wenn der Beobachter B_2 in seiner Position x_2 den Stabanfang misst und einmal, wenn B_1 in seiner Position x_1 das Stabende misst. Der räumliche Abstand $x_2 - x_1$ der beiden Beobachter B_2 und B_1 ist die Länge l der bewegten Strecke zum gleichen Zeitpunkt $t = t_2 = t_1$, gemessen im System Σ.

Ebenso erscheint den in Σ' ruhenden Beobachtern die Länge eines mit Σ mitbewegten (also in Σ ruhenden) Körpers in der Bewegungsrichtung verkürzt. Das heißt andererseits, dass die Länge dieser Strecken in ihrem Ruhesystem am größten ist (*Eigenlänge, proper length*):

Von irgendeinem Bezugssystem aus gesehen sind die Maßstäbe eines jeden anderen, dagegen bewegten Systems, verkürzt, „bewegte Maßstäbe sind kontrahiert".

Beispiel: Myonenexperiment vom Standpunkt des Ruhesystems des Myons.

Die Erdoberfläche bewegt sich jetzt mit der Geschwindigkeit $v = 0{,}999 \cdot c$ auf das Myon zu. Dadurch verkürzt sich die Distanz von $l_0 = 20\,\text{km}$ auf $l = \frac{1}{\gamma} l_0 = \frac{20\,000}{35} = 571\,\text{m}$, die im Myonensystem in $1{,}90 \cdot 10^{-6}\,\text{s}$ zurückgelegt werden, sodass sie noch „lebend" die Erdoberfläche erreichen (Lebensdauer: $2 \cdot 10^{-6}\,\text{s}$).

Ist das Verhalten in *x* und *t* unsymmetrisch?

Die *gleichzeitige Messung* der Länge in Σ' ruhenden l_0 vom gegen Σ' bewegten System Σ aus (*gleichzeitige Ablesung der Endmarken in* Σ) ergibt den *kleineren Wert* $l = \frac{1}{\gamma} l_0$. Man könnte sagen, im bewegten System findet eine „Längenkontraktion" statt. Dagegen ergibt die *gleichortige Messung* des Zeitintervalls $\Delta\tau$ einer einzigen am selben Ort x' ruhenden Uhr im System Σ' (*gleichortige Zeitablesung in* Σ') bei der Zeitmessung im bewegten System Σ an den beiden verschiedenen Orten x_2 und x_1, die den Zeiten t_2' und t_1' am Ort x' in Σ' entsprechen, den *größeren Wert* $\Delta t = \gamma\,\Delta\tau$, also eine „Zeitdilatation".

Die Lorentz-Transformation zeigt in der symmetrischen Schreibweise die Gleichwertigkeit von Raum und Zeit. Es verblüfft daher, dass wir die Zeit im bewegten System gedehnt finden, während sich die Länge im bewegten System als verkürzt erweist. Die vermeintliche Diskrepanz klärt sich aber auf, wenn man in beiden Fällen das gleiche Messverfahren anwendet. Der *gleichzeitigen Messung* ($t_1 = t_2$) der Eigenlänge l_0 *im bewegten System* Σ (Ergebnis: $l = \frac{1}{\gamma} l_0$) würde eine *gleichortige Messung* ($x_1 = x_2$) des Eigenzeitintervalls $\Delta\tau$ *im bewegten System* Σ entsprechen. Die Anwendung der Lorentztransformation mit $x_1 = x_2$ würde dann das zur Längenmessung analoge Ergebnis einer „Zeitkontraktion" $\Delta t = \frac{1}{\gamma} \Delta\tau$ ergeben (siehe dazu auch Abschnitt 3.7.5, Abb. II-3.24). Hiezu wären aber in Σ' zwei Uhren mit den Zeitangaben t_1' und t_2' an zwei verschiedenen Orten in Σ' notwendig, eine, die mit dem Ort x_1', eine andere, die mit x_2' zusammenfällt, wobei x_1' und x_2' im relativ zu Σ'

bewegten System Σ am gleichen Ort x, also gleichortig, liegen müssen.[26] Es wären also mindestens *zwei bewegte Uhren* notwendig. Die *gleichortige Zeitmessung* im System Σ von im System Σ mitbewegten Uhren ist aber physikalisch bedeutungslos.

Es besteht also keinerlei Asymmetrie im Verhalten von x und t, wie das Minkowski-Diagramm (siehe Abschnitt 3.7.5, Abb. II-3.24) sofort zeigt, sondern die Messverfahren für Δt (aus $\Delta\tau$) und l (aus l_0) sind unterschiedlich definiert – nämlich im ersten Fall *ungleichortige Zeitmessung in* Σ, im zweiten Fall *gleichzeitige Längenmessung in* Σ.

3.5 Der relativistische Dopplereffekt (*relativistic Doppler effect*)

Ein System Σ' bewege sich gegen ein System Σ mit einer Relativgeschwindigkeit v, die entlang der gemeinsamen x-Achse gerichtet ist, wobei die Ursprünge beider Systeme zum Zeitpunkt $t = t' = 0$ zusammenfallen mögen. Eine Lichtquelle L', die im Ursprung des Systems Σ' ruht, sende zum Zeitpunkt $t' = t = 0$ als Signal eine Lichtwelle aus, die sich als Kugelwelle (siehe Band I, Kapitel „Mechanische Schwingungen und Wellen", Abschnitt 5.5.3, Gl. I-5.196) in den Raum ausbreitet und die beim sehr weit entfernten Punkt $P(x', y', z' = 0)$ als ebene Welle mit der Normalen in der x', y'-Ebene unter dem Azimutwinkel θ' gegen die $x = x'$-Achse eintrifft (Abb. II-3.8). Die Lichterregung S' (= Feldstärke E') erreicht den Punkt P' zum Zeitpunkt t', wenn er sich im Abstand r' von L' befindet:

$$S' = S'_0\, e^{i(\omega' t' - k' r')} \underbrace{=}_{\substack{\omega' = 2\pi\nu' \\ k' = 2\pi\nu'/c}} S'_0\, e^{i2\pi\nu'(t' - r'/c)}, \quad \text{Welle in } \Sigma'. \tag{II-3.48}$$

Für den Abstand des Punktes $P' = P'(x', y', z' = 0)$ von L' gilt

$$r' = x' \cos\theta' + y' \sin\theta'. \tag{II-3.49}$$

Damit erhalten wir für die Welle in Σ' am Ort $P'(x', y')$ zum Zeitpunkt t'

$$S' = S'_0\, e^{i2\pi\nu'\left(t' - \frac{x'\cos\theta' + y'\sin\theta'}{c}\right)} \tag{II-3.50}$$

mit der Phasenfunktion

$$\varphi = 2\pi\nu'\left(t' - \frac{x'\cos\theta' + y'\sin\theta'}{c}\right). \tag{II-3.51}$$

---

26 Die erste Uhr am Ort x'_1 fällt zum Zeitpunkt t' mit x_1 in Σ zusammen, die zweite am Ort x'_2 fällt zum späteren Zeitpunkt $t' + \Delta\tau$ ebenfalls mit x_1 zusammen, x'_2 muss daher „links" von x'_1 liegen, wenn sich Σ' nach „rechts" bewegt.

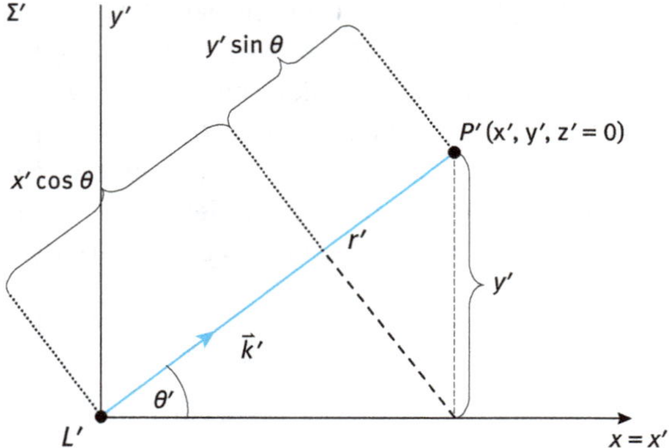

Abb. II-3.8: Eine Lichtquelle L', die im Ursprung des Systems Σ' ruht, sendet zum Zeitpunkt $t = t' = 0$ eine Lichtwelle aus, die sich als Kugelwelle in den Raum ausbreitet und als ebene Welle mit einer Normalen in der x',y'-Ebene (Ausbreitungsvektor $\vec{k}'$) zum Zeitpunkt t' den weit entfernten Punkt $P'(x',y',\ z'=0)$ erreicht. L' und P' liegen in der x',y'-Ebene.

ν' ist dabei die Frequenz des Lichts am Ort P' im System Σ', in dem die Quelle L' ruht.

Ein in Σ ruhender Beobachter befindet sich am Ort $P(x,y,\ z=0)$, der zum Zeitpunkt t mit $P'(x',y',\ z=0)$ zusammenfällt. Zu diesem Zeitpunkt t sieht er die ankommende Welle von einer punktförmigen Lichtquelle L im Ursprung *seines* Systems herkommen. Jedes Ereignis (t', x', y') in Σ' kann mit der Lorentz-Transformation auf das entsprechende Ereignis (t, x, y) in Σ umgerechnet werden (gestrichene Ereigniskoordinaten müssen durch ungestrichene ersetzt werden). Diese Umrechnung gilt auch für das Eintreffen der Lichtwelle am Ort $P(x,y,\ z=0) = P'(x',y',\ z'=0)$, wobei die Konstante $S_0' = S_0$ (Amplitude der Welle) ungeändert bleibt. Für die Phasenfunktion φ im System Σ erhalten wir daher mit den ungestrichenen Koordinaten nach Gl. (II-3.28):

$$\begin{aligned}
\varphi &= 2\pi\nu'\left(\gamma\left(t-\frac{\upsilon x}{c^2}\right)-\gamma\frac{\cos\theta'(x-\upsilon t)}{c}-\frac{y\sin\theta'}{c}\right)= \\
&= 2\pi\nu'\gamma\left(t-\frac{x}{c}\frac{\upsilon}{c}-\frac{x}{c}\cos\theta'+\frac{\upsilon}{c}t\cos\theta'-\frac{y}{c}\sin\theta'\right)= \\
&= 2\pi\nu'\gamma\left(t(1+\beta\cos\theta')-\frac{x}{c}(\cos\theta'+\beta)-\frac{y}{c}\frac{\sin\theta'}{\gamma}\right)= \\
&= 2\pi\nu'\gamma(1+\beta\cos\theta')\cdot\left(t-\frac{x}{c}\frac{(\cos\theta'+\beta)}{1+\beta\cos\theta'}-\frac{y}{c}\frac{\sin\theta'}{\gamma(1+\beta\cos\theta')}\right).
\end{aligned} \tag{II-3.52}$$

Achtung: ν ist keine Ereigniskoordinate und unterliegt daher nicht der Lorentz-Transformation!

Gl. (II-3.52) stellt wieder eine ebene Welle dar mit der Phasenfunktion

$$\varphi = 2\pi\nu\left(t - \frac{x}{c}\cos\theta - \frac{y}{c}\sin\theta\right), \qquad \text{(II-3.53)}$$

wenn wir im System Σ die Frequenz mit ν und den Azimutwinkel mit θ bezeichnen. Durch Koeffizientenvergleich der Ereigniskoordinate t erhalten wir

$$\nu = \nu' \cdot \gamma(1 + \beta\cos\theta') \qquad \text{(II-3.54)}$$

relativistischer Dopplereffekt für in Σ ruhenden Beobachter und bewegte Lichtquelle (Relativgeschwindigkeit der Quelle $+\upsilon$ in x-Richtung).[27]

Es zeigt sich damit, dass ein im System Σ ruhender Beobachter eine Frequenz ν der bewegten, in Σ' ruhenden Lichtwelle registriert, die von der Frequenz ν' im Ruhesystem der Quelle abweicht. Das ist der relativistische Dopplereffekt.

Die Koeffizienten von x ergeben:

$$\cos\theta = \frac{\cos\theta' + \beta}{1 + \beta\cos\theta'} = \gamma\,\frac{\nu'}{\nu}\,(\beta + \cos\theta'). \qquad \text{(II-3.55)}$$

Die Koeffizienten von y ergeben:

$$\sin\theta = \frac{\nu'}{\nu}\sin\theta' = \frac{\sin\theta'}{\gamma(1 + \beta\cos\theta)} \qquad \text{(II-3.56)}$$

und damit

$$\tan\theta = \frac{\sin\theta'}{\gamma(\beta + \cos\theta')}. \qquad \text{(II-3.57)}$$

Beispiel: Dopplereffekt bei ruhender Lichtquelle und bewegtem Beobachter. Wir haben gerade den Dopplereffekt für den Fall hergeleitet, dass die Lichtquelle L' in einem System Σ' ruht, das sich gegen das System Σ, in dem der Beobachter ruht, mit der Geschwindigkeit υ entlang der gemeinsamen $x = x'$-Achse bewegt (ruhender Beobachter, bewegte Lichtquelle). Umgekehrt kann der Fall auch so betrachtet werden: Die Lichtquelle (L) ruht jetzt im System Σ, gegen das sich das System Σ', in dem der Beobachter ruht, mit der Geschwindigkeit υ entlang der $x = x'$-Achse bewegt (ruhende Lichtquelle, bewegter Beobachter). Man beachte: Für den in Σ' ruhenden Beobachter bewegt sich die in Σ ruhende Lichtquelle mit der Geschwindigkeit $-\upsilon$!

---

27 Zur Berechnung des relativistischen Dopplereffektes bei ruhender Lichtquelle und bewegtem Beobachter (Relativgeschwindigkeit $-\upsilon$ in x-Richtung) siehe nachfolgendes Beispiel.

Eine punktförmige Lichtquelle L (z. B. ein Fixstern) ruhe also im Ursprung eines System Σ und sende wieder zum Zeitpunkt $t = t' = 0$ eine Kugelwelle aus, die zum Zeitpunkt t beim sehr weit entfernten Punkt $P\,(x, y, z = 0)$ im Abstand r von L (z. B. einem Beobachtungspunkt auf der Erde) als ebene Welle mit einer Normalen in der (x,y) Ebene unter dem Azimutwinkel θ gegen die x-Achse eintrifft. Für die Lichterregung S (= Feldstärke E) der Lichtquelle gilt jetzt:

$$S = S_0 e^{i(\omega t - kr)} = S_0 e^{i2\pi\nu(t - \frac{r}{c})}.$$

Für den Abstand des Punktes $P = P(x, y, z = 0)$ von L können wir schreiben (siehe Abbildung):

$$r = x\cos\theta + y\sin\theta.$$

Im Punkt P lautet die Welle daher

$$S = S_0 e^{i2\pi\nu(t - \frac{x\cos\theta + y\sin\theta}{c})}$$

mit der Phasenfunktion

$$\varphi = 2\pi\nu\left(t - \frac{x\cos\theta + y\sin\theta}{c}\right).$$

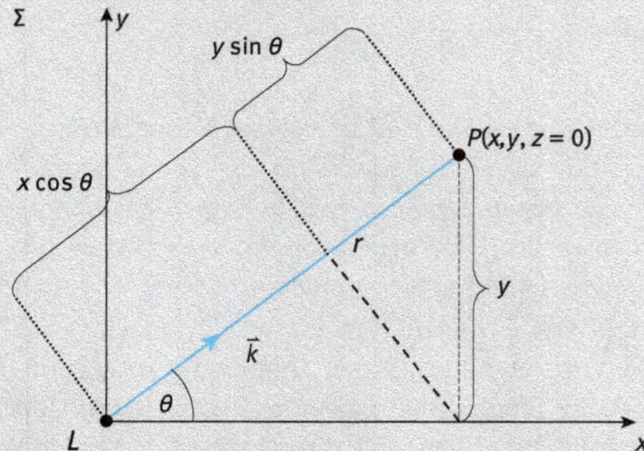

Eine Lichtquelle L, die im Ursprung des Systems Σ ruht, sendet zum Zeitpunkt $t = t' = 0$ eine Lichtwelle aus, die sich als Kugelwelle in den Raum ausbreitet und als ebene Welle mit einer Normalen in der x,y-Ebene (Ausbreitungsvektor $\vec{k}$) zum Zeitpunkt t den weit entfernten Punkt $P(x, y, z = 0)$ erreicht. L und P liegen in der x,y-Ebene.

Diese Welle wird vom Standpunkt P' aus im System Σ' registriert, das sich mit der Geschwindigkeit v längs der x-Richtung bewegt, und zwar in dem Augenblick (Zeitpunkt t'), in dem der Punkt $P(x, y, z = 0)$ mit dem Punkt $P(x', y', z' = 0)$ zusammenfällt. Jedes Ereignis (t, x, y) auf der Welle in Σ (z. B. das Eintreffen im Punkt P) muss wieder mit der Lorentz-Transformation auf das entsprechende Ereignis (t', x', y') in Σ' umgerechnet werden, wobei die Amplitude S_0 der Welle ungeändert bleibt. Für die Phasenfunktion φ im System Σ' erhalten wir daher mit den gestrichenen Koordinaten nach Gl. (II-3.29):

$$\begin{aligned}
\varphi &= 2\pi\nu\left(\gamma(t' + \frac{vx'}{c^2}) - \gamma\,\frac{\cos\theta\,(x' + vt')}{c} - \frac{y'\sin\theta}{c}\right) = \\
&= 2\pi\nu\gamma\left(t' + \frac{x'}{c}\frac{v}{c} - \frac{x'}{c}\cos\theta - \frac{v}{c}t'\cos\theta - \frac{y'}{c}\sin\theta\right) = \\
&= 2\pi\nu\gamma\left(t'(1 - \beta\cos\theta) - \frac{x'}{c}(\cos\theta - \beta) - \frac{y'}{c}\frac{\sin\theta}{\gamma}\right) = \\
&= 2\pi\nu\gamma(1 - \beta\cos\theta)\cdot\left(t' - \frac{x'}{c}\frac{(\cos\theta - \beta)}{1 - \beta\cos\theta} - \frac{y'}{c}\frac{\sin\theta}{\gamma(1 - \beta\cos\theta)}\right).
\end{aligned}$$

Diese Gleichung stellt wieder eine ebene Welle mit der Phasenfunktion

$$\varphi = 2\pi\nu'(t' - \frac{x'}{c}\cos\theta' - \frac{y'}{c}\sin\theta')$$

dar, wenn wir jetzt im System Σ' die Frequenz mit ν' und den Azimutwinkel mit θ' bezeichnen. Durch Koeffizientenvergleich der Ereigniskoordinate t' erhalten wir

$$\nu' = \nu\cdot\gamma(1 - \beta\cos\theta)$$

relativistischer Dopplereffekt für in Σ ruhende Lichtquelle und bewegten Beobachter (*Relativgeschwindigkeit der Quelle $-v$ in x-Richtung*).

Es zeigt sich also in diesem Fall wieder ein relativistischer Dopplereffekt: Ein im System Σ' ruhender, also gegen die Lichtquelle, die ja in Σ ruht, bewegter Beobachter registriert eine Frequenz ν' der Lichtwelle, die von der Frequenz ν im Ruhesystem der Quelle abweicht.

Der Vergleich der Koeffizienten von x' ergibt:

$$\cos\theta' = \frac{\cos\theta - \beta}{1 - \beta\cos\theta} = \frac{\nu}{\nu'}\gamma(\cos\theta - \beta)\,.$$

Die Koeffizienten von y' ergeben:

$$\sin\theta' = \frac{\sin\theta}{\gamma(1-\beta\cos\theta)} = \frac{\nu}{\nu'}\sin\theta$$

und damit

$$\tan\theta' = \frac{\sin\theta'}{\cos\theta'} = \frac{\sin\theta}{\gamma(1-\beta\cos\theta)}\cdot\frac{1-\beta\cos\theta}{\cos\theta-\beta} = \frac{\sin\theta}{\gamma(\cos\theta-\beta)}.$$

3.5.1 Longitudinaler Dopplereffekt (*longitudinal Doppler effect*)

Breitet sich das Licht der Lichtquelle L' in Σ' (Ausbreitungsvektor $\vec{k}'$) parallel zur Geschwindigkeit $\vec{v}$ von Σ' aus, d. h. in der $x = x'$-Richtung, dann ist $\theta = \theta' = 0$[28] und $\cos\theta' = 1$ und wir erhalten mit $1-\beta^2 = (1-\beta)(1+\beta)$ für die Frequenz in Σ, die der darin ruhende Beobachter misst

$$\underline{\nu_{\theta=0}} = \nu'\cdot\gamma(1+\beta) = \nu'\frac{\sqrt{1+\beta}\cdot\sqrt{1+\beta}}{\sqrt{(1-\beta)}\cdot\sqrt{(1+\beta)}} = \underline{\nu'\cdot\sqrt{\frac{1+\beta}{1-\beta}}} > \nu'. \qquad \text{(II-3.58)}$$

longitudinaler Dopplereffekt: Blauverschiebung

Ein in Σ ruhender Beobachter – die Lichtquelle bewegt sich auf ihn zu – misst daher eine Frequenzerhöhung, also eine *Blauverschiebung* (*blueshift*).

Hat der Winkel $\theta = \theta'$ zwischen $\vec{k}'$ und $\vec{v}$ den Wert π, dann entfernt sich die in Σ' ruhende Lichtquelle L' vom Beobachter in Σ (der Ausbreitungsvektor $\vec{k}'$ weist wieder in die x-Richtung) und es gilt jetzt mit $\cos\theta' = -1$

$$\underline{\nu_{\theta=\pi}} = \nu'\cdot\gamma(1-\beta) = \nu'\frac{\sqrt{1-\beta}\cdot\sqrt{1-\beta}}{\sqrt{(1-\beta)}\cdot\sqrt{(1+\beta)}} = \underline{\nu'\cdot\sqrt{\frac{1-\beta}{1+\beta}}} < \nu'. \qquad \text{(II-3.59)}$$

Longitudinaler Dopplereffekt: Rotverschiebung

---

28 Umrechnung des Azimutwinkels θ in Σ (dieser Winkel wird vom Beobachter gemessen) in den Winkel θ' in Σ':

$\cos\theta = \dfrac{\cos\theta'+\beta}{1+\beta\cos\theta'}$ (Gl. II-3.55) $\Rightarrow$ $\cos\theta(1+\beta\cos\theta') = \cos\theta'+\beta$ $\Rightarrow$

$\cos\theta' - \beta\cos\theta\cos\theta' = \cos\theta - \beta$ $\Rightarrow$ $\cos\theta' = \dfrac{\cos\theta-\beta}{1-\beta\cos\theta}$.

Für $\theta = 0$ $\Rightarrow$ $\cos\theta = 1$ $\Rightarrow$ $\cos\theta' = \dfrac{1-\beta}{1-\beta} = 1$ $\Rightarrow$ $\theta = \theta'$;

Für $\theta = \pi$ $\Rightarrow$ $\cos\theta = -1$ $\Rightarrow$ $\cos\theta' = \dfrac{-1-\beta}{1+\beta} = \dfrac{-1(1+\beta)}{1+\beta} = -1$ $\Rightarrow$ $\theta = \theta'$.

Die in Σ gemessene Frequenz ν ist jetzt gegenüber der von der Lichtquelle in Σ' ausgesandten Frequenz ν' erniedrigt, das ist eine *Rotverschiebung* (*redshift*).

3.5.2 Der transversale Dopplereffekt (*transverse Doppler effect*)

Wird die Messung der Frequenz ν eines Lichtstrahls, der in Σ' die Frequenz ν' besitzt, in Σ im rechten Winkel zur Bewegungsrichtung der Lichtquelle durchgeführt, so gilt $\theta = 90°$, $\cos\theta = 0$. Es ist daher (Abschnitt 3.5, Gl. II-3.55)

$$\frac{\cos\theta' + \beta}{1 + \beta\cos\theta'} = 0 \qquad \text{(II-3.60)}$$

und wir erhalten

$$\cos\theta' = -\beta \qquad \text{(II-3.61)}$$

und damit

$$\underline{\nu} = \nu' \cdot \frac{1 + \beta\cdot(-\beta)}{\sqrt{1-\beta^2}} = \underline{\nu'\cdot\sqrt{1-\beta^2}} \quad < \nu' \quad \textit{transversaler Dopplereffekt.} \qquad \text{(II-3.62)}$$

ν' ist die Frequenz des Lichts im mit $\vec{v}$ relativ zu Σ bewegten Systems Σ', sie wird in Σ senkrecht zu $\vec{v}$ als Frequenz ν gemessen. Σ' ist z. B. das System eines mit $\vec{v}$ bewegten Kanalstrahlteilchens oder eines Elektronenstrahls (siehe dazu Band III, Kapitel „Statische Magnetfelder“, Abschnitt 3.3.4). Es ergibt sich eine Frequenzerniedrigung, also eine *Rotverschiebung* gegenüber der im bewegten System Σ' von der Lichtquelle L' ausgesandten Frequenz ν'.

Nach Entwicklung der Wurzel erhalten wir

$$\nu = \nu' \cdot \left(1 - \frac{1}{2}\beta^2\right) \qquad \text{(II-3.63)}$$

und sehen, dass der Effekt von zweiter Ordnung in β ist. Klassisch ergibt sich ja $\nu = \nu'$, also *keine* Frequenzänderung (siehe Dopplereffekt in der Akustik, Band I, Kapitel „Mechanische Schwingungen und Wellen“, Abschnitt 5.6.8.2).

Betrachten wir die Perioden $T' = \frac{1}{\nu'}$ und $T = \frac{1}{\nu}$ so erhalten wir aus dem transversalen Effekt

$$\frac{1}{T} = \frac{1}{T'}\sqrt{1-\beta^2} \quad \text{bzw.} \quad T = \gamma\cdot T'. \qquad \text{(II-3.64)}$$

Die Ursache für den transversalen Effekt liegt also in der Dilatation der Eigenzeit der in Σ' ruhenden Quelle (der „Uhr"), die der Beobachter in Σ an der bewegten Quelle wahrnimmt (das Eigenzeitintervall T' der Quelle in Σ' ist kleiner als das entsprechende Intervall T im System Σ, relativ zu dem sich die Quelle in Σ' mit v bewegt, siehe Abschnitt 3.4.1).

Beispiel: Die Aberration von Sternenlicht (*aberration of light*).

Was besagt der Zusammenhang der Winkel θ und θ'? Dies soll an Hand der Aberration von Licht, das aus stellaren Quellen stammt, gezeigt werden.

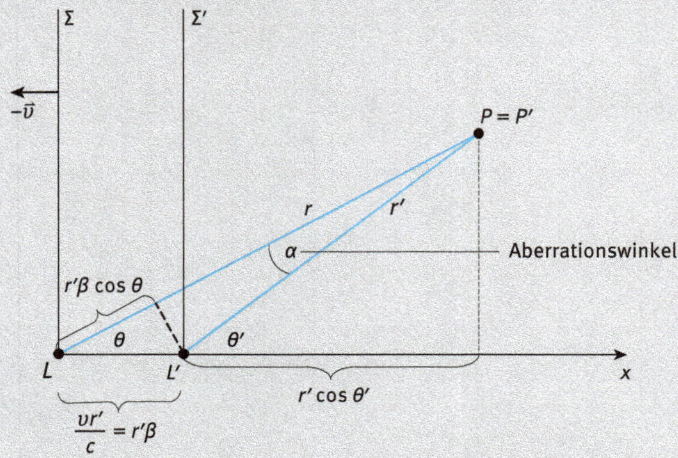

Die Lichtquelle L' (z. B. ein Stern S) ruht in Σ', dem stellaren Koordinatensystem, der Beobachter ruht im System Σ (auf der Erde), das sich gegen Σ' mit $-\vec{v}$ (Bahngeschwindigkeit der Erde) entlang der x-Achse bewegt. Zum Zeitpunkt $t = t' = 0$ sollen L (Koordinaten der Lichtquelle in Σ) und L' zusammenfallen. Zu einem bestimmten Zeitpunkt t' trifft das von L' ausgehende Lichtsignal der im System Σ' ruhenden Lichtquelle beim Beobachter in $P(x,y) = P'(x',y')$ unter dem Winkel θ' ein. Während der Laufzeit des Lichts hat sich das System Σ mit dem Beobachter (für $\beta = \frac{v}{c} \ll 1$, siehe weiter unten) um die Strecke $v \cdot t' = v\frac{r'}{c} = r'\beta$ nach links ($-\vec{v}$!) bewegt, sodass der zum selben Zeitpunkt t' in $P = P'$ befindliche Beobachter das Licht unter dem Winkel θ von L ausgehend auf sich zukommen sieht.

Nach der Zeichnung gilt für kleine Winkel α angenähert

$$\cos\theta \approx \frac{r'\cos\theta' + r'\beta}{r' + r'\beta\cos\theta} = \frac{\cos\theta' + \beta}{1 + \beta\cos\theta}.$$

Setzt man im Nenner unter der Voraussetzung $\beta = v/c \ll 1$, was Gültigkeit der Galilei-Transformation bedeutet, für $\cos\theta = \cos\theta'$, so ergibt sich auch ohne Anwendung der Lorentz-Transformation in sehr guter Näherung folgende Winkelbeziehung:

$$\cos\theta \approx \frac{\cos\theta' + \beta}{1 + \beta\cos\theta'},$$

die mit der Formel (II-3.55) für $\cos\theta$ in Abschnitt 3.5 übereinstimmt.

Vom gegen die Lichtquelle bewegten Beobachter in Σ wird die Lichtquelle dort gesehen (abgesehen von Größen zweiter Ordnung), wo sie sich zum Zeitpunkt der Aussendung der Lichtwelle befand, nämlich in L, also zu einem Zeitpunkt, der um die *Latenzzeit* (*latency time*) vor der Beobachtungszeit liegt. (Für den Beobachter in Σ ist ja die in Σ' ruhende Lichtquelle bewegt! Der zum Zeitpunkt $t = t' = 0$ ausgesendete Lichtblitz breitet sich als Kugelwelle mit Zentrum L aus, unabhängig davon, wo sich die bewegte Quelle L' zum Zeitpunkt t gerade befindet.) Wenn sich der Stern in der Höhe θ' befindet, muss das Fernrohr auf den kleineren Winkel θ eingestellt werden.

Dieser Effekt bliebe unbemerkt, wenn sich alle Systeme stets geradlinig gleichförmig gegeneinander bewegten. Die Erde bewegt sich aber auf ihrer Bahn um die Sonne im Kreis und kehrt daher nach einem halben Jahr ihre Bewegungsrichtung um (v geht über in $-v$). Dadurch kommt es auch zu einer Änderung des Winkels θ (β geht über in $-\beta$), die von Bradley (James Bradley, 1693–1762. Originalarbeit: J. Bradley, *Philosophical Transactions* **35**, 637 (1727)) entdeckt wurde und als *Aberration* bekannt ist. Für einen im Zenit ($\theta' = 90°$) stehenden Stern ist $\cos\theta = \beta \ll 1$ und damit $\theta = 90 - \alpha$ mit $\alpha = \beta = v/c$

$$\left(\beta = \cos\theta = \sin\underbrace{\left(\frac{\pi}{2} - \theta\right)}_{\alpha \ll 1} = \sin\alpha \approx \alpha \Rightarrow \theta = \frac{\pi}{2} - \alpha = 90° - \beta\right).$$

Von der mit einer Bahngeschwindigkeit $v = 30\,\text{km/s}$ ($\tan\alpha = v/c = 10^{-4}$) um die Sonne umlaufenden Erde aus gesehen beschreibt der im Zenit stehende Stern daher eine Kreisbewegung mit einem Öffnungswinkel $2\alpha = 41''$.

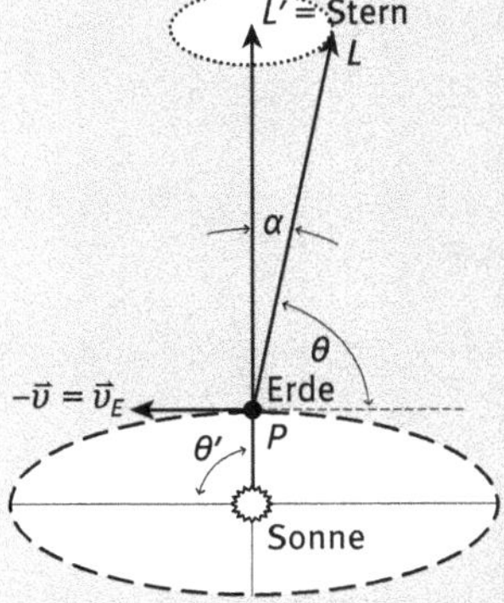

Vom Stern aus gesehen (System Σ) bewegt sich die Erde (System Σ'): Der Beobachter auf der Erde sieht den Stern unter dem Winkel α.

Die gerade berechnete Aberration ist ein Effekt erster Ordnung und ergibt sich daher auch in der klassischen Rechnung näherungsweise.

Damit ergibt sich eine einfache Bestimmungsmöglichkeit der Lichtgeschwindigkeit, wenn der Aberrationswinkel α durch Beobachtung der Sternposition im Halbjahresabstand ($\Delta\theta = 2\alpha$) gemessen wird:

$$\text{Aus} \quad \alpha = \beta = \frac{v}{c} \quad \text{folgt} \quad c = \frac{v}{\alpha} = \frac{3 \cdot 10^4 \text{ m s}^{-1}}{20{,}5'' \cdot \frac{\pi}{180 \cdot 3600} \cdot \frac{\text{rad}}{1''}} = 3{,}02 \cdot 10^8 \text{ m/s}.$$

Anmerkung: Unterschied zwischen *Parallaxe* und *Aberration*. Als Parallaxe bezeichnet man die scheinbare Ortsveränderung eines Objekts, z. B. eines Sterns, bei Veränderung der Position des Beobachters. Aberration dagegen ist die scheinbare Ortsveränderung eines Sterns bei gleicher Position des Beobachters auf der sich bewegenden Erde.

3.6 Das Zwillings-Paradoxon (*twin paradox*)

Das entsprechende Gedankenexperiment geht schon auf Einstein im Jahr 1905 zurück: Eine Uhr, die sich im Kreis bewegt, bleibt gegen eine am Ausgangspunkt verharrende Uhr zurück („bewegte Uhren gehen langsamer").[29] Dieses Beispiel wurde von Paul Langevin (1872–1946) 1911 abgeändert. Die Uhren wurden durch ein Zwillingspaar ersetzt, von denen einer eine Raumreise unternimmt.

Zwilling A bleibt zu Hause (Punkt O), Zwilling B reist zuerst zum Stern Q ($\overline{Ox_Q}$) und dann wieder zurück ($\overline{x_Q O}$) (Abb. II-3.9).

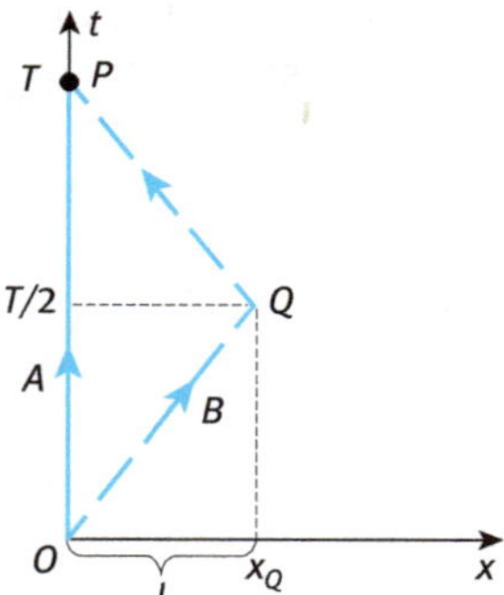

Abb. II-3.9: Zum Zwillingsparadoxon: Der „Fahrplan" (die Weltlinien) des in $x = 0$ bei O ruhenden Zwillings A und des nach x_Q hin- und wieder zurückreisenden Bruders B.

29 Die Uhr auf der Kreisbahn wechselt in differentiell kleinen Zeitintervallen ununterbrochen ihr momentanes Inertialsystem; sie kann aber umgekehrt *nicht* als eine in einem Inertialsystem ruhen-

Seine Geschwindigkeit soll auf den Strecken $\overline{Ox_Q}$ und $\overline{x_Q O}$ konstant und die Beschleunigungsphasen beim Umkehren in x_Q sollen kurz und vernachlässigbar sein. Im Inertialsystem von A ist die Distanz $\overline{Ox_Q} = l$, im System des reisenden Zwillingsbruders gilt $\overline{Ox_Q} = l'$.[30]

Im Ruhesystem von A gilt für die während der Reise von B verstrichene Zeit:

$$\Delta t_A = 2 \cdot \frac{T}{2} = T_A = \frac{2l}{v}, \tag{II-3.65}$$

wenn v die Geschwindigkeit von B ist.

Im Ruhesystem von B gilt:

$$\Delta t_B = T'_{\overline{OQ}} + T'_{\overline{QP}} = T_B = \frac{2l'}{v}, \quad \text{wobei} \quad T'_{\overline{OQ}} = T'_{\overline{QP}}, \quad \text{wenn} \quad \gamma = \text{const.} \tag{II-3.66}$$

Das Ruhesystem von B bewegt sich gegenüber dem System von A mit der Geschwindigkeit v in der x-Richtung; daher ist für B die im System von A ruhende Stecke l bewegt und damit Lorentz-kontrahiert und beträgt jetzt $l' = \frac{l}{\gamma} = l' \cdot \sqrt{1 - \frac{v^2}{c^2}}$.

Wir suchen die Zeit T_B, die das Raumschiff mit dem reisenden Zwilling bis zur Rückkehr braucht. Dazu bestimmen wir die durch die Geschwindigkeit des Raumschiffs kontrahierte Wegstrecke:

$$\overline{Ox_Q}' + \overline{x_Q P}' = 2l' = \frac{1}{\gamma} 2l \tag{II-3.67}$$

und erhalten für T_B

$$T_B = \frac{1}{\gamma} \frac{2l}{v} = \frac{1}{\gamma} T_A \quad \text{(„bewegte Uhren gehen langsamer“).} \tag{II-3.68}$$

Der reisende Zwilling „altert“ also um den Faktor $1/\gamma$ langsamer als der daheim gebliebene.

Beispiel: Für die Annahme einer Reisegeschwindigkeit von $v = 0{,}8\,c$ des Zwillings B zeige die Uhr von A eine gesamte Reisezeit von B von $T_A = 10$ Jahre. Es ist $\gamma = (1 - 0{,}8^2)^{-1/2} = \frac{5}{3}$.

---

de Uhr betrachtet werden, da ihr Ruhesystem der Zentrifugalkraft unterworfen ist ⇒ der Uhrenvergleich ist *nicht* zwischen den Systemen vertauschbar!

30 Distanzen bzw. Strecken werden immer auf der x- bzw. x'-Achse abgelesen; $\overline{OQ}$ und $\overline{QP}$ sind dagegen invariante Weltlinienelemente, deren Länge gleich der Eigenzeit des Systems ist, in dem B ruht. ($\overline{OQ}$ fällt zusammen mit der t'-Achse des Ruhesystems von B).

Für den gereisten Zwilling sind dann nach seiner Uhr bei der Rückkehr nur

$$T_B = \frac{1}{\gamma}\, T_A = 10 \text{ Jahre} \cdot \underbrace{\sqrt{1-(0{,}8)^2}}_{0{,}6} = 6 \text{ Jahre}$$

vergangen, die Zwillinge weisen also jetzt eine Altersdifferenz von 4 *Jahren* auf.

Wieso ist die Zeit, die das Raumschiff bis zur Rückkehr braucht, nicht gleich jener, die der ‚ruhende' Zwillingsbruder währenddessen verbringt? Die Antwort ist: Die mit dem Raumschiff bewegte Uhr geht gegenüber der Uhr des zu Hause ruhenden Zwillings langsamer bzw. die im System von B zurückgelegte Strecke $2\,l'$ ist um $1/\gamma$ kürzer als die Strecke $2\,l$ im System von A.[31]

Wir betrachten die Situation etwas genauer. Beide Zwillinge vereinbaren, während der Reise des einen Lichtsignale im Abstand von ½ Jahr, also mit einer Frequenz von $\nu = \nu' = \dfrac{1}{0{,}5 \text{ Jahre}} = \dfrac{2}{Jahr} = 2\,a^{-1}$, auszusenden („Eigenfrequenz").

Da die Lichtquelle und der Empfänger sich im vorliegenden Fall immer gegeneinander bewegen, sind die jeweils empfangenen Frequenzen Doppler-verschoben (siehe auch Abb. II-3.10).

Von *A* ausgesandte, von *B* empfangene Signale (β = 0,8)

Von B auf der Strecke $\overline{OQ}$ (Hinreise, B entfernt sich von A) empfangene Signale:

$$\nu^B_{B-\text{hin}} = \nu' \cdot \sqrt{\frac{1-\beta}{1+\beta}} = \nu' \sqrt{\frac{0{,}2}{1{,}8}} = \frac{1}{3}\nu' = \frac{1}{1{,}5\,a} = \frac{2}{3}\,a^{-1}, \qquad \text{(II-3.69)}$$

der Zwilling B im Raumschiff erhält also erst nach 1,5 Jahren das erste Signal seines zu Hause gebliebenen Bruders A, das nächste wieder 1,5 Jahre später usf.

Von B auf der Strecke $\overline{QP}$ (Rückreise, B nähert sich A) empfangene Signale:

$$\nu^B_{B-\text{rück}} = \nu' \cdot \sqrt{\frac{1+\beta}{1-\beta}} = \nu' \cdot \sqrt{\frac{1{,}8}{0{,}2}} = 3\,\nu' = \frac{3}{0{,}5\,a} = 6\,a^{-1}, \qquad \text{(II-3.70)}$$

auf der Rückreise erhält B also jetzt 6 Signale pro Jahr.

---

31 Wie wir später sehen werden, wird die mit dem Raumschiff bewegte Uhr gegenüber der unbewegten Uhr des Zwillings zu Hause in der vierdimensionalen „Raumzeit" auf einer *zeitlich kürzeren* Bahn von O nach P transportiert, obwohl die geometrische Länge der Weltlinie im x-t-Diagramm *größer* ist (siehe Einschub ‚Betrachtung der Bewegung der Zwillinge in Zeit und Raum' weiter unten).

Wie viele Signale erhält er insgesamt auf der Reise? Beide Strecken, Hin- und Rückweg nehmen die gleiche Zeit in Anspruch, nämlich

$$\frac{T_B}{2} = \frac{1}{\gamma}\frac{l}{v}, \tag{II-3.71}$$

aber auf dem Hinweg sieht er die Frequenz der ankommenden Signale erniedrigt, auf dem Rückweg erhöht.

Die Gesamtzahl der vom reisenden Zwilling B empfangenen Signale N_B gibt ihm Auskunft über die Zeit T_A, die für den Zwilling A vergangen ist, bis er zurückkehrt

$$\begin{aligned} N_B &= \frac{T_B}{2}\left(\nu^B_{B-\text{hin}} + \nu^B_{B-\text{rück}}\right) = \frac{1}{\gamma}\frac{l}{v}\left(\sqrt{\frac{1-\beta}{1+\beta}} + \sqrt{\frac{1+\beta}{1-\beta}}\right)\cdot \nu' = \\ &= \frac{1}{\gamma}\frac{l}{v}\left(\frac{1-\beta}{\sqrt{1-\beta^2}} + \frac{1+\beta}{\sqrt{1-\beta^2}}\right)\cdot \nu' = \frac{1}{\gamma}\frac{l}{v}2\gamma\cdot\nu' = \frac{2l}{v}\nu' = T_A\cdot\nu' = \\ &= 10\,a\cdot 2\,a^{-1} = 20\,, \end{aligned} \tag{II-3.72}$$

mit $T_A = 10\,a$, wie im Beispiel angenommen. Dies ist in Übereinstimmung mit einer Alterung von A um 10 Jahre. B empfängt von den 20 Signalen nur 2 auf dem Hinweg und 18 auf dem Rückweg, denn mit $\beta = 0{,}8$ und $T_B = 6\,a$ (siehe Beispiel) folgt

$$\text{Hinweg:} \quad N^B_{B-\text{hin}} = \frac{T_B}{2}\nu^B_{B-\text{hin}} = \frac{T_B}{2}\sqrt{\frac{1-\beta}{1+\beta}}\nu' = 3\,a\cdot\frac{1}{3}\cdot 2\,a^{-1} = 2 \tag{II-3.73}$$

$$\text{Rückweg:} \quad N^B_{B-\text{rück}} = \frac{T_B}{2}\nu^B_{B-\text{rück}} = \frac{T_B}{2}\sqrt{\frac{1+\beta}{1-\beta}}\nu' = 3\,a\cdot 3\cdot 2\,a^{-1} = 18. \tag{II-3.74}$$

In Abb. II-3.10 zeigen die Vektoren $\vec{A}$ und $\vec{B}$ die *Zeitrichtung* in den beiden Bezugssystemen an, *nicht* etwa die Bewegungsrichtung, die ja für B längs der x-Achse erfolgt bzw. für A im Nullpunkt bleibt. Man beachte den unterschiedlichen Zeitmaßstab auf den Zeitachsen der beiden Bezugssysteme![32]

32 Die Zeichnungen in Abb. II-3.10 zeigen *Minkowskidiagramme* (siehe Abschnitt 3.7): Alle eingezeichneten Linien sind *Weltlinien*, keine Bahnlinien. Die Bewegung, natürlich auch der Lichtstrahlen, erfolgt immer in x-Richtung! In allen Minkowskidiagrammen halbieren die Weltlinien von Lichtstrahlen den Winkel zwischen der ct- und x-Achse bzw. der t- und x/c-Achse, sie verlaufen daher in den obigen Diagrammen unter 45° gegen die t-Achse. Die Weltlinien körperlicher Systeme müssen immer steiler sein als die der Lichtstrahlen, da Körper zum Zurücklegen einer bestimmten Wegstrecke immer eine längere Zeit brauchen als das Licht.

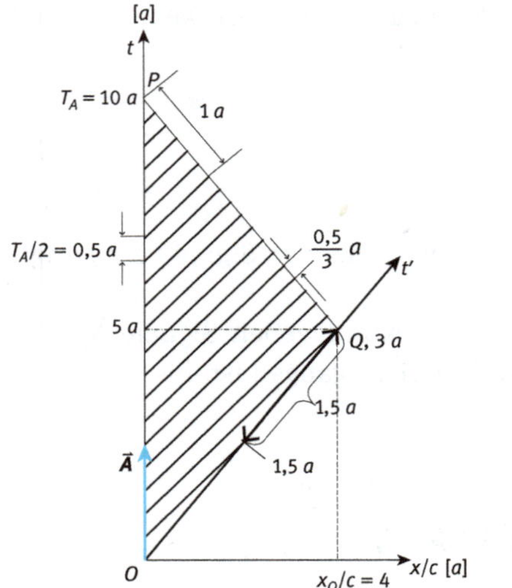

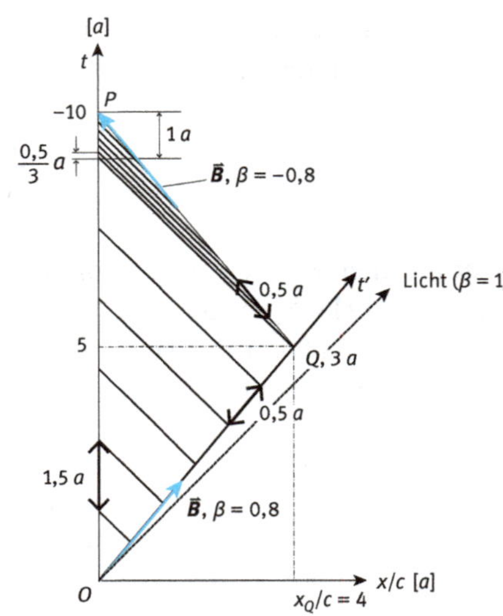

Abb. II-3.10: Vom ruhenden Zwilling ***A*** und vom reisenden Zwilling ***B*** ausgesandte Lichtsignale im Abstand von jeweils 0,5 Jahren.

$$l = x_Q = v \cdot \frac{T}{2} = c\beta\,\frac{T}{2} = c \cdot 0{,}8 \cdot 5\,a = 4\,\text{Lj} = 4 \cdot 9{,}46 \cdot 10^{15}\,\text{m} = 3{,}78 \cdot 10^{16}\,\text{m}\,.$$

Lj: Längeneinheit *Lichtjahr*; 1 Lj = $c \cdot 1a = 9{,}46 \cdot 10^{15}$ m.

Von *B* ausgesandte, von *A* empfangene Signale

Von *A* auf der Strecke $\overline{OQ}$ (Hinreise, *B* entfernt sich von *A*) empfangene Signale:

$$\nu^A_{B-\text{hin}} = \nu' \cdot \sqrt{\frac{1-\beta}{1+\beta}} = \nu' \sqrt{\frac{0{,}2}{1{,}8}} = \frac{1}{3}\nu' = \frac{2}{3}\,a^{-1}, \tag{II-3.75}$$ [33]

der zu Hause gebliebene Bruder empfängt das erste Signal des reisenden Bruders nach 1,5 Jahren. Auf der Hinreise seines Bruders erhält *A* also alle 1½ Jahre ein Signal.

Von *A* auf der Strecke $\overline{QP}$ (Rückreise, *B* nähert sich *A*) empfangene Signale:

$$\nu^A_{B-\text{rück}} = \nu' \cdot \sqrt{\frac{1+\beta}{1-\beta}} = \nu' \cdot \sqrt{\frac{1{,}8}{0{,}2}} = 3\,\nu' = 3 \cdot 2\,a^{-1} = 6\,a^{-1}, \tag{II-3.76}$$ [34]

auf der Rückreise seines Bruders erhält *A* also 6 Signale pro Jahr.

---

33 Beachte: Dies ist derselbe Wert wie bei $\nu^B_{B-\text{hin}}$, wie es vom Relativitätsprinzip verlangt wird, in beiden Fällen entfernen sich die „Quelle" und der „Empfänger" voneinander (vergleiche mit Abb. II-3.10).

34 Beachte: Auch hier ist wieder $\nu^A_{B-\text{rück}} = \nu^B_{B-\text{rück}}$, denn in beiden Fällen nähert sich die „Quelle" dem „Empfänger".

Wie viele Signale erhält A während B zum Stern Q hinreist?

Dazu müssen wir wissen, wie groß die auf der Erde verstrichene Zeitspanne ist, bis das letzte von B auf der Hinreise ausgesandte Signal eintrifft. Dabei ist zu beachten, dass sich diese Zeit aus zwei Anteilen zusammensetzt: Einmal der Zeit $\frac{l}{v}$, die auf der Erde bis zum Umkehrpunkt der Reise beim Stern Q vergeht, zum anderen aus der Zeit, die das Lichtsignal braucht, um von Q zur Erde zu gelangen, das ist $\frac{l}{c}$, insgesamt also

$$T^A_{B-\text{hin}} = \frac{l}{v} + \frac{l}{c} = \frac{l}{v} + \frac{l}{v} \cdot \frac{v}{c} = \frac{l}{v}\,(1+\beta) = \frac{T_A}{2}\,(1+\beta) = 5\,a \cdot 1{,}8 = 9\,a\,. \qquad \text{(II-3.77)}$$

Damit ergibt sich die Zahl der von A während der Hinreise von B empfangenen Signale zu

$$N^A_{B-\text{hin}} = T^A_{B-\text{hin}} \cdot \nu^A_{B-\text{hin}} = \frac{l}{v}\,(1+\beta) \cdot \nu' \sqrt{\frac{1-\beta}{1+\beta}} = \frac{1}{\gamma}\,\frac{l}{v}\,\nu'\,. \qquad \text{(II-3.78)}$$

Für die Zeit $T^A_{B-\text{rück}}$, die für den Zwilling A zum Empfang von Signalen von der Rückreise des Zwillings B zur Verfügung steht, finden wir

$$\begin{aligned} T^A_{B-\text{rück}} &= T_A - T^A_{B-\text{hin}} = 2\,\frac{l}{v} - \frac{l}{v}\,(1-\beta) = \frac{l}{v} - \beta\,\frac{l}{v} = \frac{T_A}{2}\,(1-\beta) = \\ &= 5\,a \cdot 0{,}2 = 1\,a\,. \end{aligned} \qquad \text{(II-3.79)}$$

Zu dieser viel kürzeren Zeit kommt es, weil von der „Reisezeit“ $\frac{l}{v}$ vom Umkehrpunkt Q bis zurück vom Zwilling A die Laufzeit $\frac{l}{c}$ des ersten vom Umkehrpunkt Q ausgesandten Signals in Abzug zu bringen ist: $T^A_{B-\text{rück}} = \frac{l}{v} - \frac{l}{c} = \frac{l}{v}\,(1-\beta) = \frac{T_A}{2}\,(1-\beta)$.

Damit erhalten wir für die Anzahl der Signale, die A von der Rückreise von B empfängt:

$$N^A_{B-\text{rück}} = T^A_{B-\text{rück}} \cdot \nu^A_{B-\text{rück}} = \frac{l}{v}\,(1-\beta) \cdot \nu' \cdot \sqrt{\frac{1+\beta}{1-\beta}} = \frac{1}{\gamma}\,\frac{l}{v}\,\nu' = N^A_{B-\text{hin}}\,. \qquad \text{(II-3.80)}$$

Wir sehen: Sowohl bei der Hin- als auch bei der Rückreise von B erhält A dieselbe Anzahl von Signalen von B, allerdings auf ganz unterschiedliche Zeitintervalle verteilt (siehe Abb. II-3.10).

Für die Gesamtzahl der vom reisenden Bruder gesendeten Signale, die einen Schluss auf die Zeit T_B zulässt, ergibt sich daraus mit $\frac{1}{\gamma} = \sqrt{1-0{,}8^2} = 0{,}6$

$$N_A = N^A_{B-\text{hin}} + N^A_{B-\text{rück}} = \frac{1}{\gamma}\frac{2l}{v}\nu' = \frac{1}{\gamma}T_A\nu' = 0{,}6 \cdot 10\,a \cdot 2\,a^{-1} = 12\,. \qquad \text{(II-3.81)}$$

Damit ist die Alterung des gereisten Bruders wieder nur 6 Jahre, während A um $T = 10$ Jahre gealtert ist. Von den 12 Signalen, die B aussendet, erhält A in den ersten 9 Jahren 6 von der Hin- und im letzten Jahr 6 von der Rückreise:

Hinweg: $$N^A_{B-\text{hin}} = T^A_{B-\text{hin}} \cdot \nu^A_{B-\text{hin}} = 9\,a \cdot \frac{2}{3}a^{-1} = 6 \qquad \text{(II-3.82)}$$

Rückweg: $$N^A_{B-\text{rück}} = T^A_{B-\text{rück}} \cdot \nu^A_{B-\text{rück}} = 1\,a \cdot 6\,a^{-1} = 6\,. \qquad \text{(II-3.83)}$$

Warum ist die Situation für die beiden Zwillinge unsymmetrisch?

Paradox erscheint: Wenn die Vorgänge ohne Unterschied zwischen den Zwillingen von beiden in gleicher Weise beschreibbar sein sollen, müsste auch der zu Hause gebliebene weniger gealtert sein!

Die Lösung ergibt sich aus der Betrachtung der Bewegungen der beiden Zwillinge *in Zeit und Raum*. Die beiden Bewegungen der Hin- und Rückreise des reisenden Zwillings zusammengenommen sind nämlich *physikalisch nicht gleichwertig* zur Bewegung des zu Hause gebliebenen:

Bis zur Ankunft von B in Q stellen sich die Verhältnisse für A und B gleich dar: Beide empfangen in ihrem jeweiligen Ruhesystem pro Zeiteinheit vom anderen Partner weniger Signale, nämlich entsprechend dem Dopplereffekt nur ⅓ der eigenen Signalfrequenz und stellen daher fest, dass der bewegte Bruder – in diesem Sinn – weniger gealtert ist, wie es ja das Relativitätsprinzip verlangt! Das Gleiche gilt auch für den Zeitabschnitt der Rückreise von B von Q nach P: Jeder empfängt nun in seinem Ruhesystem pro Zeiteinheit vom anderen die dreifache Signalfrequenz der eigenen und stellt starkes Altern des anderen fest – wieder gilt das Relativitätsprinzip. Für die gesamte Reise von O über Q nach P gilt es aber nicht mehr, da es kein Inertialsystem gibt, in dem B während der gesamten Reise in Ruhe wäre! (Man kann auch sagen, dass B im Moment seiner Umkehr „das Inertialsystem wechselt"). A empfängt in den ersten 9 Jahren 6 Signale von B, im letzten Jahr wieder 6 Signale, in Summe also 12; B empfängt dagegen von A in den ersten 3 Jahren nur 2 Signale und in den folgenden 3 Jahren 18 Signale, in Summe also 20. Die unterschiedliche Anzahl der von A und B empfangenen Signale rührt letztlich von der Zeitdilatation in den *beiden Systemen* her,[35] die B zum Erreichen von Q und für seine Rückkehr zum Ausgangspunkt der Reise benützt (vgl. Abb. II-3.10, in der das

35 Beide Zwillinge senden zwar in ihrem Ruhesystem pro Jahr zwei Signale aus, dem Reisenden B stehen aber bis zur Heimkehr nur sechs Jahre an Eigenzeit zur Verfügung – daher empfängt A von B während der gesamten Reise 12 Signale – während A in den 10 Jahren der Abwesenheit von B 20 Signale aussendet, die auch von B empfangen werden.

Entstehen der Asymmetrie beim Systemwechsel in Q durch Änderung der Dichte der Lichtweltlinien sofort erkennbar ist). Da nur B das Bezugssystem in Q wechselt, sind die Verhältnisse für A und B nicht mehr symmetrisch, wenn sie auf die ganze Reise bezogen werden. Am Ende ist immer jener der beiden weniger gealtert, der das Bezugssystemgewechselt hat, um die Rückreise anzutreten. Die Asymmetrie kommt also *nur* dadurch zustande, dass Zwilling B seine Bewegung in x_Q umkehrt! Ohne diese Umkehr würden sich die Zwillinge dann niemals wiedersehen, ein Altersvergleich an Ort und Stelle wäre nicht möglich.

Wir können uns die Situation auch noch so klar machen: Der reisende Bruder B möchte an gewissen Punkten seiner Reise (z. B. jedes Jahr auf seiner Reise) feststellen, was sein zu Hause gebliebener Bruder A momentan (entsprechend seinem Begriff von Gleichzeitigkeit) macht. Dazu müssen wir uns (mit einem Vorgriff auf die Betrachtung der Gleichzeitigkeit im „Minkowski-Diagramm“ in Abschnitt 3.7.3) überlegen, welche Ereignisse für B gleichzeitig sind. Die Antwort gibt Abb. II-3.10a.

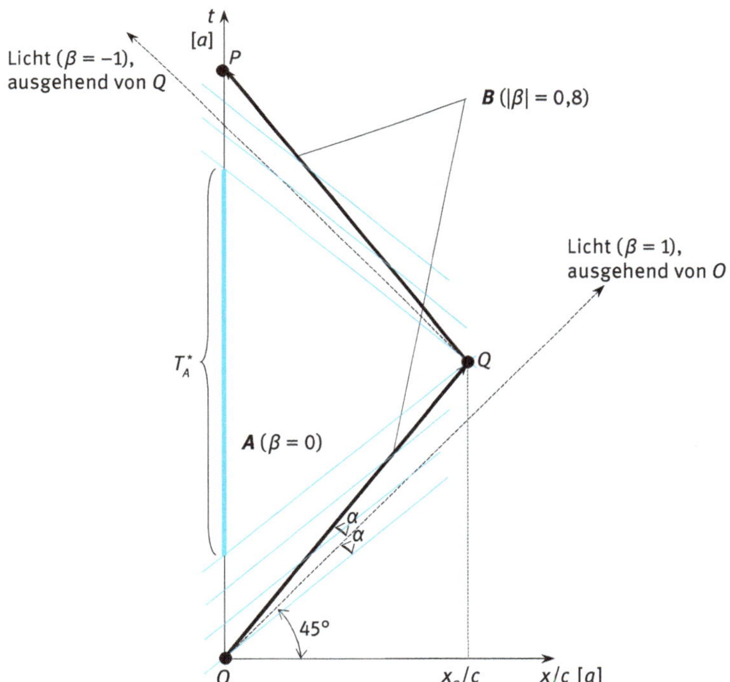

Abb. II-3.10a: Gleichzeitige Ereignisse für den reisenden Zwilling B. Alle Ereignisse auf den blauen parallelen Geraden finden für B gleichzeitig statt. Sie schließen, so wie auch die jeweilige Weltlinie von B (schwarze Pfeile), jeweils mit der entsprechenden Lichtgeraden (schwarz strichliert) den Winkel α ein (mit $\tan\alpha = \beta$, siehe dazu Abschnitt 3.7.3). Der dick blau eingezeichnete Zeitbereich T_A^* von A ist für B weder auf der Hin-, noch auf der Rückreise gleichzeitig, es ist ein Zeitbereich von A, den B nicht als gegenwärtig wahrnimmt.

Wir entnehmen der Abbildung, dass es einen Zeitbereich T_A^* im Leben des ruhenden Zwillings A gibt, der für den reisenden B weder auf der Hinreise von O nach Q noch auf der Rückreise von Q nach P gleichzeitig ist. Wie lange ist dieser Zeitbereich T_A^* im Leben von A? Wir wissen, dass die jeweils mit der eigenen, ruhenden Uhr gemessenen Zeiten $T_A = 10\,a$ und $T_B = 6\,a$ sind. Mit der Lorentz-Transformation $\Delta\tau = \frac{1}{\gamma}\Delta t$ ergibt sich das Zeitintervall T_B^* der Reisezeit T_B im System des zu Hause gebliebenen Zwillings A zu $T_B^* = \frac{1}{\gamma} T_B = \frac{3}{5} \cdot 6\,a = 3{,}6\,a$. Damit wird der vom reisenden Zwilling B nicht als gleichzeitig wahrnehmbare Zeitbereich von A zu $T_A^* = T_A - T_B^* = (10 - 3{,}6)\,a = 6{,}4\,a$. Das heißt also, wie schon oben erkannt: Die Asymmetrie in der Situation der Zwillinge entsteht dadurch, dass im System des reisenden Zwillings B *mit zwei Uhren in zwei unterschiedlichen Inertialsystemen* gemessen wird (unterschiedliche Neigung der blauen Geraden der Gleichzeitigkeit in Abb. II-3.10a.

Betrachtung der Bewegung der Zwillinge in Zeit und Raum

Die im System von Zwilling A ruhenden Uhren zeigen seine Eigenzeit; das Eigenzeitintervall betrage dt. Dann beträgt die Zeitänderung vom Ereignis O (Abflug des Zwillings) bis zum Ereignis P (Rückkehr des Zwillings) gemessen im Ruhesystem von A (Eigenzeit von A):

$$T_A = \int_O^P dt.$$

B ist gegen A bewegt, er hat daher die langsamer gehende, bewegte Uhr und sein Zeitintervall beträgt $dt' = \frac{1}{\gamma}\,dt$. Die Zeitänderung für den bewegten Zwilling von O bis P beträgt somit in seinem Ruhesystem:

$$T_B = \int_O^P \frac{1}{\gamma}\,dt = \int_O^P dt\sqrt{1 - v^2/c^2} = \int_O^P \underbrace{\sqrt{dt^2 - dx^2/c^2}}_{\substack{\frac{1}{c}\cdot\ \text{Ereignisintervall } ds \\ = \text{Eigenzeitintervall } d\tau}} = \frac{1}{c}\int_O^P ds$$

Wir sehen, dass die Verkürzung von T_B gegen T_A durch die Ortsveränderungen dx entsteht.

Das Zeitintervall für den Weg $\overline{OQP}$ ist in der relativistischen Kinematik *kürzer* als jenes, das der *geometrisch kürzeren*, direkten Weltlinie $\overline{OP}$ entspricht. Die Längen der entsprechenden Weltlinien geben ja die Änderungen der Eigenzeit an, also die Zeit in einem System Σ', das sich jederzeit entlang der Weltlinie bewegt, in dem die betrachtete Uhr also jederzeit ruht, wobei das Quadrat des Eigenzeitintervalls $d\tau^2$ das $(1/c^2)$-fache des Quadrats der Länge des Linienelements $ds^2 = c^2dt^2 - dx^2$ der Weltlinie ist (dt und dx sind die dem Weltlinienelement ds entsprechenden Zeit- und Raumelemente in einem anderen („ruhenden“) Bezugssystem Σ, in dem sich der Körper gemäß seiner Weltlinie bewegt):

$$T_A = \frac{1}{c}\int\limits_{O\to P} ds = \int\limits_{O\to P} dt\sqrt{1-v^2/c^2} = \int\limits_{O\to P}\sqrt{dt^2 - \frac{dx^2}{c^2}} \underset{dx=0}{=} \int\limits_{O\to P} dt$$

Eigenzeit im System von A, also zeitliche Länge der geraden, vertikalen Weltlinie von O nach P ohne Ortsveränderung;

$$T_B = \frac{1}{c}\int\limits_{O\to Q\to P} ds = \int\limits_{O\to Q\to P}^{P} dt\sqrt{1-v(t)^2/c^2} = \int\limits_{O\to Q\to P}\sqrt{dt^2 - \frac{dx^2}{c^2}} \underset{dx\neq 0}{\leq} T_A$$

Eigenzeit im System von B, also zeitliche Länge der geknickten, geometrisch längeren Weltlinie von O über Q nach P mit Ortsveränderung.[36]

Relativistische Gleichwertigkeit herrscht nur, wenn auch dynamische Gleichwertigkeit vorliegt, also wechselseitig die gleichen Kräfte wirken. Dies ist aber beim Zwillingsparadoxon nicht der Fall: Ein Zwilling wechselt am Umkehrpunkt das Inertialsystem ($+v \to -v$), wobei beschleunigende Kräfte wirksam sein müssen; es lässt sich auch durch eine Messung feststellen (Doppler-Effekt) welcher das war.[37]

3.7 Das Minkowski-Diagramm, vierdimensionale Welt

Das *Minkowski-Diagramm* stellt die geometrische Veranschaulichung der Lorentz-Transformationen dar; daraus können für ein Ereignis sofort die relativistisch zusammengehörigen Koordinaten abgelesen werden.

3.7.1 Relativität der Gleichortigkeit in der Newtonschen Mechanik

Wir gehen zunächst noch von der Newtonschen Mechanik mit der Galilei-Transformation aus und betrachten einen Punkt P', der im System Σ' ruht, das sich mit der Geschwindigkeit v entlang der x-Achse gegen das System Σ bewegt. Zur Zeit $t = 0$ war

---

36 Für einen Lichtstrahl mit $dx = c\,dt$ ist das Eigenzeitintervall $dt = (1/c)\,ds = 0$. Für einen mit Lichtgeschwindigkeit bewegten Körper würde daher – falls dies möglich wäre – die Zeit stillstehen!

37 Das Raum-Zeit-Intervall ist Lorentz-invariant, d. h., die Beobachtung „die Zeit für $\overline{OQP}$ ist kürzer als die Zeit für $\overline{OP}$“ gilt für *alle* Beobachter. Da die Zeit für $\overline{OQP}$ die Eigenzeit des reisenden Zwillings ist, gilt ganz allgemein, dass die Eigenzeit bei einer Rundreise gegen ein festes Inertialsystem immer kürzer ist, als die Eigenzeit eines im festen Inertialsystem ruhenden Beobachters.

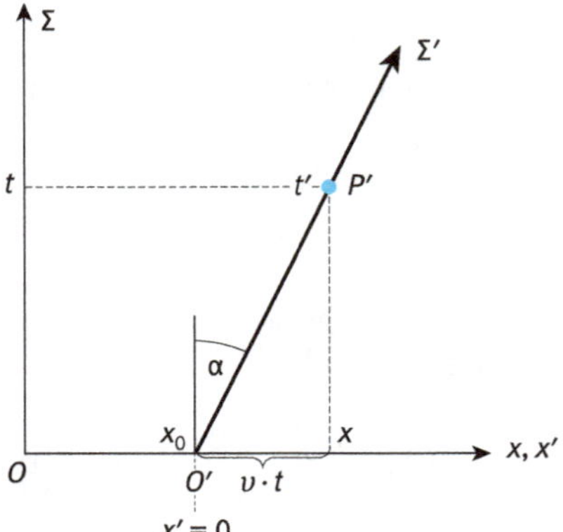

Abb. II-3.11: P' befindet sich zum Zeitpunkt $t = t'$ in Σ' am Ort $x' = 0$, in Σ am Ort $x = x_0 + \upsilon \cdot t$.

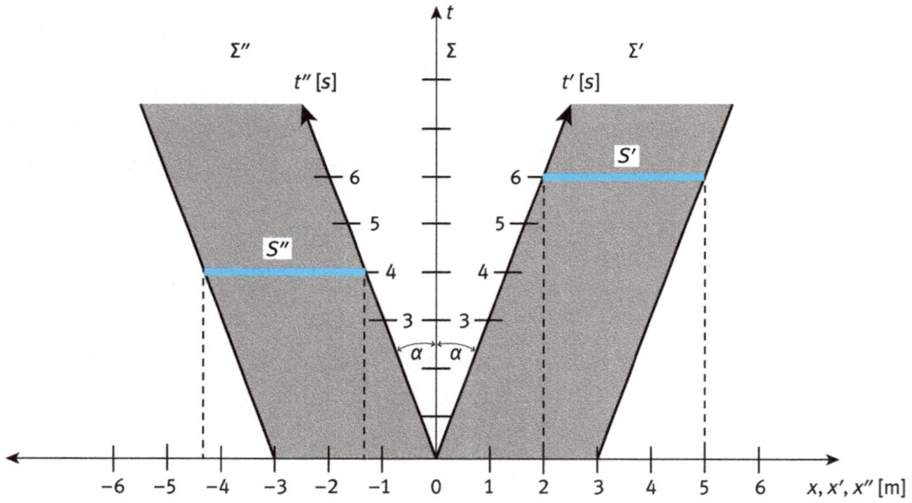

Abb. II-3.12: Zwei Stäbe S' und S'' (blau) ruhen im System Σ' bzw. in Σ''. Σ' bewegt sich gegen das Ruhesystem Σ mit der Geschwindigkeit $\upsilon = 1/3$ m/s nach rechts, Σ'' nach links.

der Punkt P', von Σ aus betrachtet, am Ort x_0, er hat zur Zeit t in Σ die Koordinate $x(t) = x_0 + \upsilon \cdot t$. In Σ bewegt sich der Koordinatenursprung $O' = x_0$ mit der Geschwindigkeit υ entlang der x-Achse und daher auf einer *Weltgeraden* mit der Steigung $\tan\alpha = \frac{dx}{dt} = \upsilon$. Wir stellen die Bewegung von P' für den in Σ ruhenden Beobachter in einem zweidimensionalen Raum-Zeitdiagramm $t = t(x)$ dar (Abb. II-3.11) und zeichnen für das System Σ' eine t'-Zeitachse, auf der sich der Ursprung O' so wie der Punkt P' in Σ bewegt, beide also in Σ' keine Ortsveränderung erfahren. Diese t'-Achse ist dann um den Winkel α gegen die t-Achse geneigt. Eine derartige

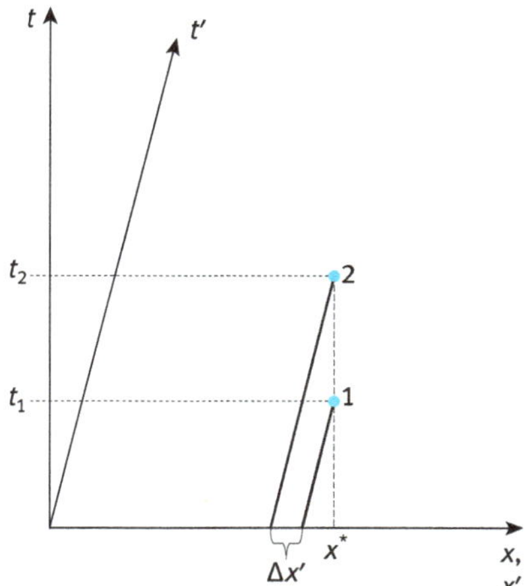

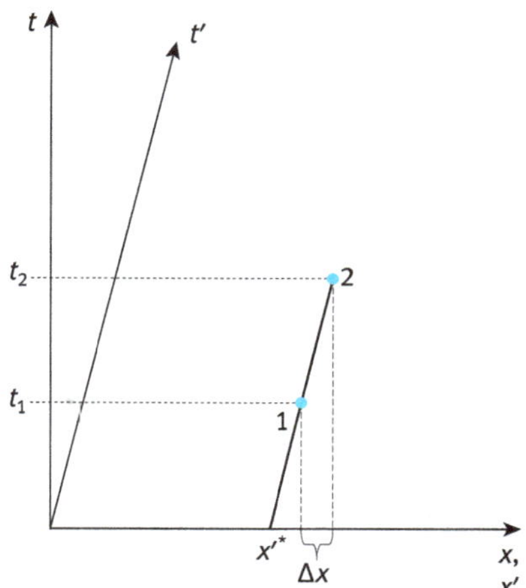

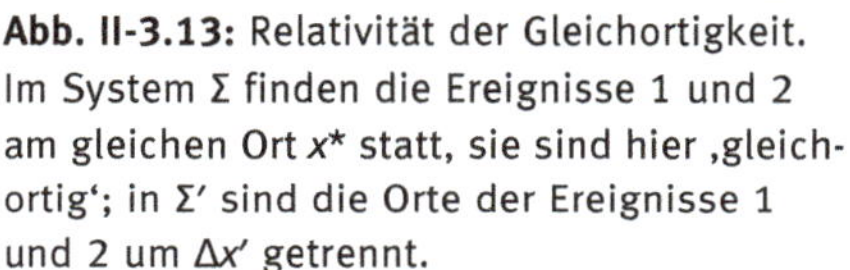
Abb. II-3.13: Relativität der Gleichortigkeit. Im System Σ finden die Ereignisse 1 und 2 am gleichen Ort x^* statt, sie sind hier ‚gleichortig'; in Σ′ sind die Orte der Ereignisse 1 und 2 um $\Delta x'$ getrennt.

Die Ereignisse 1 und 2 finden jetzt im System Σ an verschiedenen Orten statt, sie sind um Δx räumlich getrennt; in Σ′ finden sie am gleichen Ort x'^* statt, sind daher hier ‚gleichortig'.

Weltgerade (*Weltlinie*) gibt die zusammengehörigen Werte (x,t) bzw. (x',t') eines Ereignisses in den beiden gegeneinander bewegten Systemen Σ und Σ′ an.

Jetzt betrachten wir zwei Stäbe S' und S'', die jeweils in einem System ruhen, das sich gegenüber dem Ruhesystem Σ mit der Geschwindigkeit $v = 1/3$ m/s nach rechts (Σ′) bzw. nach links bewegt (Σ″) (Abb. II-3.12). Die Enden der Stäbe berühren einander zur Zeit $t = 0$ bei $x = x' = x'' = 0$. Für die Neigung der Zeitachsen von Σ′ und Σ″ gilt: $\tan\alpha = \pm v$.

In dieser ‚klassischen' Betrachtung gilt in allen Systemen dieselbe universelle Zeit und die Längen erfahren in Σ, Σ′ und Σ″ keine Änderung. Daher schneidet die Gerade $t =$ const. die Zeitachsen aller Systeme beim gleichen Wert $t = t' = t''$.[38] Die Position von Stab S' und Stab S'' in Σ nach 6 Sekunden bzw. nach 4 Sekunden ist in Abb. II-3.12 eingezeichnet. In der klassischen Betrachtung ergibt sich nur eine *Relativität der Gleichortigkeit* (Abb. II-3.13).

3.7.2 Die Raum-Zeit-Struktur des Minkowski-Raumes

Die Lorentz-Transformation verknüpft Ereignisse und damit auch Längen- und Zeitintervalle in zueinander bewegten Bezugssystemen gemäß den Prinzipien der Rela-

38 Man beachte aber, dass die Strecken für die Zeiteinheit von der Neigung der t',t''-Achsen abhängen, in den bewegten Systemen also im Allgemeinen verschieden sind. Die Einheitsstrecken für die Länge sind in allen Systemen gleich lang.

tivitätstheorie (Einstein Postulate). Physikalische Vorgänge werden daher besser in der vierdimensionalen *Raumzeit* (*spacetime*) beschrieben, der *vierdimensionalen Welt*, da nicht nur die Raum-, sondern auch die Zeitkoordinaten transformiert werden müssen. Um der Zeitkoordinate dieselbe Dimension wie der Raumkoordinate zu geben, multiplizieren wir die Zeit t mit der Lichtgeschwindigkeit c[39] und erhalten so mit $c \cdot t$ jene Strecke, die *Zeitlänge*, die das Licht in der Zeit t zurücklegt.

Im gewöhnlichen Raum mit den Koordinaten x, y, z, gilt für das Quadrat des Abstands eines Punktes $P(x, y, z)$ vom Ursprung (und damit auch für den Abstand zweier Punkte)

$$s^2 = \vec{r}^2 = x^2 + y^2 + z^2 . \qquad \text{(II-3.84)}$$

In der ‚Welt' mit ihrer ‚Raumzeit' hat ein Punkt die Koordinaten $P(ct, x, y, z)$ und das Quadrat seines Abstands vom raumzeitlichen Ursprung ($t = 0$, $x = 0$, $y = 0$, $z = 0$) ist definiert durch[40]

$$s^2 = c^2t^2 - x^2 - y^2 - z^2 = c^2t^2 - \vec{r}^2. \quad \textit{vierdimensionales Abstandsquadrat} \qquad \text{(II-3.85)}$$

Mit der Lorentz-Transformation (Abschnitt 3.2, Gl. II-3.30)

$$\begin{aligned} x' &= \gamma(x - \beta ct) \\ ct' &= \gamma(ct - \beta x) \end{aligned}$$

bilden wir

$$ct' - x' = \gamma[(ct - \beta x) - (x - \beta ct)] = \gamma(1 + \beta)(ct - x) \qquad \text{(II-3.86)}$$

und

$$ct' + x' = \gamma[(ct - \beta x) + (x - \beta ct)] = \gamma(1 - \beta)(ct + x) \qquad \text{(II-3.87)}$$

und erhalten damit durch Multiplikation der beiden obigen Gleichungen

$$(ct')^2 - x'^2 = s'^2 = \gamma^2 \underbrace{(1 - \beta^2)}_{1/\gamma^2} \left[(ct)^2 - x^2 \right] = (ct)^2 - x^2 = s^2. \qquad \text{(II-3.88)}$$

Diese Invarianz $s'^2 = s^2$ gilt auch für die vierdimensionale Raumzeit, wie man durch Addition der beiden invarianten Terme $y^2 = y'^2$, $z^2 = z'^2$ sofort erkennt.

---

39 Seit 1983 ist der Wert der Lichtgeschwindigkeit im Vakuum per definitionem mit $c = 299\,792\,458$ m/s festgelegt.

40 Man beachte das unterschiedliche Vorzeichen der Zeitlänge ct und der Ortskoordinaten x, y, z. Damit wird auch in der „vierdimensionalen Welt" s^2 vom Koordinatensystem unabhängig (siehe Gl. II-3.88).

Das Abstandsquadrat s^2 ist also in jedem Inertialsystem gleich groß, es ist *invariant* gegenüber der Lorentz-Transformation, es ist *Lorentz-invariant* bzw. eine *Lorentz-Invariante.*

Genauso gilt für das Quadrat des Abstands zweier differentiell benachbarter Punkte $P(ct,x,y,z)$ und $P(c(t + dt),x + dx,y + dy,z + dz)$, für die ja γ momentan konstant ist (in der Lorentz-Transformation sind (t, x) durch die differentiellen Größen (dt, dx) zu ersetzen), in der Raumzeit:

$$ds^2 = c^2dt^2 - dx^2 - dy^2 - dz^2 = c^2dt^2 - d\vec{r}^{\,2} \quad \text{ist Lorentz-invariant.}^{41} \qquad \text{(II-3.89)}$$

Das differentielle Abstandsquadrat, das Quadrat des vierdimensionalen Linienelements ds, nennt man (quadratisches) *Ereignisintervall.* Es gibt Auskunft über die Abstandsverhältnisse im vierdimensionalen ‚Minkowski-Raum' (nach Hermann Minkowski, 1864–1909) und damit über seine metrische Struktur, die *Metrik.*[42]

In jenem Bezugssystem, in dem die durch das Linienelement ds verbundenen Punkte *gleichortig* sind, wo also $d\vec{r}^{\,2} = 0$ gilt, wird die Länge $ds = c \cdot dt'$ des Linienelements nur durch das Zeitintervall der in diesem System ruhenden Uhr, also durch das *Eigenzeitintervall* $d\tau$ bestimmt. ds besitzt also für alle Systeme denselben Wert und es ist der zeitliche Abstand $d\tau$ (das Eigenzeitintervall) minimal, denn hier ist $d\vec{r} = 0$.[43] Die gesamte Länge einer Weltlinie vom Ereignis E_A bis zum Ereignis E_B beträgt in diesem Falle

$$s = \int_{E_A}^{E_B} ds = \int_{E_A}^{E_B} c \cdot d\tau = c \cdot \left(\tau_{E_B} - \tau_{E_A}\right), \qquad \text{(II-3.90)}$$

---

41 Wenn die Relativgeschwindigkeit v der beiden Bezugssysteme konstant ist (konstantes γ), dann sind auch endliche Raum-Zeit-Intervalle Lorentz-invariant.

42 Die *Metrik* beschreibt den Abstand benachbarter Punkte im Raum. Im gewöhnlichen Raum lässt eine Drehung des Koordinatensystems um den Ursprung den räumlichen Abstand benachbarter Punkte unverändert, im Minkowski-Raum bleibt der raumzeitliche Abstand benachbarter Punkte bei einer vierdimensionalen Drehung um den Ursprung unverändert. Wird die Zeitkoordinate ct durch den imaginären Wert ict ersetzt, dann nimmt ds^2 die pythagoreische Form an (Satz von Pythagoras): $ds^2 = -\left[(cdt)^2 + dx^2 + dy^2 + dz^2\right]$; die Lorentztransformation, bei der ja ds^2 konstant bleibt, erweist sich dann als Drehung um den imaginären Winkel $\alpha = i\beta = i \cdot v/c$ um eine Achse senkrecht zur (ict,x)-Ebene. Diese einfache Form der Metrik mit konstanten Koeffizienten der Koordinatendifferentiale gilt nur für euklidische (= ebene) Räume, zu denen auch der Minkowski-Raum zählt. In der *Allgemeinen Relativitätstheorie* wird die Metrik durch einen vom Ort abhängigen Tensor dargestellt, dessen Koeffizienten die Krümmung der Raum-Zeit-Geometrie bestimmen: Metrik des nicht-euklidischen, gekrümmten Raumes.

43 Für alle anderen Systeme gilt ja: $c^2dt^2 - dr^2 = c^2d\tau^2 < c^2dt^2$. Dies ist in Übereinstimmung damit, dass bewegte Uhren langsamer gehen.

stimmt also bis auf die Konstante c mit der Differenz der Zeitablesungen jener Uhr überein, die sich längs der Weltlinie stets im momentanen Ruhesystem (= *Lokalsystem*, *comoving system*, siehe Abschnitt 3.10.3) von E_A bis E_B bewegt. Eine während der Bewegung von E_A nach E_B längs der Weltlinie in jedem Linienelement ds ruhende Uhr ist also ein *Weltlinien-Längenmesser* (Abb. II-3.14).

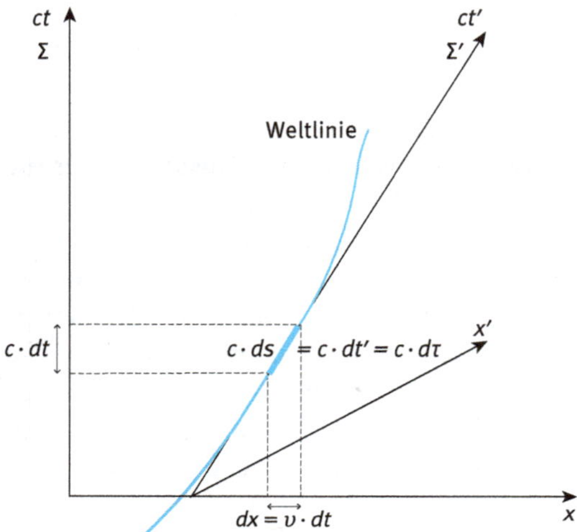

Abb. II-3.14: Die *Weltlinie* beschreibt die Bewegung des betrachteten Punktes in der *Raumzeit*. Aus der Zeitdilatation folgt für das Ereignisintervall ds eines entlang der Weltlinie mit υ bewegten Körpers in seinem momentanen Ruhesystem Σ':

$$ds = cd\tau = \frac{1}{\gamma} \cdot cdt = c \cdot \sqrt{1 - \frac{\upsilon^2}{c^2}} \cdot dt \Rightarrow ds^2 = c^2dt^2 - (\upsilon dt)^2 = c^2dt^2 - dx^2 < c^2dt^2.$$

Beachte: Es gilt *nicht* der pythagoreische Lehrsatz!

Wird mit einem Punkt längs seiner Weltlinie eine Uhr mitgeführt, so misst sie (sie ruht ja in jedem Linienelement ds) die Länge der Weltlinie des betrachteten Punktes; diese Uhr ist ein *Weltlinien-Längenmesser*.

Für einen Lichtstrahl gilt $dx = c \cdot dt \Rightarrow ds_{\text{Licht}} = 0$: *Für einen Lichtstrahl steht die Zeit still!* Die kürzesten Weltlinien sind also jene, die sich aus Lichtstrahlen zusammensetzen: Ihre Länge, d. h. ihr Eigenzeitintervall ist Null.

3.7.3 Geometrische Darstellung der Lorentz-Transformation

Wir betrachten verschiedene Bewegungszustände eines Massenpunktes im *Minkowski-Diagramm* (Abb. II-3.15).

Ein Punkt P' ruhe am Ort x'_P im System Σ', das sich mit der konstanten Geschwindigkeit υ in x-Richtung gegen das System Σ bewegt. Für einen Beobachter

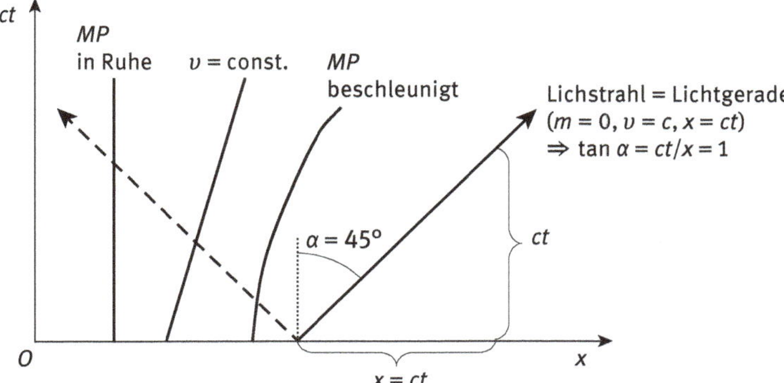

Abb. II-3.15: Verschiedene Bewegungszustände eines Massenpunktes im Minkowski-Diagramm (ct-x-Diagramm).

in Σ befinde sich der Punkt zur Zeit $t = 0$ gerade bei x_P und bewege sich im Laufe der Zeit mit υ weiter (Abb. II-3.16).

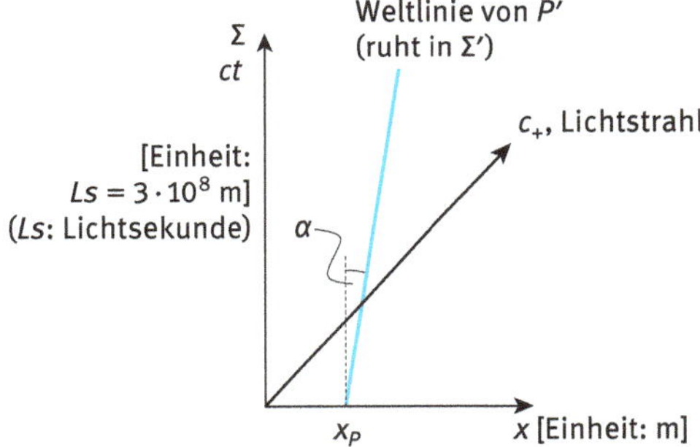

Abb. II-3.16: Ein Punkt P' ruht am Ort x'_P im System Σ', das sich mit konstanter Geschwindigkeit υ in x-Richtung gegen das System Σ bewegt. In Σ befindet sich der Punkt zur Zeit $t = 0$ gerade bei x_P und bewegt sich im Laufe der Zeit mit υ weiter: Weltlinie von P' in Σ (blau).

Der Koordinatenursprung von Σ' bewegt sich ebenfalls mit der Geschwindigkeit υ entlang der x-Achse und beschreibt daher in Σ eine Weltgerade mit der Steigung

$$\tan\alpha = \frac{1}{c}\frac{dx}{dt} = \frac{\upsilon}{c} = \frac{\upsilon t}{ct} = \beta. \qquad \text{(II-3.91)}$$

Damit ist die Koordinatenachse ct' des Systems Σ' gegeben (Abb. II-3.17).

Wann sind zwei Ereignisse in Σ gleichzeitig? Sie müssen auf der Momentangeraden mit $t = \text{const}$ liegen, also auf einer Parallelen zur x-Achse. Analog müssen

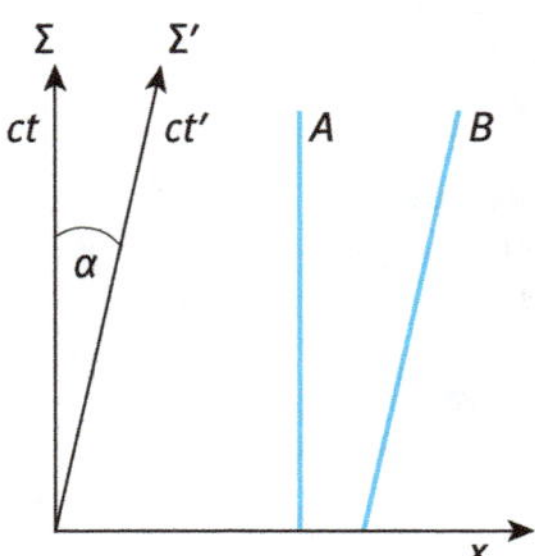

Abb. II-3.17: Die Koordinatenachse ct' des Systems Σ' bildet mit der Koordinatenachse ct des Systems Σ den Winkel α mit $\tan\alpha = \beta = \frac{v}{c}$. In diesem Beispiel ruht A in Σ und bewegt sich mit $-v$ in Σ', während B in Σ' ruht und sich in Σ mit der Geschwindigkeit $+v$ bewegt. Für $v \ll c$ (also $\beta \ll 1$) ist $\tan\alpha \cong \alpha$ und damit $\alpha \cong \beta$.

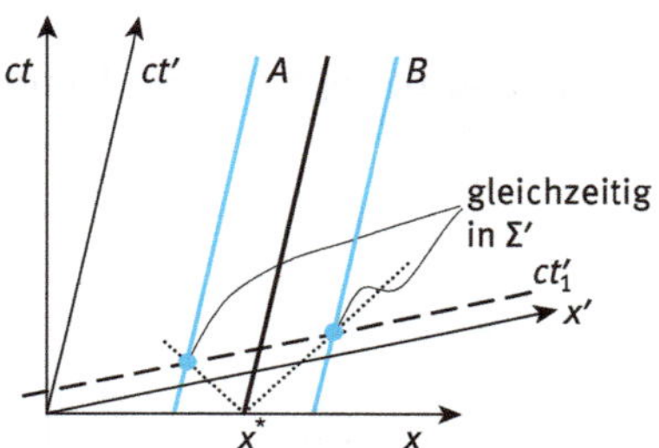

Abb. II-3.18: Gleichzeitigkeit zweier Ereignisse in Σ'. Die Beobachter A und B ruhen in Σ'. Zum Zeitpunkt $t = 0$ wird vom Ort x^* in Σ, der sich gerade in der Mitte zwischen A und B befindet, ein Lichtblitz ausgesandt, der die Beobachter zur gleichen Zeit t_1' erreicht. Diese Gleichzeitigkeit definiert eine Parallele zur x'-Achse.

Ereignisse, die in Σ' gleichzeitig sind, auf der entsprechenden Momentangeraden mit $t' = \text{const}$ liegen, das ist eine Parallele zur x'-Achse.

Wie kommen wir zur x'-Achse? Zwei Beobachter A und B ruhen in Σ'. Zum Zeitpunkt $t = 0$ werde vom Ort x^* in Σ, der sich gerade in der Mitte zwischen A und B befindet, ein Lichtblitz ausgesandt (Abb. II-3.18). Der Lichtblitz erreicht die beiden Beobachter, die von x^* gleichweit entfernt sind, zur gleichen Zeit t_1'. Diese Gleichzeitigkeit in Σ' definiert dann eine Parallele zur x'-Achse.

Welche Neigung hat die x'-Achse gegen die x-Achse? Wir gehen von der Lorentz-Transformation (Abschnitt 3.2, Gln. II-3.30 und II-3.31) aus:

$$\begin{aligned} x' &= \gamma(x - \beta ct) \qquad & x &= \gamma(x' + \beta ct') \\ ct' &= \gamma(ct - \beta x) \qquad & ct &= \gamma(ct' + \beta x')\,. \end{aligned}$$

Wir verlangen, dass die Koordinatenursprünge der gegeneinander bewegten Systeme Σ und Σ' zum Zeitpunkt $t = t' = 0$ zusammenfallen. Aus

$$\{ct,x\} = \{0,0\} \quad \text{folgt} \quad \{ct',x'\} = \{0,0\} \quad \textit{Nullpunktseichung.} \tag{II-3.92}$$

Dies ist bei der Lorentz-Transformation in der Form der Gln. (II-3.30 und II-3.31) erfüllt (Abb. II-3.19):

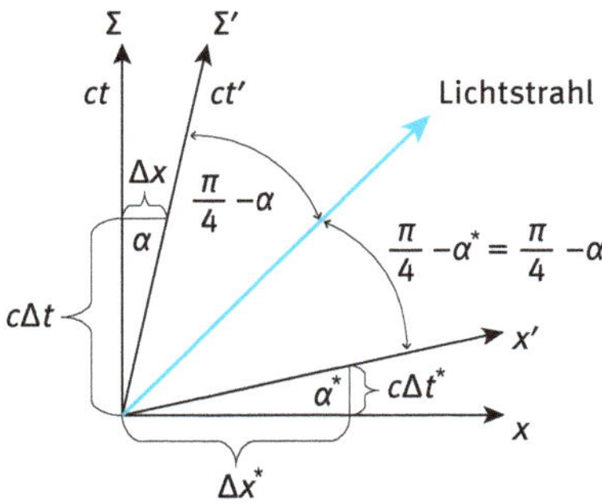

Abb. II-3.19: Nullpunktseichung der Systeme Σ und Σ′.

Für die ct'-Achse gilt $x' = 0$ und für ihre Neigung gegen die ct-Achse (Abb. II-3.19)

$$\tan\alpha = \frac{1}{c}\frac{\Delta x}{\Delta t}\bigg|_{x'=0} . \tag{II-3.93}$$

Aus der Lorentz-Transformation folgt für $x' = 0$

$$\gamma(x - \beta ct) = 0 \tag{II-3.94}$$

und damit, da $\gamma \neq 0$

$$x = \beta ct \quad \text{bzw.} \quad \Delta x = \beta c\Delta t \tag{II-3.95}$$

und wir erhalten

$$\frac{1}{c}\frac{\Delta x}{\Delta t}\bigg|_{x'=0} = \beta = \tan\alpha . \tag{II-3.96}$$

Analog gilt für die x'-Achse $ct' = 0$ und für ihre Neigung gegen die x-Achse

$$\tan\alpha^* = c\frac{\Delta t^*}{\Delta x^*}\bigg|_{ct'=0} . \tag{II-3.97}$$

Aus der Lorentz-Transformation folgt für $ct' = 0$

$$\gamma(ct - \beta x) = 0 \tag{II-3.98}$$

und damit

$$ct = \beta x \quad \text{bzw.} \quad c\Delta t^* = \beta \Delta x^* \tag{II-3.99}$$

und wir erhalten wieder

$$c\frac{\Delta t^*}{\Delta x^*}\bigg|_{ct'=0} = \beta = \tan\alpha^* = \tan\alpha. \tag{II-3.100}$$

Damit gilt also $\alpha^* = \alpha$, die Koordinatenachsen ct und x von Σ und die Koordinatenachsen ct' und x' von Σ' liegen also jeweils symmetrisch zum Lichtstrahl $x = ct$ bzw. $x' = ct'$, der vom Ursprung beider Systeme ausgesandt wurde (Abb. II-3.19).

3.7.4 Gleichzeitigkeit und Kausalzusammenhang im Minkowski-Diagramm

Ein Ereignis – z. B. der Zerfall eines Atomkerns – wird zu einem bestimmten Zeitpunkt durch einen Punkt im Raum repräsentiert, dessen Koordinaten durch das gewählte Bezugssystem (ct, x, y, z) bzw. (ct', x', y', z') festgelegt sind. Der Zusammenhang zwischen den Koordinaten in den beiden Bezugssystemen, die sich mit der Geschwindigkeit v in der x-Richtung gegeneinander bewegen, wird durch die Lorentz-Transformation vermittelt. Im 2-dimensionalen Fall kann sie anschaulich durch die beiden übereinander gezeichneten Minkowski-Diagramme (ct, x) und $(ct'$ $x',)$ dargestellt werden. Damit können die zu einem Ereignis (einem festen Punkt) gehörenden Koordinaten in jedem System unmittelbar abgelesen werden (vgl. Abb. II-3.22).

Wir betrachten als Ereignis einen Lichtblitz, einmal vom System Σ, einmal vom System Σ' aus (Abbn. II-3.20 und II-3.21).

Es zeigt sich, dass Ereignisse, die im System Σ gleichzeitig stattfinden, im dazu bewegten System Σ' zu verschiedenen Zeiten beobachtet werden (Abb. II-3.22).

Auch die Bedingung für die kausale Verknüpfung von Ereignissen (Abschnitt 3.3, Gl. II-3.36) kann im Minkowski-Diagramm dargestellt werden (Abb. II-3.23).

Aus Abb. II-3.23 sieht man, dass für das Ereignispaar A und B gilt

$$x_2 - x_1 > c(t_2 - t_1), \tag{II-3.101}$$

A und B können also nicht kausal verknüpft sein, A kann B nicht auslösen. Andererseits gilt offenbar für die Ereignisse A und C

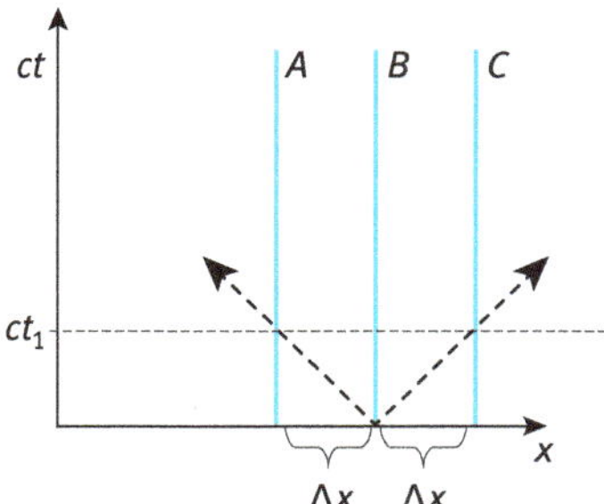

Abb. II-3.20: Die Punkte A, B, C ruhen in Σ. Ein Lichtblitz, der von B in der Mitte zwischen A und C zum Zeitpunkt $t = 0$ ausgesandt wird, erreicht A und C gleichzeitig nach der Zeit $t_1 = \left|\frac{\Delta x}{c}\right|$.

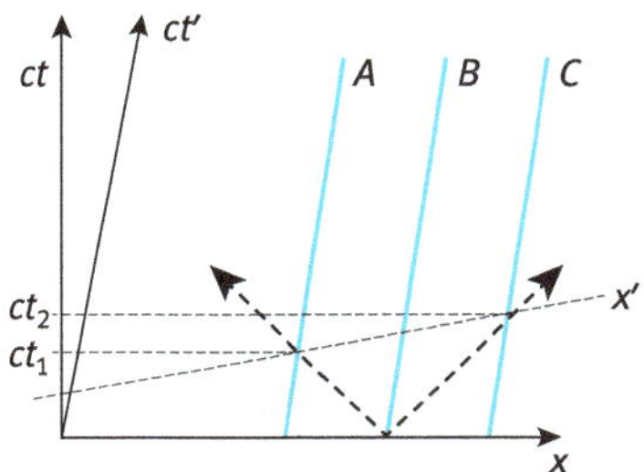

Abb. II-3.21: Die Punkte A, B, C ruhen in Σ′. Der von B zum Zeitpunkt $t = 0$ ausgesandte Lichtblitz erreicht A und C von Σ aus beobachtet nicht gleichzeitig, sondern zu den Zeiten t_1 und t_2. Der Punkt A eilt ja in Σ in der Raumzeit dem Lichtstrahl entgegen und trifft ihn daher vor dem Punkt C, der sich vom Lichtblitz wegbewegt, daher $t_2 > t_1$. In Σ′ erfolgt jedoch das Eintreffen der Lichtstrahlen bei A und C gleichzeitig (vgl. Abb. II-3.18), da in Σ′ die Punkte A, B, C ruhen.

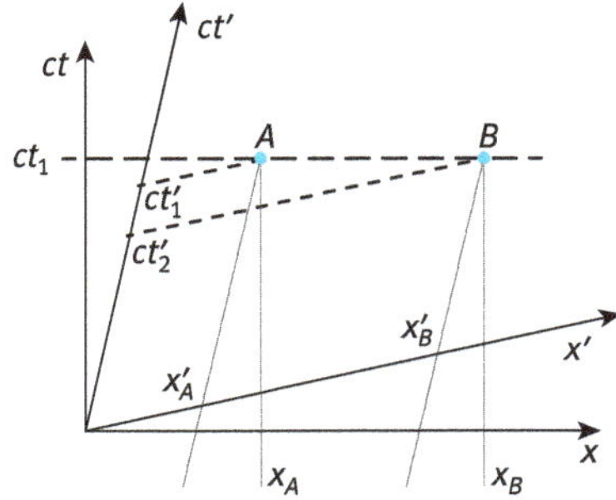

Abb. II-3.22: Zwei Ereignisse A und B, die an den Orten x_A und x_B stattfinden, sind in Σ gleichzeitig. Sie werden von Σ′ aus zu den unterschiedlichen Zeiten t'_1 und t'_2 beobachtet, und zwar an den Orten x'_A und x'_B. Die entsprechenden Werte folgen unmittelbar aus der Lorentz-Transformation.

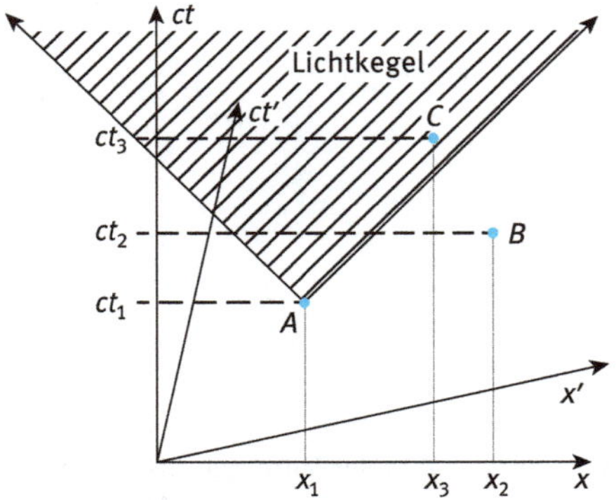

Abb. II-3.23: Die Bedingung für die Möglichkeit eines kausalen Zusammenhangs, bei dem die beiden Ereignisse nicht schneller als mit Lichtgeschwindigkeit verknüpft sein können, lautet (Abschnitt 3.3, Gl. II-3.36): $t_2 - t_1 \geq \frac{x_2 - x_1}{c}$, also $x_2 - x_1 \leq c(t_2 - t_1)$.

$$x_3 - x_1 < c(t_3 - t_1), \tag{II-3.102}$$

A kann also *C* auslösen bzw. verursachen.

Wir erkennen somit:

Alle kausal miteinander verknüpfbaren Ereignisse liegen im Lichtkegel $\pm x \leq ct$ bzw. im Raum in $|\vec{r}| \leq ct$.

Für materielle Ereignisse gilt dann $|x| < ct$; daraus folgt mit Gl. (II-3.85) als Bedingung: $s^2 > 0$.

3.7.5 Die Eichhyperbeln

Nach der Festlegung der Achsenrichtungen des bewegten Systems Σ′ bleibt noch die Bestimmung der Einheitspunkte (und damit der Einheitsstrecken) auf den beiden Achsen. Hiezu verhilft uns wieder die Lorentz-Transformation (Abschnitt 3.2, Gl. (II-3.31): $x = \gamma(x' + \beta ct')$, $ct = \gamma(ct' + \beta x')$).

Für den Einheitspunkt auf der x'-Achse eines Systems in Σ′ gilt:

$$\left\{(ct)' = 0,\ x_1' = 1\right\}. \tag{II-3.103}$$

In Σ gilt dafür:

$$x_1 = \gamma x_1' = \gamma;\ (ct)_1 = \gamma \cdot \beta \cdot x_1' = \gamma\beta \tag{II-3.104}$$

und damit

$$(ct)_1^2 - x_1^2 = \gamma^2(\beta^2 - 1) = \frac{-\gamma^2}{\gamma^2} = -1 \quad \textit{erste Eichhyperbel (space hyperbola).} \tag{II-3.105}$$

Diese Beziehung gilt für *alle* relativ zu Σ bewegten Bezugssysteme. Die Einheitspunkte auf den x'-Achsen aller bewegten Systeme Σ′ liegen also gleichzeitig im System Σ auf einer zur x-Achse symmetrischen Hyperbel H_- mit $(ct)^2 - x^2 = -1$, die deshalb als erste *Eichhyperbel* (*space hyperbola*) bezeichnet wird.

Analog gilt für die Einheitspunkte auf den (ct')-Achsen der Systeme Σ′:

$$\{x' = 0,\ (ct)_1' = 1\}. \tag{II-3.106}$$

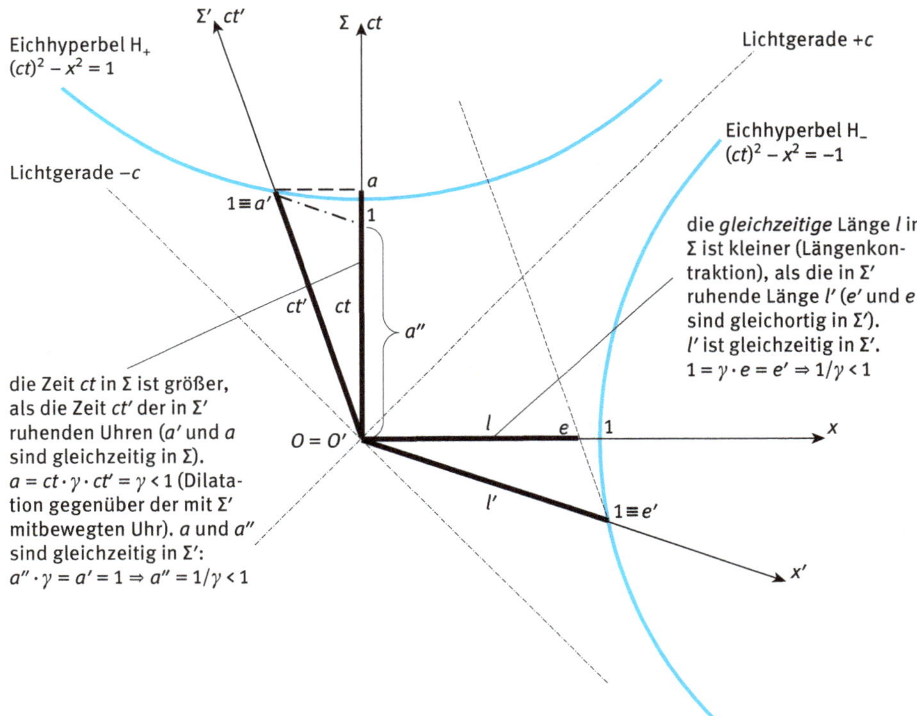

Abb. II-3.24: Die Eichhyperbeln H_+ und H_- im Minkowski-Diagramm.
Aus der Zeichnung ergeben sich unmittelbar die Längenkontraktion und die Zeitdilatation. Man beachte die Unsymmetrie der Messverfahren! Bemerkung zu a und a': Die Analogie zur Längenmessung würde die *Gleichortigkeit* der Messung des Zeitintervalls a' (strichpunktierte Linie) in Σ verlangen (führt zu a''), tatsächlich wird aber a' in Σ gemessen (strichlierte Linie, führt zu a), indem sich die in Σ′ ruhende Uhr an den Uhren in Σ vorbei bewegt (*Gleichzeitigkeit* in Σ).

In Σ gilt dafür:

$$x_1 = \gamma\beta(ct)_1' = \gamma \cdot \beta;\; (ct)_1 = \gamma(ct)_1' = \gamma \qquad \text{(II-3.107)}$$

und damit

$$(ct)_1^2 - x_1^2 = \gamma^2(1-\beta^2) = \frac{\gamma^2}{\gamma^2} = 1 \quad \textit{zweite Eichhyperbel (time hyperbola).} \qquad \text{(II-3.108)}$$

Im System Σ liegen die Einheitspunkte $(ct)' = 1$ aller relativ zu Σ bewegten Systeme Σ′ gleichzeitig auf einer zur (ct)-Achse symmetrischen Hyperbel H_+ mit $(ct)^2 - x^2 = 1$, der zweiten Eichhyperbel (*time hyperbola*).

Wenn sich das System Σ′ mit der Geschwindigkeit $-v$ längs der x-Achse bewegt, dann ergibt sich das Minkowski-Diagramm der obigen Abb. II-3.24.

3.7.6 Vergangenheit, Zukunft, Ferne

Die Vakuumlichtgeschwindigkeit c ist die maximale Grenzgeschwindigkeit für physikalische Vorgänge (Steigung 1 im Minkowski-Diagramm), die Weltlinie eines physikalischen Vorgangs darf daher keine Steigung mit Betrag < 1 besitzen.

Für eine Folge physikalischer Ereignisse gilt dann offenbar

$$\left|\frac{d(ct)}{dx}\right| > 1, \qquad \text{(II-3.109)}$$

und für masselose Teilchen (z. B. Photonen)

$$\left|\frac{d(ct)}{dx}\right| = 1. \qquad \text{(II-3.110)}$$

Wir betrachten nochmals das Quadrat des Abstands benachbarter Punkte, das *Ereignisintervall* (Abschnitt 3.7.2, Gl. II-3.89):

$$ds^2 = c^2dt^2 - (dx^2 + dy^2 + dz^2) = \left[c^2 - \underbrace{\left(\frac{dx^2}{dt^2} + \frac{dy^2}{dt^2} + \frac{dz^2}{dt^2}\right)}_{v^2}\right]dt^2 = (c^2 - v^2)dt^2 . \qquad \text{(II-3.111)}$$

Wir können 3 Fälle unterscheiden

$$ds^2 \begin{cases} >0 & \textit{für } v < c \\ =0 & \textit{für } v = c \\ <0 & \textit{für } v > c. \end{cases} \qquad \text{(II-3.112)}$$

Die ‚Metrik' zerlegt also die vierdimensionale Raumzeit an jedem betrachteten Weltpunkt in drei disjunkte (= einander ausschließende) Gebiete so, dass für den raum-zeitlichen Abstand $\overline{P_0P}$ des Punktes $P_0(ct = 0, \vec{r} = 0)$ zu jedem anderen Weltpunkt $P(ct, \vec{r})$ gilt (Abb. II-3.25)

$$\textit{Ereignisintervall}\ \overline{P_0P} \begin{cases} > 0, & \textit{zeitartig (timelike)} \\ = 0 & \textit{lichtartig (lightlike)} \\ < 0 & \textit{raumartig (spacelike)}. \end{cases} \qquad \text{(II-3.113)}$$

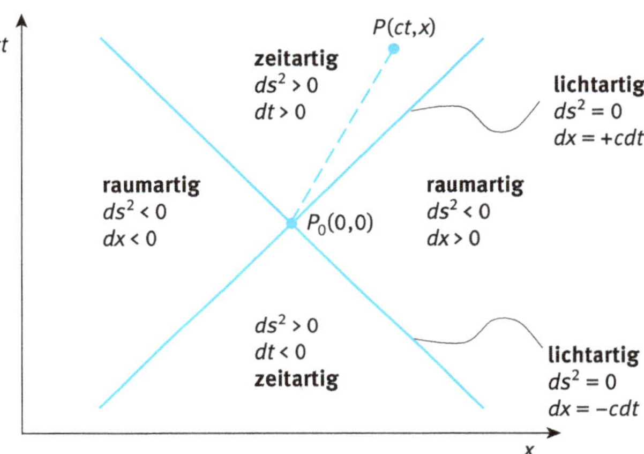

Abb. II-3.25: Die Metrik des vierdimensionalen Minkowski-Raumes zerlegt die vierdimensionale Raumzeit in 3 disjunkte Gebiete, in denen für den zeitlichen Abstand $\overline{P_0P}$ eines Punktes P vom Punkt $P_0(ct = 0, \vec{r} = 0)$ gilt: $\overline{P_0P} > 0$ (zeitartig, Ereignisse können kausal miteinander zusammenhängen), $\overline{P_0P} = 0$ (lichtartig, Lichtkegel durch P_0), $\overline{P_0P} < 0$ (raumartig, kein kausaler Zusammenhang möglich).

Alle Punkte P, die mit P_0 durch ein Lichtsignal verbunden werden können, für die also gilt $ds^2 = 0$, sind *lichtartig*, sie liegen auf einer dreidimensionalen Hyperfläche der vierdimensionalen Raumzeit, nämlich auf dem *Lichtkegel* durch P_0 (*Nullabstandsbereich*). Innerhalb dieses Kegels, im *zeitartigen* Bereich, liegt die „Welt der materiellen Ereignisse", liegen also alle jene materiellen Ereignisse, die kausal miteinander zusammenhängen können. Die Punkte des *raumartigen* Bereichs könnten mit P_0 nur durch Geschwindigkeiten $v > c$ verbunden werden, sie können daher in keinem kausalen Zusammenhang stehen (z. B. die Enden eines in Σ ruhenden Maßstabes). Kausale Verknüpfungen sind nur innerhalb des Lichtkegels möglich (Abb. II-3.26). Aus den Bereichen $|x| > ct$ können *prinzipiell* keine Signale empfangen werden, dieses Gebiet heißt daher auch *absolute Ferne* (*absolute elsewhere*).

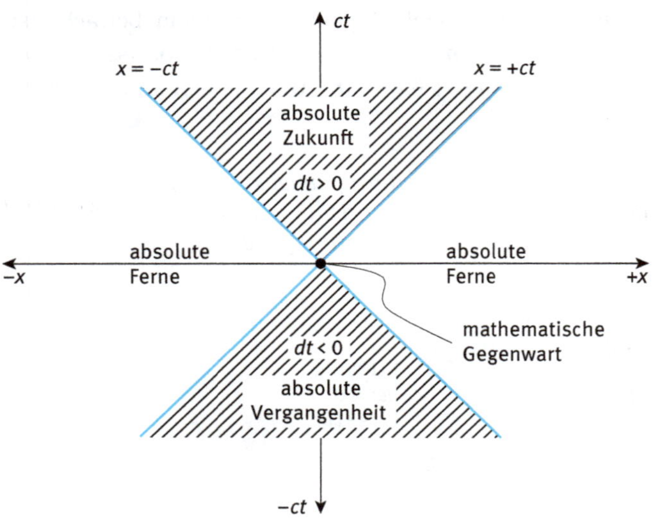

Abb. II-3.26: Kausale Verknüpfungen sind nur innerhalb des Lichtkegels $|x| = ct$, also für $|x| < ct$ möglich. Aus den Bereichen $|x| > ct$ können keine Signale empfangen werden, es ist ein Gebiet *absoluter Ferne.*

3.8 Das Additionstheorem für Geschwindigkeiten

In der Newtonschen Mechanik wird die Geschwindigkeit eines Massenpunktes in seinem Bezugssystem einfach vektoriell zur Relativgeschwindigkeit, der ‚Führungsgeschwindigkeit', addiert, mit der sich sein System gegen ein anderes Inertialsystem bewegt, um die Geschwindigkeit im anderen – neuen – Bezugssystem zu erhalten. Relativistisch müssen wir dagegen die Lorentz-Transformationen für die Berechnung der Geschwindigkeit in einem bewegten System anwenden, wenn diese in einem ruhenden System vorliegt.

Das System Σ′ bewege sich gegen das System Σ in x-Richtung mit der Geschwindigkeit υ: $\vec{\upsilon} = \upsilon \cdot \vec{e}_x$.

In diesem bewegten System Σ′ habe ein Teilchen die Geschwindigkeit

$$\vec{u}' = u_x'\vec{e}_x + u_y'\vec{e}_y + u_z'\vec{e}_z \quad \text{mit} \quad u_x' = \frac{dx'}{dt'},\ u_y' = \frac{dy'}{dt'},\ u_z' = \frac{dz'}{dt'}. \tag{II-3.114}$$

Gesucht sind die Komponenten $u_x = \dfrac{dx}{dt}$, $u_y = \dfrac{dy}{dt}$, $u_z = \dfrac{dz}{dt}$ der Geschwindigkeit $\vec{u}$ im ruhenden System Σ. Wir verwenden die Lorentz-Transformation (Abschnitt 3.2, Gln. II-3.30 und II-3.31) für die Differentiale dx und dt' und beachten, dass $x' = x'(t,x)$ und $t' = t'(t,x)$. Damit erhalten wir mit $dx = \gamma\,(dx' + \upsilon dt')$ und $dt' = \gamma\,(dt - \dfrac{\upsilon}{c^2}\,dx)$

$$u_x = \frac{dx}{dt} = \gamma\left(\underbrace{\frac{dx'}{dt'}}_{u'_x}\frac{dt'}{dt} + \upsilon\,\frac{dt'}{dt}\right) \quad \text{und} \quad \frac{dt'}{dt} = \gamma\left(1 - \frac{\upsilon}{c^2}\underbrace{\frac{dx}{dt}}_{u_x}\right) \qquad \text{(II-3.115)}$$

und weiter

$$u_x = \gamma^2\left[u'_x\left(1 - \frac{\upsilon}{c^2}\,u_x\right) + \upsilon\left(1 - \frac{\upsilon}{c^2}\,u_x\right)\right]. \qquad \text{(II-3.116)}$$

Daraus folgt

$$u_x = \frac{\gamma^2(u'_x + \upsilon)}{1 + \gamma^2\frac{\upsilon}{c^2}\,u'_x + \gamma^2\frac{\upsilon^2}{c^2}} = \frac{u'_x + \upsilon}{\frac{1}{\gamma^2} + \frac{\upsilon u'_x}{c^2} + \frac{\upsilon^2}{c^2}} \overbrace{=}^{\frac{1}{\gamma^2} = 1 - \frac{\upsilon^2}{c^2}} \frac{u'_x + \upsilon}{1 + \frac{\upsilon u'_x}{c^2}} \qquad \text{(II-3.117)}$$

und somit

$$u_x = \frac{u'_x + \upsilon}{1 + \frac{\upsilon}{c^2}\,u'_x} \qquad \textit{Geschwindigkeitskomponente in x-Richtung im ruhenden System } \Sigma. \qquad \text{(II-3.118)}$$

Mit der Lorentz-Transformation $ct = \gamma(ct' + \beta x')$ (Abschnitt 3.2, Gl. II-3.31) bzw. $t = \gamma\left(t' + \frac{\upsilon}{c^2}\,x'\right)$ ergibt sich

$$dt = \gamma\left(dt' + \frac{\upsilon}{c^2}\,dx'\right) \qquad \text{(II-3.119)}$$

und so

$$\frac{dt}{dt'} = \gamma\left(1 + \frac{\upsilon}{c^2}\,u'_x\right) \quad \text{bzw.} \quad \frac{dt'}{dt} = \frac{1}{\gamma\left(1 + \frac{\upsilon}{c^2}\,u'_x\right)}. \qquad \text{(II-3.120)}$$

Damit erhalten wir für u_y mit $y' = y$

$$u_y = \frac{dy}{dt} = \frac{dy'}{dt} = \underbrace{\frac{dy'}{dt'}}_{u'_y}\frac{dt'}{dt}. \qquad \text{(II-3.121)}$$

Es ergibt sich:

$$u_y = \frac{u'_y}{\gamma\left(1 + \dfrac{v}{c^2} u'_x\right)}$$ *Geschwindigkeitskomponente in y-Richtung im ruhenden System* Σ. (II-3.122)

Analog erhalten wir für die z-Komponente

$$u_z = \frac{u'_z}{\gamma\left(1 + \dfrac{v}{c^2} u'_x\right)}$$ *Geschwindigkeitskomponente in z-Richtung im ruhenden System* Σ. (II-3.123)

Die resultierende Geschwindigkeit in der x-Richtung ist nicht mehr das Ergebnis der vektoriellen Addition der Geschwindigkeiten $\vec{u}'$ und $\vec{v}$. Der Grund liegt darin, dass $\vec{v}$ in Σ gemessen wird, $\vec{u}'$ aber in Σ'.[44]

Nehmen wir jetzt probeweise an, dass sich ein Teilchen mit der Geschwindigkeit $u'_x = c$ bewegt ($u'_y = u'_z = 0$), so ergibt sich

$$u_x = \frac{c + v}{1 + \dfrac{v}{c}} = \frac{c(c + v)}{c + v} = c\,. \tag{II-3.124}$$

Die Vakuumlichtgeschwindigkeit c wird also durch Addition einer Führungsgeschwindigkeit nicht überschritten, wie es ja das 2. Einstein-Postulat (siehe Abschnitt 3.1) auch verlangt.

Andererseits gilt für $\beta = \dfrac{v}{c} \longrightarrow 0$ auch $\dfrac{v}{c^2} u'_x = \beta \dfrac{u'_x}{c} \longrightarrow 0$ und $\gamma = \dfrac{1}{\sqrt{1 - \beta^2}} \longrightarrow 1$. Damit bekommen wir für $v \ll c$ wieder die klassische Geschwindigkeitsaddition

$$u_x = u'_x + v,\ u_y = u'_y, \qquad u_z = u'_z\,. \tag{II-3.125}$$

Für die inversen Transformationen der Geschwindigkeitskomponenten ersetzt man $v \longrightarrow -v$ und vertauscht die gestrichenen und ungestrichenen Terme. Man erhält

$$u'_x = \frac{u_x - v}{1 - \dfrac{v}{c^2} u_x}, \qquad u'_y = \frac{u_y}{\gamma\left(1 - \dfrac{v}{c^2} u_x\right)}, \qquad u'_z = \frac{u_z}{\gamma\left(1 - \dfrac{v}{c^2} u_x\right)}. \tag{II-3.126}$$

44 Ein Massenpunkt hat in einem System nur *eine* Geschwindigkeit, eine zweite Geschwindigkeit und die damit verbundene Geschwindigkeitsaddition kommt *immer* nur durch eine Relativbewegung hinzu. Die Zerlegung einer Geschwindigkeit in *Komponenten* ist natürlich immer möglich (siehe Behandlung des Impulssatzes in den Abschnitten 3.9.1 und in 3.9.2).

3.9 Relativistische Dynamik

Die Newtonsche Bewegungsgleichung lautet (siehe Band I, Kapitel „Mechanik des Massenpunktes“, Abschnitt 2.2.1), wenn die Masse m konstant bleibt

$$\vec{F} = \frac{d}{dt}(m \cdot \vec{v}) = \frac{d\vec{p}}{dt} = m\frac{d\vec{v}}{dt} = m \cdot \vec{a}. \tag{II-3.127}$$

Sie ändert sich nicht durch die Galilei-Transformation, sie ist *Galilei-invariant*.[45] Das bedeutet aber, dass die Newtonsche Bewegungsgleichung *nicht* invariant gegen die Lorentz-Transformation ist und daher korrigiert werden muss. Die Korrektur muss dabei so erfolgen, dass sich für $\gamma \to 1$ bzw. $\beta \ll 1$, also für kleine Geschwindigkeiten, die klassische Gleichung ergibt.

3.9.1 Der Newtonsche Impuls

Wir betrachten den elastischen Stoß zweier Teilchen (Massenpunkte, *MP*) 1 und 2 gleicher Masse m. Als Bezugssystem Σ wählen wir das *Schwerpunktsystem*, in dem der gemeinsame Schwerpunkt S beider Teilchen vor und nach dem Stoß ruht (Abb. II-3.27, vgl. Band I, Kapitel „Mechanik des Massenpunktes“, Anhang A2.2).

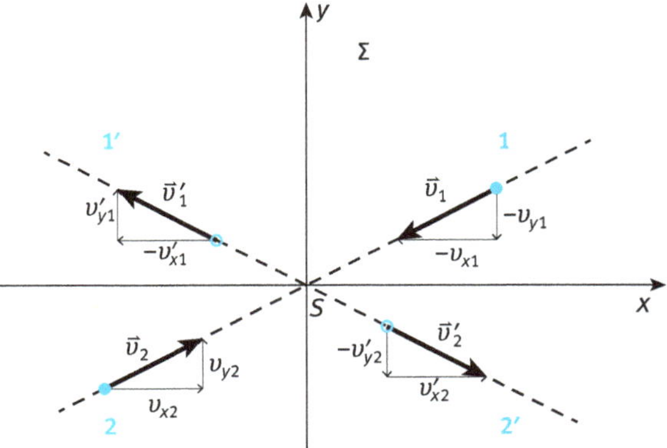

Es gilt: $v_{y1} = v_{y2}$; $-(-v_{x1}) = v_{x1} = v_{x2}$; $-v_{x1} = -v_{x1}'$; $v_{x2} = v_{x2}'$; $v_{y2} = v_{y2}'$

Abb. II-3.27: Elastischer Stoß zweier Teilchen 1 und 2 gleicher Masse m im Schwerpunktsystem Σ. Die Geschwindigkeiten nach dem Stoß sind mit einem ′ gekennzeichnet.

45 Denn aus der Galilei-Transformation $\vec{r}' = \vec{r} - \vec{v}t$ und $t = t'$ folgt für die Beschleunigung: $\vec{a}' = \frac{d^2\vec{r}'}{dt'^2} = \frac{d^2\vec{r}'}{dt^2} = \frac{d^2\vec{r}}{dt^2} = \vec{a}$.

Die Geschwindigkeiten der beiden Teilchen sind dort vor und nach dem Stoß entgegengesetzt gleich: $\vec{v}_1 = -\vec{v}_2$; $\vec{v}_1' = -\vec{v}_2'$ (Erhaltung des Impulses und der Energie) mit $|\vec{v}_1| = |\vec{v}_1'|$. Die Geschwindigkeiten nach dem Stoß werden mit einem Strich (′) gekennzeichnet.

Wir betrachten im Folgenden den speziellen Fall, dass die Bewegungsrichtungen vor und nach dem Stoß mit der x-Achse den gleichen Winkel bilden. Dann gilt

vor dem Stoß: $\vec{v}_1 = \{-v_{x1}, -v_{y1}\}, \vec{v}_2 = \{v_{x2}, v_{y2}\}$ (II-3.128)

$$\text{mit} \quad v_{x1} = v_{x2},\ v_{y1} = v_{y2} \quad \text{und}$$

$$v_1^2 = |\vec{v}_1|^2 = v_{x1}^2 + v_{y1}^2,\ v_2^2 = |\vec{v}_2|^2 = v_{x2}^2 + v_{y2}^2,\ v_1^2 = v_2^2;$$

nach dem Stoß: $\vec{v}_1' = \{-v_{x1}, v_{y1}\}, \vec{v}_2' = \{v_{x2}, -v_{y2}\}$ (II-3.129)

$$\text{mit} \quad v_1'^2 = |\vec{v}_1'|^2 = v_{x1}^2 + v_{y1}^2,\ v_2'^2 = |\vec{v}_2'|^2 = v_{x2}^2 + v_{y2}^2,$$

$$v_1'^2 = v_2'^2 = v_1^2 = v_2^2.$$

Nur die y-Komponenten der Geschwindigkeit beider Teilchen ändern sich unter diesen Voraussetzungen beim Stoß, sie wechseln beim Stoß das Vorzeichen. Der Impulssatz verlangt: Die y-Komponente des Gesamtimpulses muss vor und nach dem Stoß gleich Null sein.

vor dem Stoß:	nach dem Stoß:	
$\downarrow p_{y1} = -mv_{y1}$	$\uparrow p_{y1}' = mv_{y1}$	
$\uparrow p_{y2} = mv_{y2}$	$\downarrow p_{y2}' = -mv_{y2}$	(II-3.130)

y-Komponente des Gesamtimpulses vor dem Stoß:

$$p_{y,\text{ges}} = p_{y1} + p_{y2} = 0\,; \qquad \text{(II-3.131)}$$

y-Komponente des Gesamtimpulses nach dem Stoß:

$$p_{y,\text{ges}}' = p_{y1}' + p_{y2}' = 0\,. \qquad \text{(II-3.132)}$$

Die gesamte Änderung der y-Komponente des Impulses verschwindet also wie verlangt vor und nach dem Stoß, da $v_{y1} = v_{y2}$.

Nun soll der Stoßvorgang relativistisch analysiert werden. Dazu betrachten wir jetzt ein System Σ^*, das sich mit der Geschwindigkeit $\vec{v} = v_{x2}\vec{e}_x$ entlang der x-Achse gegen Σ bewegt, also gerade die Geschwindigkeit von Teilchen 2 in x-Richtung hat (Abb. II-3.28).

Im System Σ gilt (siehe oben Gl. II-3.129): $v_{x1} = v_{x2}$, $v_{y1} = v_{y2}$. Zur Ermittlung der Geschwindigkeiten im System Σ^* wenden wir das Additionstheorem für die inversen Transformationen der Geschwindigkeitskomponenten (Abschnitt 3.8, Gl. II-

3.126) an; wir wollen ja jetzt die Geschwindigkeitskomponenten (u'_x, u'_y, u'_z) des *MP* im System $\Sigma' = \Sigma^*$, das sich mit $v = v_{x2}$ gegenüber Σ (in dem das Diagramm der Abb. II-3.27 gilt) bewegt, aus den Komponenten (u_x, u_y, u_z) im Ruhesystem Σ berechnen. Dabei wollen wir die in Gl. (II-3.126) verwendete Bezeichnung u für die Geschwindigkeit durch v ersetzen:

$$u'_{x1} \equiv v^*_{x1} = \frac{\overbrace{-v_{x2}}^{u_x \equiv -v_{x1} = -v_{x2}} - v_{x2}}{1 + \frac{v^2_{x2}}{c^2}} = \frac{-2v_{x2}}{1 + \frac{v^2_{x2}}{c^2}} \overset{-v_{x1} = -v'_{x1}}{\hat{=}} v'^*_{x1}, ^{46} \qquad \text{(II-3.133)}$$

$$u'_{x2} \equiv v^*_{x2} = \frac{v_{x2} - v_{x2}}{1 + \frac{v^2_{x2}}{c^2}} = 0 \overset{v_{x2} = v'_{x2}}{\hat{=}} v'^*_{x2}, \qquad \text{(II-3.134)}$$

Σ bewegt sich ja mit $-v_{x2}$ relativ zu Σ^* $\Rightarrow$ der Impulssatz in der x-Richtung ist also auch in Σ^* erfüllt.

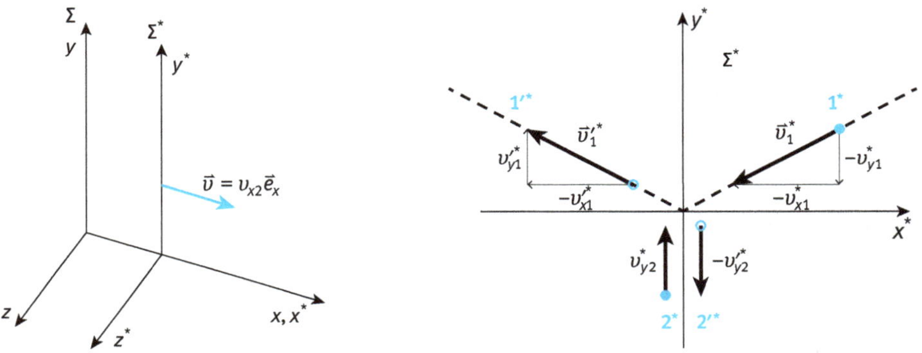

Abb. II-3.28: Das System Σ^* bewegt sich mit der Geschwindigkeit $\vec{v} = v_{x2}\vec{e}_x$ am System Σ, dem Schwerpunktssystem, entlang der x-Achse vorbei, also gerade mit der Geschwindigkeit, die das Teilchen 2 in x-Richtung hat. Es gilt: $v'^*_{y1} = -(-v^*_{y1}) = v^*_{y1}$ und $-v'^*_{y2} = -v^*_{y2}$ also $v'^*_{y2} = v^*_{y2}$.

$$u'_{y1} \equiv v^*_{y1} = \frac{-v_{y2}}{\gamma\left(1 - \frac{v_{x2}(-v_{x2})}{c^2}\right)} = -\frac{v_{y2}}{1 + v^2_{x2}/c^2} \underbrace{\sqrt{1 - v^2_{x2}/c^2}}_{1/\gamma}, \qquad \text{(II-3.135)}$$

46 Jetzt ist Σ^* das gegen Σ in x-Richtung bewegte System. Wir schreiben daher für u'_x, u'_y im Additionstheorem (Abschnitt 3.8, Gl. II-3.126) v^*_{x1} , v^*_{x2}, v^*_{y1} und v^*_{y2}. Für die Relativgeschwindigkeit v der Systeme ist v_{x2} zu setzen.

$$u'_{y2} \equiv v^*_{y2} = \frac{v_{y2}}{\gamma\left(1 - \dfrac{v_{x2} \cdot v_{x2}}{c^2}\right)} = \frac{v_{y2}}{1 - v^2_{x2}/c^2} \underbrace{\sqrt{1 - v^2_{x2}/c^2}}_{1/\gamma}$$

$$\Rightarrow \quad v^*_{y2} > v^*_{y1} . \tag{II-3.136}$$

Das steht im Gegensatz zur Impulserhaltung mit $v_{y1} = v_{y2}$ im System Σ.

Der Beobachter in Σ^* erhält also andere y-Komponenten der Teilchengeschwindigkeiten, als der Beobachter in Σ. Das liegt daran, dass die x-Komponenten der Teilchengeschwindigkeiten nicht übereinstimmen, im Additionstheorem aber im Nenner im Term $1 - \frac{v}{c^2} u_x$ auftreten, der hier $1 + \frac{v^2_{x2}}{c^2}$ für Teilchen 1, aber $1 - \frac{v^2_{x2}}{c^2}$ für Teilchen 2 ergibt.

Wir betrachten den Impuls in der y-Richtung unter der Annahme, dass die Massen der Teilchen ihre ursprüngliche Newtonsche Größe beibehalten.

vor dem Stoß:	nach dem Stoß:
$\downarrow p^*_{y1} = -mv^*_{y1}$	$\uparrow p'^*_{y1} = mv^*_{y1}$
$\uparrow p^*_{y2} = mv^*_{y2}$	$\downarrow p'^*_{y2} = -mv^*_{y2}$

Die Impulse der y-Komponenten von Teilchen 1 und 2 sind unterschiedlich, es gilt für die Impulse in y-Richtung:
y-Komponente des Gesamtimpulses vor dem Stoß:

$$p^*_{y,\text{ges}} = p^*_{y1} + p^*_{y2} = -mv^*_{y1} + mv^*_{y2} > 0, \quad \text{da} \quad v^*_{y1} < v^*_{y2} \tag{II-3.137}$$

y-Komponente des Gesamtimpulses nach dem Stoß:

$$p'^*_{y,\text{ges}} = p'^*_{y1} + p'^*_{y2} = mv^*_{y1} - mv^*_{y2} < 0, \quad \text{da} \quad v^*_{y1} < v^*_{y2} . \tag{II-3.138}$$

Mit $v^*_{y2} > v^*_{y1}$ folgt also, dass der Impulssatz in der y-Richtung *nicht* gewahrt ist! Um auch im relativistischen Bereich die Impulserhaltung sicherzustellen, sind also Änderungen in der Definition des Impulses vorzunehmen, die im Grenzfall $\beta = v/c \to 0$ wieder den klassischen Wert ergeben.

3.9.2 Eigenzeitintervall und relativistischer Impuls

Die Newtonsche Definition des Impulses als $\vec{p} = m \cdot \vec{v}$ gewährleistet also nicht die Impulserhaltung in allen Bezugssystemen. Durch die Anwendung des Additionstheorems der Geschwindigkeiten, hängt die y-Komponente der Geschwindigkeit von der x-Komponente ab. Ferner wissen wir aber aus der Lorentz-Transformation, dass eine Verschiebung Δy in y-Richtung unabhängig vom Bezugssystem ist, wenn sich die Systeme in x-Richtung gegeneinander bewegen. Doch *die Zeit* Δt, die beim

Durchfliegen der Strecke Δy vergeht, hängt vom Bezugssystem ab und damit auch $v_y = \dfrac{\Delta y}{\Delta t}$.

Die Schlussfolgerung ist, dass wir keine laborfeste Uhr zur Messung der Zeit verwenden dürfen, sondern eine *vom Teilchen* mitgeführte Uhr, die das vom Bezugssystem unabhängige *Eigenzeitintervall* $\Delta\tau$ des Teilchens misst! Wir beziehen also die Zeitmessung auf das *Ruhesystem* des Teilchens, denn es gilt (siehe Abschnitt 3.4.1, Gl. (II-3.43) und Invarianz des Linienelements in Abschnitt 3.7.2):

Alle Beobachter in irgendeinem System Σ errechnen für das Zeitintervall Δt zum Durchlaufen der Strecke Δy im momentanen Ruhesystem des Teilchens den gleichen Wert $\Delta\tau$, das Eigenzeitintervall.

Daher stimmt auch $\dfrac{\Delta y}{\Delta \tau}$ in allen Bezugssystemen überein. Da die mit dem Teilchen mitgeführte Uhr in dessen augenblicklichem Ruhesystem ständig ruht, vergeht die von ihr registrierte Zeit schneller als von irgendeinem anderen System aus beobachtet, es ist also das Eigenzeitintervall $\Delta\tau$ kürzer als das entsprechende Zeitintervall Δt, wie es von allen anderen Systemen aus gesehen wird und es gilt in allen Systemen (siehe Abschnitt 3.4.1, Gl. II-3.43)

$$\Delta t = \gamma \Delta\tau \Rightarrow \frac{\Delta t}{\Delta \tau} = \gamma .$$

Wenn wir die Geschwindigkeit mit dem Eigenzeitintervall $\Delta\tau$ messen, also mit der ‚Teilchenuhr', erhalten wir so in allen gleichförmig zu einander bewegten Bezugssystemen eine Lorentz-invariante Geschwindigkeitskomponente v_y^*

$$v_y^* = \frac{\Delta y}{\Delta \tau} = \frac{\Delta y}{\Delta t}\frac{\Delta t}{\Delta \tau} = \frac{\Delta y}{\Delta t}\cdot\gamma = v_y\cdot\gamma, \tag{II-3.139}$$ [47]

mit $\gamma = \dfrac{1}{\sqrt{1-\dfrac{v^2}{c^2}}}$; $v = |\vec{v}|$ ist dabei die *gesamte Teilchengeschwindigkeit*[48] mit $\vec{v} = \{v_x, v_y, v_z\}$, v_y ist die mit den Uhren und Maßstäben des jeweiligen Bezugssystems („Laboruhr, Labormaßstab") gemessene Geschwindigkeit.

---

47 In analoger Weise ist auch $v_z^* = \dfrac{\Delta z}{\Delta\tau} = v_z\cdot\gamma$ Lorentz-invariant. Das gilt aber nicht mehr für $v_x = \dfrac{\Delta x}{\Delta \tau}$, da Δx gemäß der Lorentz-Transformation vom Bezugssystem abhängt. $\gamma\vec{v} = \gamma\{v_x, v_y, v_z\}$ ist daher *keine* Lorentz-invariante Geschwindigkeit!

48 Ebenso ist in den Beziehungen der Lorentztransformation v immer die gesamte Relativgeschwindigkeit der gegeneinander bewegten Bezugssysteme. Der einfacheren Rechnung wegen wurde diese Geschwindigkeit v in Abschnitt 3.8 in die x-Richtung der Systeme gelegt.

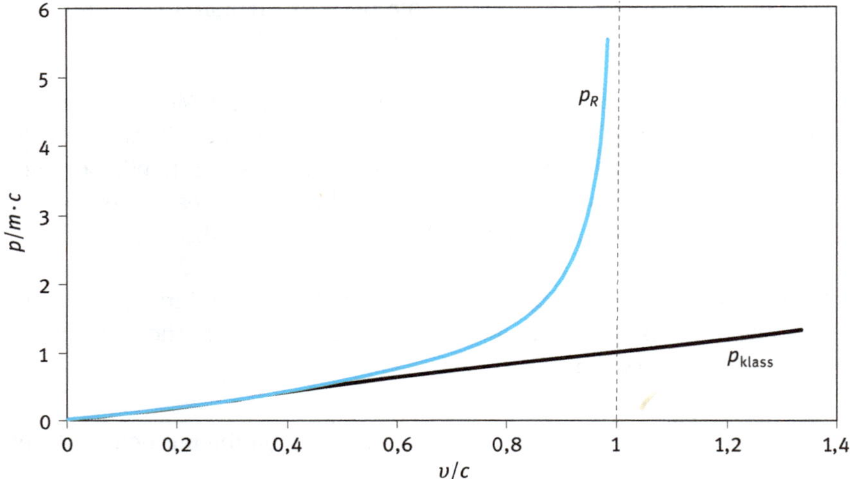

Abb. II-3.29: Relativistischer Impuls $p_R = m\gamma v = \dfrac{mv}{\sqrt{1-\beta^2}} = mc\dfrac{\beta}{\sqrt{1-\beta^2}}$ und klassischer Impuls $p_{klass} = m \cdot v$ (in Einheiten von $m \cdot c$) als Funktion von $v/c = \beta$. Wenn man den Impuls also in dieser Weise „relativistisch" definiert, bleibt der Impulssatz beim Wechsel des Bezugssystems erhalten.

Setzen wir für die y-Komponente des Teilchenimpulses den Wert $p_y^* = mv_y^* = m\gamma v_y$ ein, dann ist die Impulserhaltung bei dem oben analysierten Stoßvorgang gewährleistet, da jetzt v_y^* nicht mehr von v_x^* abhängt. Wir verallgemeinern daher den klassischen (Newtonschen) Impuls $\vec{p} \equiv \vec{p}_k$ für eine beliebige Geschwindigkeit $\vec{v}$, indem wir als relativistischen Impuls definieren (Abb. II-3.29)

$$\vec{p}_R = m\gamma\vec{v} = \frac{m\vec{v}}{\sqrt{1-\beta^2}} \quad \textit{relativistischer Impuls}.^{49} \qquad \text{(II-3.140)}$$

m ist die vom Bezugssystem unabhängige Masse des Teilchens, also die Masse des Teilchens in seinem Ruhesystem, die oft auch als „Ruhemasse" bezeichnet wird, $\beta = \dfrac{|\vec{v}|}{c}$, $\vec{v}$ die gesamte Teilchengeschwindigkeit.

Wird der Impuls so definiert, *gilt die Impulserhaltung unabhängig vom Bezugssystem*. In unserem Beispiel des elastischen Stoßes gleicher Massen bleibt jetzt der Betrag der y-Komponente des Impulses beim Wechsel des Koordinatensystems gleich, die Zeit ist ja jetzt immer auf das Ruhesystem der Teilchen bezogen. Die Impulserhaltung in der y-Richtung beim Stoßvorgang ist daher jetzt gewährleistet.

49 Der Index R kennzeichnet diesen relativistischen Impuls als *Raumanteil* des „Viererimpulses" $\hat{\vec{p}} = \{p_0, \vec{p}_R\} = m\hat{\vec{v}} = m\gamma\{c, \vec{v}\}$ in der vierdimensionalen „Raumzeit" (siehe Abschnitt 3.10.2, Gl. II-3.186).

Wir machen die Probe: Sehen wir uns zur Überprüfung des Impulssatzes nochmals das obige Beispiel (Abschnitt 3.9.1) des elastischen Stoßes zweier Teilchen mit gleicher Masse an. Der Impulssatz im System Σ^* für die y-Richtung lautet jetzt:

$$\underbrace{m\gamma_1^*(-v_{y1}^*)}_{p_{y_1}^*} + \underbrace{m\gamma_2^* v_{y2}^*}_{p_{y_2}^*} = \underbrace{m\gamma'^*_1 v'^*_{y1}}_{p'^*_{y_1}} + \underbrace{m\gamma'^*_2(-v'^*_{y2})}_{p'^*_{y_2}}.^{50} \quad \text{(II-3.141)}$$

Für die Geschwindigkeiten und Lorentz-Faktoren gilt (Abb. II-3.28) $v_{y1}^* = v'^*_{y1}$ und $v_{y2}^* = v'^*_{y2}$ und $\gamma'^*_1 = \gamma_1^*$, $\gamma'^*_2 = \gamma_2^*$.[51] Daraus folgt für den Impulssatz (m ist vom Bezugssystem unabhängig und kann gekürzt werden)

$$-\gamma_1^* v_{y1}^* + \gamma_2^* v_{y2}^* = \underbrace{\gamma'^*_1}_{=\gamma_1^*} \underbrace{v'^*_{y1}}_{=v_{y_1}^*} - \underbrace{\gamma'^*_2}_{=\gamma_2^*} \underbrace{v'^*_{y2}}_{=v_{y_2}^*} = \gamma_1^* v_{y1}^* - \gamma_2^* v_{y2}^* \Rightarrow \gamma_1^*(v_{y1}^* + v_{y1}^*) = \gamma_2^*(v_{y2}^* + v_{y2}^*)$$
$$\Rightarrow \gamma_1^* v_{y1}^* = \gamma_2^* v_{y2}^*. \quad \text{(II-3.142)}$$

Für die Impulserhaltung in der y-Richtung müssen wir daher mit unserer neuen Impulsdefinition verlangen:

$$\gamma_1^* v_{y1}^* = \gamma_2^* v_{y2}^* \Leftrightarrow \gamma_1^{*2} v_{y1}^{*2} = \gamma_2^{*2} v_{y2}^{*2} \Leftrightarrow \frac{1}{\gamma_1^{*2} v_{y1}^{*2}} = \frac{1}{\gamma_2^{*2} v_{y2}^{*2}}.^{52} \quad \text{(II-3.142a)}$$

Aber Vorsicht, denn γ_1^* ist nicht gleich γ_2^*!

Teilchen 1 hat in Σ^* die gesamte Teilchengeschwindigkeit $\vec{v}_1^* = -\vec{v}_{x1}^* - \vec{v}_{y1}^*$, $v_1^{*2} = v_{x1}^{*2} + v_{y1}^{*2}$. Damit ergibt sich γ_1^* zu

$$\gamma_1^* = \frac{1}{\sqrt{1 - v_1^{*2}/c^2}} = \frac{1}{\sqrt{1 - (v_{x1}^{*2} + v_{y1}^{*2})/c^2}}. \quad \text{(II-3.143)}$$

Teilchen 2 hat in Σ^* die gesamte Teilchengeschwindigkeit $v_2^* = v_{y2}^*$ $(v_{x2}^* = 0)$. Daher gilt für γ_2^*

$$\gamma_2^* = \frac{1}{\sqrt{1 - v_2^{*2}/c^2}} = \frac{1}{\sqrt{1 - v_{y2}^{*2}/c^2}}. \quad \text{(II-3.144)}$$

Es soll nun unter Verwendung der gerade berechneten Lorentz-Faktoren gezeigt werden, dass die y-Komponenten des Impulses der beiden Teilchen in den beiden

---

50 Der ‚Strich' bedeutet wie bisher „nach dem Stoß", siehe Abschnitt 3.9.1, Abbn. II-3.27 und II-3.28.

51 Der Betrag der beiden Teilchengeschwindigkeiten vor und nach dem Stoß bleibt für jedes Teilchen aufgrund der Symmetrie des gewählten Stoßvorganges (Abb. II-3.27) beim Stoß erhalten, ist aber nun in Σ^* aufgrund der relativistischen Geschwindigkeitsaddition für die beiden Teilchen verschieden!

52 Das ist für die weitere Rechnung bequemer!

relativ zu einander bewegten Systemen Σ und Σ^* gleich sind, der Impulssatz bezüglich der y-Komponenten für den gewählten Stoßvorgang also erfüllt ist. Bezüglich der x-Komponenten ist er nach Abschnitt 3.9.1, Gln. (II-3.133) und (II-3.134) erfüllt. Mit den Gln. (II-3.133) und (II-3.135) aus Abschnitt 3.9.1 für v_{x1}^* und v_{y1}^* folgt unter Beachtung der gesamten Teilchengeschwindigkeit in Σ

$$v_1^2 = v_{x1}^2 + v_{y1}^2 \quad \text{und} \quad v_2^2 = v_{x2}^2 + v_{y2}^2 = v_1^2, \quad \frac{1}{\gamma_1^2} = \frac{1}{\gamma_2^2} = \left(1 - \frac{v_1^2}{c^2}\right) = \left(1 - \frac{v_{x1}^2 + v_{y1}^2}{c^2}\right) =$$

$$= \left(1 - \frac{v_2^2}{c^2}\right) = \left(1 - \frac{v_{x2}^2 + v_{y2}^2}{c^2}\right) \text{ für das Teilchen 1 in } \Sigma^*:$$

$$\frac{1}{\left(\frac{p_{y1}^*}{m}\right)^2} = \frac{1}{\gamma_1^{*2} v_{y1}^{*2}} = \overbrace{\left(1 - \frac{v_{x1}^{*2} + v_{y1}^{*2}}{c^2}\right)}^{1/\gamma_1^{*2}} \cdot \frac{1}{v_{y1}^{*2}} \overset{\text{mit Gln. (II-3.133) und (II-3.134)}}{=}$$

$$= \left(1 - \frac{1}{c^2} \frac{4 v_{x2}^2 + v_{y2}^2 \left(1 - \frac{v_{x2}^2}{c^2}\right)}{\left(1 + \frac{v_{x2}^2}{c^2}\right)^2}\right) \cdot \frac{\left(1 + \frac{v_{x2}^2}{c^2}\right)^2}{v_{y2}^2 \left(1 - \frac{v_{x2}^2}{c^2}\right)} =$$

$$= \frac{\left(1 + \frac{v_{x2}^2}{c^2}\right)^2 - 4 \frac{v_{x2}^2}{c^2} - \frac{v_{y2}^2}{c^2}\left(1 - \frac{v_{x2}^2}{c^2}\right)}{v_{y2}^2 \left(1 - \frac{v_{x2}^2}{c^2}\right)} = \frac{1 - 2 \frac{v_{x2}^2}{c^2} + \frac{v_{x2}^4}{c^4} - \frac{v_{y2}^2}{c^2}\left(1 - \frac{v_{x2}^2}{c^2}\right)}{v_{y2}^2 \left(1 - \frac{v_{x2}^2}{c^2}\right)} =$$

$$= \frac{\left(1 - \frac{v_{x2}^2}{c^2}\right)^2 - \frac{v_{y2}^2}{c^2}\left(1 - \frac{v_{x2}^2}{c^2}\right)}{v_{y2}^2 \left(1 - \frac{v_{x2}^2}{c^2}\right)} = \frac{1 - \frac{v_{x2}^2}{c^2} - \frac{v_{y2}^2}{c^2}}{v_{y2}^2} = \frac{\overbrace{1 - \frac{v_2^2}{c^2}}^{1/\gamma_2^2 = 1/\gamma_1^2}}{v_{y2}^2} =$$

$$= \frac{1}{\gamma_2^2 v_{y2}^2} = \frac{1}{\gamma_1^2 v_{y1}^2} = \frac{1}{\left(\frac{p_{y1}}{m}\right)^2} = \frac{1}{\left(\frac{p_{y2}}{m}\right)^2}. \qquad \text{(II-3.145)}$$

Unter Verwendung von Gl. (II-3.136) aus Abschnitt 3.9.1 folgt für Teilchen 2:

$$\frac{1}{\left(\frac{p_{y2}^*}{m}\right)^2} = \frac{1}{\gamma_2^{*2} v_{y2}^{*2}} = \left(1 - \frac{v_{y2}^{*2}}{c^2}\right) \cdot \frac{1}{v_{y2}^{*2}} = \frac{1}{v_{y2}^{*2}} - \frac{1}{c^2} = \frac{\left(1 - \frac{v_{x2}^2}{c^2}\right)^2}{v_{y2}^2 \left(1 - \frac{v_{x2}^2}{c^2}\right)} - \frac{1}{c^2} =$$

$$= \frac{1 - \frac{v_{x2}^2}{c^2}}{v_{y2}^2} - \frac{1}{c^2} = \frac{1 - \frac{v_{x2}^2}{c^2} - \frac{v_{y2}^2}{c^2}}{v_{y2}^2} = \frac{\overbrace{1 - \frac{v_2^2}{c^2}}^{1/\gamma_2^2}}{v_{y2}^2} =$$

$$= \frac{1}{\gamma_2^2 v_{y2}^2} = \frac{1}{\left(\frac{p_{y2}}{m}\right)^2} = \frac{1}{\left(\frac{p_{y1}}{m}\right)^2}. \qquad \text{(II-3.146)}$$

Die Ausdrücke in den beiden Bezugssystemen für die relativistischen Impulse erweisen sich nach Umrechnung mit Hilfe der relativistischen Geschwindigkeitsaddition als gleich, der Impulssatz ist also durch die neue Impulsdefinition $\vec{p} = m\gamma\vec{v}$ auch in zueinander gleichförmig bewegten Bezugssystemen erfüllt.

Um die Newtonsche Impulsdefinition $\vec{p} = m\vec{v}$ zu bewahren, schreibt man oft

$$\vec{p}_R = m_r \vec{v} \quad \text{mit} \quad m_R = \gamma m_0 = \frac{m_0}{\sqrt{1 - \frac{v^2}{c^2}}} = \frac{m_0}{\sqrt{1 - \beta^2}} \qquad \text{(II-3.147)}$$

und spricht von der „relativistischen Masse“ m_r, oder auch der „dynamischen Masse“ oder der „Impulsmasse“, die jetzt nicht mehr konstant ist, sondern von der Geschwindigkeit abhängt. Die konstante Masse $m = m_0$ wird als *Ruhemasse* bezeichnet. Das mit $\vec{v}$ überproportionale Anwachsen des relativistischen Impulses (siehe obige Abb. II-3.29) ist eine Folge der Zeitdilatation. Da es sich daher hier um *keinen dynamischen Effekt* handelt, ist es sinnvoller, den Impuls einfach neu zu definieren und die Masse als unveränderliche Körpereigenschaft anzusehen, also zu schreiben $\vec{p}_R = m_0 \gamma \vec{v}$.[53] Einstein hat selbst davon abgeraten, von der veränderten Masse eines bewegten Körpers zu sprechen, wie sein Brief an Lincoln Barnett vom 19. Juni 1948 zu dessen Buch „The Universe and Dr. Einstein“ dokumentiert (Abb. II-3.30, nach L. B. Okun, Physics Today **42**, 31 (1989)).

53 Im Folgenden werden wir an Stelle von m_0 immer m verwenden.

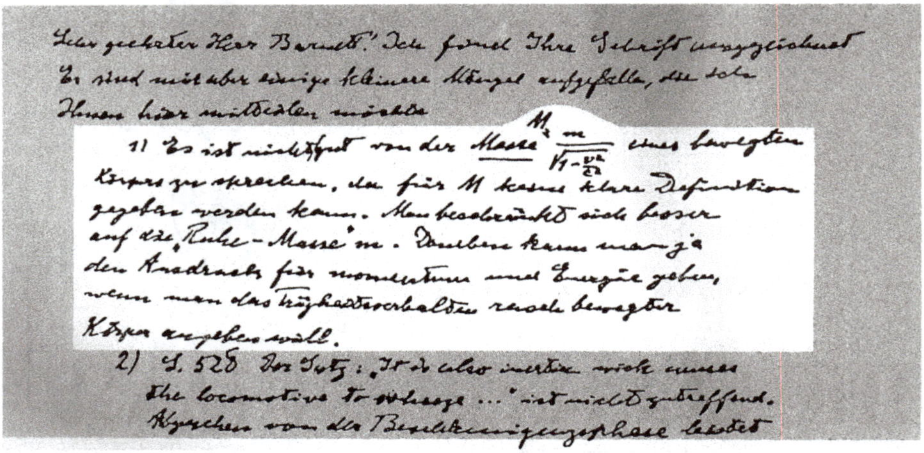

Sehr geehrter Herr Barnett! Ich fand Ihre Schrift ausgezeichnet.
Es sind mir aber einige kleinere Mängel aufgefallen, die ich
Ihnen hier mitteilen möchte.

1) Es ist nicht gut von der Masse $M = \frac{m}{\sqrt{1-\frac{v^2}{c^2}}}$ eines bewegten
Körpers zu sprechen, da für M keine klare Definition
gegeben werden kann. Man beschränkt sich besser
auf die „Ruhe-Masse" m. Daneben kann man ja
den Ausdruck für momentum und Energie geben,
wenn man das Trägheitsverhalten rasch bewegter
Körper angeben will.

2) S. 52 Der Satz: „It is also inertia which causes
the locomotive to [illegible] ..." ist nicht zutreffend.
Abgesehen von der [illegible] lautet

Abb. II-3.30: Aus dem Brief von Einstein an Lincoln Barnett vom 19. Juni 1948 zu dessen Buch „The Universe and Dr. Einstein" (nach L. B. Okun, Physics Today **42**, 31 (1989)).

3.9.3 Die relativistische Energie

In der klassischen Mechanik ergibt die Arbeit, die durch die Kraft an einem freien Teilchen verrichtet wird, eine gleich große Änderung der kinetischen Energie des Teilchens.

Wir gehen davon aus, dass auch in der relativistischen Mechanik die Arbeit, die in ein freies Teilchen gesteckt wird, gleich der Änderung seiner relativistischen kinetischen Energie ist.

Wir nehmen an, dass die Kraft F in x-Richtung auf ein freies Teilchen wirkt; dann erhält man auch im relativistischen Fall für die verrichtete Arbeit:

$$W = \int_{x_1}^{x_2} F dx = \int_{x_1}^{x_2} \frac{dp}{dt} dx\,.^{54} \qquad \text{(II-3.148)}$$

Wir rechnen zuerst $\frac{dp}{dt} dx$ unter Benützung der Kettenregel um:

$$\frac{dp}{dt} dx = \left(\frac{dp}{dv}\frac{dv}{dt}\right) dx = \frac{dp}{dv}\left(\frac{dv}{dx}\underbrace{\frac{dx}{dt}}_{v}\right) dx = \frac{dp}{dv} v \frac{dv}{dx} dx = \frac{dp}{dv} v dv\,. \qquad \text{(II-3.149)}$$

54 Für p ist wie überall im Folgenden die relativistische Impulsdefinition p_R zu verwenden. Bezüglich der relativistischen Auswirkungen auf die Newtonsche Kraft F siehe Abschnitt 3.10.3. Wir haben hier die Gültigkeit des Kraftansatzes $\vec{F} = \frac{d\vec{p}_R}{dt}$ vorweggenommen.

$\frac{dp}{dv}$ können wir mit der neuen Impulsdefinition p_R schreiben:

$$\frac{dp}{dv} = \frac{d}{dv}(m\gamma v) = m\frac{d}{dv}\left(v\cdot\left(1-\frac{v^2}{c^2}\right)^{-1/2}\right) =$$

$$= m\left(1-\frac{v^2}{c^2}\right)^{-1/2} + \frac{mv^2}{c^2\left(1-\frac{v^2}{c^2}\right)^{3/2}} = \frac{m\left(1-\frac{v^2}{c^2}\right)+m\frac{v^2}{c^2}}{\left(1-\frac{v^2}{c^2}\right)^{3/2}} =$$

$$= \frac{m}{\left(1-\frac{v^2}{c^2}\right)^{3/2}}. \tag{II-3.150}$$

Damit erhalten wir für die Arbeit

$$W = \int_0^v \frac{dp}{dv} v dv = \int_0^v \frac{mv}{\left(1-\frac{v^2}{c^2}\right)^{3/2}} dv = \left|\frac{mc^2}{\sqrt{1-v^2/c^2}}\right|_0^v {}^{55} \tag{II-3.151}$$

und schließlich

$$W = \frac{mc^2}{\sqrt{1-\frac{v^2}{c^2}}} - mc^2 = m\gamma c^2 - mc^2. \tag{II-3.152}$$

Diese Arbeit ist gleich dem Gewinn an kinetischer Energie E_{kin}, daher gilt

$$E_{\text{kin}} = m\gamma c^2 - mc^2 = m(\gamma-1)c^2 \quad \textit{relativistische kinetische Energie}. \tag{II-3.153}$$

Wir interessieren uns für den klassischen Grenzfall, also $\beta^2 \to 0$. Dazu entwickeln wir γ nach Potenzen von β

---

55 Zur Integration setzt man $v^2 = u \Rightarrow vdv = du/2$ und dann $\left(1-\frac{u}{c^2}\right) = x$ also $du = -c^2dx \Rightarrow$

$$\int_0^v \frac{mvdv}{\left(1-\frac{v^2}{c^2}\right)^{3/2}} = \frac{m}{2}\int_0^{\sqrt{u}} \frac{du}{\left(1-\frac{u}{c^2}\right)^{3/2}} = \frac{m}{2}\cdot 2c^2\cdot \left|\frac{1}{\left(1-\frac{u}{c^2}\right)^{1/2}}\right|_0^{\sqrt{u}} = \left|\frac{mc^2}{\sqrt{1-\frac{v^2}{c^2}}}\right|_0^v.$$

$$\gamma = (1-\beta^2)^{-1/2} = 1 + \frac{1}{2}\beta^2 + \left|\frac{3}{8}\beta^4 + \ldots\right. \qquad \text{(II-3.154)}$$

und setzen $1 + \frac{1}{2}\beta^2$ für γ in Gl. (II-3.153) ein. Damit erhalten wir im klassischen Grenzfall wie in der klassischen Mechanik

$$E_{\text{kin}} = mc^2 \cdot \frac{1}{2}\beta^2 = mc^2 \cdot \frac{1}{2}\frac{\upsilon^2}{c^2} = \frac{1}{2}m\upsilon^2. \qquad \text{(II-3.155)}$$

Abb. II-3.31 zeigt den Vergleich der relativistischen mit der klassischen kinetischen Energie.

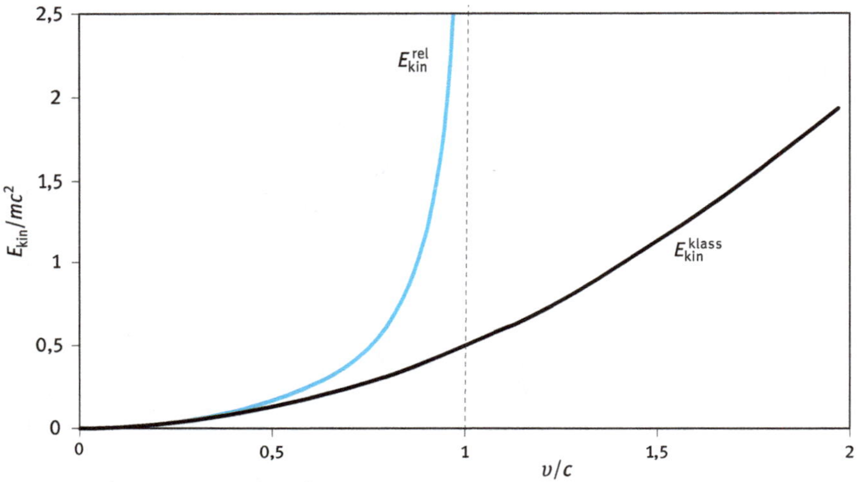

Abb. II-3.31: Vergleich der relativistischen und der klassischen kinetischen Energie als Funktion von $\upsilon/c = \beta$. Für $\upsilon/c \ll 1$ stimmen beide Werte für die kinetische Energie überein.

Betrachten wir nochmals die relativistische kinetische Energie (Gl. II-3.153)

$$E_{\text{kin}} = m\gamma c^2 - mc^2.$$

Sie ist die Differenz zweier Terme, von denen $E = m\gamma c^2$ als die gesamte Teilchenenergie bezeichnet wird.

Für $\upsilon \to 0$ und damit $\gamma \to 1$ geht die Teilchenenergie $m\gamma c^2$ in mc^2 über. Man nennt daher

$$E_0 = mc^2 \quad \textit{Ruheenergie (rest energy).} \qquad \text{(II-3.156)}$$

Die kinetische Energie stellt also den *Überschuss* der Teilchenenergie über die Ruheenergie dar. In dieser Formulierung zeigt sich die *Masse-Energie-Äquivalenz.* Masse und Energie sind zwei Erscheinungsformen derselben physikalischen Teilcheneigenschaft. Masse existiert nicht ohne Energie und umgekehrt. Jede Massenänderung, z. B. in einem Stoßprozess hochenergetischer Teilchen, ist daher auch mit einer Energieänderung verbunden und umgekehrt.

E_0 muss von $m\gamma c^2$ abgezogen werden, damit die kinetische Energie für $v \to 0$ gleich Null wird.

Wir interpretieren daher

$$E = m\gamma c^2 = E_{\text{kin}} + E_0 \tag{II-3.157}$$

als *relativistische Gesamtenergie (= Trägheitsenergie)*

mit

$$E = \gamma E_0 \,. \tag{II-3.157a}$$

Abb. II-3.32 zeigt die relativistische Gesamtenergie sowie die relativistische und die klassische kinetische Energie als Funktion von $\beta = \dfrac{v}{c}$.

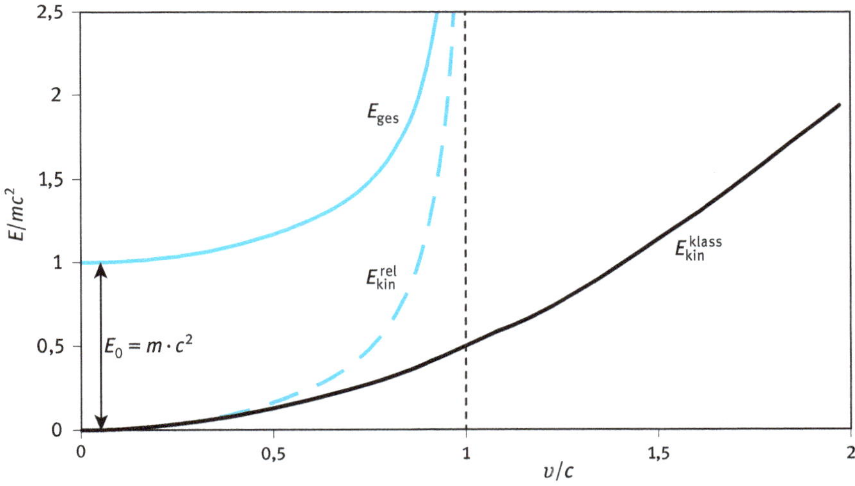

Abb. II-3.32: Relativistische Gesamtenergie sowie relativistische und klassische kinetische Energie als Funktion von $v/c = \beta$.

Um die Geschwindigkeit eines Teilchens zu ermitteln, gehen wir vom Impuls aus, den wir mit c^2 multiplizieren

$$\vec{p} \cdot c^2 = \underbrace{m\gamma c^2}_{E} \cdot \vec{v} = E \cdot \vec{v} \,. \tag{II-3.158}$$

Damit ergibt sich die Geschwindigkeit zu

$$\vec{v} = \frac{c^2\vec{p}}{E} \quad \text{bzw.} \quad \frac{\vec{v}}{c} = \frac{\vec{p} \cdot c}{E}. \qquad \text{(II-3.159)}$$

Wir quadrieren die relativistische Gesamtenergie und formen um

$$E^2 = \frac{(mc^2)^2}{1 - v^2/c^2} \quad \Rightarrow \quad E^2 - \frac{v^2}{c^2}E^2 = (mc^2)^2 = \text{const.} \qquad \text{(II-3.160)}$$

Mit der Relation $\vec{v}/c$ von Gl. (II-3.159) erhalten wir

$$E^2 = (p \cdot c)^2 + (mc^2)^2 = (p \cdot c)^2 + E_0^2 \qquad \text{(II-3.161)}$$

relativistische Energie-Impuls-Beziehung, „relativistischer Energiesatz“.

Der „relativistische Energiesatz“ gibt den Zusammenhang zwischen Energie und Impuls. Er kann in einer geometrischen Form dargestellt werden (Abb. II-3.33):

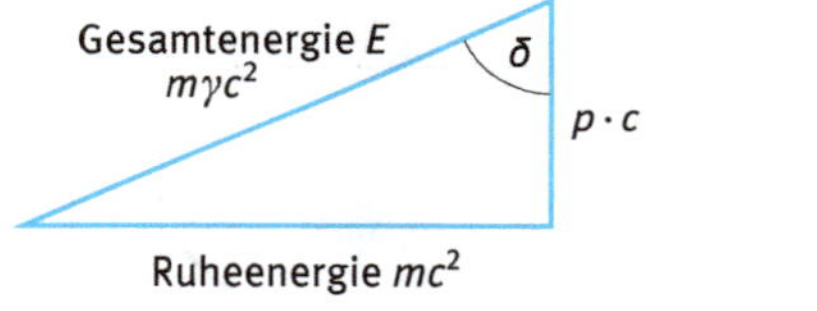

Pythagoras:
$E^2 = (p \cdot c)^2 + (mc^2)^2$

Für den Winkel δ gilt:
$\sin\delta = \frac{mc^2}{E} = \frac{mc^2}{\gamma mc^2} = \frac{1}{\gamma}$

Abb. II-3.33: Geometrische Darstellung des relativistischen Energiesatzes.

Beispiel 1: Welche Geschwindigkeit hat ein Elektron mit einer kinetischen Energie von $E_{\text{kin}} = 0{,}3$ MeV?

1 eV ist die Energie, die ein Elektron beim Durchlaufen einer Potenzialdifferenz von 1 V erhält. 1 eV = $1{,}6 \cdot 10^{-19}$ J.

Wir bestimmen die Ruheenergie des Elektrons ($m_e = 9{,}1 \cdot 10^{-31}$ kg):

$$E_0 = mc^2 = 8{,}2 \cdot 10^{-14}\,\text{J} = 0{,}51\,\text{MeV}.$$

Damit ergibt sich die Gesamtenergie zu

$$E = E_{\text{kin}} + E_0 = 0{,}3 + 0{,}51 = 0{,}81\,\text{MeV}.$$

Für den Impuls erhalten wir

$$p = \frac{1}{c}(E^2 - m^2c^4)^{1/2} = \frac{0{,}63\,\text{MeV}}{c}$$

und damit für die Geschwindigkeit

$$v = \frac{c^2 p}{E} = \frac{0{,}63\ \text{MeV}/c}{0{,}81\ \text{MeV}} \cdot c^2 = 0{,}78\,c$$

in Richtung von $\vec{p}$.

Beispiel 2: Elektronenmikroskop. Wir erinnern uns an das Beispiel ‚Relativistische Elektronen im Elektronenmikroskop' in Abschnitt 3.2. Dort wurden die Wellenlänge und die Geschwindigkeit nach klassischer und relativistischer Rechnung als recht unterschiedlich angegeben. Wir können die Rechnung jetzt durchführen. Wir berechnen zuerst die Wellenlänge.

Klassische Rechnung

Die vom Elektron im beschleunigenden Feld aufgenommene Feldenergie ist

$$e \cdot V = \frac{mv^2}{2} \quad \Rightarrow \quad v^2 = \frac{2eV}{m}.$$

Daraus ergibt sich der klassische Impuls zu

$$p = m \cdot v = m\sqrt{\frac{2eV}{m}} = \sqrt{2meV} = \hbar k = \hbar\,\frac{2\pi}{\lambda}$$

und die Wellenlänge zu

$$\lambda = \frac{2\pi\hbar}{\sqrt{2meV}}.$$

Dabei ist $\hbar = h/2\pi$, h Plancksches Wirkungsquantum ($h = 6{,}626 \cdot 10^{-34}$ J s) und $k = \dfrac{2\pi}{\lambda}$ die Wellenzahl.

Mit der Elektronenmasse $m = m_e = 9{,}109 \cdot 10^{-31}$ kg und der Elementarladung $e = 1{,}602 \cdot 10^{-19}$ C erhält man für
$V = 100$ kV: $\lambda = 3{,}88 = 10^{-12}$ m $= 3{,}88$ pm
$V = 1000$ kV: $\lambda = 1{,}22$ pm.

Relativistische Rechnung
Wir gehen vom relativistischen Energiesatz aus

$$p^2c^2 = E^2 - (mc^2)^2, \qquad \text{wobei} \qquad E = E_{\text{kin}} + E_0 = eV + mc^2$$

und erhalten für den relativistischen Impuls

$$p = \frac{1}{c}\sqrt{(eV + mc^2)^2 - m^2c^4} = \frac{1}{c}\sqrt{e^2V^2 + 2eVmc^2 + m^2c^4 - m^2c^4} =$$

$$= \sqrt{2eVm + \frac{e^2V^2}{c^2}} = \sqrt{2eVm + \frac{2me^2V^2}{2mc^2}} = \sqrt{\underbrace{2eVm}_{p_{klass}}\left(1 + \frac{eV}{2mc^2}\right)}.$$

Mit $p = \hbar k = \frac{2\pi\hbar}{\lambda}$ ergibt sich die Wellenlänge zu

$$\lambda = \frac{2\pi\hbar}{p} = \frac{2\pi\hbar}{\sqrt{2meV(1 + eV/2mc^2)}}.$$

Mit $c = 2{,}998 \cdot 10^8$ m/s erhalten wir so
$V = 100$ kV: $\lambda = 3{,}70$ pm (95,4 % vom klassischen Wert von 3,88 pm)
$V = 1000$ kV: $\lambda = 0{,}87$ pm (71,3 % vom klassischen Wert von 1,22 pm).

Jetzt berechnen wir die Geschwindigkeit der Elektronen.

Klassische Rechnung

$$v = \sqrt{\frac{2eV}{m}}.$$

Damit ergibt sich
$V = 100$ kV: $v = 1{,}875 \cdot 10^8$ m/s
$V = 1000$ kV: $v = 5{,}931 \cdot 10^8$ m/s $> c$!

Relativistische Rechnung

$$v = \frac{c^2p}{E} = \frac{c^2}{eV + mc^2}\sqrt{2eVm\left(1 + \frac{eV}{2mc^2}\right)}.$$

Wir erhalten
$V = 100$ kV: $v = 1{,}644 \cdot 10^8$ m/s 55 % c
$V = 1000$ kV: $v = 2{,}821 \cdot 10^8$ m/s 94 % c

Ruht ein Teilchen, gilt also $p = 0$, dann ergibt sich die Gesamtenergie nach dem relativistischen Energiesatz wieder zu (Gl. II-3.156)

$$E = E_0 = mc^2,$$

die Gesamtenergie ist in diesem Fall also gleich der Ruheenergie.

Wir betrachten jetzt ein Teilchen, das sich mit einer nicht-relativistischen Geschwindigkeit bewegt, also mit $v \ll c$. In diesem Fall gilt in guter Näherung

$$\vec{p} = \vec{v}\,\frac{E}{c^2} \cong \vec{v}\,\frac{E_0}{c^2} = m\vec{v}, \tag{II-3.162}$$

also der klassische Newtonsche Impuls. Setzen wir das im relativistischen Energiesatz für die Gesamtenergie ein

$$E = E_0 + E_{\text{kin}} = \sqrt{p^2c^2 + m^2c^4} = \sqrt{m^2v^2c^2 + m^2c^4} = mc^2\left(1 + \frac{v^2}{c^2}\right)^{1/2} =$$

$$\underbrace{=}_{\substack{\textit{Wurzel}\\ \textit{entwickelt}}} mc^2\left(1 + \frac{1}{2}\frac{v^2}{c^2}\right) = mc^2 + \frac{1}{2}mv^2, \tag{II-3.163}$$

so erhalten wir die Newtonsche kinetische Energie

$$E_{\text{kin}} = \frac{1}{2}mv^2.$$

Im klassischen Grenzfall erhalten wir also Newtonschen Impuls und Newtonsche Energie, d. h., die Masse m im relativistischen Energiesatz ist die ganz ‚normale' Masse, eine Lorentz-invariante Körpereigenschaft, die durch Wägung in ihrem Ruhesystem bestimmt werden kann.

Anmerkung

1. Die Masse eines Teilchens m ist unabhängig vom Bezugssystem, das Teilchen hat also in allen Bezugssystemen die gleiche Masse. Die Masse eines Systems von Teilchen kann sich aber z. B. bei (inelastischen) Stoßprozessen wegen der Äquivalenz von Masse und Energie ändern. Die Masse ist also Lorentz-invariant, aber keine Erhaltungsgröße.
2. Gesamtenergie und Impuls eines Teilchens ändern sich mit dem Bezugssystem, in dem sie gemessen werden, da beide von der Geschwindigkeit abhängen. Sie sind also *nicht* Lorentz-invariant. Da aber m Lorentz-invariant ist, gilt $E^2 - p^2c^2 = m^2c^4 = \text{const.}$ in allen Bezugssystemen, ist also Lorentz-invariant.[56]

---

56 Es ist dies das mit c^2 multiplizierte „Längenquadrat" des Impuls-Vierervektors $\hat{\vec{p}} = \left\{\frac{E}{c}, \vec{p}_R\right\}$, siehe Abschnitt 3.10.4.

Beispiel 1: Welche Energie- bzw. Massenänderung erfährt ein Tennisball beim Aufschlag? Der Ball wiege 0,1 kg. Damit ergibt sich seine Ruheenergie zu

$$E_0 = mc^2 = 0{,}1 \cdot 9 \cdot 10^{16} = 9 \cdot 10^{15}\,\mathrm{J}\,.$$

Die Geschwindigkeit beim Aufschlag betrage

$$v = 150\,\mathrm{km/h} = 41{,}7\,\mathrm{m/s} \quad \ll c\,,$$

die kinetische Energie kann also klassisch berechnet werden:

$$E_{\mathrm{kin}} = \frac{mv^2}{2} \approx 90\,\mathrm{J}\,.$$

Damit ergibt sich die relative Energie- bzw. Massenänderung zu

$$\frac{E_{\mathrm{kin}}/c^2}{E_0/c^2} = \frac{\Delta m}{m} = \frac{90}{9 \cdot 10^{15}} = 10^{-14}\,.$$

Beispiel 2: Wieviel spaltbares Material wurde bei der Atombombe in Hiroshima umgesetzt? Die Sprengkraft der Hiroshima-Bombe entsprach 20 kT TNT.[57] Pro kg TNT werden $4 \cdot 10^6$ J in einer exothermen Reaktion freigesetzt. Die gesamte, freigewordene Energie ist daher $8 \cdot 10^{13}$ J. Das entspricht einer Masse von

$$\Delta m = \frac{\Delta E}{c^2} = \frac{8 \cdot 10^{13}\,\mathrm{J}}{9 \cdot 10^{16}\,(\mathrm{m/s})^2} = 8{,}89 \cdot 10^{-4}\,\mathrm{kg} \approx 1 \cdot 10^{-3}\,\mathrm{kg} = 1\,\mathrm{g}\,.$$

Bei der Spaltung von einem $^{235}_{92}\mathrm{U}$-Atom wird eine „nutzbare" Energie von $E_{Sp} =$ 191 MeV frei (11 MeV gehen durch die entstehenden Neutrinos verloren). Diese Energie entspricht einer Masse von

57 TNT = Trinitrotoluol

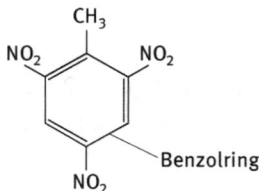

CH$_3$ — NO$_2$ — NO$_2$ — Benzolring — NO$_2$

Bei der Explosion zerfällt das relativ dichte TNT (Flüssigkeit) in eine große Anzahl hochtemperierter Gase (N_2, H_2O, CO_2, CO), die ein sehr großes Volumen einnehmen und die zerstörende Druckwelle hervorrufen.

$$m_{Sp} = \frac{E_{Sp}}{c^2} = \frac{191\,\text{MeV} \cdot 1{,}602 \cdot 10^{-13}\,\text{J/MeV}}{9 \cdot 10^{16}\,\text{m}^2/\text{s}^2} = 3{,}40 \cdot 10^{-28}\,\text{kg}\,,$$

das entspricht 0,87 ‰ der Masse eines $^{235}_{92}$U-Atoms von $M_{^{235}U} = 3{,}90 \cdot 10^{-25}$ kg.

Daraus ergibt sich die Zahl der gespaltenen $^{235}_{92}$U-Atome zu

$$N = \frac{\Delta m}{m_{Sp}} = \frac{8{,}89 \cdot 10^{-4}\,\text{kg}}{3{,}40 \cdot 10^{-28}\,\text{kg}} = 2{,}61 \cdot 10^{24}$$

und die Gesamtmasse des gespaltenen Urans

$$M = N \cdot M_{^{235}\text{U}} = 2{,}61 \cdot 10^{24} \cdot 235 \cdot \underbrace{1{,}66 \cdot 10^{-27}\,\text{kg}}_{1\,\text{u}} = 1{,}02\,\text{kg}\,.$$

Dabei ist die *atomare Masseneinheit* (*atomic mass unit*, siehe dazu Band V, Kapitel „Subatomare Physik“, Abschnitt 3.1.2.1) 1 u = 1,661 · 10^{-27} kg so gewählt, dass die Atommasse des Kohlenstoffatoms ^{12}C exakt 12 u beträgt.

Waren also anfänglich 20 kg spaltbares Material vorhanden, so wurden 19 kg in der gewaltigen Hitze (50 · 10^6 K zu Spaltungsbeginn) spaltungsfrei verdampft.[58]

Beispiel 3: Wie groß ist der Massenverlust der Sonne durch Abstrahlung und die jährliche Massenzunahme der Erde durch die Sonneneinstrahlung?

Bei senkrechtem Lichteinfall gibt die Sonne auf die Erdoberfläche oberhalb der Atmosphäre 1 kW/m² Strahlungsleistung ab. Wir müssen das auf die Strahlungsleistung umrechnen, welche die Sonne in den gesamten Raumwinkel abstrahlt. Dabei nehmen wir den mittleren Radius der Erdumlaufbahn als Sonnenabstand, also $R = 1{,}5 \cdot 10^8$ km $= 1{,}5 \cdot 10^{11}$ m. Es ergibt sich eine (von innen) angestrahlte Kugeloberfläche von

$$S = 4\pi R^2 = 2{,}8 \cdot 10^{23}\,\text{m}^2$$

und eine gesamte abgestrahlte Energie von

$$E = 2{,}8 \cdot 10^{23} \cdot 10^3 = 2{,}8 \cdot 10^{26}\,\text{J/s}\,.$$

58 Die Minimalgröße der Bombe wird durch das *kritische Volumen* (*kritische Masse*) festgelegt, unterhalb dessen eine Kettenreaktion nicht einsetzt, da durch die Oberfläche zu viele für die Spaltung notwendige Neutronen entweichen. Das Verhältnis Oberfläche zu Volumen wird aber mit steigendem Volumen kleiner. Um den Neutronenaustritt zu verringern, wird die ^{235}U-Masse mit einem Neutronenreflektor („Tamper“) aus ^{238}U umhüllt. Ist dieser eine 10 cm dicke Kugelschale, dann beträgt die kritische Masse für ^{235}U etwa 16 kg, ohne Reflektor ca. 47 kg.

Das entspricht einem Massenverlust von

$$\Delta m = \frac{\Delta E}{c^2} = \frac{2{,}8 \cdot 10^{26}}{9 \cdot 10^{16}} = 3 \cdot 10^9 \text{ kg/s}.$$

Bei einer Sonnenmasse von $M_S = 1{,}989 \cdot 10^{30}$ kg ist dies selbst in einer Million Jahren noch ein verschwindender Bruchteil!

Ein Jahr entspricht $3{,}15 \cdot 10^7$ Sekunden. Bei einem mittleren Erdradius von 6400 km = $6{,}4 \cdot 10^6$ m ergibt sich die Erdoberfläche zu $5{,}1 \cdot 10^{14}$ m². Wir nehmen an, dass davon rund ¼, also $1{,}3 \cdot 10^{14}$ m² dauernd angestrahlt wird und erhalten damit die pro Jahr eingestrahlte Energie

$$E/\text{Jahr} = 1{,}3 \cdot 10^{14} \cdot 10^3 \cdot 3{,}15 \cdot 10^7 = 4{,}1 \cdot 10^{24} \text{ J},$$

das entspricht einer Massenzunahme von

$$\Delta m = \frac{\Delta E}{c^2} = \frac{4{,}1 \cdot 10^{24}}{9 \cdot 10^{16}} = 4{,}5 \cdot 10^7 \text{ kg/Jahr}.$$

Da sich die Erde ungefähr im Strahlungsgleichgewicht befindet, wird diese Energie allerdings in einem langwelligen Bereich wieder abgestrahlt.

3.9.4 Masselose Teilchen

Masselose Teilchen (Ruhemasse $m = 0$) besitzen kein Ruhesystem und bewegen sich in jedem Inertialsystem mit Lichtgeschwindigkeit c (siehe weiter unten).

Aber auch masselose Teilchen *müssen kinetische Energie* und *Impuls* besitzen. Es gilt dann der relativistische Energiesatz $E^2 = p^2c^2$ und damit (E enthält natürlich jetzt keinen Ruheenergieanteil)

$$E = p \cdot c \tag{II-3.164}$$

und

$$p = \frac{E}{c}. \tag{II-3.165}$$

Ein masseloses Teilchen, z. B. das Photon, führt also Impuls mit sich, der sich bei Absorption und Reflexion als *Strahlungsdruck* auswirkt (siehe Band V, Kapitel „Quantenoptik“, Abschnitt 1.3.2).

Wir wissen aber andererseits, dass für Impuls und Energie gilt (Abschnitt 3.9.2, Gl. (II-3.140) und Abschnitt 3.9.3, Gl. (II-3.157))

$$p = m\gamma v,$$
$$E = m\gamma c^2.$$

Wir bilden den Quotienten beider Gleichungen und eliminieren dadurch die Masse m. Damit erhalten wir

$$\frac{p}{E} = \frac{v}{c^2} \tag{II-3.166}$$

und daraus

$$p = \frac{Ev}{c^2}. \tag{II-3.167}$$

Das ist aber mit $E = p \cdot c$ nur vereinbar, wenn gilt

$$v = c. \tag{II-3.168}$$

Masselose Teilchen bewegen sich also stets mit Lichtgeschwindigkeit c, unabhängig von ihrer Energie!

Wie groß ist die Energie masseloser Teilchen?
Es gilt

$$E = m\gamma c^2 = \frac{mc^2}{\sqrt{1 - v^2/c^2}} \underbrace{=}_{\substack{m=0\\ v=c}} \frac{0}{0}, \tag{II-3.169}$$

die Energie kann also trotz $v = c$ endlich bleiben, ist aber nach dieser Beziehung unbestimmt.

Beim Photon liefert die *Quantenphysik* die Antwort auf die Frage nach der Energie. Zur Erklärung des kontinuierlichen Strahlungsspektrums glühender Körper, des diskontinuierlichen Linienspektrums heißer Gase, des Photo- und des Compton-Effekts wird die elektromagnetische Strahlung *quantisiert*, d. h., es gibt kleinste Portionen elektromagnetischer Strahlung, die Photonen (siehe Band V, Kapitel „Quantenoptik", Abschnitt 1.3). Für die Energie der Photonen gilt

$$E = h\nu = \hbar\omega. \tag{II-3.170}$$

Damit ergibt sich der Impuls der Photonen zu

$$p = \frac{E}{c} = \frac{\hbar\omega}{c} = \hbar k \tag{II-3.171}$$

mit

$$k = \frac{\omega}{c} = \frac{2\pi\nu}{c} = \frac{2\pi}{\lambda}.$$

Experimentell erhält man als obere Grenze der Photonenmasse aus Messungen intergalaktischer Magnetfelder

$$m_{ph} \leq 5 \cdot 10^{-63}\,\mathrm{g}, \tag{II-3.172}$$

das entspricht einer Energie $E_0 = 3 \cdot 10^{-24}$ eV.

Der Lichtkegel im Minkowski-Raum ist die Ereignisfläche der Photonen und aller masseloser Teilchen. Dort gilt $ds^2 = 0$, es ist der *Nullabstandsbereich* (siehe Abschnitt 3.7.6).

Wir betrachten das Eigenzeitintervall $\Delta\tau$ der Photonen. Für dieses gilt, da $v = c$

$$\Delta\tau = \frac{1}{\gamma}\,\Delta t = \Delta t\sqrt{1 - c^2/c^2} = 0\,, \tag{II-3.173}$$

das heißt: *Im Photonensystem stehen die Uhren still*!

Für Photonen (und alle masselosen Teilchen) gibt es daher auch *kein Ruhesystem*, denn die Photonengeschwindigkeit c kann nicht auf Null transformiert werden!

3.10 Vierdimensionale Formulierung der relativistischen Mechanik

3.10.1 Der Ereignisvektor

Wir könnten für die Formulierung der Bewegungsgleichung, dem Grundgesetz der Mechanik, so vorgehen, dass wir die Kraft als Ableitung des relativistischen Impulses bilden

$$\vec{F} = \frac{d}{dt}\,(m\gamma\vec{v}) = \dot{\vec{p}}_R\,. \tag{II-3.174}$$

Diese Formulierung setzt aber ein bestimmtes Bezugssystem voraus. Beim Wechsel von einem Bezugssystem in ein anderes müssten wir entsprechend umrechnen. Um zu einer vom Bezugssystem unabhängigen Formulierung zu gelangen, gehen wir folgendermaßen vor:

Wir haben die vierdimensionale Raumzeit kennengelernt. Wir könnten daher versuchen, in Analogie zum Ortsvektor im Anschauungsraum, den Punkten der Raumzeit, also den ‚Ereignissen', einen vierdimensionalen Weltvektor im Minkowski-Raum zuzuordnen. Es erhebt sich die Frage, ob nicht Beziehungen zwischen den Weltvektoren gewonnen werden können, die für alle Inertialsysteme gültig, also Lorentz-invariant sind.

Wir definieren zunächst

$$\hat{\vec{r}} = \left\{ \underbrace{ct}_{\substack{\text{Zeit-}\\ \text{anteil}}}, \underbrace{\vec{r}}_{\substack{\text{Raum-}\\ \text{Anteil}}} \right\} = \left\{ \underbrace{ct}_{0}, \underbrace{x}_{1}, \underbrace{y}_{2}, \underbrace{z}_{3} \right\}, \quad \text{den } \textit{Ereignisvektor.}^{59} \qquad \text{(II-3.175)}$$

Der Ereignisvektor besteht aus zwei Teilen, dem Zeitanteil ct als nullte Komponente von insgesamt 4 Komponenten, und dem Raumanteil mit den Komponenten x, y, z, bzw. 1, 2, 3.

Für das Quadrat des Ereignisvektors setzen wir fest

$$\hat{\vec{r}}^2 = \hat{r}^2 = (ct)^2 - \vec{r}^2, \qquad \text{(II-3.176)}$$

es ist Lorentz-invariant (siehe auch Abschnitt 3.7.2), was der Grund für diese Festsetzung ist.

Wenn wir vom Ereignis $\hat{\vec{r}} = \{ct, \vec{r}\}$ zum Ereignis $\hat{\vec{r}} + d\hat{\vec{r}} = \{c(t + dt), \vec{r} + d\vec{r}\}$ weitergehen, ergibt sich als Differenzquadrat (vgl. Gl. II-3.89)

$$d\hat{s}^2 = (c\,dt)^2 - d\vec{r}^2 = (c^2 - \vec{v}^2)dt^2 \quad \text{das Lorentz-invariante } \textit{Ereignisintervall}. \qquad \text{(II-3.177)}$$

Aus der Aneinanderreihung der vierdimensionalen Linienelemente $d\hat{s}$ ergibt sich die *Weltlinie*, die Teilchenbahn in der vierdimensionalen Raumzeit.

Wir haben bereits gesehen (Abschnitt 3.7.6), dass das Ereignisintervall die Beziehungen regelt, in denen Ereignisse miteinander stehen können:

---

59 Vierervektoren (*four-vectors*) werden im Folgenden als „Vektor mit Dach" geschrieben. Der Ereignisvektor stellt das Paradigma (*gr. parádeigma* = Beispiel, Vorbild, Muster) eines Vierervektors dar. Allgemein versteht man unter einem Vierervektor $\hat{\vec{a}} = \{a_0, a_1, a_2, a_3\}$ eine Größe, die sich bei einer Lorentz-Transformation (und auch bei einer Drehung des Koordinatensystems) wie der Ereignisvektor $\hat{\vec{r}}$ verhält. Im Abschnitt 3.7.2 wurde das Quadrat des Ereignisvektors (Abstandsquadrat s) definiert und gezeigt, dass es Lorentz-invariant ist. Da sich jeder Vierervektor *per definitionem* wie der Ereignisvektor transformiert, ist auch dessen Längenquadrat Lorentz-invariant. Aus der Linearität der Lorentz-Transformation folgt, dass die Summe zweier Vierervektoren wieder ein Vierervektor ist. Analog zu gewöhnlichen Vektoren kann auch mit zwei Vierervektoren ein Skalarprodukt gebildet werden, das ebenfalls Lorentz-invariant ist: $\underbrace{(\hat{\vec{a}} + \hat{\vec{b}})^2}_{\text{invar.}} = \underbrace{\hat{\vec{a}}^2}_{\text{invar.}} + \underbrace{\hat{\vec{b}}^2}_{\text{invar.}} + 2\hat{\vec{a}} \cdot \hat{\vec{b}} \Rightarrow$ auch $\hat{\vec{a}} \cdot \hat{\vec{b}}$ ist invariant.

$d\hat{s}^2 > 0 \quad \Leftrightarrow \quad d\vec{r}^2 < c^2 dt^2$ zeitartiger Bereich, Ereignisse können kausal verknüpft sein;

$d\hat{s}^2 = 0 \quad \Leftrightarrow \quad \vec{v}^2 = c^2$ Nullabstandsbereich, Lichtkegel;

$d\hat{s}^2 < 0 \quad \Leftrightarrow \quad d\vec{r}^2 > c^2 dt^2$ raumartiger Bereich, Ereignisse können nicht kausal miteinander verknüpft sein.

Wir können weitere Vierervektoren erzeugen, wenn wir an $\hat{\vec{r}}$ Lorentz-invariante Operationen vornehmen.

Wir betrachten ein zeitartiges Ereignisintervall für das gilt $d\vec{r}^2 < c^2 dt^2$ und damit

$$\left(\frac{dr}{dt}\right)^2 = \vec{v}^2 < c^2 . \tag{II-3.178}$$

Es lässt sich nun für ein *zeitartiges* Ereignisintervall immer eine Lorentz-Transformation so finden, dass gilt (siehe Abschnitt 3.7.2, Gl. (II-3.90) und Bemerkungen davor)

$$d\hat{s}^2 = (c\,d\tau)^2 \quad \text{also} \quad d\vec{r}^2 = 0 , \tag{II-3.179}$$

das heißt, man kann immer auf das entsprechende momentane Ruhesystem des Teilchens transformieren. Da das Ereignisintervall Lorentz-invariant ist, so gilt daher

$$d\hat{s}^2 = c^2 dt^2 - d\vec{r}^2 = c^2 dt'^2 - d\vec{r}'^2 = c^2 d\tau^2 - 0 . \tag{II-3.180}$$

Ganz rechts steht das Ereignisintervall im Ruhesystem. Die Gleichung kann weiter umgeformt werden ($\vec{v} = \{v_x, v_y, v_z\}$)

$$\left(\frac{d\tau}{dt}\right)^2 = 1 - \frac{1}{c^2}\underbrace{\left(\frac{d\vec{r}}{dt}\right)^2}_{\vec{v}} = 1 - \frac{v^2}{c^2} = \frac{1}{\gamma^2} \tag{II-3.181}$$

und wir erhalten (siehe Abschnitt 3.4.1, Gl. II-3.39)

$$dt = \gamma d\tau , \tag{II-3.182}$$

also wieder die Zeitdilatation $\frac{dt}{d\tau} = \gamma$. $d\tau$ ist das Lorentz-invariante *Eigenzeitintervall.*[60]

60 Das Ereignisintervall $c^2 dt - d\vec{r}^2 = c^2 d\tau$ ist ebenso wie c Lorentz-invariant $\Rightarrow$ das Eigenzeitintervall $d\tau$ ist ebenfalls Lorentz-invariant, was schon aufgrund seiner Definition als Zeitintervall im Ruhesystem des Teilchens feststeht.

Im Gegensatz dazu ist für ein *raumartiges* Ereignisintervall kein Ruhesystem und auch keine Eigenzeit definiert, da es nur durch Überlichtgeschwindigkeit zu realisieren wäre.

3.10.2 Die Vierergeschwindigkeit (*four-velocity*) und der Trägheitssatz

Um in der vierdimensionalen Raumzeit einen entsprechenden Geschwindigkeitsvektor $\hat{\vec{v}}$ zu erhalten, differenzieren wir den Ereignisvektor $\hat{\vec{r}} = \{ct,\vec{r}\}$ nach der Lorentz-invarianten Eigenzeit τ

$$\hat{\vec{v}} = \frac{d\hat{\vec{r}}}{d\tau} = \underbrace{\frac{dt}{d\tau}}_{\gamma}\,\frac{d\hat{\vec{r}}}{dt} = \gamma\left\{\frac{d(ct)}{dt},\frac{d\vec{r}}{dt}\right\} \qquad \text{(II-3.183)}$$

also

$$\hat{\vec{v}} = \{v_O,\vec{v}_R\} = \gamma\{c,\vec{v}\} \qquad \textit{Vierergeschwindigkeit (four-velocity)} \qquad \text{(II-3.184)}$$

mit $v_O = \gamma c$ und $\vec{v}_R = \gamma\vec{v}$.

Das Quadrat der Vierergeschwindigkeit ergibt sich zu

$$\hat{\vec{v}}^2 = \gamma^2(c^2 - \vec{v}^2) = \frac{c^2 - v^2}{\frac{c^2 - v^2}{c^2}} = c^2, \qquad \text{(II-3.185)}$$

es ist also wie zu erwarten Lorentz-invariant. Der Betrag der Vierergeschwindigkeit ist $\left|\hat{\vec{v}}\right| = \sqrt{\gamma^2(c^2 - \vec{v}^2)} = c > 0$, sie ist daher ein *zeitartiger* Vektor vom Betrag c, ihre Richtung ist tangential an die Weltlinie des Teilchens im Weltpunkt $\hat{\vec{r}}$.[61]

Wir sehen, dass die Vierergeschwindigkeit $\hat{\vec{v}}$ auch dann nicht verschwindet, wenn $\vec{v} = 0$ ist, da sich die Zeitkomponente von $\hat{\vec{r}}$ stets mit c vergrößert.

Der Newtonsche Trägheitssatz sagt (Band I, Abschnitt 2.2.1)

$$\vec{p} = m\vec{v} = \text{const.}, \qquad \text{wenn} \qquad \vec{F} = \dot{\vec{p}} = 0\,.$$

Wir definieren analog unter Verwendung der Vierergeschwindigkeit (Gl. II-3.184)

$$\hat{\vec{p}} = \{p_O,\vec{p}_R\} = m\hat{\vec{v}} = m\gamma\{c,\vec{v}\} \qquad \text{als } \textit{Viererimpuls (four-momentum)}. \qquad \text{(II-3.186)}$$

---

61 Die Richtung von $\hat{\vec{v}}$ wird ja durch $d\hat{\vec{r}}$ bestimmt und $d\hat{\vec{r}}$ ist ein Linienelement der Weltlinie.

Der relativistische Trägheitssatz fordert die Konstanz des Viererimpulses für ein freies Teilchen und gilt in allen Bezugssystemen:

$$\hat{\vec{p}} = \text{const.} \quad \textit{für ein freies Teilchen} \quad \textit{relativistischer Trägheitssatz.} \tag{II-3.187}$$

Für das Quadrat des Viererimpulses erhalten wir

$$\hat{\vec{p}}^2 = m^2 \underbrace{\hat{\vec{v}}^2}_{=c^2} = (mc)^2, \tag{II-3.188}$$

es ist also wie erwartet[62] Lorentz-invariant. Damit ergibt sich für den Betrag des linearen Viererimpulses $\left|\hat{\vec{p}}\right| = mc$, er ist also ein zeitartiger Vektor vom Betrag mc, seine Richtung ist entsprechend $\hat{\vec{v}}$ tangential an die Weltlinie im Weltpunkt $\hat{\vec{r}}$.

3.10.3 Die Viererbeschleunigung und die Minkowski-Kraft (Viererkraft, *four-force*)

Wir differenzieren die Vierergeschwindigkeit nochmals nach der Eigenzeit τ

$$\hat{\vec{a}} = \frac{d\hat{\vec{v}}}{d\tau} = \underbrace{\frac{dt}{d\tau}}_{\gamma} \frac{d\hat{\vec{v}}}{dt} = \gamma\left[\frac{d}{dt}\gamma\{c,\vec{v}\}\right] = \gamma\left[\dot{\gamma}\{c,\vec{v}\} + \gamma\{0,\dot{\vec{v}}\}\right] \tag{II-3.189}$$

also

$$\hat{\vec{a}} = \{a_0,\vec{a}_R\} = \gamma\{c\dot{\gamma},\dot{\gamma}\vec{v} + \gamma\vec{a}\} \quad \begin{array}{l}\textit{Viererbeschleunigung}\\ \textit{(four-acceleration).}\end{array} \tag{II-3.190}$$

Es zeigt sich, dass die Viererbeschleunigung $\hat{\vec{a}}$ im Allgemeinen eine Raumkomponente hat, die *nicht* in die Richtung von $\vec{a}$ zeigt.[63]

Der räumliche Anteil der Viererbeschleunigung beträgt

$$\vec{a}_R = \gamma\left(\frac{d\gamma}{dt}\vec{v} + \gamma\vec{a}\right) = \gamma\frac{d}{dt}(\gamma\vec{v}). \tag{II-3.191}$$

Aus $\gamma = \dfrac{1}{\sqrt{1 - \dfrac{\vec{v}\vec{v}}{c^2}}}$ (an Stelle von v^2 muss jetzt $\vec{v}\vec{v}$ geschrieben werden, damit auch eine Richtungsänderung von $\vec{v}$ berücksichtigt werden kann)[64] folgt

---

62 Das Quadrat des Viererimpulses entsteht ja aus dem Lorentz-invarianten Quadrat der Vierergeschwindigkeit durch Multiplikation mit dem Quadrat der konstanten Masse.

63 Siehe gleich nachfolgend Gl. (II-3.193).

64 Beachte: $\frac{d}{dt}(v^2) = 2v\frac{dv}{dt}$; aber $\frac{d}{dt}(\vec{v}\cdot\vec{v}) = \frac{d\vec{v}}{dt}\vec{v} + \vec{v}\frac{d\vec{v}}{dt} = 2\vec{v}\cdot\frac{d\vec{v}}{dt}$ ($\frac{d\vec{v}}{dt}$ muss nicht parallel $\vec{v}$ sein!).

$$\frac{d\gamma}{dt}\;\frac{\vec{v}\cdot\dfrac{d\vec{v}}{dt}}{c^2\left(1-\dfrac{\vec{v}\vec{v}}{c^2}\right)^{3/2}}=\frac{\gamma^3\vec{v}\vec{a}}{c^2} \qquad \text{(II-3.192)}$$

und damit

$$\vec{a}_R=\frac{\gamma^4(\vec{v}\vec{a})\vec{v}}{c^2}+\gamma^2\vec{a}=\gamma^2\left(\vec{a}+\frac{\gamma^2}{c^2}(\vec{a}\vec{v})\vec{v}\right). \qquad \text{(II-3.193)}$$

Wenn daher die Beschleunigung $\vec{a}=\dfrac{d^2\vec{x}}{dt^2}$ des Teilchens *senkrecht* zu $\vec{v}$ erfolgt, dann ist $\vec{a}_R=\gamma^2\vec{a}$; erfolgt die Beschleunigung *parallel* zu $\vec{v}$, dann ist $\vec{a}\cdot\vec{v}=a\cdot v$ und $(\vec{a}\vec{v})\vec{v}=a\cdot v\cdot\vec{v}\underset{\vec{a}//\vec{v}}{=}v^2\vec{a}$ und damit $\vec{a}_R=\gamma^2\vec{a}\underbrace{\left(1+\gamma^2\dfrac{v^2}{c^2}\right)}_{=\gamma^2}=\gamma^4\vec{a}$; in beiden Fällen aber ist $\vec{a}_R//\vec{a}$!

Aus $\hat{\vec{v}}^2=c^2=\text{const.}$ erhält man mit $\hat{\vec{a}}=\gamma\dfrac{d\hat{\vec{v}}}{dt}$

$$\frac{d}{dt}\hat{\vec{v}}^2=2\hat{\vec{v}}\,\frac{d\hat{\vec{v}}}{dt}=2\frac{1}{\gamma}\,\hat{\vec{v}}\cdot\hat{\vec{a}}=0\,, \qquad \text{(II-3.194)}$$

das heißt, die beiden Vierervektoren $\hat{\vec{v}}$ und $\hat{\vec{a}}$ sind in allen Bezugssystemen orthogonal.

Zur Beschreibung beschleunigter Teilchen wird manchmal das sogenannte *Lokalsystem* (*comoving system*) betrachtet. Dabei handelt es sich um ein spezielles Inertialsystem Σ_0', in dem das Teilchen momentan in Ruhe ist. Dieses System Σ_0' bewegt sich also mit dem Teilchen mit bzw. sein Ursprung fällt mit der Weltlinie des Teilchens zusammen und seine *ct*-Achse ist gleich der Tangente an die Weltlinie im jeweiligen Ursprung. Für das Teilchen vergeht dann die Eigenzeit. In diesem System gilt $\vec{v}'=0$, aber $\vec{a}'\neq 0$.[65] Mit $\gamma=1$ ist $\dot{\gamma}=0$ und es gilt mit der „Lokal beschleunigung“ $\vec{a}_0$ (augenblickliche Beschleunigung des Teilchens in Σ_0')

$$\hat{\vec{a}}=\{0,\vec{a}_0\} \quad \text{und daher} \quad \hat{\vec{a}}^2=0-\vec{a}_0^2=-\vec{a}_0^2<0\,,^{66} \qquad \text{(II-3.195)}$$

die Viererbeschleunigung ist daher ein *raumartiger* Vektor.

---

65 Im zeitlichen Ablauf handelt es sich also um eine *Reihe* von Systemen Σ_0' mit im Allgemeinen unterschiedlichen Beschleunigungen $\vec{a}_0$.

66 Da $\hat{\vec{a}}$ ein Vierervektor mit Lorentz-invarianter „Länge“ ist, gilt diese Beziehung in allen Bezugssystemen.

Entsprechend der klassischen Newtonschen Bewegungsgleichung

$$\vec{F}_k = \frac{d}{dt}(\vec{p}) = \dot{\vec{p}}$$

bilden wir in der vierdimensionalen Raumzeit die Viererkraft

$$\begin{aligned}\hat{\vec{F}} &= \frac{d}{d\tau}(\hat{\vec{p}}) = \frac{d}{d\tau} m\gamma\{c,\vec{v}\} = \frac{d}{d\tau}\{m\gamma c,\vec{p}_R\} = \overbrace{\frac{dt}{d\tau}}^{\gamma}\frac{d}{dt}(m\gamma\{c,\vec{v}\}) = \\ &= m\gamma(\dot{\gamma}\{c,\vec{v}\} + \gamma\{0,\vec{a}\}) = m\gamma\{c\dot{\gamma},\dot{\gamma}\vec{v} + \gamma\vec{a}\}\end{aligned} \qquad \text{(II-3.196)}$$

also

$$\hat{\vec{F}} = \frac{d\hat{\vec{p}}}{d\tau} = \{F_0,\vec{F}_R\} = m\gamma\{c\dot{\gamma},\dot{\gamma}\vec{v} + \gamma\vec{a}\} = m\hat{\vec{a}} \qquad \text{(II-3.197)}$$

Viererkraft = Minkowski-Kraft (four-force),

die als Ursache einer Bewegungsänderung in der Raumzeit zu betrachten ist. Diese Bewegungsgleichung hat formal dieselbe Gestalt wie der Newtonsche Ansatz des zweiten Axioms (*lex secunda*, Newton 2, Band I, Abschnitt 2.2.1).

Wir sehen, dass die Raumkomponente der Viererkraft im Allgemeinen *nicht* in die Richtung der Beschleunigung $\vec{a}$ zeigt.

Wir wollen nun herausfinden, wie die *Wirkung* der klassischen Newtonschen Kraft $\vec{F}_k = \frac{d}{dt} m\vec{v} = \dot{\vec{p}}$ abzuändern ist, um dem Relativitätsprinzip zu genügen. Die Geschwindigkeit $\vec{v}$ eines Teilchens mit $m > 0$ darf ja unter Krafteinwirkung keinesfalls den Wert c erreichen, während der relativistische Impuls $\vec{p}_R = m\gamma\vec{v}$ gegen ∞ gehen darf. Wir betrachten dazu den Raumanteil $\vec{F}_R$ der Viererkraft $\hat{\vec{F}}$, indem wir uns auf die Änderung des Raumanteils $\vec{p}_R$ des Viererimpulses $\hat{\vec{p}}$ beschränken

$$\vec{F}_R = \underbrace{\frac{dt}{d\tau}}_{\gamma}\underbrace{\frac{d}{dt}(\underbrace{m\gamma\vec{v}}_{\vec{p}_R})}_{\vec{F}} = \gamma\dot{\vec{p}}_R = m\gamma(\dot{\gamma}\vec{v} + \gamma\vec{a}) = \gamma\vec{F}. \qquad \text{(II-3.198)}$$

Dabei zeigt sich $\vec{F} = \frac{d}{dt}(m\gamma\vec{v}) = \dot{\vec{p}}_R$ als die im Anschauungsraum *wirkende Kraft*.[67] Wir wissen, dass die Bewegungsgleichung (Newton 2) so zu lesen ist: „Die wirkende Kraft (die durch das physikalische Problem gegeben ist, also z. B. die Lorentz-

67 $\vec{F}$ ist also durch das physikalische Problem vorgegeben, z. B. ist $\vec{F}$ gleich der Lorentz-Kraft (siehe dazu Band III, Kapitel „Statische Magnetfelder", Abschnitt 3.1), wenn es sich um die Bewegung eines geladenen Teilchens in einem elektromagnetischen Feld handelt, wogegen $\vec{F}_R$ den Raumanteil der Viererkraft bedeutet, deren „Länge" Lorentz-invariant ist.

Kraft) verursacht am Teilchen eine Bewegungsänderung.“ Klassisch ist diese Bewegungsänderung durch $\frac{d}{dt}(m\vec{v})$ gegeben, relativistisch aber durch $\frac{d}{dt}(m\gamma\vec{v}) = \dot{\vec{p}}_R$, also durch die zeitliche Ableitung des *relativistischen Impulses.*[68]

Für $\beta^2 \to 0$ und daher $\gamma \to 1$ folgt $\vec{p}_R = m\vec{v}$ und damit geht auch der räumliche Anteil der Minkowski-Kraft $\vec{F}_R \to \vec{F}_k = \frac{d}{dt}(m\vec{v})$ in die klassische Newtonsche Kraft über.

Für den Zeitanteil der Viererkraft gilt gemäß Gl. (II-3.196)

$$F_0 = \frac{dt}{d\tau}\frac{d}{dt}(m\gamma c) = m\gamma c\dot{\gamma}. \qquad \text{(II-3.199)}$$

Wir erinnern uns an die kinetische Energie (Abschnitt 3.9.3, Gl. II-3.153)

$$E_{\text{kin}} = m(\gamma - 1)c^2 = m\gamma c^2 - mc^2$$

und bilden

$$\frac{dE_{\text{kin}}}{dt} = mc^2\dot{\gamma}. \qquad \text{(II-3.200)}$$

Damit können wir den Zeitanteil der Viererkraft schreiben

$$F_0 = \frac{\gamma}{c}\frac{dE_{\text{kin}}}{dt}. \qquad \text{(II-3.201)}$$

Der Zeitanteil F_0 der Viererkraft beschreibt die Änderung der kinetischen Energie, die mit der zeitlichen Änderung des Raumanteils des Viererimpulses $\dot{\vec{p}}_R$ verbunden ist.

Mit den Gln. (II-3.198) und (II-3.201) ergibt sich folgende Darstellung der physikalischen Kraft in Vierervektor-Schreibweise:

$$\hat{\vec{F}} = \left\{F_0, \vec{F}_R\right\} = \gamma\left\{\frac{1}{c}\frac{dE_{\text{kin}}}{dt}, \dot{\vec{p}}_R\right\} = \gamma\left\{\frac{1}{c}\frac{dE_{\text{kin}}}{dt}, \vec{F}\right\} \qquad \text{(II-3.202)}$$

68 Es gilt für den klassischen (Newtonschen) Impuls $\vec{p} = m\vec{v}$, den relativistischen Impuls $\vec{p}_R = m\gamma\vec{v}$ und für den Viererimpuls $\hat{\vec{p}} = m\hat{\vec{v}} = m\gamma\{c,\vec{v}\} = \{m\gamma c,\vec{p}_R\}$, mit $\vec{p}_R = m\gamma\vec{v}$. Die klassische, Newtonsche Kraftwirkung $\vec{F}_k = \dot{\vec{p}} = ma$ wird in der Viererschreibweise zu $\hat{\vec{F}} = m\hat{\vec{a}} = m\gamma\{\dot{\gamma}c,\dot{\gamma}\vec{v} + \gamma\vec{a}\} = \{m\gamma\dot{\gamma}c,\vec{F}_R\}$, mit $\vec{F}_R = \gamma\dot{\vec{p}}_R = \gamma\vec{F}$. Für die relativistisch korrigierte *Wirkung* der Newtonschen Kraft gilt daher $\vec{F} = \frac{1}{\gamma}\vec{F}_R = \dot{\vec{p}}_R$.

mit $\vec{F}$ als der „eingeprägten" Newtonschen Kraft (z. B. Lorentz-Kraft $\vec{F} = q[\vec{E} + (\vec{v} \times \vec{B})]$) und deren Wirkung $\vec{F} = \dot{\vec{p}}_R = \frac{d}{dt}(m\gamma\vec{v})$.

Mit dem Raumanteil $\vec{a}_R$ des Viererbeschleunigungsvektors $\hat{\vec{a}}$ ergibt sich folgende Erweiterung des Newtonschen Kraftgesetzes auf relativistische Geschwindigkeiten mit den Gln. (II-3.198) und (II-3.191):

$$\vec{F} = \frac{1}{\gamma}\vec{F}_R = \frac{d}{dt}(m\gamma\vec{v}) = \frac{m}{\gamma}\vec{a}_R = m\gamma\left(\vec{a} + \frac{\gamma^2}{c^2}(\vec{a}\vec{v})\vec{v}\right).^{69} \qquad \text{(II-3.203)}$$

Erfolgt die Beschleunigung $\vec{a} \perp \vec{v}$ (gilt also $\vec{a} \cdot \vec{v} = 0$), so ist $\vec{F} = \gamma m\vec{a}$, γm wird daher mitunter auch als „transversale Masse" bezeichnet. Erfolgt die Beschleunigung in Richtung von $\vec{v}$ (das heißt $\vec{v}(\vec{a}\vec{v}) = \vec{a} \cdot v^2$), so gilt $\vec{F} = \gamma^3 m\vec{a}$,[70] $\gamma^3 m$ ist dann entsprechend die „longitudinale Masse".

3.10.4 Der Viererimpuls als Energie-Impuls-Vektor, relativistische Impulserhaltung

Wir betrachten die Zeitkomponente des Viererimpulses

$$p_0 = m\gamma c\,. \qquad \text{(II-3.204)}$$

Damit wird die Gesamtenergie

$$E = E_{\text{kin}} + E_0 = m(\gamma - 1)c^2 + mc^2 = m\gamma c^2 = \gamma E_0 = cp_0\,, \qquad \text{(II-3.205)}$$

die relativistische Gesamtenergie ist also durch die mit c multiplizierte Zeitkomponente des Viererimpulses gegeben.

Wir setzen $p_0 = \frac{E}{c}$ aus Gl. (II-3.205) in den Viererimpuls (Abschnitt 3.10.2, Gl. II-3.186) ein und erhalten

$$\hat{\vec{p}} = \left\{\frac{E}{c}, \vec{p}_R\right\} \quad \textit{Viererimpuls = Energie-Impuls-Vektor (four-momentum).} \qquad \text{(II-3.206)}$$

69 Bezüglich der Darstellung von $\vec{a}_R$ siehe Gl. (II-3.193).

70 Siehe Diskussion von Gl. (II-3.193).

Für den Impulserhaltungssatz der Relativitätstheorie folgt damit aus $\sum_i \hat{\vec{F}}_i = \sum_i \frac{d}{d\tau} \hat{\vec{p}}_i = 0$

$$\sum_i \hat{\vec{p}}_i = \sum_i \left\{ \frac{E_i}{c}, \vec{p}_R \right\} = \text{const.} \quad \textit{relativistischer Impulserhaltungssatz}. \qquad \text{(II-3.207)}$$

Daraus folgen die in der klassischen Mechanik getrennt zu formulierenden Sätze der Energieerhaltung und der Impulserhaltung: $\sum_i E_i = \text{const.}$, $\sum_i \vec{p}_R = \text{const.}$ Allerdings ist zu beachten, dass E_i jetzt die *Gesamtenergie* bedeutet (= kinetische Energie + Ruheenergie) und eine Änderung der Ruheenergie m_0c^2 nicht ausgeschlossen wird. Bleibt aber die Ruheenergie aller Teilchen erhalten, so folgt aus $\sum_i E_i = \text{const.}$ auch die Massenerhaltung $\sum_i m_i = \text{const.}$[71] Der relativistische Impulserhaltungssatz fasst also 2 (bzw. 3) klassische Erhaltungssätze in einem zusammen!

Wir haben schon oben gesehen (Abschnitt 3.10.2, Gl. II-3.188), dass das Quadrat des Viererimpulses Lorentz-invariant ist mit $\hat{\vec{p}}^2 = m^2c^2$, also muss gelten

$$\hat{\vec{p}}^2 = \left(\frac{E}{c}\right)^2 - \vec{p}_R^2 = m^2c^2 \qquad \text{(II-3.208)}$$

und wir erhalten auch so wieder den Zusammenhang zwischen Gesamtenergie und Impuls im „relativistischen Energiesatz“ (vgl. Abschnitt 3.9.3, Gl. II-3.161)

$$E^2 = (\vec{p}_R c)^2 + (mc^2)^2 . \qquad \text{(II-3.209)}$$

Beispiel 1: Wir vergleichen als masseloses Teilchen ein Photon ($m_{ph} = 0$) mit einem Elektron ($m_e = 9{,}1 \cdot 10^{-31}$ kg, $m_ec^2 = 0{,}51$ MeV).

Beim Europäischen Forschungszentrum CERN bei Genf können Elektronen im LEP (Large Electron-Positron Collider) Beschleuniger bis auf $\gamma \approx 10^5$ beschleunigt werden, das entspricht einer Geschwindigkeit von $v = (1 - 5 \cdot 10^{-11}) \cdot c$. Für einen Umlauf der 30 km langen Kreisbahn braucht das Photon 10^{-4} s, das Elektron bleibt um nur $1{,}5 \cdot 10^{-6}$ m zurück! Das entspricht etwa zwei Wellenlängen des roten Lichts. Die Energie des Elektrons beträgt dann $E = m\gamma c^2 = 10^5 \cdot 0{,}51$ MeV $= 61$ GeV.

---

71 Aus $\sum_i E_i = \sum_i (m_i - m_{0i})c^2 + \sum_i m_{0i}c^2 = \text{const.}$ folgt mit $m_{0i} = \text{const.}$ auch $\sum_i m_i = \text{const.}$ Die einzelnen m_i sind jetzt aber nicht mehr konstant, da sie auch das Massenäquivalent der veränderlichen kinetischen Energie enthalten (siehe dazu z. B. Band V, Kapitel „Subatomare Physik“, Abschnitt 3.1, Beispiel ‚Zerfall von ^{238}U‘).

Beispiel 2: Die Energie eines sehr energiereiches Protons aus der kosmischen Strahlung wurde mit $E_{\text{kin}} = 3 \cdot 10^{20}$ eV bestimmt. Wie groß ergeben sich sein Lorentz-Faktor und seine Geschwindigkeit?

Aus $E_{\text{kin}} = m(\gamma - 1)c^2$ ergibt sich mit $m_P = 1{,}67 \cdot 10^{-27}$ kg ($mc^2 = 936{,}5$ MeV)

$$\gamma = \frac{E_{\text{kin}} + mc^2}{mc^2} = \frac{E_{\text{kin}}}{mc^2} + 1 = 3{,}198 \cdot 10^{11}.$$

$$\gamma = \frac{1}{\sqrt{1-\beta^2}} = \frac{1}{\sqrt{(1-\beta)\underbrace{(1+\beta)}_{\cong 2}}} \cong \frac{1}{\sqrt{2(1-\beta)}}$$

und damit

$$1 - \beta = \frac{1}{2\gamma^2} = 4{,}9 \cdot 10^{-24} \cong 5 \cdot 10^{-24},\ \beta = 1 - 5 \cdot 10^{-24}$$

und

$$v = \beta \cdot c \cong 0{,}999\,999\,999\,999\,999\,999\,999\,995\,c\,.$$

Das Proton ‚reise' mit dieser Geschwindigkeit durch unsere Galaxie mit einem Durchmesser von $9{,}8 \cdot 10^4$ Lj (Lichtjahre, 1 Lj = $9{,}46 \cdot 10^{15}$ m = 0,3067 pc (Parsec). 1 Parsec ist die Entfernung, aus der der Erdbahnradius (= 1 AE (Astronomische Einheit) = $1{,}49 \cdot 10^{11}$ m) unter dem Winkel von einer Bogensekunde erscheint). Wie lange braucht es von der Erde gesehen und wie lange in seinem Ruhesystem?

Ein Photon braucht für eine Distanz von $9{,}8 \cdot 10^4$ Lj gerade $9{,}8 \cdot 10^4$ Jahre. Das Proton hat nahezu die Geschwindigkeit des Photons und eine sehr gute Näherung für seine Reisezeit von der Erde aus gesehen ist daher

$$\Delta t = 9{,}8 \cdot 10^4 \text{ Jahre.}$$

Wenn die Zeit allerdings mit einer vom Proton mitgeführten Uhr gemessen würde (Eigenzeit des Protons), so ergäbe sich nur

$$\Delta t_P = \frac{1}{\gamma}\Delta t = \frac{9{,}8 \cdot 10^4}{3{,}198 \cdot 10^{11}} = 3{,}06 \cdot 10^{-7} \text{ Jahre} = 9{,}7\,\text{s!}$$

Von der Erde aus betrachtet erscheint dem Proton die Galaxie entsprechend „dünn“:

$$d^*_{Gal} = \frac{d_{Gal}}{\gamma} = \frac{9{,}8 \cdot 10^4 \cdot 9{,}46 \cdot 10^{15}}{3{,}198 \cdot 10^{11}} = 2{,}899 \cdot 10^9\,\text{m}.$$

Beispiel 3: Beschleunigung eines Teilchens der Masse m durch eine konstante Kraft F_x in x-Richtung von der Ruhe aus. F_x könnte z. B. die elektrische Kraft $e \cdot E_x$ sein.

Zum Zeitpunkt $t = 0$ gilt: $v_{0,x} = 0$, $x_0 = 0$.

Für die Minkowski-Kraft (siehe Abschnitt 3.10.3, Gl. II-3.202) gilt

$$\hat{\hat{F}} = \gamma \left\{ \frac{1}{c} \frac{dE_{\text{kin}}}{dt}, F_x, F_y, F_z \right\} = \gamma \frac{d\hat{p}}{dt} = \gamma \frac{d}{dt} \left(m\gamma \{c, v_x, v_y, v_z\} \right)$$

$$\Rightarrow F_x = \frac{d}{dt} (m\gamma v_x) = \frac{d}{dt} \left(\frac{m v_x}{\sqrt{1 - \frac{v_x^2}{c^2}}} \right) \quad \text{und damit} \quad F_x t = \frac{m v_x}{\sqrt{1 - \frac{v_x^2}{c^2}}}.$$

Daraus folgt

$$v_x^2 = \frac{\left(\frac{F_x t}{mc} \right)^2 c^2}{1 + \left(\frac{F_x t}{mc} \right)^2}.$$

Für kurze Zeit nach der Krafteinwirkung, also $\frac{F_x t}{mc} \ll 1$ ($\Rightarrow t \ll mc/F_x$), gilt $v_x \cong \frac{F_x t}{m}$, das ist der nach Newton berechnete klassische Wert.

Nach langer Zeit ($t \gg mc/F_x$) ergibt sich mit $\frac{1}{\left(\frac{F_x t}{mc} \right)^2} \ll 1$

$$v_x^2 = \frac{c^2}{\frac{1}{\left(\frac{F_x t}{mc} \right)^2} + 1} \approx \left[1 - \left(\frac{mc}{F_x t} \right)^2 \right] c^2;$$

für $t \to \infty$ geht daher $v_x \to c$, die Geschwindigkeit des Teilchens nimmt also asymptotisch den Wert c an.

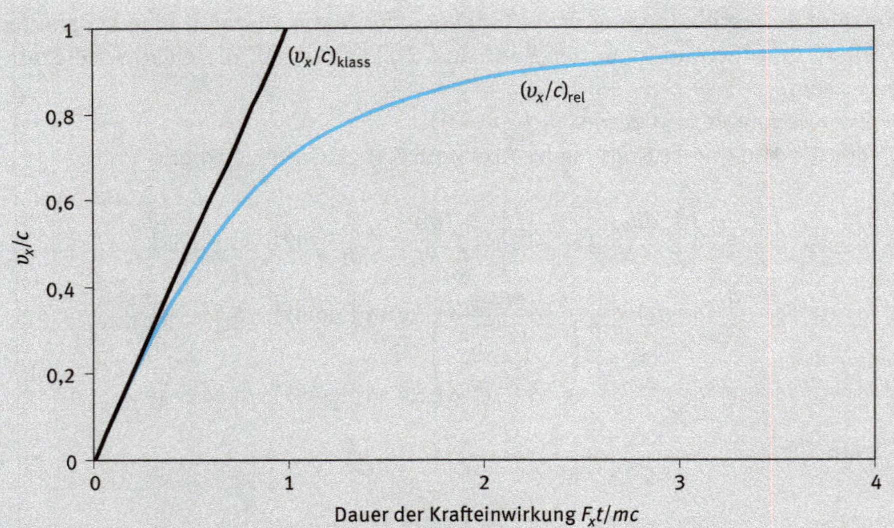

Geschwindigkeit v_x in x-Richtung (in Einheiten von c) als Funktion der Dauer der Krafteinwirkung $\frac{F_x \cdot t}{mc}$ in x-Richtung.

Für sehr großes t folgt aus

$$\frac{v_x^2}{c^2} = \beta^2 = 1 - \left(\frac{mc}{F_x t}\right)^2 \Rightarrow \gamma = \frac{1}{\sqrt{1-\beta^2}} = \frac{F_x t}{mc}.$$

Damit ergibt sich die Energie des Teilchens zur Zeit $t \gg mc/F_x$ zu

$$E = \gamma E_0 = \frac{F_x t}{mc} \cdot mc^2 = F_x ct$$

und sein Impuls zu

$$p_x = m\gamma v_x \cong m \cdot \frac{F_x t}{mc} \cdot c = F_x \cdot t.$$

Während also die Geschwindigkeit v_x für $t \to \infty$ den konstanten Wert c annimmt, wachsen sowohl die Energie als auch der Impuls linear mit der Zeit weiter an.

Beispiel 4: Beschleunigung eines Teilchens der Masse m durch eine konstante Kraft F_y senkrecht zu dem bereits vorhandenen Impuls p_x. Dieses Beispiel entspricht z. B. dem Durchgang eines geladenen Teilchens durch ein konstantes Kondensatorfeld (Ablenkung des e^--Strahls im Oszilloskop).

Wie im vorhergehenden Beispiel findet man für die Bewegungsgleichungen:

$$\frac{dp_x}{dt} = 0; \frac{dp_y}{dt} = F_y, \quad \text{mit} \quad \vec{p} = m \cdot \gamma(t) \cdot \vec{v}$$

und daraus

$$p_x = p_0, \, p_y = F_y \cdot t .$$

Um aus der Beziehung $\vec{v} = \frac{c^2}{E}\vec{p}$ (aus: $\vec{p} = m\gamma\vec{v} = \frac{E}{c^2}\vec{v}$) die Geschwindigkeiten zu ermitteln, benötigen wir zunächst die Gesamtenergie E des Teilchens. Mit $p^2 = p_x^2 + p_y^2 = p_0^2 + (F_y t)^2$ folgt

$$E(t)^2 = p^2c^2 + (mc^2)^2 = \underbrace{p_0^2c^2 + (mc^2)^2}_{E_x^2 = \text{const.}} + (F_y t \cdot c)^2 = \left(m\gamma(t)c^2\right)^2 = E_0^2\gamma^2(t) .$$

Dabei ist E_x die ursprüngliche Energie des Teilchens in x-Richtung ohne Feld (Anfangsenergie). Damit erhält man für die Geschwindigkeiten:

$$v_x = \frac{p_0 c^2}{\sqrt{E_x^2 + (F_y tc)^2}}, \; v_y = \frac{F_y tc^2}{\sqrt{E_x^2 + (F_y tc)^2}} .$$

Obwohl also keine Kraft in der x-Richtung wirkt, der Impuls $p_x = p_0$ also konstant ist, *nimmt v_x im Laufe der Zeit ab!* Der Grund ist die Energiezunahme des Teilchens wegen der Beschleunigung in der y-Richtung.

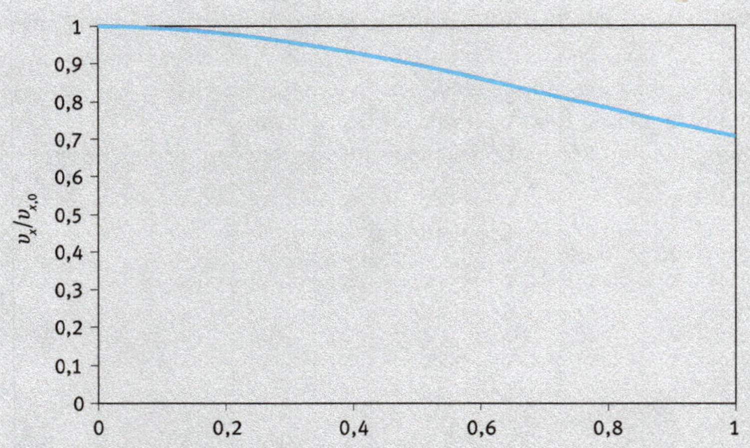

Geschwindigkeit $v_x = \frac{p_0 c^2}{E(t)}$ in x-Richtung (in Einheiten von $v_{x,0} = \frac{p_0 c^2}{E_x}$) als Funktion der Dauer der Krafteinwirkung in y-Richtung.

$v_y = \frac{F_y t c^2}{m\gamma(t)c^2} = \frac{F_y t}{m\gamma(t)}$ ist wegen $\gamma(t) > 1$ stets kleiner als der klassische Wert $v_{y,\text{klass}} = \frac{F_y t}{m}$. ($\gamma(t)$ folgt aus der Beziehung für $E(t)^2$ von der vorhergehenden Seite:

$$\gamma(t) = \frac{E(t)}{E_0} = \frac{\sqrt{p_0^2 c^2 + E_0^2 + (F_y t \cdot c)^2}}{E_0} = \sqrt{1 + \left(\frac{p_0 c}{E_0}\right)^2 + \left(\frac{F_y t \cdot c}{E_0}\right)^2} > 1).$$

Der Winkel $\theta(t)$ unter dem das Teilchen nach der Zeit t das Feld verlässt, beträgt

$$\tan\theta(t) = \frac{v_y}{v_x} = \frac{F_y t}{p_0};$$

dies ist der klassische Wert! Die Zeit t_l, die das Teilchen benötigt, um eine Strecke l in der x-Richtung zu durchlaufen, folgt aus

$$l = \int_0^{t_l} v_x dt = \int_0^{t_l} \frac{p_0 c^2 dt}{\sqrt{E_x^2 + (F_y tc)^2}} = \frac{p_0 c^2}{F_y c}\int_0^{t_l} \frac{dt}{\sqrt{\left(\frac{E_x}{F_y c}\right)^2 + t^2}} = \frac{p_0 c}{F_y} \operatorname{arc\,sinh}\left(\frac{F_y t_l c}{E_x}\right)$$

zu

$$t_l = \frac{E_x}{F_y c} \sinh \frac{F_y l}{p_0 c}.$$

Für $\frac{F_y l}{p_0 c} = \frac{F_y \cdot \frac{l}{c}}{p_0} = \frac{\Delta p^*}{p_0} \ll 1$, wenn also die Impulsänderung Δp^* in der Zeit $t^* = \frac{l}{c}$ sehr klein ist gegenüber dem Anfangsimpuls p_0, dann gilt $\sinh \frac{F_y l}{p_0 c} \approx \frac{F_y l}{p_0 c}$. Zusammen mit $\gamma \approx 1$, also im klassischen Fall, ergibt sich dagegen der von F_y unabhängige Wert

$$t_{l,\text{klass}} = \frac{E_x}{F_y c} \frac{F_y l}{p_0 c} = \frac{E_x}{c^2} \frac{l}{p_0} = \gamma m \frac{l}{p_0} \approx m \cdot \frac{l}{p_0} = \frac{l}{v_x}.$$

Zusammenfassung

1. Die Lichtgeschwindigkeit hat in jedem Koordinatensystem den konstanten Wert $299\,792\,458\,\text{m s}^{-1}$, unabhängig vom Bewegungszustand einer Quelle elektromagnetischer Strahlung, und stellt den Maximalwert für die Ausbreitungsgeschwindigkeit elektromagnetischer Signale dar. Daraus folgt unmittelbar die Lorentz-Transformation für die Orts- und Zeitkoordinaten zwischen Inertialsystemen:

$$\begin{aligned} x' &= \gamma(x - vt) = \frac{x - v \cdot t}{\sqrt{1 - v^2/c^2}} \\ y' &= y \\ z' &= z \\ t' &= \gamma(t - v \cdot x/c^2) = \frac{t - v \cdot x/c^2}{\sqrt{1 - v^2/c^2}} \end{aligned} \qquad \textit{Lorentz-Transformation}$$

bzw. mit $\beta = v/c$ und $\gamma = \frac{1}{\sqrt{1 - v^2/c^2}} = \frac{1}{\sqrt{1 - \beta^2}}$

$$\begin{aligned} x' &= \gamma(x - \beta ct) & x &= \gamma(x' + \beta ct') \\ ct' &= \gamma(ct - \beta x) & ct &= \gamma(ct' + \beta x') \end{aligned} \qquad \textit{Lorentz-Transformation.}$$

Die Konsequenzen der Lorentz-Transformation sind:

$$\Delta t = \gamma \cdot \Delta\tau \qquad \textit{Zeitdilatation,}$$

$$l = \frac{1}{\gamma}\, l_0 \qquad \textit{Längenkontraktion,}$$

$$\nu = \nu' \cdot \gamma(1 + \beta \cos\theta') \qquad \textit{relativistischer Dopplereffekt}$$

und Additionstheorem

$$u_x = \frac{u'_x + v}{1 + \frac{v}{c^2}u'_x}, \qquad u_y = \frac{u'_y}{\gamma\left(1 + \frac{v}{c^2}u'_x\right)}, \qquad u_z = \frac{u'_z}{\gamma\left(1 + \frac{v}{c^2}u'_x\right)}$$

bzw.

$$u'_x = \frac{u_x - v}{1 - \frac{v}{c^2}u_x}, \qquad u'_y = \frac{u_y}{\gamma\left(1 - \frac{v}{c^2}u_x\right)}, \qquad u'_z = \frac{u_z}{\gamma\left(1 - \frac{v}{c^2}u_x\right)}.$$

2. Das Minkowski-Diagramm stellt die geometrische Veranschaulichung der Lorentz-Transformationen dar; es können für ein Ereignis sofort die zusammengehörigen Koordinaten abgelesen werden. Kausal miteinander verknüpfbare Ereignisse liegen im Lichtkegel $\pm x = ct$, sie sind „zeitartig“. Zur Festlegung der Einheitspunkte auf den Achsen des bewegten Systems dienen die Eichhyperbeln, die die Einheitspunkte auf den Achsen der gegeneinander bewegten Systeme verbinden.
3. Für die Ermittlung des Impulses muss das bisher verwendete Zeitintervall Δt durch das stets kürzere Lorentz-invariante Eigenzeitintervall $\Delta\tau = \Delta t \cdot \sqrt{1 - \frac{v^2}{c^2}} = \frac{\Delta t}{\gamma}$ ersetzt, also eine Uhr verwendet werden, die das Zeitintervall $\Delta\tau$ im momentanen Ruhesystem des Teilchens – das Eigenzeitintervall – misst. So erhält man den relativistischen Impuls (Raumanteil)

$$\vec{p}_R = m\gamma\vec{v} = \frac{m\vec{v}}{\sqrt{1-\beta^2}}.$$

4. Unter der Annahme des Kraftansatzes $\vec{F} = \frac{d\vec{p}_R}{dt}$ erhält man für die Energie

$$E_{\text{kin}} = m\gamma c^2 - mc^2 = m(\gamma - 1)c^2 \qquad \textit{relativistische kinetische Energie,}$$

$$E_0 = mc^2 \qquad \textit{Ruheenergie}$$

und

$$E = m\gamma c^2 = \gamma E_0 \qquad \textit{relativistische Gesamtenergie.}$$

5. Den Zusammenhang zwischen Energie und Impuls liefert der „relativistische Energiesatz“:

$$E^2 = (p \cdot c)^2 + (mc^2)^2 = (p \cdot c)^2 + E_0^2$$ *relativistische Energie-Impuls-Beziehung, „relativistischer Energiesatz“.*

6. Masselose Teilchen bewegen sich immer mit

$$v = c$$

und besitzen den Impuls

$$p = \frac{E}{c}.$$

Die Energie der masselosen Photonen liefert die Quantenphysik zu

$$E = h\nu = \hbar\omega.$$

Damit ergibt sich ihr Impuls zu

$$p = \frac{\hbar\omega}{c} = \hbar k.$$

7. Die relativistischen Mechanik kann mit Lorentz-invarianten Vierervektoren $\hat{\vec{x}}$ formuliert werden:

$$\hat{\vec{r}} = \left\{ \underbrace{ct}_{\text{Zeit-anteil}}, \underbrace{\vec{r}}_{\text{Raum-Anteil}} \right\} = \left\{ \underbrace{ct}_{0}, \underbrace{x}_{1}, \underbrace{y}_{2}, \underbrace{z}_{3} \right\},$$ den *Ereignisvektor.*

$$d\hat{s}^2 = (cdt)^2 - d\vec{r}^2 = (c^2 - \vec{v}^2)dt^2 \qquad \textit{Ereignisintervall,}$$

$$\hat{\vec{v}} = \{v_0, \vec{v}_R\} = \gamma\{c, \vec{v}\} \qquad \textit{Vierergeschwindigkeit,}$$

$$\hat{\vec{p}} = \{p_0, \vec{p}_R\} = m\hat{\vec{v}} = m\gamma\{c, \vec{v}\} = \left\{\frac{E}{c}, \vec{p}_R\right\}$$ *Viererimpuls = Energie-Impuls-Vektor*

mit dem relativistischer Trägheitssatz

$$\hat{\vec{p}} = \text{const.} \quad \textit{für ein freies Teilchen}$$

und dem relativistischen Impulserhaltungssatz

$$\sum_i \hat{\vec{p}}_i = \sum_i \left\{\frac{E_i}{c}, \vec{p}_R\right\} = \text{const.}$$

$$\hat{\vec{a}} = \{a_0, \vec{a}_R\} = \gamma\{c\dot{\gamma}, \dot{\gamma}\vec{v} + \gamma\vec{a}\}$$ *Viererbeschleunigung,*

$$\hat{\vec{F}} = \frac{d\hat{\vec{p}}}{d\tau} = \{F_0, \vec{F}_R\} = m\gamma\{c\dot{\gamma}, \dot{\gamma}\vec{v} + \gamma\vec{a}\} = m\hat{\vec{a}}$$ *Viererkraft = Minkowski-Kraft,*

$$\vec{F} = \frac{1}{\gamma}\vec{F}_R = \frac{m}{\gamma}\vec{a}_R = m\gamma\left(\vec{a} + \frac{\gamma^2}{c^2}(\vec{a}\vec{v})\vec{v}\right)$$ *relativistische Erweiterung des Newtonschen Kraftgesetzes.*

Übungen:

1. Ein Beobachter S ordnet einem Ereignis die Raumzeit-Koordinaten $x = 100$ km und $t = 200$ µs zu. Wie lauten die Koordinaten im Bezugssystem S', das sich relativ zu S in positiver x-Richtung mit der Geschwindigkeit $0{,}95\,c$ bewegt? Es sei $x = x' = 0$ bei $t = 0$.
2. Ein Meterstab in einem Bezugssystem Σ' schließe mit der x'-Achse einen Winkel von 30° ein. Das System Σ' bewege sich relativ zu Σ parallel zu dessen x-Achse mit einer Geschwindigkeit von $0{,}9\ c$. Welche Länge des Stabes misst ein Beobachter vom System Σ aus?
3. Im Zeitmaß eines utopischen Raumschiffes benötigt dieses für die einfache Fahrt bis zum nächsten Fixstern (Proxima Centauri, Entfernung 4,24 Lichtjahre) 1 Jahr.
   a) Welche Geschwindigkeit muss das Raumschiff haben?
   b) Welche Zeit verstreicht inzwischen auf der Erde?
4. Von einer großen Rakete R_1, die relativ zur Erde mit $v = c/2$ fliegt, wird eine sehr viel kleinere Rakete R_2 gestartet, die schließlich relativ zu R_1 mit $v = c/2$ fliegt. R_2 schießt eine noch viel kleinere Rakete R_3 ab, die relativ zu R_2 mit $v = c/2$ fliegt usw., solange es noch technisch möglich erscheint. Alle Geschwindigkeiten liegen in der gleichen Richtung. Gib die Geschwindigkei-

ten der einzelnen Raketen relativ zur Erde an. Ist es möglich, die Lichtgeschwindigkeit zu erreichen oder zu überschreiten?

5. Eine Sternwarte beobachtet zwei Himmelsobjekte, eines entfernt sich von der Erde mit $c/20$, das andere mit der halben Lichtgeschwindigkeit.
   a) Wie groß ist in beiden Fällen die relative Rotverschiebung?
   b) Wie groß wäre die Rotverschiebung in klassischer (nichtrelativistischer) Berechnung?
6. a) Welche kinetische Energie hat die Masse 1 g, wenn sie sich mit $v = 0{,}6\,c$ bewegt?
   b) Ein Körper hat die Geschwindigkeit v. Wie ist diese zu erhöhen, damit sich seine Gesamtenergie verdoppelt?
7. Wenn man die kinetische Energie E_{kin} und den Impuls p eines Teilchens messen kann, so müsste man daraus seine Masse m berechnen und so das Teilchen identifizieren können. Zeige dazu, dass

$$m = \frac{(pc)^2 - E_{\text{kin}}^2}{2E_{\text{kin}}c^2}$$

   ist.
   a) Zeige, dass dieser Ausdruck für $v/c \to 0$ (v ist Geschwindigkeit des Teilchens) in eine Beziehung übergeht, die man klassisch erwartet.
   b) Berechne die Masse eines Teilchens mit $E_{\text{kin}} = 55$ MeV und einem Impuls $p = 121$ MeV/c als Vielfaches der Elektronenmasse m_e.
8. Unter dem Einfluss eines homogenen Magnetfeldes bewegt sich ein Teilchen mit der Ladung q und der Masse m in einer Kreisbahn normal zum Feld, deren Radius klassisch durch

$$r = \frac{mv}{qB}$$

   gegeben ist (siehe Band III, Kapitel „Statische Magnetfelder", Abschnitt 3.1.4.3). Bei hohen Teilchengeschwindigkeiten ist jedoch der relativistische Impuls zu verwenden, sodass die Beziehung nun

$$r = \frac{\gamma mv}{qB}$$

   lautet. Berechne den Radius der Kreisbahn, auf der sich ein 10 MeV-Elektron in einem Magnetfeld von $B = 2{,}2$ T bewegt. Verwende dazu
   a) die relativistische,
   b) die klassische Formel;
   c) berechne die Periode $T = 2\pi r/v$ der Kreisbewegung mit Hilfe der relativistischen Formel für r.

Hängt das Ergebnis von der Geschwindigkeit des Elektrons ab?

Literatur

Für die Themen aller Bände geeignete Literatur

David Halliday, Robert Resnick, Jearl Walker. 1997. „Fundamentals of Physics, Extended“. 5th edition. John Wiley & Sons, New York.
Stephen W. Koch, David Halliday, Robert Resnick, Jearl Walker. 2005. „Physik“. Wiley-VCH.
Michael Mansfield, Colm O'Sullivan. 1998. „Understanding Physics“. John Wiley & Sons, New York.
Paul A. Tipler. 1994. „Physik“. Spektrum Akademischer Verlag, Heidelberg.
Wolfgang Demtröder. 1998. „Experimentalphysik, 1. Mechanik und Wärme“. Springer.
Wolfgang Demtröder. 2008. „Experimentalphysik, 2. Elektrizität und Optik“. Springer.
Wolfgang Demtröder. 2003. „Experimentalphysik, 3. Atome, Moleküle Festkörper“. Springer.
Wolfgang Demtröder. 2009. „Experimentalphysik, 4. Kern-, Teilchen- und Astrophysik“. Springer.
Charles Kittel, Walter D. Knight, Malvin A. Ruderman. Berkeley Physik Kurs (Berkeley Physics Course). „Band 1 Mechanik“. Vieweg.
Edward M. Purcell. Berkeley Physik Kurs (Berkeley Physics Course). „Band 2. Elektrizität und Magnetismus“. Vieweg.
Frank S. Crawford, Jr. Berkeley Physik Kurs (Berkeley Physics Course). „Band 3. Schwingungen und Wellen“. Vieweg.
Eyvind H. Wichmann. Berkeley Physik Kurs (Berkeley Physics Course). „Band 4. Quantenphysik“. Vieweg.
Frederick Reif. Berkeley Physik Kurs (Berkeley Physics Course). „Band 5. Statistische Physik“. Vieweg.
Alan M. Portis. Berkeley Physik Kurs (Berkeley Physics Course). „Band 6. Physik im Experiment“. Vieweg.
Christian Gerthsen, Hans Otto Kneser, Helmut Vogel. 1974. „Physik“. Springer.
R. W. Pohl. 1941. „Einführung in die Mechanik, Akustik und Wärmelehre“. Springer.
R. W. Pohl. 1940. „Einführung in die Elektrizitätslehre“. Springer.
R. W. Pohl. 1941. „Einführung in die Optik“. Springer.
Bergmann-Schaefer. „Lehrbuch der Experimentalphysik“. Band 1. Mechanik, Relativität, Wärme. De Gruyter, Berlin.
Bergmann-Schaefer. „Lehrbuch der Experimentalphysik“. Band 2. Elektromagnetismus. De Gruyter, Berlin.
Bergmann-Schaefer. „Lehrbuch der Experimentalphysik“. Band 3. Optik. De Gruyter, Berlin.
Bergmann-Schaefer. „Lehrbuch der Experimentalphysik“. Band 4. Bestandteile der Materie. De Gruyter, Berlin.
Bergmann-Schaefer. „Lehrbuch der Experimentalphysik“. Band 5. Gase, Nanosysteme Flüssigkeiten. De Gruyter, Berlin.
Bergmann-Schaefer. „Lehrbuch der Experimentalphysik“. Band 6. Festkörper. De Gruyter, Berlin.
Bergmann-Schaefer. „Lehrbuch der Experimentalphysik“. Band 7. Erde und Planeten. De Gruyter, Berlin.
Bergmann-Schaefer. „Lehrbuch der Experimentalphysik“. Band 8. Sterne und Weltraum. De Gruyter, Berlin.
Georg Joos. 1964. „Lehrbuch der Theoretischen Physik“. Akademische Verlagsgesellschaft Leipzig.

https://doi.org/10.1515/9783110675696-004

Speziell für die Themen von Band II geeignete und weiterführende Literatur

Wolfgang Demtröder. „Experimentalphysik 1. Mechanik und Wärme". Springer.

Bergmann-Schaefer. Band 1, Mechanik, Relativität, Wärme. „Lehrbuch der Experimentalphysik". De Gruyter, Berlin.

R. W. Pohl. „Einführung in die Mechanik, Akustik und Wärmelehre". Springer 1941.

Ch. Kittel, H. Krömer. „Thermodynamik". Oldenburg 2001.

Frederick Reif: „Grundlagen der Physikalischen Statistik und der Physik der Wärme". De Gruyter 1976.

Richard Becker. „Theorie der Wärme". Springer (Heidelberger Taschenbücher) 1966.

R. D. Present. „Kinetic Theory of Gases". McGraw-Hill, New York 1958.

Siegfried Großmann. „Chaos – Unordnung und Ordnung in nichtlinearen Systemen", Physikalische Blätter, **39**, 139 (1983).

Siegfried Großmann. „Selbstähnlichkeit: Das Strukturgesetz im und vor dem Chaos", Physikalische Blätter, **45**, 172 (1989).

Hermann Haken, Arne Wunderlin. „Die Selbststrukturierung der Materie: Synergetik in der Unbelebten Welt". Springer Fachmedien Wiesbaden GmBH 1991.

Charles Kittel, Walter D. Knight, Malvin A. Ruderman. Berkeley Physik Kurs (Berkeley Physics Course). „Band 1 Mechanik". Vieweg.

Roman Sexl, Herbert K. Schmidt. „Raum, Zeit, Relativität". Vieweg (Vieweg Studium) 1991.

A. P. French. „Die spezielle Relativitätstheorie". Vieweg (uni-text) 1971.

Ulrich E. Schröder. „Spezielle Relativitätstheorie". Verlag Harri Deutsch 1981.

Ulrich E. Schröder. „Gravitation. Einführung in die Allgemeine Relativitätstheorie". Verlag Harri Deutsch 2007.

Register

Die Originalversion dieses Kapitels wurde revidiert: Die Seitenzahlen wurden korrigiert. Ein Erratum ist verfügbar unter: https://doi.org/10.1515/9783110675696-006
https://doi.org/10.1515/9783110675696-005

Wolfgang Pfeiler

Erratum zu: Experimentalphysik

Band 2: Wärme, Nichtlinearität, Relativität

(2. Auflage)

Trotz sorgfältiger Erstellung unserer Bücher lassen sich Fehler manchmal leider nicht ganz vermeiden. Wir entschuldigen uns, dass die Titelseiten und die Seitenzahlen des Registers leider fehlerhaft waren.

Wir bitten Sie um Beachtung der nachfolgenden Richtigstellung: Das Buch wurde unter Mitarbeit von Karl Siebinger verfasst. Der Hinweis hierzu wurde versehentlich nicht mit aufgeführt und wurde nun auf Seite III ergänzt. Die Seitenzahlen der Registerbegriffe wurden korrigiert.

https://doi.org/10.1515/9783110675696-006

www.ingramcontent.com/pod-product-compliance
Lightning Source LLC
Chambersburg PA
CBHW080919220326
41598CB00034B/5620